基础化学实验(一)

主　编　曹淑红　吴俊方

副主编　王玉琴　杨春红

东南大学出版社

·南京·

内 容 提 要

本书是为了适应课程建设及实验教学改革，便于教学计划的统一制订和实施而编写的。

全书主要分为三大部分：① 化学实验基础知识；② 无机及分析化学实验项目（含综合性、设计性实验）；③ 附录。全书共列出实验项目 60 个，大部分实验项目考虑到了环保要求，同时介绍了微型实验方法。为了方便同学预习，给出了每个基本实验的预习内容，书后附有各类实验所需数据表，并对实验仪器在书后加了索引。

本书适合作为工科院校化工或准化工类专业的实验教材，可供同类学校使用。

图书在版编目(CIP)数据

基础化学实验(一)/曹淑红，吴俊方主编. —南京：东南大学出版社，2008. 9 (2011.2 重印)

ISBN 978-7-5641-1392-6

Ⅰ. 基… Ⅱ. ①曹…②吴… Ⅲ. 化学实验—高等学校—教材 Ⅳ. O6-3

中国版本图书馆 CIP 数据核字(2008)第 145140 号

出版发行：东南大学出版社
社　　址：南京四牌楼 2 号　邮编：210096
出 版 人：江建中
责任编辑：史建农
网　　址：http://www.seupress.com
经　　销：全国各地新华书店
印　　刷：江苏凤凰盐城印刷有限公司
开　　本：787mm×1092mm　1/16
印　　张：18.75
字　　数：453 千字
版　　次：2011 年 1 月第 1 版第 3 次印刷
书　　号：ISBN 978-7-5641-1392-6/O・91
定　　价：29.80 元

本社图书若有印装质量问题，请直接与读者服务部联系。电话(传真)：025-83792328

前 言

本书是一本工科类的基础化学实验教材。第一版教材受到师生的欢迎,收到了较好的教学效果,已经连续使用了三届,根据化学实验教学改革的要求,以及使用第一版的反馈意见和教学体会,我们在第一版的基础上进行了精心修改、充实和提高,并突出了以下几点:

(1) 为学生提供了丰富的化学实验知识,便于学生阅读。在实验原理和实验步骤部分说明比较详细,力图学生预习后基本理解。实验中部分内容要求学生计算、思考、设计,便于启发学生勤于思考,提高分析与解决问题的能力。

(2) 加强训练学生规范熟练的掌握基本操作,基本操作实验增加了实验应注意事项,以达到训练基本操作与技能并获得良好的化学实验素养。

(3) 有利于不同专业、不同层次、不同基础的学生选修。实验知识与技能循序渐进提高,编排了一定数量的综合与设计实验,有利于培养学生实验知识和技能的融合,有利于学生思维的创新。

(4) 在项目和内容的选择上,本书所选实验均可重复和验证,重现性高,一般都能得到较好的实验效果,避免了过去有些实验一味拔高、标新立异、偏难偏深、教学效果不强、偏离现实实验条件等问题。

由于篇幅有限,本书分两册,第1册配合无机及分析化学而编写,第2册配合有机化学及物理化学而编写。第1册主要包括化学实验基础知识、基本操作、误差与实验数据处理、常见仪器,实验部分分为基本操作实验、基本常数测定实验、定性化学实验、定量化学实验、综合性实验、设计性实验,共六十个实验。书后列出了与实验相关的附录。

本书在编写过程中,得到盐城工学院化生学院许多老师的关心和帮助,基础化学实验中心的各位同仁都付出了很多劳动,此外我们还参考了不少国内外化学实验教材和相关文献资料,在此一并表示诚挚的谢意!

本册仍保留了由曹淑红、王玉琴、吴俊方、杨春红在第一版编写的相关实验,并对相关实验的文字、叙述、图表做了部分修改、校正。曹淑红对基本操作实验增加了注意事项,由曹淑红、吴俊方完成全书的修改、充实及统稿工作。

由于编写时间和水平有限,书中难免疏漏和不妥之处,恳请同行专家和读者提出批评和建议,以便再版时改进。

编 者

2011年1月

目　录

上篇　化学实验基础知识

下篇 实验部分

上篇

化学实验基础知识

第一章 绪 论

第一节 基础化学实验的目的

化学是一门以实验为基础的自然科学，化学实验是化学理论的源泉，是化学工程技术的基础，开展化学基本实验方法的学习和操作技能的训练是学生学好化学的关键，因此，基础化学实验一直是大学化学、化工及相关专业学生必修的一门课程，其目的不仅是给学生传授化学实验知识和技能，还担负着培养学生严谨求实、科学创新等素质的任务。通过基础化学实验课的学习，学生应得到如下方面的基本训练：

(1) 掌握化学实验基础知识与基本操作，能正确使用各类仪器，具有获取准确实验数据的能力。

(2) 掌握正确记录和处理实验数据及实验结果表达的方法。

(3) 巩固和加深对化学基本理论的理解，具有对在实验中观察到的现象进行分析判断、逻辑推理和作出科学结论的能力。

(4) 能正确设计实验，包括选择实验方法、实验条件、仪器和试剂等，初步具有解决实际问题的能力。

(5) 提高获取信息的能力，熟悉有关工具书及其他信息源的查阅方法。

(6) 培养实事求是的科学态度、严肃认真的工作作风、严谨缜密的实验室工作习惯、相互协作的团队精神和开拓进取的创新意识。

通过实验，学生可以直接获得大量的化学事实，经过思考、归纳和总结，从感性认识上升到理性认识，从而达到对基本化学原理和基础化学知识的理解和巩固。经过严格训练，使学生掌握规范的化学实验基本操作、基本技能和方法，尤其要熟练掌握常用玻璃器皿和简单度量、测试仪器的规范使用方法，学会测定常见化合物的化学常数，了解和掌握常见无机物的制备和提纯方法，掌握一些基本的分析方法和原理，建立严格的“量”的概念，并学会正确处理实验数据的方法。

在设计实验中，每个实验项目都要求学生从提出问题、查阅资料、设计实验方案（包括选择实验方法、实验条件、仪器和试剂）、动手操作、观察实验现象、测定数据并加以正确的处理和概括、在分析实验结果的基础上正确表达、练习解决化学问题等诸多环节独立完成，所以，化学实验的全过程是培养学生各方面能力的最有效的方法，也是加强学生素质教育的最佳途径，能使学生逐步具有分析问题、解决实际问题的工作能力，对学生包括艰苦奋斗、勤奋好学、团结协作、实事求是、开拓创新、敢于挑战权威等科学品质和科学精神的培养具有极大的帮助。同时在实验中注意养成整洁、节约、准确、沉稳等良好习惯，这也是每一个未来工程师获得成功所不可缺少的素质。

第二节　基础化学实验的学习方法

基础化学实验的学习，不仅要求学生有一个正确的学习态度，而且要有一个正确的学习方法。要学习好本实验课程，应达到以下三个方面的要求：

(1) 在实验课前必须做好预习，预习是做好实验的前提和保证，预习工作可以归纳为：看、查、写。

看　认真阅读化学实验课程教科书及参考资料的有关内容，明确实验目的、了解实验原理，熟悉实验内容、主要操作步骤、仪器使用及实验数据的处理方法及注意事项，合理安排实验时间。

查　通过查阅附录或有关工具书，列出实验所需的物理化学数据。

写　在“看”和“查”的基础上认真写好预习报告。预习报告包括实验目的、基本原理、主要仪器试剂、实验步骤、实验记录格式等项目。

(2) 在教师指导下学生独立完成实验是化学实验的主要教学形式。学生先认真听指导教师讲解，然后按要求进行实验。实验过程中要做到认真操作、细心观察、积极思考和及时记录。同学间可就实验现象进行研讨，但不应谈论与实验无关的问题。合理安排实验时间，保质保量完成指定的实验内容。按照正确的操作方法使用各种仪器，做到胆大心细，防止产生不必要的试验障碍或仪器损坏。实验过程中保持肃静，桌面整洁，节约药品，安全操作。

实验观察到的现象及测得的原始数据要如实记录，不得随意涂改和删去，更不能编造原始数据。

实验中如遇到疑难问题，应积极与指导教师讨论，获得必要的指导。如实验失败，要查明原因，经教师准许后重做实验。

(3) 实验完毕，要及时分析实验现象，整理实验数据，认真、独立地完成实验报告。实验报告书写要整洁，内容要齐全，结论要明确，文字要简练，严禁相互抄袭和随意涂改。认真分析实验误差或偏差产生的原因，对实验现象以及出现的问题进行讨论，敢于提出自己的见解，对实验提出改进意见或建议。另外，还要认真回答教材中要求回答的思考题。在收到教师批改的实验报告后，同样要认真地找出问题存在的原因，及时纠正错误。

实验报告的要求与格式见本章第七节。

第三节　学生实验守则

为实现上述实验目的和教学要求，提高教学质量，学生必须遵守以下实验守则：

(1) 实验前，认真做好实验的预习准备工作，写出预习报告。实验指导教师若发现学生预习不够充分时，将责令其停止实验，达到要求后再做实验。

(2) 遵守纪律，不迟到早退，不无故缺席，保持实验室安静。不经教师许可，不能离岗。不能听随身听、开手机。严禁吸烟、吃东西。

(3) 实验时，集中思想，认真规范操作，仔细观察实验现象，如实记录实验结果，积极思考问题。安全操作，防止发生中毒、爆炸和烧伤等事故。要求独立完成的实验要按要求完成。

(4) 爱护公共财物，小心使用实验仪器和设备，注意节约用水、电和试剂；使用精密仪器时，必须严格按照操作规程进行，避免违章操作或马虎而损坏仪器。如果发现仪器有故障，应立即停止使用，报告教师及时处理。

(5) 各人应使用自己的仪器，未经教师许可，不得动用他人的仪器。实验中若有损坏，应如实登记补领。

(6) 实验台上的仪器应放置整齐，并经常保持台面清洁。

(7) 取用药品试剂时，勿撒落或搞错，取用后及时盖好瓶盖，放回原处。仪器和药品严禁带出实验室。实验中或实验后的废液、废渣和回收品，应放在指定的容器中，严禁倒入水槽中。

(8) 实验完毕后，应将玻璃仪器洗净，放回原处。提前做完实验的同学，经教师检查，得到允许后方可离开实验室。值日生负责打扫卫生，整理好药品和实验台面，关好水、电等。保持实验室整洁。

(9) 尊重教师的指导。

第四节 实验室安全规则

在化学实验室内，学生用到的药品和试剂中有很多属于易燃、易爆、有腐蚀性或有毒的。所以，在实验中，不能麻痹大意，必须十分重视安全问题。在实验前，应充分了解安全注意事项，在实验中，要集中注意力，严格遵守操作规程，以避免事故的发生。

(1) 实验室严禁吸烟、饮食、嬉戏。

(2) 若有产生刺激性或有毒气体的实验，应在通风橱内(或通风处)进行。

(3) 绝不允许任意混合各种化学药品。倾注药品或加热液体时，不要俯视容器，也不要将正在加热的容器口对准自己或他人。不能用湿的手、物接触电源，凡使用电炉、酒精灯等加热的实验，中途不得离开实验室。

(4) 有毒药品(如重铬酸钾、钡盐、铅盐、砷化合物、汞及其化合物、氰化物等)不得入口或接触伤口。剩余的废物和金属片不得倒入下水道，应倒入回收容器内集中处理。

(5) 浓酸、浓碱具有强腐蚀性，使用时切勿溅在衣服或皮肤上，尤其是眼睛；稀释浓酸、浓碱时，应在不断搅拌下将它们慢慢倒入水中；稀释浓硫酸时更要小心，千万不可把水加入浓硫酸中，以免溅出造成烧伤。

(6) 实验中所用玻璃制品，如不注意，不但会损坏仪器，还会造成割伤，因此须小心使用。

(7) 易燃的有机溶剂如乙醇、乙醚、苯、丙酮等，使用时一定要远离火焰，用后应盖严瓶塞，放到阴凉处。

(8) 自拟实验或改变实验方案时，必须经教师批准后才可进行，以免发生意外事故。

(9) 实验完毕后洗净双手，方可离开实验室。

第五节 实验室意外事故的处理

(1) 割伤 在伤口处涂抹紫药水或红药水,再用纱布包扎。

(2) 烫伤 在伤口处涂抹烫伤药或用苦味酸溶液清洗伤口,小面积轻度烫伤可以涂抹肥皂水。

(3) 酸碱腐蚀伤 先用大量水冲洗。酸腐伤后,用饱和碳酸氢钠溶液或氨水溶液冲洗;碱腐伤后,用2%醋酸洗,最后用水冲洗。若强酸、强碱溅入眼内,立即用大量水冲洗,然后相应地用1%碳酸氢钠溶液或1%硼酸溶液冲洗。

(4) 溴灼伤 立即用大量水冲洗,再用酒精擦至无溴存在为止;或用苯或甘油洗,然后用水洗。

(5) 磷灼伤 用1%硝酸银、1%硫酸铜或浓高锰酸钾溶液洗,然后包扎。

(6) 吸入溴蒸气、氯气、氯化氢 可吸入少量酒精和乙醚的混合气体;若吸入硫化氢气体而感到不适时,应立即到室外呼吸新鲜空气。

(7) 毒物不慎进入口中 用催吐剂(约30 g硫酸镁溶于1杯水中),并用手指伸进咽喉部,促使呕吐,然后立即送医院治疗。

(8) 触电 遇到触电事故,应先切断电源,必要时进行人工呼吸。

(9) 火灾 若遇有机溶剂引起着火时,应立即用湿布或砂土等灭火;如果火势较大,可用灭火器灭火,切勿泼水,泼水会使火势蔓延。若遇电器设备着火,先切断电源,然后用灭火器灭火,不能用水灭火,以免触电。实验人员衣服着火时,立即脱下衣服,或就地打滚。

(10) 伤势较重者,立即送医院治疗。

第六节 实验室的“三废”处理

根据环境保护要求及绿色化学的基本原则,化学实验室应尽可能选择对环境无毒害的实验项目。对用过的酸类、碱类、盐类等各种废液、废渣,分别倒入各自的回收容器内,再根据各类废弃物的特性,采取中和、吸收、燃烧、回收循环利用等方法来进行处理。对确实无法避免的实验项目产生的“三废”,必须按照国家要求的排放标准进行妥善处理。化学实验室的环境保护应该规范化、制度化。

1. 实验室的废气

实验室中凡可能产生有害废气的操作,如加热酸、碱溶液及产生少量有毒、有害气体的实验等都应在有通风装置的条件下进行。涉及金属汞的操作必须有良好的全室通风装置,其抽风口通常在墙的下部。实验室若排放毒性大且较多的气体,可参考工业上废气处理的办法,在排放废气之前,采用吸附、吸收、氧化、分解等方法进行预处理。毒性大的气体可参考工业上废气处理的办法处理后排放。

2. 实验室的废渣

实验室产生的有害固体废渣虽然不多,但决不能将其与生活垃圾混倒。固体废弃物经回收、提取有用物质后,其残渣仍是多种污染物的存在状态,须转交当地专业废物处理部门做最终的安全处理与处置。

(1) 化学稳定　对少量(如放射性废弃物等)高危险性物质,可将其通过物理或化学的方法进行(玻璃、水泥、岩石的)固化,再进行深地填埋。

(2) 土地填埋　这是许多国家作为固体废弃物最终处置的主要方法。要求被填埋的废弃物应是惰性物质或可经微生物分解成为无害物质。填埋场地应远离水源,场地底土不透水、不能穿入地下水层。填埋场地可改建为公园或草地。因此,这是一项综合性的环保工程技术。

3. 实验室的废液

化学实验室产生的废弃物很多,但以废溶液为主。若不加以处理而任意排放,必然会污染环境,危害人类。实验室产生的废溶液因其种类繁多,组成变化大,故应根据溶液的性质分别加以处理。

(1) 废酸液可先用耐酸塑料网纱或玻璃纤维过滤,滤液加碱中和,调 pH 至 6～8 后就可排出,少量滤渣可埋于地下。

(2) 废洗液可用高锰酸钾氧化法使其再生后使用。少量的废洗液可加废碱液或石灰使其生成 $Cr(OH)_3$沉淀,再加以利用。

(3) 氰化物是剧毒物质,少量的含氰废液可先加 NaOH 调至 pH＞10,再加入适量高锰酸钾使 CN^-离子氧化分解。大量的含氰废液可用碱性氯化法处理,即先用碱调至 pH＞10,再加入次氯酸钠,使 CN^-氧化成氰酸盐,并进一步分解为 CO_2和 N_2。

(4) 含汞盐的废液先用酸、碱溶液调 pH 至 8～10,然后加入过量的 Na_2S,使其生成 HgS 沉淀,并加 $FeSO_4$与过量 S^{2-}生成 FeS 沉淀,通过共沉淀吸附 HgS,离心分离,清液含汞量降到 0.02 mg · L^{-1}以下,方可排放。少量残渣可埋于地下,大量残渣可用焙烧法回收汞,但应注意一定要在通风橱中进行。

(5) 含重金属离子的废物,可加碱或加 Na_2S 把重金属离子变成难溶性的氢氧化物或硫化物而沉积下来,过滤后,再回收利用。

第七节　实验报告

做完实验操作仅是完成实验的一半,余下的任务是分析实验现象,整理实验数据,完成实验报告。做完实验之后,要在指定的时间内认真、独立、及时地完成实验报告。实验报告一般包括如下内容:

(1) 实验目的。即为什么要进行此项实验,通过此项实验应学到什么知识和技能。

(2) 实验原理。即该项实验的理论依据(包括理论的阐述和公式),常要求给出反应方程式。

(3) 实验内容。包括本实验项目所使用的仪器(注明型号)、试剂和实验步骤。实验步骤应简明扼要,尽量采用箭头表示的示意图,切忌照抄书本。

(4) 实验现象和原始数据记录。如实记录操作过程中所观察到的实验现象和所得到的原始数据。必须准备一个记录本,记录所有实验现象和原始数据。原始数据不得随意涂改和删去,更不能杜撰原始数据,如有记录错误,应在原始数据上划一道杠,再在旁边写上正确值,每次结果要经教师签字认可。

(5) 数据处理及思考题。对所观察到的实验现象进行分析、解释;对原始数据进行处理(包括计算、作图、误差分析);对得到的实验结果进行讨论,得出实验结论,分析误差产生原因;对实验现象及出现的一些问题进行讨论,并按要求解答指导教师布置的思考题。

实验报告的书写，一般分三部分：

预习部分（实验前完成），按实验目的、原理（扼要）、步骤（简明）几项书写。

记录部分（实验时完成），包括实验现象、测定数据，这部分称原始记录。

结论部分（实验后完成），包括对实验现象的分析、解释、结论；原始数据的处理、误差分析；思考题与讨论。

不同类型的实验，实验报告的书写格式有所不同，要求学生根据不同类型实验的特点，自行设计出最佳实验报告格式，做到言简意赅、条理清晰，避免照搬教材、相互抄袭，字迹工整清晰，内容齐全准确。

《基础化学实验》报告大致分为化合物制备、化合物性质、化合物定量、定性分析等几种类型。

下面是实验报告格式示例（仅供参考）：

▲制备实验

实验　硫酸亚铁铵的制备

一、实验目的

（1）了解复盐硫酸亚铁铵制备的原理与方法。

（2）练习水浴加热、抽滤等基本操作。

二、实验原理

$$Fe + H_2SO_4 = FeSO_4 + H_2\uparrow$$

$$FeSO_4 + (NH_4)_2SO_4 + 6H_2O = FeSO_4\cdot(NH_4)_2SO_4\cdot 6H_2O$$

三、仪器、试剂与材料

仪器：台秤、抽气泵、烧杯、玻璃棒、布氏漏斗、电炉。

试剂与材料：H_2SO_4溶液（3 mol·L^{-1}）、Na_2CO_3溶液（10%）、$(NH_4)_2SO_4$（固，AR）、铁屑、pH 试纸（1～14）、滤纸、小铁钉。

四、实验步骤

1. 硫酸亚铁的制备

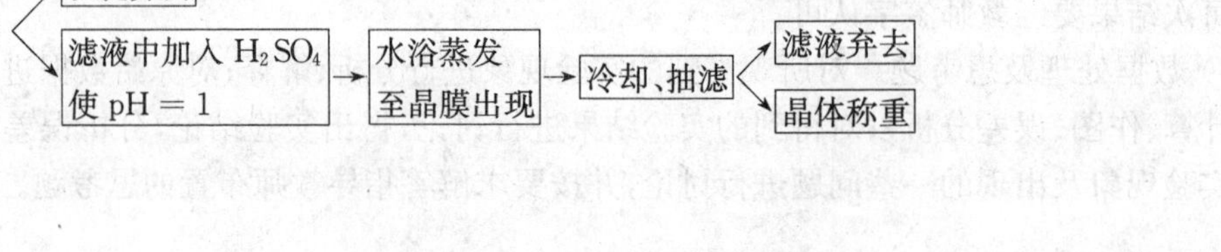

2. 硫酸亚铁铵的制备

计算所需的$(NH_4)_2SO_4$制成饱和溶液 → $FeSO_4$与饱和$(NH_4)_2SO_4$溶液混合，调节 pH=1～2 → 水浴加热蒸发浓缩至表面出现晶膜 → 冷却至室温 → 抽滤

→ 滤液弃去

→ 晶体烘干称重 → 滤液弃去

五、数据记录与处理

1. 数据记录

(1) 铁屑用量<u>4.0</u> g。

$3\ mol \cdot L^{-1}\ H_2SO_4$用量<u>30.0</u> mL。

硫酸铵用量____g。

(2) 硫酸亚铁产量____g。

硫酸亚铁铵产量____g。

硫酸亚铁铵：浅蓝绿色细粉状固体。

2. 数据处理

$Fe \longrightarrow FeSO_4 \cdot (NH_4)_2SO_4 \cdot 6H_2O$

56　　　　　　392.13

4.0　　　　　　X(假设全部反应)

$$X = 4.0 \times \frac{392.13}{56} = 28$$

(1) 硫酸亚铁铵理论产量 28 g。

(2) 硫酸亚铁铵产率$=\frac{实际产量}{理论产量}\times 100\% = \frac{25.0 \times 100\%}{28} = 89\%$。(假设实际产量为 25 g)

六、结果讨论与思考题解答(略)

▲定量实验

实验　NaOH 标准溶液的配制与标定

一、实验目的

(1) 掌握 NaOH 标准溶液的配制方法。

(2) 学会运用邻苯二甲酸氢钾作为基准物质标定 NaOH 浓度。

(3) 进一步熟悉滴定分析基本操作和称量操作。

二、实验原理

固体氢氧化钠易吸收空气中的二氧化碳和水分，因此 NaOH 标准溶液不能用直接配制法，而只能用间接法。配制的碱溶液的准确浓度必须用“基准物”进行标定。本实验选用邻

苯二甲酸氢钾(KHP)为基准物质，其标定反应为

$$KHP + NaOH = KNaP + H_2O$$

反应终点时，pH≈9，故选择酚酞作为标定反应的指示剂。

三、仪器及试剂

仪器：碱式滴定管、锥形瓶、烧杯、试剂瓶(带橡皮塞)、塑料洗瓶、分析天平。

试剂：氢氧化钠(固、AR)、邻苯二甲酸氢钾(基准试剂)、酚酞指示剂(0.2%乙醇溶液)。

四、实验步骤

(1) 配制 0.1 $mol \cdot L^{-1}$ 的 NaOH 标准溶液 1 L。

称量 4.0 克 NaOH 于烧杯中→加入少量水快速搅拌溶解→稀释至 1 L→存放于试剂瓶中(带橡皮塞)→摇匀备用。

(2) 标定：准确称量(减量法)KHP 0.4～0.6 g 试样三份于三只锥形瓶中→加入 50 mL 温热的水溶解→加入酚酞指示剂 1～2 滴→用 NaOH 标准溶液滴定至微红色，且在 30 s 内不褪色为终点→记录消耗的 NaOH 溶液的体积。

五、数据记录及处理

测定次数 / 记录项目	1	2	3
m(KHP)(g)			
V(NaOH)(mL)			
c(NaOH)($mol \cdot L^{-1}$)			
$\bar{c}$(NaOH)($mol \cdot L^{-1}$)			
绝对偏差			
相对平均偏差(%)			

六、结果讨论及思考题解答(略)

▲性质实验

实验　电离平衡与沉淀反应

一、实验目的(略)

二、实验原理(略)

三、仪器及试剂(略)

四、实验步骤、实验现象及结论(仅部分内容作示例)

步　骤	实验现象	解释、结论
(一) 同离子效应 (1) 1 mL 0.1 mol·L^{-1} HAc+1 滴甲基橙 1 mL 0.1 mol·L^{-1} HAc+1 滴甲基橙+少量 NaAc(s)	 溶液呈橙红色 颜色变化为黄色	两管颜色不同的原因: $HAc \rightleftharpoons H^+ + Ac^-$,加入少量 NaAc 使平衡向左移动导致同离子效应,H^+浓度变小,溶液 pH 变大
(2) 5 滴 0.1 mol·L^{-1} $MgCl_2$ +5 滴饱和 NH_4Cl 溶液+5 滴 2 mol·L^{-1} $NH_3 \cdot H_2O$ 5 滴 0.1 mol·L^{-1} $MgCl_2$ +5 滴 2 mol·L^{-1} $NH_3.H_2O$	无白色沉淀 有白色沉淀	$NH_3 \cdot H_2O \rightleftharpoons NH_4^+ + OH^-$ $Mg^{2+} + 2OH^- = Mg(OH)_2 \downarrow$ 原因是 NH_4^+ 使 $NH_3 \cdot H_2O \rightleftharpoons NH_4^+ + OH^-$ 平衡向左移动导致同离子效应,使 OH^- 浓度变小,溶液 pH 变小,不能生成 $Mg(OH)_2$ 沉淀
(二) 缓冲溶液的配制和性质 (1) 8.5 mL 0.1 mol·L^{-1} HAc+1.5 mL 1 mol·L^{-1} NaAc 溶液配制 pH=4.0 的缓冲溶液10 mL。用pH 试纸测定其 pH	pH=4.0	$pH = pK_a - \lg c(HAc)/c(NaAc)$ $= pK_a - \lg V(HAc)/V(NaAc)$, $V(HAc) + V(NaAc) = 10$ $pK_a = 4.75$ 所以$V(HAc) = 8.5$ mL $V(NaAc) = 1.5$ mL
(2) 将上述的缓冲溶液分成两等份 缓冲溶液+1 mol·L^{-1} HCl 1 滴,测 pH 缓冲溶液+1 mol·L^{-1} NaOH 1 滴,测 pH	 pH=4.0 pH=4.0	说明缓冲溶液的缓冲性能,溶液 pH 在加入少量酸碱后变化不大。水无缓冲能力
(3) 取 5 mL 蒸馏水,用 pH 试纸测定其 pH 5 mL 蒸馏水+1 mol·L^{-1} HCl 1 滴 5 mL 蒸馏水+1 mol·L^{-1} NaOH 1 滴 分别用 pH 试纸测定其 pH	pH=6 pH=2 pH=10	
(三) 盐的水解 (1) 1 mL 0.1 mol·L^{-1} Na_2CO_3 测 pH	pH>7	$CO_3^{2-} + H_2O \rightleftharpoons HCO_3^- + OH^-$
1 mL 0.1 mol·L^{-1} NaCl 测 pH	pH=7	强酸强碱不水解
1 mL 0.1 mol·L^{-1} $Al_2(SO_4)_3$ 测 pH	pH<7	$Al^{3+} + H_2O \rightleftharpoons Al(OH)^{2+} + H^+$
(2) 0.1 mol·L^{-1} Na_3PO_4 测 pH	pH>7	$PO_4^{3-} + H_2O \rightleftharpoons HPO_4^{2-} + OH^-$
0.1 mol·L^{-1} Na_2HPO_4 测 pH	pH>7	$HPO_4^{2-} + H_2O \rightleftharpoons H_2PO_4^- + OH^-$
0.1 mol·L^{-1} NaH_2PO_4 测 pH	pH<7	$H_2PO_4^- \rightleftharpoons HPO_4^{2-} + H^+$,电离大于水解
(3) 少量 $SbCl_3$ 固体+1 mL 蒸馏水,测 pH 值。再加入 6 mol·L^{-1} HCl 最后将所得溶液稀释 ……	白色沉淀,pH<7 沉淀溶解 白色沉淀	$SbCl_3 + H_2O = SbOCl \downarrow + 2HCl$ 加 HCl,使平衡左移,沉淀溶解, 稀释后,使平衡右移,产生沉淀

五、思考题解答(略)

第八节 实验成绩评分办法

评定学生实验成绩的主要依据如下：

(1) 对实验原理和基础知识的理解与掌握程度。

(2) 对实验基本操作与技能、实验方法的正确掌握程度。

(3) 实验现象与原始数据的记录(及时、正确、格式等)，实验现象分析与数据处理的正确性，实验结果的准确度、精密度及合理性，有效数字、作图技术的掌握程度，实验报告的书写与完整性。

(4) 实验过程中的综合能力、科学精神与科学品德。

学生实验成绩分为平时与考试两部分，具体如下：

一、平时考核成绩是对每个实验项目打分，包括以下几个方面

(1) 课前认真预习，明确实验目的和原理，了解实验的内容、步骤、操作方法和注意事项，认真写好实验预习报告(10%)。

(2) 实验中能掌握正确的实验操作方法，严格遵守操作程序及注意事项，认真观察并真实、详细记录实验现象及原始实验数据，并做到安全实验(20%)。

(3) 所有实验现象与数据及时记录在预先编好页码的原始记录本上，实验数据及格式合理，实验结束后交指导教师审阅(20%)。

(4) 对实验所得结果和数据，按实际情况及时进行整理、计算和分析，总结实验中的经验教训，认真独立的写好实验报告，按时交给指导教师(40%)。

(5) 自觉遵守纪律与实验室规则，保持实验室整洁、安静，仪器拿放有序，实验完毕后及时洗涤、清理仪器，无拿走、损坏仪器现象，切断电源、水阀，做好值日生工作(10%)。

二、实验考试

实验考试包括笔试与操作考试，可以仅操作考试，也可笔试与操作考试同时进行。操作考试一般在课程结束后进行，考核内容为本课程所做过的实验项目。每班学生分多批进行，通过抽题的方式，每人抽一个实验项目，根据实验项目要求写出简要的实验操作步骤，然后进行实际操作，如实记录实验现象、原始数据并进行数据处理。监考教师根据实验项目要求观察具体的观测点，根据学生操作过程的规范化、熟练程度、数据的可靠性、综合能力等分项打分，最后汇总。

考核评分细则根据实验项目具体要求，例如，滴定分析实验的评分观测点为：

(1) 仪器的准备(10 分)；

(2) 称量操作(20 分)；

(3) 样品溶解后从烧杯定量转移至容量瓶中的操作(10 分)；

(4) 用移液管从容量瓶中移取溶液至锥形瓶的操作(10 分)；

(5) 滴定操作(20 分)；

(6) 数据的可靠性和精密度(10 分)；

(7) 综合能力(20 分)。

满分为 100 分。

平时考核成绩与实验考试在评分中所占比例可根据学校规定和指导教师的要求具体确定。

评分结果以优秀、良好、中等、及格、不及格五个等级给出。

第二章　基本知识与基本操作

第一节　玻璃仪器

一、常用玻璃仪器简介

玻璃具有良好的化学稳定性，并且透明，便于观察实验现象，所以在化学实验中大量使用。玻璃仪器一般是由软质玻璃和硬质玻璃制作而成的。从断面看颜色偏绿色的为软质玻璃，软质玻璃透明度好，价格便宜，但硬度、耐温、耐腐蚀性较差，一般用它制作的仪器均不耐热，如量筒、普通漏斗、吸滤瓶、干燥器等。硬质玻璃具有较好的耐热和耐腐蚀性，制成的仪器可在温度变化较大的情况下使用，如烧瓶、烧杯、冷凝器等。

玻璃仪器按玻璃性能可分为可加热的（如烧杯、烧瓶、试管等）和不宜加热的（如量筒、容量瓶、试剂瓶等）；按用途可分为容器类、量器类和特殊用途类（如干燥器、漏斗等）。

玻璃仪器按照接口又可分为普通口和标准磨口两种。在实验室常用的普通玻璃仪器有非磨口锥型瓶、烧杯、普通漏斗、分液漏斗等。常用的标准磨口仪器有圆底烧瓶、三口瓶、蒸馏头、冷凝器、接收管等。标准磨口玻璃仪器不需要木塞或橡皮塞，直接可以与相同号码的接口相互紧密连接，连接简便，又能避免反应物或产物被塞子玷污的危险。此外磨口仪器的蒸汽通道较大，不像塞子连接的玻璃管那样狭窄，所以比较流畅。

标准磨口仪器根据磨口口径分为 10、14、16、19、24、29、34、40、50 等号。相同编号的子口和母口可以连接。当用不同编号的子口和母口连接时，中间可以用一个大小口接头。当使用 14/30 这种编号时，表明仪器的口径是 14 mm，磨口长度是 30 mm。学生使用的常量仪器一般是 14、16、19 和 24 号的磨口仪器，微型实验中采用 10 号磨口仪器。

表 2-1　化学实验常用仪器

仪器名称	规　格	用　途	注意事项
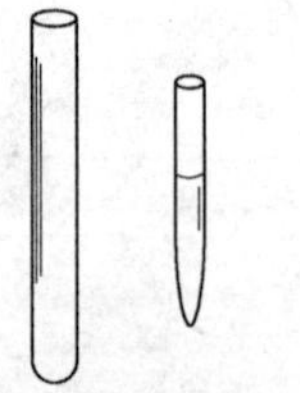 试管　离心试管	分硬质试管，软质试管，普通试管，离心试管，玻璃试管，塑料试管等。普通试管以管口外经（mm）×长度（mm）表示。如：25×100，10×15 等。离心试管以毫升表示	用作少量试剂的反应容器，便于操作和观察。离心试管还可用作定性分析中的沉淀分离	可直接用火加热。硬质试管可以加热至高温。加热后不能骤冷，特别是软质试管更容易破裂。离心试管只能用水浴加热

续表

仪器名称	规格	用途	注意事项
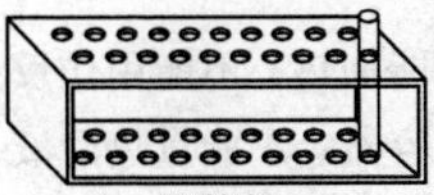 试管架	有木质、铝质、塑料的	放试管用	
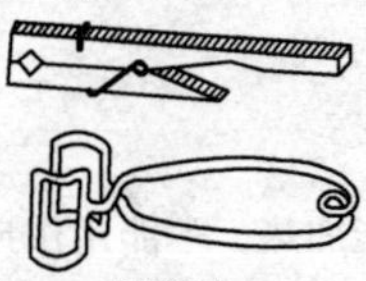 试管夹	由木头、钢丝或塑料制成	夹试管用	防止烧损或锈蚀
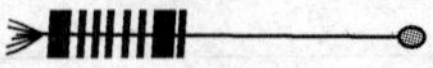 毛刷	以大小和用途表示。如试管刷、滴定管刷等	洗刷玻璃仪器用	小心刷子顶端的铁丝撞破玻璃仪器
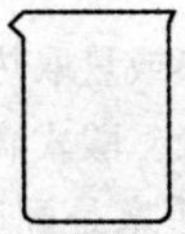 烧杯	玻璃质。分硬质、软质，有一般型和高型，有刻度和无刻度。规格按容量（mL）大小表示	用作反应物量较多时的反应容器。反应物易混合均匀	加热时应放置在石棉网上，使受热均匀
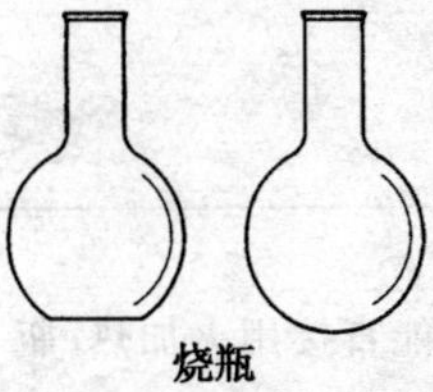 烧瓶	玻璃质。分硬质和软质。有平底、圆底、长颈、短颈几种及标准磨口烧瓶。规格按容量（mL）大小表示。磨口烧瓶是以标号表示其口径的大小的	反应物多，且需长时间加热时，常用它作反应容器	加热时应放置在石棉网上，使受热均匀
 锥形瓶	玻璃质。分硬质和软质。有平底、圆底、长颈、短颈几种及标准磨口锥形瓶。规格按容量（mL）大小表示。磨口锥形瓶是以标号表示其口径的大小的	反应容器。振荡很方便，适用于滴定操作	加热时应放置在石棉网上，使受热均匀

续 表

仪器名称	规 格	用 途	注意事项
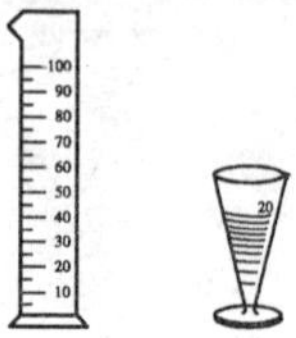 量筒和量杯	玻璃质。以所能量度的最大容积(mL)表示	用于量度一定体积的液体	不能加热。不能用作反应容器。不能量热溶液或液体
 容量瓶	玻璃质。以刻度以下的容积大小表示	配制准确浓度的溶液时用。配制时液面应恰好在刻度上	不能加热。不能用作反应容器。不能量热溶液或液体
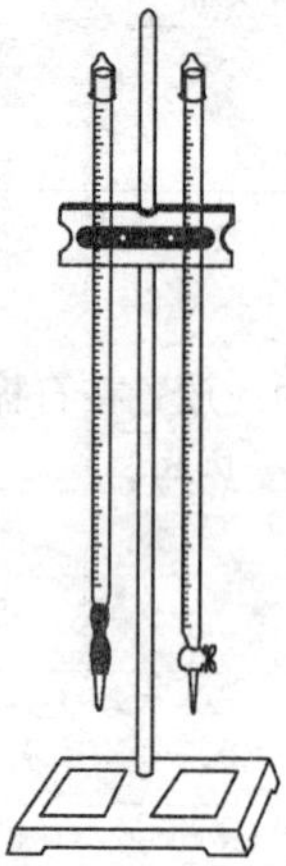 滴定管(及支架)	玻璃质。分酸式和碱式两种。规格按刻度最大标度表示	用于滴定或准确量取液体体积	不能加热或量取热的液体或溶液。酸式滴定管的玻璃活塞是配套的，不能互换使用
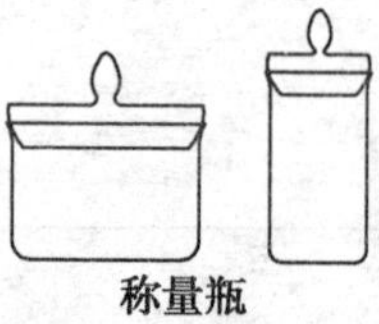 称量瓶	玻璃质。规格以外径(mm)×高(mm)表示。分“扁型”和“高型”两种	用于准确称取一定量的固体样品，高型用于差减法称量一定量的固体样品时用	不能直接用火加热，瓶和塞是配套的，不能互换
 干燥器	玻璃质。规格以外径(mm)大小表示。分普通干燥器和真空干燥器	内放干燥剂，可保持样品或产物的干燥	防止盖子滑动打碎，灼热的东西待稍冷后才能放入

续 表

仪器名称	规　格	用　途	注意事项
 药勺	由牛角、瓷或塑料制成，现多数是塑料的	取固体样品用，药勺两端各有一勺，一大一小，根据用药量的大小分别选用	取用一种药品后，必须洗净，并用滤纸擦干后，才能取另一种药品
 滴瓶　细口瓶　广口瓶	一般多为玻璃质	广口瓶用于盛放固体样品；细口瓶、滴瓶用于盛放液体样品；不带磨口的广口瓶可用作集气瓶	不能直接用火加热。瓶塞不要互换，不能盛放碱液，以免腐蚀塞子
 表面皿	以口径大小表示	盖在烧杯上，防止液体迸溅或其他用途	不能用火直接加热
 漏斗　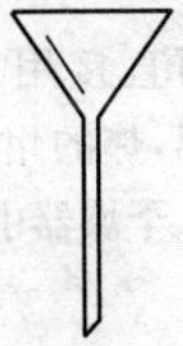 长颈漏斗　 漏斗　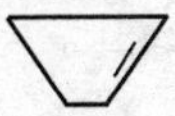 漏斗	以口径大小表示	用于过滤等操作。长颈漏斗特别适用于定量分析中的过滤操作	不能用火直接加热
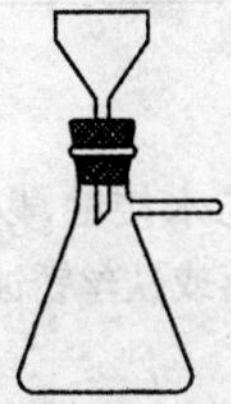 吸滤瓶和布氏漏斗	布氏漏斗为瓷质，以容量或口径大小表示。吸滤瓶为玻璃质，以容量大小表示	两者配套用于沉淀的减压过滤（利用水泵或真空泵降低吸滤瓶中压力时将加速过滤）	滤纸要略小于漏斗的内径才能贴紧。不能用火直接加热

续 表

仪器名称	规 格	用 途	注意事项
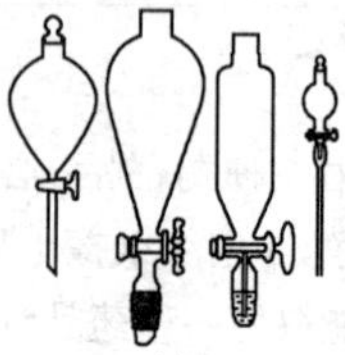 (a) 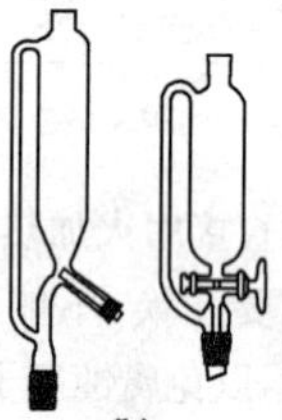 (b) 分液漏斗	以容积大小和形状(球形、梨形)表示	用于互不相溶的液－液分离。也可用于少量气体发生器装置中加液	不能用火直接加热。漏斗塞子不能互换,活塞处不能漏液
 蒸发皿	以口径或容积大小表示。用瓷、石英或铂制作	蒸发浓缩液体用。随液体性质不同可选用不同质的蒸发皿	能耐高温,但不宜骤冷。蒸发溶液时,一般放在石棉网上加热
 坩埚	以容积(mL)大小表示。用瓷、石英、铁、镍或铂制作	灼烧固体时用。随固体性质不同可选用不同质的坩埚	可直接用火灼烧至高温,热的坩埚稍冷后移入干燥器中存放
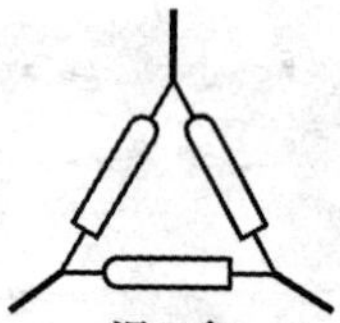 泥三角	由铁丝弯成并套有瓷管,有大小之分	灼烧坩埚时放置坩埚用	
 石棉网	由铁丝编成,中间涂有石棉,有大小之分	石棉是一种不良导体,它能使受热物体均匀受热,不造成局部高温	不能与水接触,以免石棉脱落或铁丝锈蚀

续 表

仪器名称	规 格	用 途	注意事项
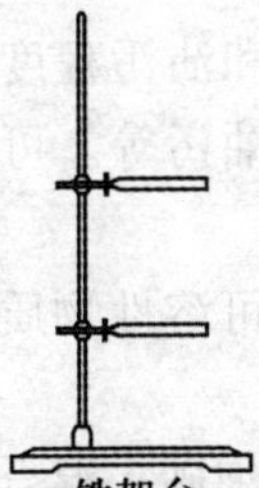 铁架台		用于固定或放置反应容器，铁环还可以代替漏斗架使用	
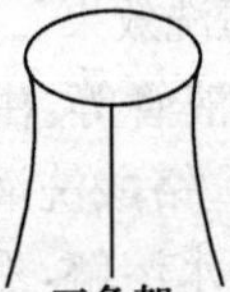 三角架	铁制品。有大小、高低之分，比较牢固	放置较大或较重的加热容器	
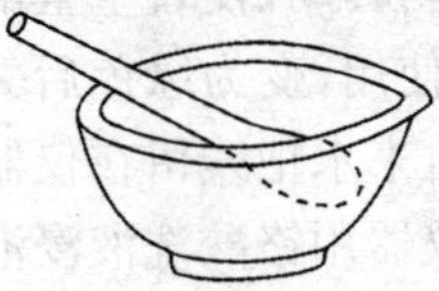 研钵	用瓷、玻璃、玛瑙或铁制成。规格以口径大小表示	用于研磨固体物质，或固体物质的混合。按固体的性质和硬度选择不同的研钵	不能用火直接加热。大块固体物质只能碾压，不能捣碎
 燃烧匙	铁制品或铜制品	检验物质可燃性用	用后立即洗净，并将匙勺擦干
 温度计	100℃ 200℃ 300℃	用于反应液的温度或沸点的测定	用完后不可马上用冷水冲洗

二、玻璃仪器的洗涤与干燥

1. 玻璃仪器的洗涤

玻璃仪器的洗涤方法很多，一般来说，应根据实验的要求、污物的性质和沾污程度来选择方法。附着在仪器上的污物既有可溶性物质，也有尘土、不溶物及有机油污等。可分别采用下列方法洗涤：

(1) 用毛刷刷洗　用毛刷蘸水刷洗仪器，可以去掉仪器上附着的尘土、可溶性物质和易脱落的不溶性杂质。

(2) 用去污粉(或肥皂粉、合成洗涤剂)洗涤　去污粉是由碳酸钠、白土、细砂等混合而成的。将要洗的容器先用少量水润湿，然后，撒入少量去污粉，再用毛刷擦洗，它是利用碳酸钠的碱性具有强的去污能力、细砂的摩擦作用、白土的吸附作用，增加了对仪器的清洗效果。

(3) 用铬酸洗液洗涤　一些较精密的玻璃仪器，如滴定管、容量瓶、移液管等，由于口小、管细，难以用刷子刷洗，且不宜用刷子摩擦内壁。常可用铬酸洗液来洗。铬酸洗液是由浓硫酸和重铬酸钾配制而成的(通常将 25 g $K_2Cr_2O_7$ 置于烧杯中，加 50 mL 水溶解，然后在不断搅拌下，慢慢加入 450 mL 浓硫酸)，呈深红褐色，具有强酸性和强氧化性，对有机物、油污等的去污能力特别强。洗涤时先沥干水再移入少量洗液，将仪器倾斜转动，使管壁全部被洗液湿润。转动一会儿后将洗液倒回原洗液瓶中(铬酸洗液可反复使用，变为绿色后失去去污力，要倒入废液桶，另行处理，绝不能随意倒入下水道中)，再用自来水把残留在仪器中的洗液洗去，最后用少量的蒸馏水洗涤三次。玷污程度严重的玻璃仪器用铬酸洗液浸泡约十几分钟，再依次用自来水和蒸馏水洗涤干净。把洗液微微加热浸泡仪器效果会更好。使用铬酸洗液时，应注意以下几点：

① 尽量把仪器内的水倒尽，以免冲稀洗液。

② 洗液用完后应倒回原瓶内，反复使用。应随时盖好容器的盖子，以免析出 CrO_3 降低洗涤能力。

③ 洗液具有强的腐蚀性，会灼伤皮肤、破坏衣物，如不慎把洗液洒在皮肤、衣物和桌面上，应立即用水冲洗。

④ 已变成绿色的洗液(重铬酸钾被还原成硫酸铬的颜色，无氧化性)，不能继续使用。

⑤ 铬有毒，清洗残留在仪器上的洗液时，第一、二遍的洗涤水不要倒入下水道，应倒入指定的废液容器集中进行处理。

铬酸洗液具有很强的氧化性和腐蚀性，会灼伤皮肤、破坏衣物等，Cr(VI)有毒，会对环境造成污染，故应尽量避免使用。近来有使用厨房洗洁精代替铬酸洗液，效果很好。使用时配成 1%～2%的溶液，按常规方法刷洗。

(4) 用浓盐酸洗涤　可洗去附在器壁上的氧化剂，如二氧化锰等。大多数不溶于水的无机物都可以用它洗去。

(5) 用氢氧化钠-高锰酸钾洗液洗涤(将 4 g 高锰酸钾溶解在 100 mL 温热的10%NaOH溶液中)可洗去油污和有机物，洗后附在器壁上的二氧化锰再用浓盐酸或亚铁盐洗去。

除以上洗涤方法外，还可根据污物的性质选用适当试剂。如 AgCl 沉淀可用氨水洗涤；硫化物沉淀可选用硝酸加盐酸洗涤等。

用以上各种方法洗涤后，经自来水冲洗干净的仪器上往往还留有钙、镁、铁、氯等离子，如果实验中不允许这些离子的存在，应该用蒸馏水荡洗三次，去掉自来水中带来的上述离子。每次蒸馏水的用量要少，遵循“少量多次”的原则。

如何判断玻璃器皿的清洁与否呢？已经清洁的玻璃器皿可以被水完全润湿，把仪器倒转过来，如果水沿仪器壁流下，壁上只留有均匀的一层水膜，而不挂水珠。凡是已经洗净的仪器，决不能用布或纸擦干，否则，布或纸上的纤维将会附着在仪器上。

在定性、定量分析实验中，由于杂质的引入会影响实验结果的准确性，对仪器洁净程度要求较高。在一般的无机制备、性质实验中，因对仪器洁净程度要求不高，仪器只要刷洗干净，用自来水冲洗干净即可。

2. 玻璃仪器的干燥

(1) 晾干　洗净的仪器可倒置在干净的实验柜内或仪器架上（倒置后不稳定的仪器，应平放），让其自然干燥。

(2) 烤干　烧杯和蒸发皿可以放在有石棉网的电炉上烤干。试管可以直接用小火烤干（图 2-1），操作时，先将试管略为倾斜，管口向下，并不时地来回移动试管，水珠消失后，再将管口朝上，以便水汽逸出。

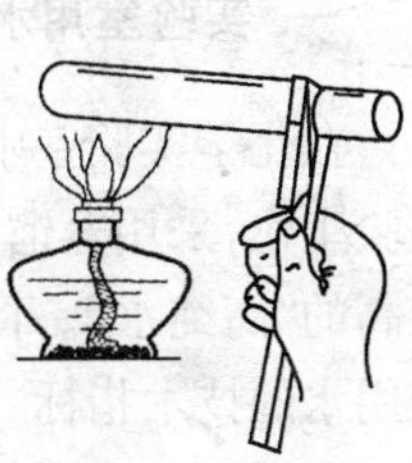

图 2-1　小火烘干试管操作

(3) 烘干　洗净的玻璃仪器可以放在电热干燥箱（烘箱）内烘干。放进去之前应尽量把水沥干净。放置时，应注意使仪器的口朝下（倒置后不稳的仪器则应平放）。可以在电热干燥箱的最下层放一个搪瓷盘，以接收从仪器上滴下的水珠，不使水滴到电炉丝上，以免损坏电炉丝。

(4) 吹干　用压缩空气或吹风机把仪器吹干。电吹风可用于局部加热，快速干燥仪器。

(5) 用有机溶剂干燥　一些带有刻度的计量仪器，不能用加热方法干燥，否则，会影响仪器的精密度。可将少量易挥发的有机溶剂（如酒精或酒精-丙酮混合液）倒入洗净的仪器中，倾斜并转动仪器，使器壁上的水与有机溶剂混合，然后倾出，少量残留在仪器内的混合液会很快挥发使仪器干燥。

三、使用玻璃仪器时的注意事项

(1) 使用时，应轻拿轻放。

(2) 禁止剧热剧冷。

(3) 不能用明火直接加热玻璃仪器，用电炉加热时应垫石棉网。

(4) 不能用高温加热带有刻度的计量仪器，如滴定管、量筒、容量瓶等。

(5) 玻璃仪器使用完后，应及时清洗干净，特别是标准磨口仪器放置时间太久容易黏结在一起，很难拆开。如果发生此情况，可用热水煮黏结处或用热风吹母口处，使其膨胀而脱落，还可用木槌轻轻敲打黏结处。洗涤干净的玻璃仪器最好自然晾干。

(6) 带旋塞或具塞的仪器清洗后，应在塞子和磨口接触处夹放纸片或涂抹凡士林，以防黏结。

(7) 标准磨口仪器的磨口处要保持干净，不能黏有固体物质。清洗时，应避免用去污粉擦洗磨口。否则，会使磨口连接不紧密，甚至会损坏磨口。

(8) 安装仪器时，应做到横平竖直，磨口连接处不应受到歪斜的应力，以免仪器破裂。一般使用时，磨口处无需涂润滑剂，以免沾有反应物或产物。但是反应中使用强碱时，则要涂润滑剂，以免磨口连接处因碱腐蚀而黏结在一起，无法拆开。当减压蒸馏时，应在磨口连接处涂润滑剂（真空脂），保证装置密封性好。

（9）用温度计时应注意不要用冷水洗涤热的温度计，以免炸裂，尤其是水银球部位，应冷却至室温后冲洗。不能用温度计搅拌液体或固体物质，以免损坏。若不慎打碎水银温度计，不能将水银球冲到下水道中，要把硫磺粉洒在水银球上，然后汇集在一起处理。

第二节 实验室用水与化学试剂

一、实验室用水

在化学实验室中，根据任务和要求的不同，对水的纯度也有不同的要求。对于一般性实验工作，采用蒸馏水或去离子水就可满足实验要求，但对超纯物质的分析，则需要用纯度较高的“高纯水”。目前，实验室用水一般执行 GB 6682—92 国家标准。该标准规定了实验室用水的技术指标、制备方法及检验方法。

1. 实验室用水的规格

表 2-2 实验室用水的级别及重要指标

指标名称	一级	二级	三级
pH 范围(25℃)	—	—	5.0～7.5
电导率(25℃)($mS \cdot m^{-1}$)	≤0.01	≤0.10	≤0.50
可氧化物质(以氧计)($mg \cdot L^{-1}$)	—	<0.08	<0.4
蒸发残渣(105±2℃)($mg \cdot L^{-1}$)	—	≤1.0	≤2.0
吸光度(254 nm，1 cm 光程)	≤0.001	≤0.01	—
可溶性硅(以 SiO_2 计)($mg \cdot L^{-1}$)	<0.01	<0.02	—

说明：（1）由于在一级水、二级水的纯度下，难于测定其真实的 pH，因此，对其 pH 范围不做规定。

（2）由于在一级水的纯度下，难于测定其可氧化物质和蒸发残渣，因此，对其限量不做规定。

2. 实验室用水的制备

（1）一级水的制备　一级水基本上不含有溶解或胶态离子及有机物。可用二级水经过蒸馏、离子交换和 0.2 μm 过滤膜的方法制得；或用石英装置进一步蒸馏制得。

（2）二级水的制备　二级水可含有微量的无机、有机或胶态杂质。可采用食用水或无污染较纯净的天然水为原料蒸馏或离子交换后再进行蒸馏制备。也可用三级水进行蒸馏制备。

（3）三级水的制备　三级水适合一般实验室的实验工作。一般以食用水或无污染较纯净的天然水为原料经过蒸馏、离子交换或电渗析等方法制备。

3. 实验室用水的一般性检验方法

实验室用水一般通过测定电导率或化学方法检验。离子交换法制得的纯水，可通过电导率仪监测水的电导率，同时可确定是否需要更换离子交换柱。注意取样后要立即测定，以免空气中二氧化碳溶于水中而导致电导率增大。也可采用表2-3的化学方法检验。

表2-3　实验室用水的化学检验方法

测定项目	检验方法及条件	指示剂	现象	结论
阳离子	量取水样 10 mL 于 25 mL 烧杯中，加入适量 pH=10 的氨缓冲溶液	2～3滴铬黑 T	蓝色	无 Ca^{2+}、Mg^{2+} 等阳离子
			紫红色	有阳离子
氯离子	量取水样 10 mL 于 25 mL 烧杯中，加入稀硝酸酸化后，加入硝酸银		无色透明	无氯离子
			白色混浊	有氯离子
pH	量取水样 10 mL 于小烧杯中	2～3滴甲基红	不显红色	符合要求

4. 国家标准检验方法简介

(1) pH　量取水样 100 mL，用 pH 计测定 pH。

(2) 电导率　用电导率仪测定水的电导率。测定一、二级水时，配备电极常数为0.01～0.1 cm^{-1}电导池，进行“在线”测定，使用温度补偿。测定三级水时，配备电极常数为 0.1～1 cm^{-1}的电导池。

(3) 吸光度　将水样分别注入 1 cm 和 2 cm 吸收池中，在紫外—可见分光光度计上于 254 nm 处，以 1 cm 吸收池中水为参比，测定 2 cm 吸收池中水的吸光度。

(4) 可氧化物　量取二级水 100 mL(三级水 200 mL)于烧杯中，加入 20%的硫酸 5.0 mL，加入 0.005 mol·mL^{-1} 高锰酸钾标准溶液 1.00 mL(三级水 10.00 mL)，混匀，盖上表面皿，加热至沸并保持 5 min，溶液粉红色不应完全褪去。

(5) 蒸发残渣　量取二级水 1 000 mL(三级水 500 mL)，在水浴上用旋转蒸发器减压蒸发至约 50 mL 时，转移到已恒重的玻璃蒸发皿中，用少量水样冲洗蒸馏瓶，洗液也移入蒸发皿中，继续在水浴上蒸干后，移入恒温在 105℃的烘箱中，干燥至质量恒定。

(6) 可溶性硅

可溶性硅测定方法比较繁琐，一、二级水可按 GB 6682—92 标准中方法检验。三级水一般测定水样中的硅酸盐。方法为：取 30 mL 的水样于一小烧杯中，加入 4 mol·L^{-1}硝酸 5.0 mL，5%的钼酸铵溶液 5.0 mL，室温下放置 5 min 后，加入 10%的亚硫酸溶液5.0 mL，应不呈蓝色。

5. 合理选用水的规格

实验室用的纯水一般要保持纯净，防止污染。使用时根据不同的情况选用不同级别的纯水。定量分析一般用三级水，即蒸馏水或去离子水，有时需将三级水加热煮沸后使用，特殊情况可使用二级水。仪器分析实验一般用二级水，有些实验如红外光谱和拉曼光谱分析可用三级水，有些实验如色谱则必须用一级水。实验室工作时要注意节约用水。

二、化学试剂

1. 化学试剂的分类

化学试剂是指具有一定纯度标准的各种单质和化合物，有时也指混合物。化学试剂的种类很多，其分类和分级标准也不尽一致。我国化学试剂的标准有国家标准(GB)、化工部标准(HG)及企业标准(QB)。试剂按用途可分一般试剂、标准试剂、特殊试剂、高纯试剂等；按组成、性质、结构又可分无机试剂、有机试剂。且新的试剂还在不断产生，没有绝对的分类标准。我国国家标准是根据试剂的纯度和杂质含量，将试剂分为五个等级，并规定了试剂包装的标签颜色及应用范围。

(1) 一般试剂

一般试剂是实验室最普遍使用的试剂，可分为四个等级和生物试剂。指示剂也属于一般试剂。一般试剂的分级、标志、使用范围及标签颜色列在表 2-4 中。

表 2-4 化学试剂的级别和适用范围

级别	名　称	英文符号	标签颜色	应用范围
一级	优级纯(保证试剂)	GR	绿	精密分析和科学研究工作
二级	分析纯(分析试剂)	AR	红	分析实验和科学研究工作
三级	化学纯	CP	蓝	一般化学实验
四级	实验试剂	LR	黄	工业或化学制备
生物试剂	生物试剂(含生物染色剂)	BR	咖啡或玫瑰红	生化实验

(2) 标准试剂

标准试剂是用于衡量其他物质化学量的标准物质，其主体成份含量高且准确可靠。一般由大型试剂厂依据国家标准严格检验生产。我国习惯上将滴定分析用的标准试剂称为基准试剂，规定滴定分析第一基准试剂的主体含量为 99.98%～100.02%，其值采用准确度最高的精密库仑滴定法测定。滴定分析工作基准试剂(二级标准物质)的主体含量为 99.95%～100.05%，以第一基准试剂为标准，用称量滴定法定值。主要国产标准试剂的种类及用途见表 2-5。

表 2-5 主要国产标准试剂的种类及用途

类　别	主 要 用 途
滴定分析第一基准试剂	工作基准试剂的定值
滴定分析工作基准试剂	滴定分析标准溶液的定值
杂质分析标准溶液	仪器及化学分析中作为微量杂质分析的标准
滴定分析标准溶液	滴定分析法测定物质的含量
一级 pH 基准试剂	pH 基准试剂的定值和高精度 pH 计的校准
pH 基准试剂	pH 计的定位校准
热值分析标准	热值分析仪的标定
色谱分析标准	气相色谱法进行定性和定量分析的标准
临床分析标准溶液	临床化验
农药分析标准	农药分析
有机元素分析标准	有机元素分析

(3) 高纯试剂

高纯试剂的特点是杂质含量低，主成分含量与优级试剂相当，而且规定检测的杂质项目比同种优级纯或基准试剂多1～2倍，主要用于微量分析中试样的分解及试液的制备。目前只有8种高纯试剂颁布了国家标准，其余一般执行企业标准，在标签上标有“特优”或“超优”的字样。

(4) 专用试剂

专用试剂是指有特殊用途的试剂。如仪器分析中色谱分析试剂、气相色谱担体及固定液相色谱的填料、薄层色谱试剂、紫外及红外色谱试剂、核磁共振分析用试剂等。

2. 化学试剂的选用

试剂等级不同，主成分和杂质的含量及价格差别很大，因而要根据所作试验的具体情况，合理地选择适当等级的试剂，依据节约的原则，不要盲目地追求纯度高，以免造成浪费。

3. 化学试剂的取用、贮存

(1) 固体试剂的取用

① 用干净、干燥的药勺取用。用过的药勺须洗净、擦干后才能再使用。

② 试剂取用后应立即盖紧瓶盖。

③ 多取出的药品，不要再倒回原瓶。按规定量取，节约试剂。

④ 一般试剂可放在干净的纸或表面皿上称量。具有腐蚀性、强氧化性或易潮解的试剂不能在纸上称量，应放在玻璃容器内称量。

⑤ 有毒药品要在教师指导下取用。

(2) 液体试剂的取用

① 从滴瓶中取用时，要用滴瓶中的滴管，滴管不要触及所接收的容器，以免玷污药品。装有药品的滴管不得横置或滴管口向上斜放，以免液体流入滴管的胶皮帽中。

② 从细口瓶中取用试剂时，用倾注法。将瓶塞取下，反放在桌面上，手握住试剂瓶上贴标签的一面，逐渐倾斜瓶子，让试剂沿着洁净的瓶口流入试管或沿着洁净的玻璃棒注入烧杯中。取出所需量后，将试剂瓶口在容器上靠一下，再逐渐竖起瓶子，以免遗留在瓶口的液体滴流到瓶的外壁。

③ 在试管里进行某些不需要准确体积的实验时，可以估算取用量。如用滴管取，1 mL相当于多少滴、5 mL液体占一个试管容量的几分之几等。倒入试管里的溶液的量，一般不超过其容积的1/3。

④ 定量取用时，用量筒或移液管取。

(3) 化学试剂的贮存

化学试剂的贮存是实验室一项十分重要的工作。一般试剂应贮存在通风良好、干净和干燥的房间，要远离火源，并注意防止水分、灰尘和其他物质的污染。储存溶液的试剂瓶，瓶壁应贴上标签，标明试剂的名称、规格、浓度、配制时间等。试剂瓶上的标签最好涂上石蜡加以保护。如分层放置应将固体试剂放在上层，万一倾倒而不至于污染下层试剂，同时，根据试剂的性质应有不同的贮存方法：

① 固体试剂装在广口瓶中，液体试剂盛放在细口瓶中；见光易分解的试剂放在棕色瓶中；易腐蚀玻璃而影响试剂纯度的物质，如氢氟酸、含氟盐、苛性碱等贮存塑料瓶中；盛放碱液的瓶子要用橡胶塞。

② 吸水性强的试剂如无水碳酸钠、过氧化钠等应用蜡密封。

③ 相互易作用的试剂，如挥发性的酸和碱、氧化剂和还原剂，应分开存放；易燃易爆的试剂应分开储存在阴凉通风、不受阳光直接照射的地方。

④ 剧毒试剂如氰化钾、砒霜等，应由专人保管，经一定的手续取用，以免发生事故。

⑤ 特殊试剂应采取特殊贮存方法。如易分解的试剂存放冰箱中。易吸湿或氧化的试剂存放于干燥器中。金属钠、钾通常应保存在煤油或液体石蜡中，放在阴凉处；使用时先在煤油中切割成小块，再用镊子夹取，并用滤纸把煤油吸干；切勿与皮肤接触，以免烧伤；未用完的金属碎屑不能乱丢，可加少量酒精，令其缓慢反应掉。

⑥ 汞易挥发，进入人体内会在体内积累而引起慢性中毒。因此，不要让汞直接暴露在空气中，汞要存放在厚壁器皿中，保存汞的容器内必须加水密封，避免挥发。玻璃瓶装汞只能装至半满。

第三节　玻璃量器及其使用

一、量筒和量杯

量筒和量杯是容量精度不太高的最普通的玻璃量器。量筒分为量出式和量入式两种，见图 2-2(a)、(b)。量入式有磨口塞子。量杯的外形见图 2-2(c)，量出式量筒在基础化学实验中普遍使用，量入式量筒用得不多。

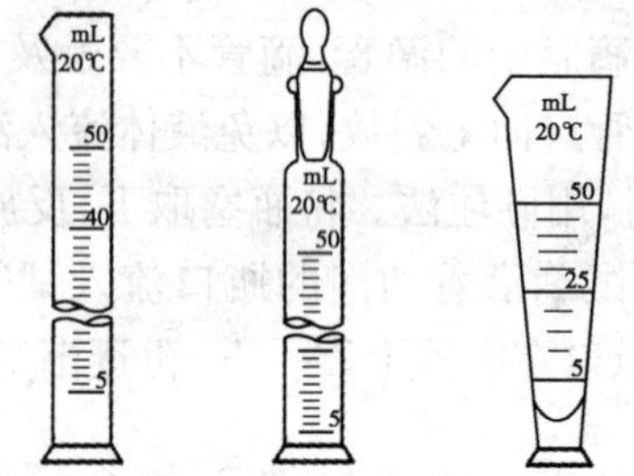

图 2-2　量筒和量杯

二、移液管和吸量管

移液管是用于准确量取一定体积溶液的量出式玻璃量器(符号 Ex)，全称“单标线吸量管”，习惯称移液管，如图 2-3 所示。管颈上部刻有一标线，此标线的位置是由放出纯水的体积所决定的。其容量定义为：在 20℃时按下述方式排空后所流出纯水的体积。单位为 mL。

(1) 使用前用洗液洗净内壁，再用自来水冲洗，蒸馏水润洗。

(2) 当第一次用洗净的移液管吸取溶液时，应先用滤纸将尖端内外的水吸净，然后用待取溶液润洗内壁 3 次，方法是：吸取溶液至刚入膨大部分，立即用右手食指按住管口(勿使溶液回流)，将移液管横放，并转动使溶液布满全管内壁，当溶液流至距上管口

2～3 cm时，将管直立，使溶液由尖嘴放出。移取溶液时，正确操作姿势见图2-4(a)，移液管插入烧杯内液面以下1～2 cm处，左手拿吸耳球，排空空气后紧按在移液管管口上，然后慢慢松开手指借助吸力使液面慢慢上升，管中液面上升至标线以上时，迅速用右手食指按住管口，左手持烧杯并使其倾斜45°，将移液管下口靠到烧杯的内壁，见图2-4(b)，稍松开食指并用拇指及中指捻转管身，使液面缓缓下降，直到液面与标线相切时，按紧管口，使溶液不再流出。将移液管插入准备接收溶液的容器中，使其下口接触倾斜的器壁，松开食指，垂直使溶液自由地沿壁流下，待溶液流尽后再等待15 s，拿出移液管。使用完毕后，洗净移液管放置在移液管架上。

图2-3　移液管

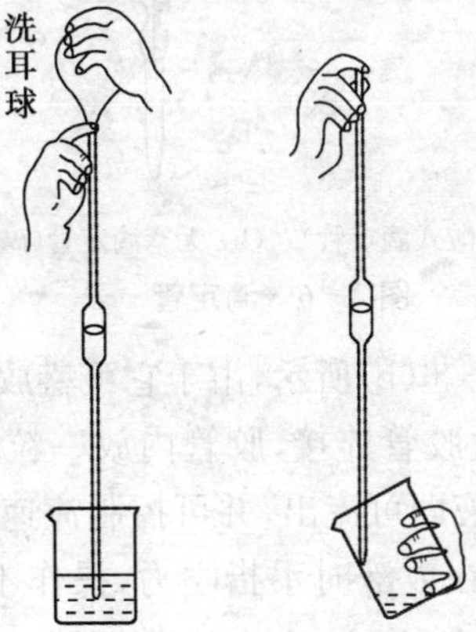

(a) 移液　(b) 放液

图2-4　移液管使用操作

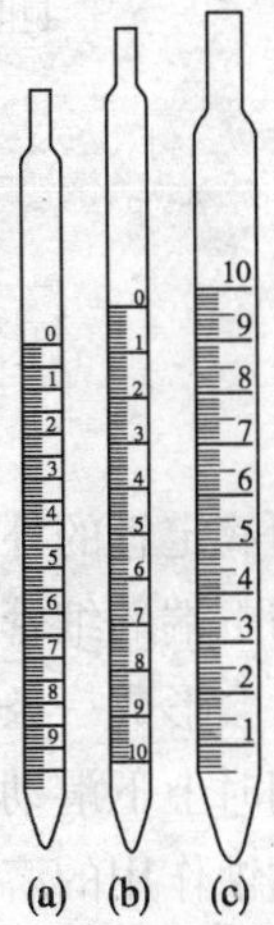

(a)　(b)　(c)

图2-5　分度吸量管

吸量管的全称是“分度吸量管”，是带有分度线的量出式玻璃量器(图2-5)，用于移取非固定量的溶液。有各种规格：

(1) 完全流出式　有两种形式，零点刻度在上，见图2-5(a)；及零点刻度在下，见图2-5(c)。

(2) 不完全流出式　零点刻度在上面，见图2-5(b)。

(3) 规定等待时间式　零点刻度在上面，见图2-5(a)。使用过程中液面降至流液口处后，要等待15 s，再从受液容器中移走吸量管。

(4) 吹出式(标有“吹”字)　有零点在上和零点在下两种，均为完全流出式。使用过程中液面降至流液口并静止时，应随即将最后一滴残留的溶液一次吹出。

目前，市场上还有一种标有“快”的吸量管，与吹出式吸量管相似。

三、滴定管

滴定管分具塞和无塞两种(即习惯称的酸式滴定管和碱式滴定管)，是可放出不同定量滴定液体的玻璃量器。实验室常用的有10.00 mL、25.00 mL、50.00 mL等容量规格的滴定管。

具塞普通滴定管的外形如图2-6(a)所示，它不能长时间盛放碱性溶液(避免腐蚀磨口和活塞)，所以惯称为酸式滴定管。它可以盛放非碱性的其他各种溶液。

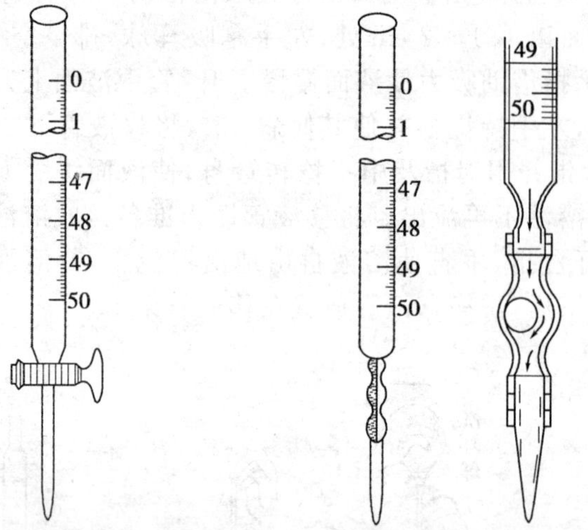

(a) 具塞滴定管(酸式滴定管)　(b) 无塞滴定管(碱式滴定管)

图 2-6　滴定管

无塞普通滴定管的外形如图 2-6(b)所示,由于它可盛放碱性溶液,故通常称为碱式滴定管。管身与下端的细管之间用乳胶管连接,胶管内放一粒玻璃珠,用手指捏挤玻璃珠周围的乳胶管时会形成一条狭缝,溶液即可流出,并可控制流速。玻璃珠的大小要适当,过小会漏液或使用时上下滑动;过大则在放液时手指吃力,操作不方便。碱式滴定管不宜盛放对乳胶管有腐蚀作用的溶液,如 $KMnO_4$、I_2、$AgNO_3$ 等溶液。

滴定管的使用具体见第八节滴定操作。

四、容量瓶

容量瓶的主要用途是配制准确浓度的溶液或定量地稀释溶液。形状是细颈梨形平底玻璃瓶,由无色或棕色玻璃制成,带有磨口玻璃塞或塑料塞,颈上有一标线。容量瓶均为量入式,其容量定义为:在 20℃时,充满至标线所容纳水的体积,单位为 mL。

容量瓶使用时须注意以下几点:

(1) 检查瓶口是否漏水,即在瓶中加水至标线附近,塞紧磨口塞,左手用食指按住瓶塞,其余手指拿住瓶颈标线以上部分,右手用食指托住瓶底边缘。将瓶倒立10 s,观察有无渗水(可用滤纸片检查)。将瓶塞旋转 180°再检查一次。合格后用橡皮筋将瓶塞系在瓶颈上,以防瓶塞摔碎和漏水(磨口塞与瓶是配套的,与其他瓶塞混用也会引起漏水)。依次用洗液、自来水、蒸馏水洗净,使内壁不挂水珠。

(2) 用固体物质(基准试剂或被测样品)配制溶液时,先在烧杯中将固体物质全部溶解后,再转移至容量瓶中。转移时要使溶液沿玻璃棒缓缓流入瓶中,如图 2-7 所示。烧杯中的溶液倒尽后,烧杯不要马上离开玻璃棒,而应在烧杯扶正的同时使烧杯嘴沿玻璃棒上提起 1～2 cm,随后烧杯离开玻璃棒(这样可避免烧杯与玻璃棒之间的一滴溶液流到烧杯外面),然后用少量水(或其他溶剂)涮洗烧杯 3～4 次,每次所用洗瓶或滴管冲洗杯壁及玻棒的水,按同样的方法转入瓶中。当溶液体积达 3/4 容量时,可将容量瓶沿水平方向摆动几周以使溶液初步混合。再加水至标线以下约 1 cm,等待 1 min 左右,最后用洗瓶(或滴管)沿壁缓缓加水至标线。盖紧瓶塞，左手捏住瓶颈上端，食指压住瓶塞，右手三指托住瓶底，将容量瓶颠倒10次以上，并且在倒置状态时水平摇动几周。

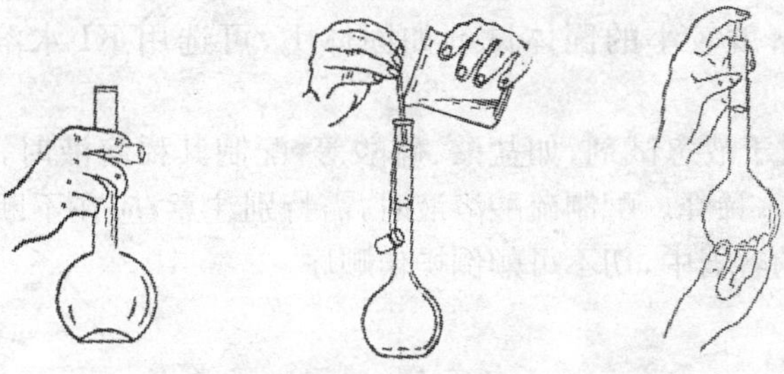

图2-7a 容量瓶的拿法及溶液的转移

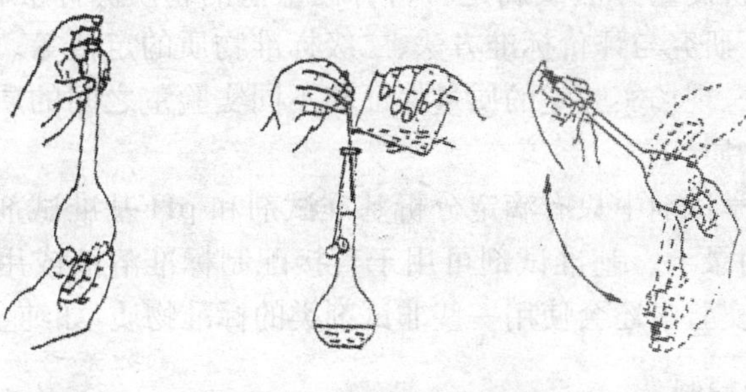

图2-7b 容量瓶的使用

如稀释溶液，则用移液管移取一定体积的溶液，直接放入容量瓶后，按上述方法定容。

(3) 容量瓶不宜长期储存试剂，对容量瓶材料有腐蚀作用的溶液，尤其是碱性溶液，不可在容量瓶中久贮，配好的溶液需要长期保存时，应转入试剂瓶中。转移前要用该溶液润洗试剂瓶三遍。用过的容量瓶，应立即用水洗净备用。如长期不用容量瓶时，要把磨口和瓶塞擦干，用纸片将其隔开。此外，容量瓶不能在电炉、烘箱中烘烤，如必须干燥，可先用C_2H_5OH等有机物润洗后，再用电吹风或烘干机的冷风吹干。

第四节 溶液及其配制

实验时常因实验要求需配制不同浓度的溶液，根据所配溶液的用途及溶质的特性，溶液的配制可分为粗配（常规浓度溶液或一般溶液）和精配（准确浓度溶液）。由所配制溶液的浓度和体积计算出所需试剂的量，选用合适的仪器配制。配制常规浓度溶液选用台秤称量，量筒量取液体；配制准确浓度溶液则要用分析天平称量，移液管移取液体，容量瓶定容。

一、一般溶液的配制方法

(1) 直接水溶法 对一些易溶于水而不易水解的固体试剂，如KNO_3、KCl、NaCl等，先算出所需固体试剂的量，用台秤称出所需量固体，放入烧杯中，以少量蒸馏水搅拌使其溶解后，再稀释至所需的体积。若试剂溶解时有放热现象，或以加热促使其溶解的，应待其冷却后，再移至试剂瓶，贴上标签备用。

（2）介质水溶法　对易水解的固体试剂如 $FeCl_3$、$SbCl_3$、$BiCl_3$ 等。配制其溶液时，称取一定量的固体，加入适量的酸（或碱）使之溶解。再以蒸馏水稀释至所需体积，摇匀后转入试剂瓶。在水中溶解度较小的固体试剂如固体 I_2，可选用 KI 水溶液溶解，摇匀转入试剂瓶。

（3）稀释法　对于液态试剂，如盐酸、硫酸等，配制其稀溶液时，用量筒量取所需浓溶液，再用适量的蒸馏水稀释。配制硫酸溶液时，需特别注意，应在不断搅拌下将所需量的浓硫酸缓缓倒入盛水的容器中，切不可颠倒操作顺序。

二、标准物质

标准物质（reference material，简称 RM），其定义表述为：已确定其一种或几种特性，用于校准测量器具、评价测量方法或确定材料特性量值的物质。标准物质分为两个级别，一级标准物质主要用于研究与评价标准方法、二级标准物质的定值等。二级标准物质主要用于评价现场分析方法、现场实验室的质量保证和不同实验室之间的质量保证。二级标准物质常称为工作标准物质。

目前，我国的化学试剂中只有滴定分析基准试剂和 pH 基准试剂属于标准物质。常用的工作基准试剂见附录十。基准试剂可用于直接配制标准溶液或用于标定溶液浓度。标准物质的种类很多，实验中还会使用一些非试剂类的标准物质，如纯金属、药物、合金等。

三、标准溶液的配制

标准溶液是已确定其主体物质浓度或其他特性量值（如 pH）的溶液。但不是任何试剂都能直接配制标准溶液，如浓 HCl 易挥发、浓 H_2SO_4 易吸水、固体 NaOH 易潮解、$Na_2CO_3 \cdot 10H_2O$ 易风化等均不能直接配制标准溶液，只有基准物质才能直接配制。所谓基准物质即可用来直接配制标准溶液或校准溶液或校准未知溶液浓度的物质。它必须具备下列条件：

（1）组成与化学式精确符合（包括结晶水）。

（2）纯度要求在 99.9%以上，而杂质含量少至可忽略不计。

（3）在一般条件下性质稳定，且在反应时不发生副反应。

化学实验中常用的标准溶液有滴定分析用标准溶液、仪器分析用标准溶液和 pH 测量用标准缓冲溶液。其配制方法有：

（1）直接法　由基准试剂或标准物质直接配制。配制时，所用工作基准试剂要按规定预先进行干燥，用分析天平准确称取一定量的基准试剂或标准物质，溶于适量的水中，再定量转移到容量瓶中，用水稀释至刻度。根据称取的质量和容量瓶的体积，计算它的准确浓度。容量瓶的使用详细参见本章第三节。

（2）标定法　很多试剂不宜用直接法配制标准溶液，而要用间接的方法，即标定法。先配制出近似所需浓度的溶液，再用基准试剂或已知浓度的标准溶液标定其准确浓度，如盐酸、氢氧化钠溶液的配制。

四、缓冲溶液

许多化学反应要在一定的 pH 条件下进行。缓冲溶液就是一种能抵御少量强酸、强碱和水的稀释而保持体系 pH 基本不变的溶液。缓冲溶液能对溶液的酸碱度起稳定作用，一般由弱酸及其共轭碱或弱碱及其共轭酸组成。常用缓冲溶液及其配制见附录十一。

五、配制溶液应注意的事项

(1) 溶液应用蒸馏水配制，容器应用蒸馏水洗涤三次以上，特殊要求的溶液应事先做蒸馏水的空白值检验，如配制 $AgNO_3$溶液应检验水中无 Cl^-，配制用于 EDTA 络合滴定的溶液应检验无杂质阳离子。

(2) 见光容易分解的溶液要注意避光保存，如 $AgNO_3$、$KMnO_4$、KI 等溶液应贮于棕色容器中。挥发性试剂瓶塞要严密，长期存放要用石蜡封住。碱液应用塑料瓶装。易发生氧化还原反应的溶液，为防止在保存期间失效，如：Sn^{2+}、Fe^{2+} 溶液应分别放入一些 Sn 粒和Fe 粉。

(3) 配制硫酸、硝酸、盐酸等溶液时，须特别注意，应在不断搅拌下将浓酸缓缓倒入盛水的容器中，切不可颠倒操作顺序。

(4) 每瓶试剂溶液必须贴上标签，注明名称、规格、浓度和配制日期。

(5) 溶液储存时，要注意变质、氧化等使溶液浓度降低，导致实验出现异常现象。

第五节　常用气体与纯化

一、气体的制备

化学实验中经常要制备少量气体，可根据原料和反应条件，采用以下某一装置进行。

制备氢气、二氧化碳及硫化氢等气体可用启普发生器。

$$Zn+2HCl = ZnCl_2+H_2\uparrow$$

$$CaCO_3+2HCl = CaCl_2+CO_2\uparrow+H_2O$$

$$FeS+2HCl = FeCl_2+H_2S\uparrow$$

启普发生器由一个玻璃容器和球形漏斗组成(图 2-8)，固体药品放在中间圆球内，固体下面放些玻璃棉，以免固体掉至下球内。酸从球形漏斗加入，使用时，打开活塞，酸进入中间球内，与固体接触而产生气体。要停止使用，把活塞关闭，气体就会把酸从中间球内压入下球及球形漏斗内，使固体与酸不再接触而停止反应。下次再用，只要重新打开活塞，又会产生气体。启普发生器的优点之一就是使用方便。

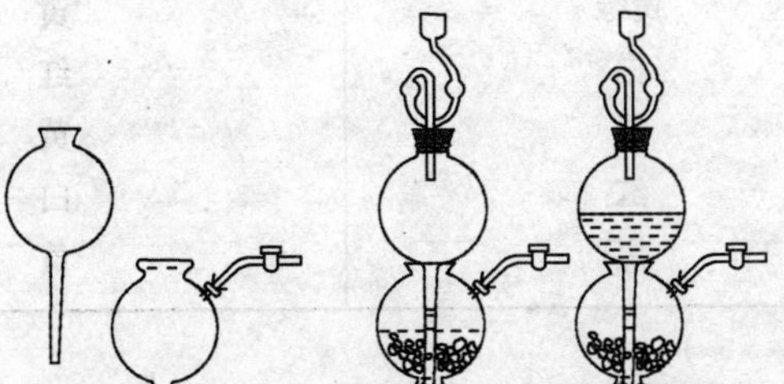

图 2-8　启普发生器的结构及使用

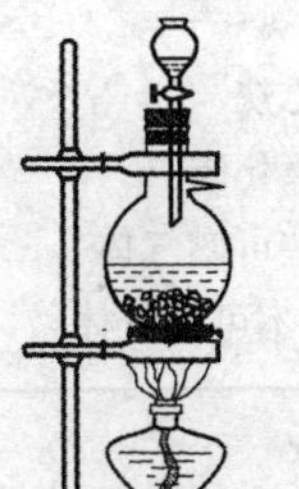

图 2-9　气体发生装置

启普发生器不能加热，且装在发生器内的固体必须是块状的。当制备反应需要在加热情况下进行或固体的颗粒很小甚至是粉末时，就不能用启普发生器，而要采用图 2-9 那样的仪器装置。如下列反应：

$$2KMnO_4 + 16HCl = 2MnCl_2 + 2KCl + 5Cl_2\uparrow + 8H_2O$$

$$NaCl + H_2SO_4 = NaHSO_4 + HCl\uparrow$$

$$Na_2SO_3 + H_2SO_4 = Na_2SO_4 + SO_2\uparrow + H_2O$$

$$MnO_2 + 4HCl = MnCl_2 + Cl_2\uparrow + 2H_2O$$

在此装置中，固体加在蒸馏瓶内，酸加在分液漏斗中。使用时，打开分液漏斗下面的活塞，使酸液滴加在固体上，以产生气体（注意酸不要加得太多）。当反应缓慢或不发生气体时，可以微微加热。

实验室里还可以使用气体钢瓶直接得到各种气体。气体钢瓶是储存压缩气体的特制的耐压钢瓶。钢瓶的内压很大，且有些气体易燃或有毒，所以操作要特别小心，使用时注意：

(1) 钢瓶应存放在阴凉、干燥、远离热源（如阳光、暖气、炉火）的地方。可燃性气体钢瓶与氧气瓶分开存放。

(2) 不让油或其他易燃性有机物沾在气瓶上（特别是气门嘴和减压器）。不得用棉、麻等物堵漏，以防燃烧引起事故。

(3) 使用时，要用减压器（气压表）控制压力放出气体。可燃性气体钢瓶，气门螺纹是反扣的（如氢气、乙炔气）。不燃或助燃性气体钢瓶，气门螺纹是正扣的。各种气体的气压表不得混用。

为了避免把各种气瓶混淆，通常在气瓶外面涂以特定的颜色加以区分，并在瓶上写明瓶内气体的名称，表 2-6 为我国气瓶常用的标记。

表 2-6　我国气瓶常用标记

气体类别	瓶身颜色	标记颜色
氮	黑	黄
氢	深绿	红
氧	天蓝	黑
氨	黄	黑
空气	黑	白
氯	黄绿	黄
乙炔	白	红
二氧化碳	黑	黄
其他一些可燃气体	红	白
其他一些不可燃气体	黑	黄

二、气体的干燥与纯化

由以上方法制得的气体常带有酸雾和水汽，有时要进行净化和干燥。酸雾可用水或玻璃棉除去,水汽可选用浓硫酸、无水氯化钙或硅胶等干燥剂吸收。通常使用洗气瓶(图 2－10)、干燥塔(图 2－11)或 U 形管(图 2－12)等进行净化。液体(如水、浓硫酸)装在洗气瓶内,无水氯化钙和硅胶装在干燥塔或 U 形管内,玻璃棉装在 U 形管内。气体中如还有其他杂质,可根据具体情况分别用不同的洗涤液或固体吸收。

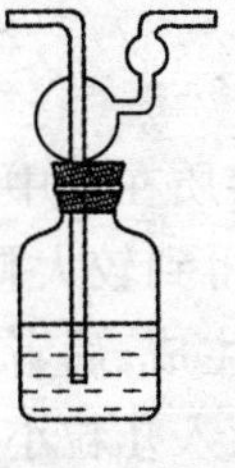

图 2－10　洗气瓶

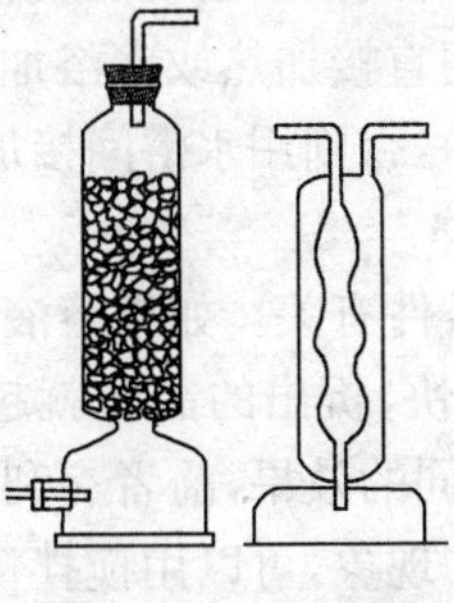

图 2－11　干燥塔

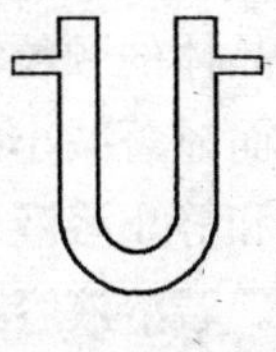

图 2－12　U 形管

气体的收集可根据其性质选取不同的方式。在水中溶解度很小的气体(如氢气、氧气),可用排水集气法收集(图 2－13);易溶于水而比空气轻的气体(如氨),可按图 2－14 左所示的排气集气法收集;易溶于水而比空气重的气体(如氯气、二氧化碳),可按图 2－14 右所示的排气集气法收集。

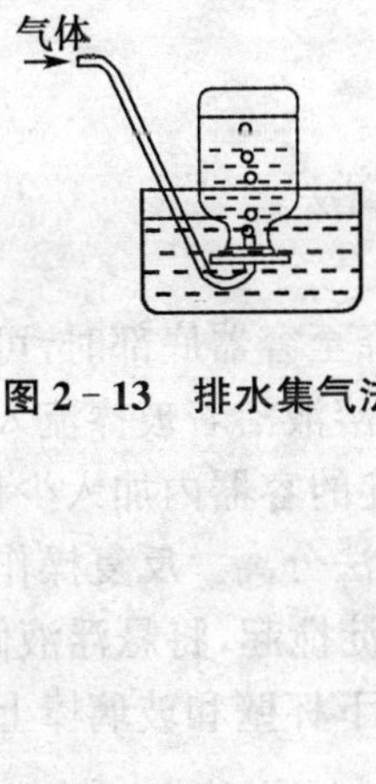

图 2－13　排水集气法

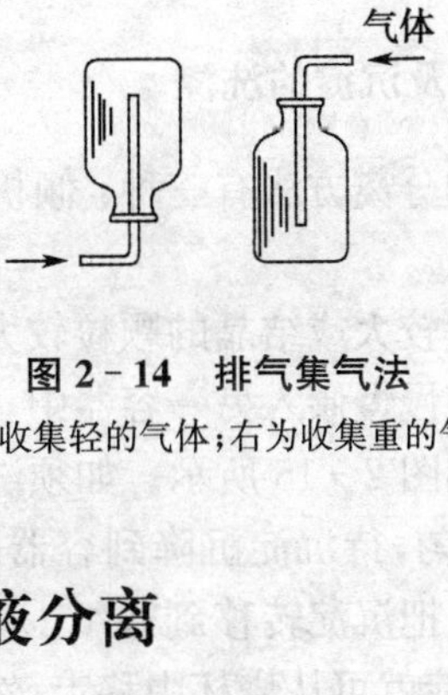

图 2－14　排气集气法

(左为收集轻的气体;右为收集重的气体)

第六节　固液分离

一、溶解、结晶

1. 固体的溶解

当用溶剂溶解固体物质时,若固体颗粒太大,可先在研钵中研细。对一些溶解度随温度升高而增大的物质来说,加热对溶解过程有利。加热时要盖上表面皿,防止溶液剧烈沸腾和迸溅。加热后要用溶剂冲洗表面皿和烧杯内壁,冲洗时应使溶剂流顺烧杯壁流下。

搅拌可加速溶质的扩散,从而加快溶解速度。搅拌时注意手持玻璃棒,轻轻转动,使玻璃棒不要触及容器底部及器壁,发出响声。

在试管中溶解固体时,可用振荡试管的方法加速溶解,振荡时不能上下,也不能用手指堵住管口来回振荡。

2. 结晶

(1) 蒸发(浓缩)

当溶液很稀或所需制备的物质的溶解度又较大时,为了能从中析出该物质的晶体,必须通过加热,使溶剂蒸发、溶液浓缩到一定程度时冷却,方可析出晶体。当物质的溶解度较大时,必须蒸发到溶液表面出现晶膜时才可停止。当物质的溶解度较小或高温时溶解度较大而室温时溶解度较小时,不必蒸发到液面出现晶膜就可冷却。蒸发在蒸发皿中进行。

蒸发浓缩时视溶质的性质选用直接加热或水浴加热的方法进行。若物质对热较稳定,可以用煤气灯直接加热(应先预热),否则用水浴间接加热。

(2) 结晶与重结晶

析出晶体的颗粒大小与结晶条件有关。如果溶液的浓度较高,溶质在水中的溶解度随温度下降而显著减小的,冷却得越快,析出的晶体就越细小,否则就得到较大颗粒的结晶。搅拌溶液和静止溶液,可以得到不同的效果,前者有利于细小晶体的生成;后者有利于大晶体的生成。若溶液容易发生过饱和现象,可以用搅拌棒摩擦器壁或投入几粒小晶体(晶种)等办法,使其形成结晶中心而结晶析出。

如果第一次结晶所得物质的纯度不合要求,可进行重结晶。其方法是在加热情况下使欲纯化的物质溶于少量的溶剂中,形成饱和溶液,趁热过滤,除去不溶性杂质,然后使滤液冷却,被纯化物质即结晶析出,而杂质则留在母液中,过滤便得到较纯净的物质。若一次重结晶达不到要求,可再次结晶。重结晶是使不纯物质通过重新结晶而得到纯化的过程,它是提纯固体物质常用的重要方法之一,适用于溶解度随温度有显著变化的化合物。

二、固液分离及沉淀的洗涤

溶液与沉淀的分离方法有三种:倾析法、过滤法、离心分离法。

(1) 倾析法

当沉淀的密度较大或结晶的颗粒较大,静止后能很快沉降至容器底部时,可用倾析法。小心地把上层清液慢慢倾入另一容器中,尽可能不搅起沉淀,溶液沿着玻棒流入容器中时,玻棒应直立操作如图 2-15 所示。如须洗涤沉淀时,向盛沉淀的容器内加入少量水或洗涤液,将沉淀搅拌均匀,待沉淀沉降到容器的底部后,再用倾析法分离。反复操作两三次,即能将沉淀洗净。要把沉淀转移到滤纸上,可先用洗涤液将沉淀搅起,将悬浮液倾倒于滤纸上,这样大部分沉淀就可从烧杯中移走,然后用洗瓶中的水冲下杯壁和玻璃棒上的沉淀,再行转移,此操作如图 2-16 所示。

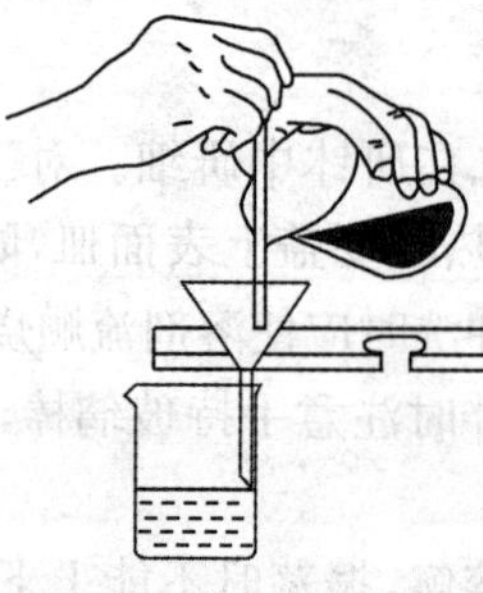

图 2-15 倾析法过滤沉淀

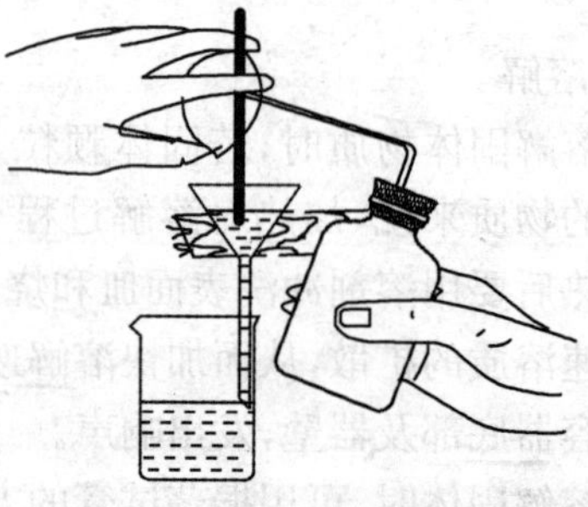

图 2-16 冲洗转移沉淀的方法

(2) 过滤法

过滤法是固液分离较常用的方法之一。溶液和沉淀的混合物通过过滤器(如滤纸)时，沉淀留在过滤器上，溶液则通过过滤器，过滤所得的溶液叫做滤液。

溶液的黏度、温度、过滤时的压力及沉淀物的性质、状态、过滤器孔径大小都会影响过滤速度。溶液的黏度越大，过滤越慢。热溶液比冷溶液容易过滤。减压过滤比常压过滤快。如果沉淀呈胶体状态时，易穿过一般过滤器(滤纸)，应先设法将胶体破坏(如用加热法)。常用的过滤方法有常压过滤、减压过滤和热过滤三种。

①常压过滤：使用玻璃漏斗和滤纸进行过滤。滤纸分定性、定量两种；按滤纸的空隙大小，又分“快速”、“中速”、“慢速”三种。过滤时，把一圆形滤纸对折两次成扇形，展开使呈锥形，恰能与60°角的漏斗相密合。如果漏斗的角度大于或小于60°，应适当改变滤纸折成的角度，使之与漏斗相密合。滤纸边缘应略低于漏斗边缘(图2-17)。然后在三层滤纸的那边将外两层撕去一小角，用食指把滤纸按在漏斗内壁上，用少量蒸馏水润湿滤纸，再用玻璃棒轻压滤纸四周，赶走滤纸与漏斗壁间的气泡，使滤纸紧贴在漏斗壁上。过滤时，漏斗要放在漏斗架上，并使漏斗管的末端紧靠接受器内壁。先倾倒溶液，后转移沉淀，倾倒时应使用玻璃棒，应使玻璃棒下端对着三层滤纸，但不要接触滤纸，漏斗中的液面应低于滤纸边缘。如果沉淀需要洗涤(图2-18)，应待溶液转移完毕后，再将少量洗涤液倒入沉淀上，然后用玻璃棒充分搅动，静止放置一段时间，待前一次洗涤液完全滤出后，再进行下一次洗涤，洗涤2～3遍，最后把沉淀转移到滤纸上。

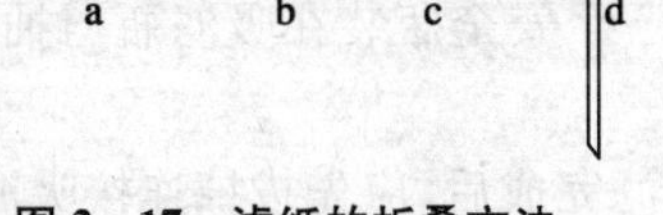

图2-17 滤纸的折叠方法

图2-18 沉淀在漏斗上的洗涤

过滤时应注意以下几点：

a. 漏斗放在漏斗架上，并调整漏斗架的高度，使漏斗的出口靠在接受容器的内壁上，以便使溶液顺着容器壁流下，减少空气阻力，加速滤程，且防止滤液溅出。

b. 将溶液转移到漏斗中时，要采用倾析法。先倾倒溶液，后转移沉淀，这样就不会因为沉淀堵塞滤纸的孔隙而减慢过滤速度。

c. 滤纸边缘应略低于漏斗边缘。转移溶液时，应使用玻璃棒，让溶液顺其缓慢倾入漏斗中，玻璃棒下端不要触到三层滤纸处，以防把单层滤纸冲破。

d. 过滤过程中，溶液的转移要渐续进行，漏斗中的溶液不能太多，液面应低于滤纸上缘5～8 mm，以防过多的溶液沿滤纸和漏斗内壁的隙缝中流入接受器，失去滤纸的过滤作用。

② 减压过滤(简称“抽滤”)：减压过滤可缩短过滤时间，并可把沉淀抽得比较干燥，但它不适用于胶状沉淀和颗粒太细的沉淀的过滤。因为胶态沉淀在快速过滤时易透过滤纸，颗粒很细小的沉淀又会因为减压抽吸而在滤纸上形成一层密实的沉淀(滤饼)，使溶液不易透过，反而达不到加速过滤的目的。

减压过滤法使用的仪器是：布氏漏斗、抽（吸）滤瓶、真空泵（水泵），安全瓶。减压过滤装置如图 2-19、2-20 所示。利用水泵中急速的水流不断将吸滤瓶中空气带走，从而使吸滤瓶内的压力减小，在布氏漏斗内的液面与吸滤瓶之间造成一个压力差，提高了过滤的速度。

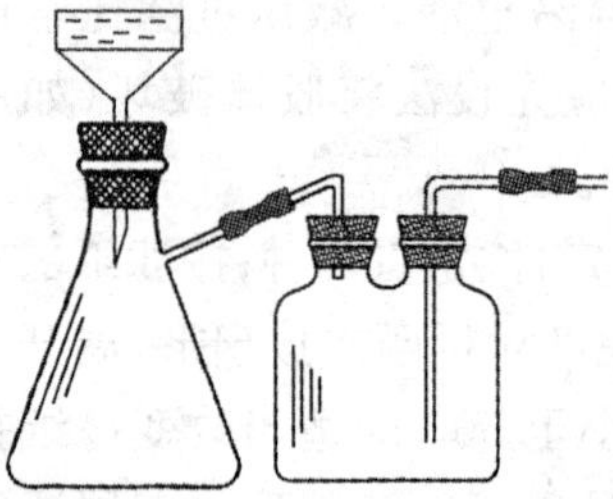

图 2-19　减压过滤操作

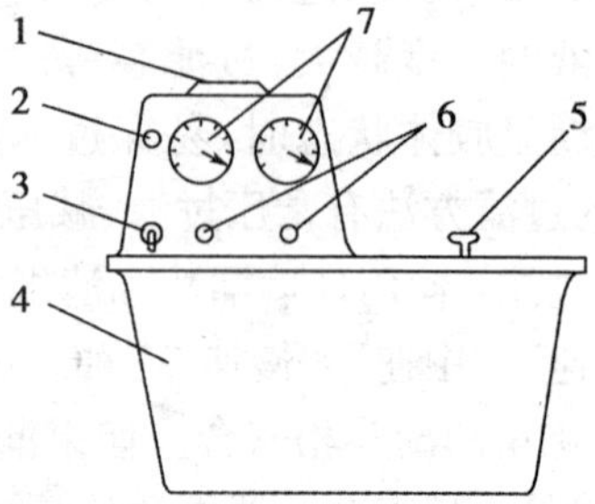

图 2-20　循环水泵

1—电动机　2—指示灯　3—电源开关　4—水箱
5—水箱盖　6—抽气管接口　7—真空表

布氏漏斗（或称瓷孔漏斗）为瓷质过滤器，中间为具有许多小孔的瓷板，以便使溶液通过滤纸从小孔流出。布氏漏斗下端颈部装有橡皮塞，借以与吸滤瓶相连，胶塞的大小应和吸滤瓶的口径相配合，橡皮塞塞进吸滤瓶瓶颈内的部分以不超过整个塞子的 1/2 为宜。吸滤瓶用以承接过滤下来的滤液，其支管用橡胶管和安全瓶的短管连接，而安全瓶的长管则和水泵相连接。

安全瓶的作用是防止水泵中的水产生溢流而倒灌入吸滤瓶中。因为水泵中的水压发生变动时，常会发生水溢流现象。例如减压过滤完成后关闭水龙头时或者当水的流量突然加大而后又变小时，都会由于吸滤瓶内的压力低于外界压力而使自来水倒吸入吸滤瓶内，使过滤好的溶液受污染，造成过滤失败。如果将一个安全瓶装在吸滤瓶与抽滤泵之间，一旦发生水的溢流，安全瓶便起到了缓冲作用。

必须注意，如果在抽滤装置中不用安全瓶，过滤完成后，应先拔掉连接吸滤瓶和水泵的橡胶管，再关水龙头，以防倒吸现象发生。

减压过滤的操作方法如下：

a. 剪滤纸：取一张大小适中的滤纸，在布氏漏斗上轻压一下，然后沿压痕内径剪成圆形。此滤纸放入漏斗中，应是平整无皱折，且将漏斗的瓷孔全部盖严。注意滤纸不能大于漏斗底面。

b. 将滤纸放在漏斗中，以少量去离子水润湿，然后把漏斗安装在抽滤瓶上（尽量塞紧），微开水泵，减压使滤纸贴紧。

c. 以玻璃棒引流，将待过滤的溶液和沉淀逐步转移到漏斗中，加溶液的速度不要太快，以免将滤纸冲起。随着溶液的加入，水泵要开大。注意布氏漏斗中的溶液不得超过漏斗容积的 2/3。

d. 过滤完成（即不再有滤液滴出）时，先拔掉抽滤瓶侧口上的胶管，然后关掉水泵。

e. 用手指或搅拌棒轻轻揭起滤纸的边缘，取出滤纸及其上面的沉淀物。滤液则由吸滤瓶的上口倾出。注意吸滤瓶的侧口只作连接减压装置用，不要从侧口倾倒滤液，以免弄脏溶液。如果实验中要求洗涤沉淀，洗涤方法与使用玻璃漏斗过滤时相同，但不要使洗涤液过滤太快（适当关小水泵），以便使洗涤液充分接触沉淀，使沉淀洗得更干净。

有些浓的强酸、强碱和强氧化性溶液，过滤时不能用滤纸，可用石棉纤维来代替，也可用玻璃砂漏斗，这种漏斗是玻璃质的，称为砂芯漏斗，依据孔径大小可分为不同的规格，如G3、G4、G5等，数字越大，孔径越小，可以根据沉淀颗粒的不同选用。因这种漏斗的过滤芯为SiO_2质的，不适用于强碱性溶液的过滤，因为强碱会腐蚀玻璃。

③ 热过滤：当溶质的溶解度对温度极为敏感易结晶析出时，可用热滤漏斗过滤(热过滤)。把玻璃漏斗放在金属制成的外套中，底部用橡皮塞连接并密封，夹套内充水至约2/3处。灯焰放在夹套支管处加热。这种热滤漏斗的优点是能够使待滤液一直保持或接近其沸点，尤其适用于滤去热溶液中的脱色炭等细小颗粒的杂质。缺点是过滤速度慢。

(3) 离心分离法

当被分离的沉淀量很少时，使用一般的方法过滤后，沉淀会粘在滤纸上，难以取下，这时可以用离心分离。实验室内常用电动离心机进行分离，如图2-21所示。

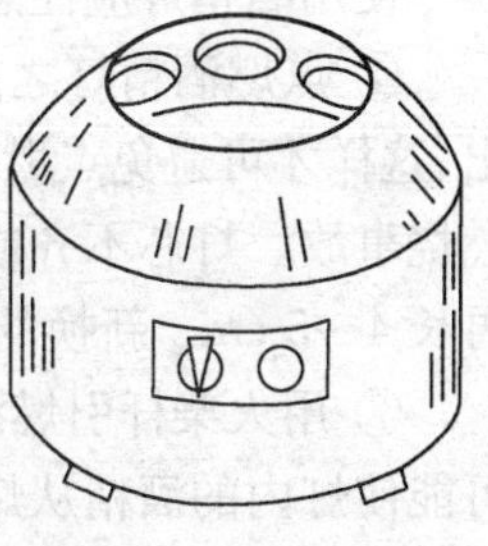

图2-21　电动离心机

使用时，将装试样的离心管放在离心机的套管中，套管底部先垫些棉花，为了使离心机旋转时保持平稳，几个离心管放在对称的位置上，如果只有一个试样，则在对称的位置上放一支离心管，管内装等量的水。电动离心机转速极快，要注意安全。放好离心管后，应盖好盖子。先慢速后加速，停止时应逐步减速，最后任其自行停下，决不能用手强制它停止。离心沉降后，要将沉淀和溶液分离时，左手斜持离心管，右手拿毛细滴管，把毛细滴管伸入离心管，末端恰好进入液面，取出清液。在毛细滴管末端接近沉淀时，要特别小心，以免沉淀也被取出。沉淀和溶液分离后，沉淀表面仍含有少量溶液，必须经过洗涤才能得到纯净的沉淀。为此，往盛沉淀的离心管中加入适量的蒸馏水或洗涤用溶液，用玻璃棒充分搅拌后，进行离心分离，用上述同样方法去处上层清液，重复操作2～3遍即可。

第七节　加热与冷却

一、加热用仪器

在实验室中加热常用酒精灯、酒精喷灯、煤气灯、电炉、电热板、电热套、红外灯、微波炉等(图2-22)。

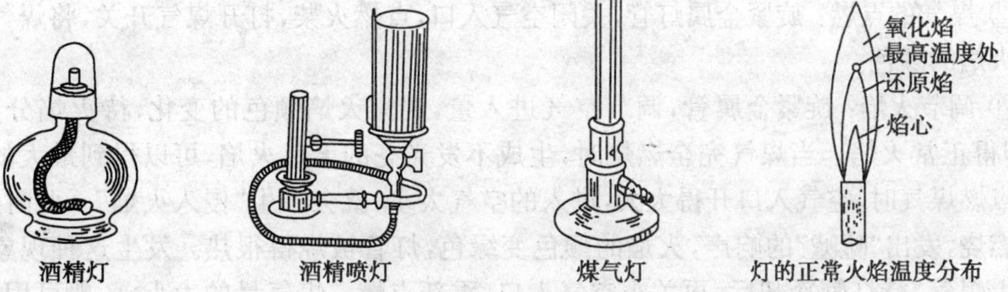

图2-22　常用加热灯具

(1) 酒精灯

酒精灯提供的温度不高。酒精易燃,使用时要特别注意安全。必须用火柴点燃,决不能用另一燃着的酒精灯来点燃,否则会把酒精洒在外面而引起火灾或烧伤。酒精灯温度通常可达 400～500℃,适用于温度不需要太高的实验。酒精灯由灯帽、灯芯(以及瓷质套管)和盛酒精的灯壶三个部分组成。

酒精灯正常使用时其火焰可分为焰心、内焰和外焰三个部分,外焰的温度最高,向内依次降低。故加热时应调节好受热器与灯焰的距离,用外焰来加热。当室内有风或气流不太稳定时,酒精灯灯焰也不太平稳,此时可在酒精灯上加一个金属网罩,网罩可用废旧铁窗纱自制。

使用酒精灯应注意:

① 点燃酒精灯之前,先打开灯盖,并把灯头的瓷管向上提一下,使灯内的酒精蒸气逸出,这样才可避免点燃时酒精蒸气因燃烧受热膨胀而将瓷管连同灯芯一并弹出,从而引起燃烧事故。灯芯不齐或烧焦时,应用剪刀修整为平头等长。灯芯长度可控制在浸入酒精后再长 4～5 cm。新换的灯芯应让酒精浸透后才能点燃,否则一点燃就会烧焦。

② 用火柴杆引燃酒精灯,绝不能用燃着的酒精灯去引燃另一盏酒精灯。因为这样做将可能使灯内的酒精从灯头流出,引起燃烧。

③ 熄灭酒精灯时,把灯盖罩上,片刻后再把灯盖提起一下,然后再罩上,可避免灯盖揭不开之弊。注意:千万不能用口来吹熄。

④ 添加酒精时应先熄灭灯焰,然后借助漏斗把酒精加入灯内。灯内酒精的贮量以酒精灯容积的 1/2～2/3 为宜,不得超过。

(2) 酒精喷灯

使用前,先在预热盆上注入酒精,然后点燃盆内的酒精,以加热铜质灯管,开启开关,这时酒精在灼热燃管内气化,并与来自气孔的空气混合,用火柴在管口点燃,温度可达 700～1 000℃。调节开关螺丝,可以控制火焰的大小。用毕,旋紧开关,可使灯焰熄灭。应该注意,在开启开关、点燃以前,灯管必须充分灼烧,否则酒精在灯管内不会全部气化,会有液态酒精由管口喷出,形成“火雨”,甚至会引起火灾。不用时,必须关好储罐的开关,以免酒精漏失,造成危险。

(3) 煤气灯

实验室中如果备有煤气,在加热操作中,可用煤气灯。

使用时按下列方法进行:

① 煤气由导管输送到实验台上,用橡皮管将煤气龙头和煤气灯相连。

② 煤气的点燃:旋紧金属灯管,关闭空气入口,点燃火柴,打开煤气开关,将煤气点燃,观察火焰的颜色。

③ 调节火焰:旋紧金属管,调节空气进入量,观察火焰颜色的变化,待火焰分为三层时,即得正常火焰。当煤气完全燃烧时,生成不发光亮的无色火焰,可以得到最大的热量。如果点燃煤气时,空气入口开得太大,进入的空气太多,就会产生“侵入火焰”。此时煤气在管内燃烧,发出“嘘嘘”的响声,火焰的颜色变绿色,灯管被烧得很热。发生这种现象时,应该关上煤气,待灯管冷却后,再关小空气入口,重新点燃。煤气量的大小,一般可用煤气龙头来调节,也可用煤气灯下的螺丝来调节。

④ 关闭煤气灯：往里旋转螺旋形针阀，关闭煤气灯开关，火焰即灭。

(4) 电炉

根据发热量不同有不同规格：如 800 W，1 000 W 等。使用时需注意以下几点：

① 电源电压与电炉电压要相符。

② 电炉下必须垫上瓷板，加热容器与电炉间要放一块石棉网，以使加热均匀。

③ 耐火炉盘的凹渠要保持清洁，及时清除烧灼焦糊的杂物，以保证炉丝传热良好，延长使用寿命。

(5) 电热板、电热套

电炉做成封闭式称为电热板。由控制开关和外接调压变压器调节加热温度。电热板升温速度较慢，且受热是平面的，不适合加热圆底容器，多用作水浴和油浴的热源，也常用于加热烧杯、锥形瓶等平底容器。电热套(包)是专为加热圆底容器而设计的，使用时应根据圆底容器的大小选用合适的型号。电热套相当于一个均匀加热的空气浴。为有效地保温，可在包口和容器间用玻璃布围住。

(6) 红外灯

红外灯用于低沸点易燃液体的加热。使用时，受热容器应正对灯面，中间留有空隙，再用玻璃布或铝箔将容器和灯泡松松包住，既保温又可防止灯光刺激眼睛，并能保护红外灯不被溅上冷水或其他液滴。

(7) 微波炉

微波炉是用微波来加热物体的。微波是一种电磁波，这种电磁波的能量不仅比通常的无线电波大得多，而且碰到金属会反射，金属根本无法吸收和传导它；微波可穿过玻璃、陶瓷、塑料等绝缘材料，但不会消耗能量，而含有水分的物体，微波不但不能穿过，其能量反被吸收。微波炉正是利用微波的这些特性制作的。微波炉外壳用不锈钢的金属材料制作，以防止微波对人体的伤害，装受热物体的容器则要用玻璃、陶瓷、塑料等绝缘材料。用微波炉加热，热量直接深入物体内部，所以加热速度比其他方法快 4～10 倍，热效率高达 80%以上。使用微波炉时，应注意不要空烧，停止加热后，再打开炉门，受出热物体。

二、加热方法

1. 直接加热

实验室常用的可直接用火加热的玻璃器皿有试管、烧杯、锥形瓶、烧瓶等，这些仪器能承受一定的温度，但不能骤冷骤热，因此在加热前必须将仪器外面的水珠擦干，加热后也不能立即与冷物体接触。

用烧杯、烧瓶和锥形瓶等玻璃器皿加热液体时，器皿要放在石棉网上，否则会因受热不均而破裂。

2. 热浴间接加热

当被加热的物体需要受热均匀，而且受热温度又不能超过一定限度时，可根据具体情况，选择特定的热浴间接加热方法。

(1) 水浴加热　当需要均匀、温和加热，且受热物质温度不超过 100℃时，可使用水浴加热。实验室中可用盛有水的烧杯作水浴，也有铜质(或铝质)的水浴锅，其锅盖由大小不同的铜圈或铝圈制成，用来承受各种器皿。加热时用热源将水浴锅中的水加热至一定温度或沸腾，用热水或蒸汽来加热器皿。在需要恒温加热时，通常采用电热恒温水浴加热器，可以自动控温，使用方便，且有多个浴孔供数人共用。

使用水浴加热时应注意以下几点：

① 浴锅内盛水的量不要超过其容量的 2/3。加热时间长时，须补充少量热水，不能烧干。

② 避免烧杯底部因接触水浴锅的底部受热不均而破裂。蒸发皿受水浴加热时，应尽可能增大受热面积，但不宜泡在水浴里，以蒸汽加热为好。

③ 应尽量保持水浴的严密，减少蒸汽跑逸。

④ 如果不慎把水浴锅中的水烧干时，应立即停止加热，等待水浴锅冷却后，再加水继续使用。

⑤ 须用水浴加热试管或离心试管中的液体时，可用烧杯作水浴器，将水加热至沸。

(2) 油浴和沙浴加热　当要求被加热的物质受热均匀且高于 100℃时，可使用油浴或沙浴。

① 油浴：用油代替水浴中的水即为油浴。例如甘油浴可用于 150℃以下的加热，石蜡油浴可用于 200℃以下温度的加热。

② 沙浴：沙浴是一个盛有均匀细沙的铁盘，被加热器皿的下部埋置在细沙中。加热时加热铁盘。若要测量沙浴的温度，可把温度计插入沙中。沙浴的特点是升温比较缓慢，停止加热后，散热也比较缓慢。

三、干燥

干燥是指除去吸附在固体或混在液体、气体中少量的水分和溶剂。化合物在测定其物理常数及进行分析前都必须进行干燥，否则会影响结果的准确性。某些反应需要在无水条件下进行，原料和溶剂也须干燥。所以，在化学实验中试剂和产品的干燥具有十分重要的意义。

1. 固体的干燥

固体最简单的干燥方法是把它摊开，在空气中晾干。固体也可在水浴上或烘箱中干燥。对于热稳定的固体，并且其蒸气没有腐蚀性，可以在电热恒温干燥箱中进行干燥(干燥箱的温度调节到低于该物质的熔点 20℃左右进行干燥)。

电热恒温干燥箱是利用电热丝隔层加热使物体干燥的设备。它适用于比室温高 5～200℃范围的恒温烘焙、干燥、热处理等，灵敏度通常为±1℃。电热恒温干燥箱一般由箱体、电热系统和自动恒温控制系统三个部分组成。电热系统一般由两组电热丝构成，一组为辅助电热丝，用于短时间内急剧升温和 120℃以上恒温时辅助加热；另一组为恒温电热丝，受温度控制器控制。辅助电热丝工作时恒温电热丝必定也在工作，而恒温电热丝工作时辅助电热丝不一定工作(如 120℃以下恒温时)。

电热恒温干燥箱的使用及注意事项：

① 为保证安全操作，通电前应检查是否断路、短路，箱体接地是否良好。

② 在箱面排气阀上孔插入温度计，旋开排气阀，接上电源。

③ 空箱通电试验。开启电源开关，温度调节旋钮在“0”位置时，绿色指示灯亮，表示电源接通，将温度旋钮顺时针旋至某一位置时，绿色指示灯熄灭的同时红色指示灯亮，表示电热丝已通电加热，箱内升温；然后把旋钮回至红灯熄灭而绿灯再亮，说明电器工作正常，即

可投入使用。

④ 干燥使用。调节温度旋钮，使箱内温度上升，当箱内温度升高至接近所需温度时，将温度旋钮回调到红、绿灯交替明亮处，即能自动控温。此时须再作几次小微调，以使工作温度稳定在所要求的值。恒温后一般不需要人工监视，但为防止控制器失灵，仍须有人经常照看，不能长时间远离。注意，恒温后温度旋钮示值并不直接表示干燥室工作温度，但可记下来以备中途调整及下次使用时参考。

⑤ 恒温后可根据需要关闭一组加热器，以免功率过大影响温度波动及箱内温差。

⑥ 升温时即可开启鼓风机，鼓风机可连续使用。

⑦ 当需观察工作室内干燥物品情况时，可开启外道箱门，透过玻璃内门观察。但箱门以尽量少开为宜，以免影响恒温。高温工作时不宜开启箱门，以防玻璃门因骤冷而破裂。

⑧ 易燃、易爆、易挥发及有腐蚀性或有毒物品禁止放入干燥箱内。

⑨ 当停止使用时，应及时切断电源，以保证安全。

此外，固体还常在干燥器中进行干燥。

(1) 普通干燥器

盖与缸之间的接触面经过磨砂，在磨砂处涂上凡士林，便紧密吻合，缸中有多孔瓷板，下面放干燥剂，上面放被干燥的物质。根据固体表面所带的溶剂来选择干燥剂。如硅胶、氧化钙（生石灰）吸收水或酸，无水氯化钙吸收水和醇，氢氧化钠吸收水和酸，石蜡吸收石油醚等，所选用的干燥剂不能与被干燥的物质反应。为了更好地干燥，也可用浓硫酸或五氧化二磷作为干燥剂。

(2) 真空干燥器

真空干燥器的形状与普通干燥器同，只是盖上带有活塞，可以和真空泵相连，降低干燥器内的压力。在减压情况下干燥，可以提高干燥效率。活塞下端呈弯勾状，口向上，防止和大气相通时因空气流入太快将固体冲散。开启盖前，必须先旋开活塞，使内外压力相等，方可打开，见图 2 - 23。

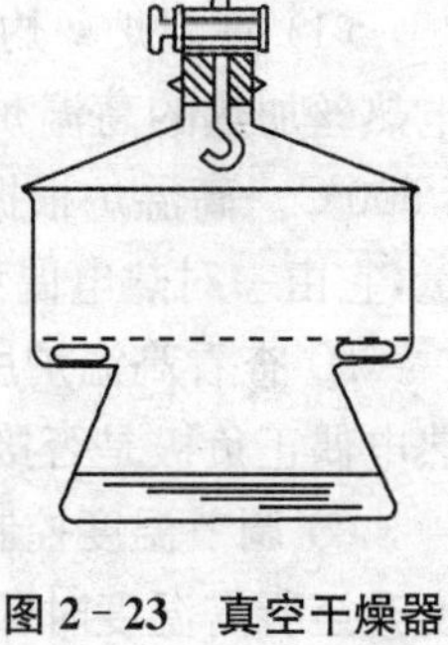
图 2 - 23　真空干燥器

(3) 红外线快速干燥箱

用红外线干燥固体物质时，可将被干燥固体物质放入红外线干燥箱中或置于红外灯下进行烘干，但要注意被干燥物质与红外灯之间的距离，否则温度太高使被干燥物质未被干燥而被熔化。用红外线干燥的特点是能使溶剂从固体内部的各个部分蒸发出来。

2. 液体的干燥

液体有机物中含有的少量水分通常用固体干燥剂除去。选用的干燥剂应符合下列条件：① 干燥剂与被干燥的物质不发生反应；② 干燥剂不溶于被干燥的物质中；③ 干燥剂干燥速度快，吸水量大（吸水量是指单位质量干燥剂所吸收的水量），价格低廉。

下面是常用的干燥剂及应用范围：

(1) 无水氯化钙　在实验室中被广泛应用的一种干燥剂，价格低廉。但无水氯化钙吸水速度不快，因而干燥的时间较长。氯化钙能水解生成碱式氯化钙、氢氧化钙，因此不宜用作酸性物质的干燥剂。同时又由于无水氯化钙易与醇、胺以及某些醛、酮、酯生成络合物，因而也不宜于做上述物质的干燥剂。

(2) 无水硫酸镁　优良的中性干燥剂，干燥速度快，价格低廉，能形成 $MgSO_4 \cdot nH_2O$ ($n=1\sim7$)，可用来干燥醇、醛、酸、酯等有机物。

(3) 无水硫酸钠　32.4℃以下为中性盐，吸水量大，吸水后形成 $Na_2SO_4 \cdot 10H_2O$，对酸性或碱性物质都不发生作用，使用范围广，但吸水速度较慢，而且最后残留的少量水分不易吸收。

(4) 无水碳酸钾　吸水能力中等，作用较慢，呈碱性，适用于干燥中性有机物，如醇类、酮类和腈类及碱性有机胺类等有机物。

(5) 固体氢氧化钠、氢氧化钾　主要用于干燥胺类有机物，使用范围有限。

(6) 金属钠　用无水氯化钙处理后的烃类、醚类等，常用金属钠除去其中微量的水。金属钠比较贵。

液体干燥方法如下：取一个大小合适的干净、干燥的锥形瓶，移入被干燥的液体，加入适量的干燥剂，塞好塞子，摇荡，然后静置一定的时间。使用干燥剂时应注意用量适当，否则不是干燥得不完全，就是被干燥物质过多地吸附在干燥剂的表面上而造成损失。在实际操作时，可先少加一些，振摇放置片刻后，如果干燥剂有潮解现象，则再加一些；如果出现少量水层，则必须用滴管将水层吸去，再加入一些干燥剂。

四、灼烧

将固体物质加热到高温以达到脱水、分解或除去挥发性杂质、烧去有机物等目的的操作称为灼烧。

(1) 高温炉　灼烧除用电炉外，还常用高温炉。高温炉利用电热丝或硅碳棒加热。用电热丝加热的高温炉最高使用温度为 950℃；用硅碳棒加热的高温炉温度高达 1 300～1 500℃。高温炉根据形状分为箱式和管式，箱式又称马弗炉。高温炉的炉温由高温计测量，它由一对热电偶和一只毫伏表组成。使用时应注意：

① 查看高温炉所接电源电压是否与电炉所需电压相符。热电偶是否与测量温度相符，热电偶正负极是否接反。

② 调节温度控制器的定温调节使定温指针指示所需温度处。打开电源开关升温，当温度升至所需温度时即能恒温。

③ 灼烧完毕，先关电源，不要立即打开炉门，以免炉膛骤冷碎裂。一般当温度降至200℃以下时方可打开炉门，用坩埚钳取出样品。

④ 高温炉应放置在水泥台上，不可放置在木质桌面上，以免引起火灾。

⑤ 炉膛内应保持清洁，炉周围不要放置易燃物品，也不可放精密仪器。

(2) 固体物质的灼烧

灼烧的方法是将固体放在坩埚中，直接用煤气灯或电炉加热，或置于高温电炉中按要求温度进行加热。例如重量分析法中灼烧硫酸钡晶体、分解矿石(煅烧石灰石为氧化钙和二氧化碳)的反应、高岭土熔烧脱水使其结构疏松多孔并进一步加工生产氧化铝、焙烧二氧化钛使其改变晶型和性质等，都是高温灼烧固体的实例。

五、冷却与制冷剂

实验室中常用的制冷方法有以下四种：

(1) 流水冷却　需冷却到室温的溶液,可用此法。将需冷却的物品直接用流动的自来水冷却。

(2) 冰(雪)盐

通常状况下冰的温度为0℃。冰融化时要吸收大量的热(每克冰融化成同温度的水吸收333.55 J)。利用这一性质可以进行冷却。例如,把冰块投入水中即可使水温度降到室温以下。用这种方法可使温度最低降到0℃。

(3) 干冰

液态CO_2自由蒸发时,一部分冷凝成雪花状。固体CO_2直接称为升华气化而不融化,在−78.5℃时的蒸气压为101 325 Pa,因此常用固体CO_2作制冷剂,称为干冰。干冰同乙醚、氯仿或丙酮等有机溶剂所组成的冻膏,温度可低至−77℃,在实验工作中用于低温冷浴。

(4) 电冰箱

电冰箱是利用氟利昂(即氟氯烷,如CCl_2F_2等)或氨等制冷剂受压缩时放热,用小风扇鼓风冷却,使其变为液体,再使液体制冷剂在蒸发器内蒸发吸收箱内热量而制冷的。

利用冰箱可以得到零下几度至十几度的低温。

常用制冷剂及其达到的温度见表2-7。

表2-7　制冷剂及其达到的温度

制　冷　剂	T(K)	制　冷　剂	T(K)
30份NH_4Cl+100份水	270	125份$CaCl_2 \cdot 6H_2O$+100份碎冰	233
4份$CaCl_2 \cdot 6H_2O$+100份碎冰	264	150份$CaCl_2 \cdot 6H_2O$+100份碎冰	224
29 g NH_4Cl+18 g KNO_3+冰水	263	5份$CaCl_2 \cdot 6H_2O$+4份碎冰	218
100份NH_4NO_3+100份水	261	干冰+二氯乙烯	213
75 g NH_4SCN+15 g KNO_3+冰水	253	干冰+乙醇	201
1份NaCl(细)+3份冰水	252	干冰+乙醚	196
100份NH_4NO_3+100份$NaNO_3$+冰水	238	干冰+丙酮	195

第八节　滴定操作

一、滴定分析的有关知识

滴定分析法又叫容量分析法,滴定分析是用一种已知准确浓度的标准溶液通过滴定管滴加到被测组分的溶液中,直到标准溶液的物质的量与被测组分的物质的量之间正好符合化学反应式表示的化学计量关系时,由所消耗的标准溶液的体积和浓度计算出被测组分的含量或浓度。这种已知准确浓度的标准溶液叫滴定剂;将滴定剂从滴定管滴加到被测组分的溶液中的过程叫滴定。当加入的滴定剂与被测组分定量反应完全时,反应到达了化学计量点。化学计量点一般可由指示剂的变色来确定。在滴定过程中,指示剂正好变色的点叫做滴定终点。滴定终点与化学计量点不一定恰好符合，由此而造成的分析误差叫终点误差。

滴定分析通常用于常量分析，即被测组分含量一般在1%以上，有时也可以测定微量组分。滴定分析法比较准确，在一般情况下，测定的相对误差为0.2%左右。

滴定分析简便、快速，可用于测定很多组分含量，且有足够的准确度，在生产实践和科学实验中有很大的实用价值。

滴定分析以化学反应为基础。根据反应不同，滴定分析法又可以分为酸碱滴定法、配位滴定法、氧化还原滴定法、沉淀滴定法等。适合滴定分析法的化学反应，应具备以下几个条件：

① 反应必须定量完成；

② 反应能迅速完成；

③ 有比较准确的方法确定反应的化学计量点。

二、滴定管

本章第三节中已作详细介绍，此处不再讲述。

三、滴定管的使用

① 检漏　即检查密合性。管内充水至最高标线，垂直夹在滴定台上，2 min后观察活塞边缘及管口是否渗水；转动活塞180°，再观察一次。如漏水，碱式滴定管要更换乳胶管或玻璃珠，直至不漏水为准；酸式滴定管按下面所述涂凡士林。

② 涂凡士林　酸式滴定管如漏水，玻璃活塞处要涂凡士林（起密封和润滑作用）。涂凡士林的方法（图2－24）是：将管内的水倒掉，平放在台上，抽出活塞，用滤纸将活塞和活塞套内的水吸干，再换滤纸反复擦拭干净。将活塞两侧均匀地涂上薄薄一层凡士林（涂量不能多），将活塞插入活塞套内，向同一方向旋转活塞几次直至活塞与塞槽接触部位呈透明状态，否则，应重新处理。为避免活塞被碰松动脱落，涂凡士林后的滴定管应在活塞末端套上小橡皮圈。

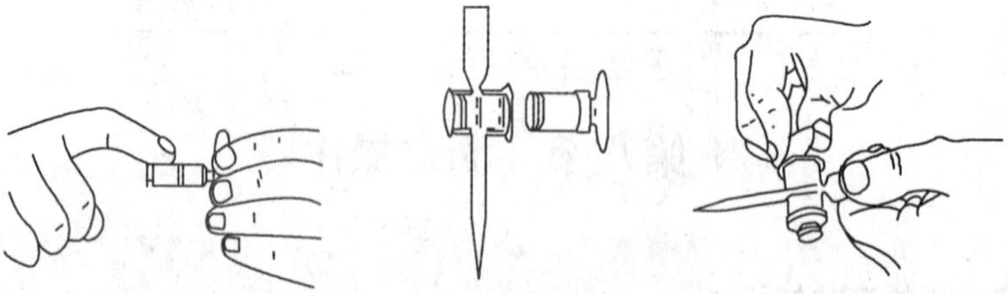

图2－24　活塞涂凡士林的方法

③ 洗涤　选择合适的洗涤剂和洗涤方法。通常滴定管可用自来水或管刷蘸肥皂水或洗涤剂洗刷（避免使用去污粉），而后用自来水冲洗干净，蒸馏水润洗；有油污的滴定管要用铬酸洗液洗涤。

④ 装入操作溶液　滴定管先用操作溶液润洗三次，方法是：将操作溶液（滴定液）直接装入滴定管5～10 mL，慢慢地倾斜至水平，转动使操作溶液洗遍滴定管的全部内壁，并使溶

液接触管壁 1～2 min，将溶液从下口放出。对于碱管，要注意玻璃球下方的洗涤。润洗三次后，将操作溶液（滴定液）直接装入滴定管零刻度或“0.00”刻度以上，排出管内空气（图 2-25），并调至“0.00”刻度。

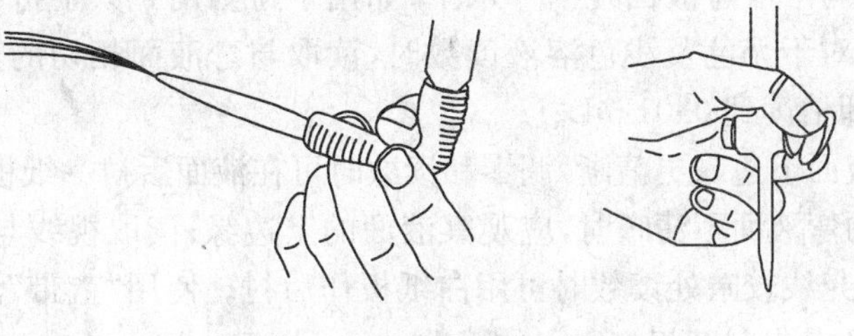

图 2-25　滴定管排气法

四、滴定操作

滴定操作前，必须去掉管尖悬挂的残余液滴，将滴定管尖端插入锥形瓶口内约 1 cm 处。用酸式滴定管滴定时，左手控制滴定管的活塞，大拇指在前，食指和中指在后，手指略弯曲，轻轻向内扣住活塞，转动活塞时要注意勿使手心顶着活塞，以防活塞被顶出，造成漏水。右手持锥形瓶，并使瓶内溶液不断旋转，边滴边摇，使瓶内溶液混合均匀，反应及时进行完全。摇动时应做同一方向的圆周运动。刚开始滴定时，滴定的速度可以稍快些，但也不能使溶液成流水状放出。临近终点时，滴定的速度要减慢，应一滴或半滴地加入，滴一滴，摇几下，并以洗瓶吹入少量蒸馏水冲洗锥形瓶内壁，使附着的溶液全部流下。然后再半滴半滴的加入，直到滴定达到终点为止。使用碱式滴定管时，把握好捏橡皮管的位置。用手指捏挤玻璃珠周围的橡皮时会形成一条狭缝，溶液即可流出，用力的大小可控制流速，但要注意不能捏玻璃珠下方的橡皮管，以防止空气进入形成气泡。无论哪种滴定管，都要掌握好加液速度（连续滴加、逐滴滴加、半滴滴加），终点前，用少量蒸馏水冲洗瓶壁，再继续滴至终点（图2-26）。滴定的溶液最好装在锥形瓶中进行，必要时也可以在烧杯或碘量瓶中进行（图 2-27）。

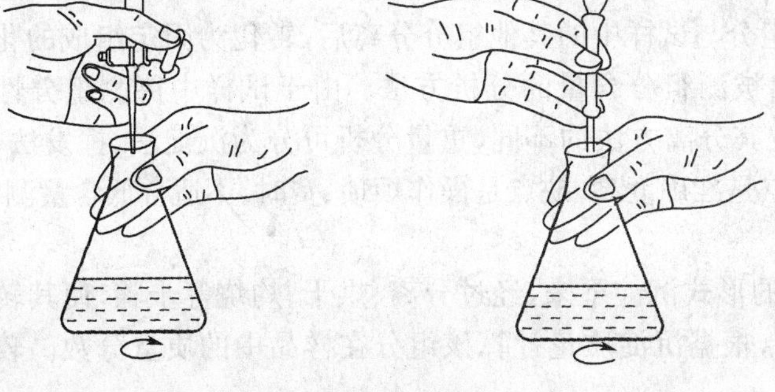

图 2-26　滴定操作

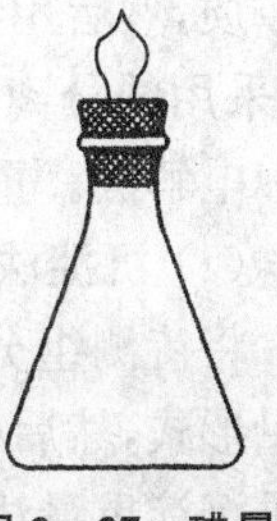

图 2-27　碘量瓶

每次滴定最好都从“0.00”刻度开始。也可以从接近“0”的任一刻度开始，但最好取整数，以避免不必要的误差。

五、滴定操作及读数时应注意事项

① 滴定管要垂直，操作者要坐正或站正，加入或放出溶液后，须等待 1～2 min 后方可读数。读数时视线与溶液弯液面在同一水平，如用手持则用一只手持在无刻度处，否则应置于滴定管架上。对于无色及浅色溶液读数时，读取与弯液面相切的刻度，读数必须读到小数点后第二位，即估读到 0.01 mL。

② 为了使弯液面下边缘更清晰，调零和读数时可在液面后衬一纸板。

③ 深色溶液的弯液面不清晰时，应观察液面的上边缘；读取视线与液面两侧的最高点呈水平的刻度。在光线较暗处读数时可用白纸板作后衬。使用"蓝带"滴定管时，液面呈三角交叉点，读取交叉点与刻度相交之点的读数。

④ 每次滴定前应将液面调节在"0"刻度或稍下的位置，最好从"0"开始。

⑤ 使用碱式滴定管时，把握好捏胶管的位置。用手指捏挤玻璃珠周围的橡皮时会形成一条狭缝，溶液即可流出，位置偏上，调定零点后手指一松开，液面就会降至零线以下；位置偏下，手一松开，尖嘴(流液口)内就会吸入空气，这两种情况都直接影响滴定结果。滴定读数时，若发现尖嘴内有气泡必须小心排除。

⑥ 对溴酸钾法、碘量法等须在碘量瓶中进行反应和滴定。碘量瓶是带有磨口塞和水槽的锥形瓶，喇叭形瓶口与瓶塞柄之间形成一圈水槽，槽中加入纯水便形成水封，可防止瓶中溶液反应生成的气体遗失。反应一定时间后，打开瓶塞，水即流下并可冲洗瓶塞和瓶壁，接着进行滴定。无论哪种滴定管，都要掌握好加液速度(连续滴加、逐滴滴加、半滴滴加)，终点前，用蒸馏水冲洗瓶壁，再继续滴至终点。

⑦ 实验完毕后，滴定溶液不宜长时间放在滴定管中，应将管中的溶液倒掉，用水洗净后再装满纯水挂在或倒置滴定台上，罩上滴定管盖备用。

第九节　重量分析

一、方法分类

重量分析法一般是将被测组分与试样中的其他组分分离后，转化为固定组成的化合物或单质，然后用称重的方法测出被测组分含量的分析方法。由于试样中待测组分性质不同，采用的分离方法也不同。按其分离方法的不同，重量分析可分为沉淀法、挥发法、萃取法和电解法。重量分析法的优点是准确度高，缺点是操作烦琐、费时，不适合低含量测定。

(1) 沉淀法

将待测组分以难溶化合物的形式沉淀下来，经过分离、烘干、灼烧等步骤，使其转化为称量形式，然后称量沉淀的质量，根据沉淀质量计算该组分在样品中的质量分数。较常用的是沉淀重量法。

(2) 挥发法

将试样加热或与某种试剂作用，使待测组分生成挥发性物质逸出，然后根据试样所减轻的质量，计算待测组分的质量分数(间接挥发法)；或者用某种吸收剂将逸出的挥发性物质吸收，根据吸收剂所增加的质量，计算待测组分的质量分数(直接挥发法)。

(3) 萃取法

利用待测组分在两种互不相溶的溶剂中溶解度的不同，使它从原来的溶剂中定量地转入作为萃取剂的另一种溶剂中，然后将萃取剂蒸干，称量萃取物的质量，根据萃取物的质量计算待测组分质量分数的方法。

(4) 电解法

利用电解的原理，使金属离子在电极上析出，然后称重，求得其含量。

二、沉淀重量法的操作

沉淀重量法的操作包括：样品溶解、沉淀制备、过滤、沉淀洗涤、沉淀烘干、炭化、灰化、灼烧、称量等。

1. 样品溶解

① 准备好洁净的烧杯、玻璃棒和表面皿。玻璃棒的长度应比烧杯高 5～7 cm，不要太长。表面皿的直径应略大于烧杯口直径。烧杯内壁和底不应有纹痕。

② 称取样品于烧杯中，溶样时，若无气体产生，可取下表面皿，将溶剂顺着紧靠杯壁的玻璃棒下端加入，或沿杯壁加入。边加入边搅拌，直至样品完全溶解。然后盖上表面皿。若有气体产生(如白云石等)，应先加少量的水润湿样品，盖好表面皿，再由烧杯嘴与表面皿间的狭缝滴加溶剂。待气泡消失后；再用玻璃棒搅拌使其溶解。样品溶解后，用洗瓶吹洗表面皿和烧杯内壁。

③ 样品在溶解过程中需加热时，可在电炉或煤气灯上进行。但一般只能让其微热或微沸溶解，不能暴沸。加热时须盖上表面皿。

④ 溶解后需加热蒸发时，可在烧杯口放上玻璃三角或在杯沿上挂三个玻璃钩，再盖上表面皿，加热蒸发。

2. 沉淀制备

根据沉淀的晶形或非晶形性质，选择不同的沉淀条件。

① 晶形沉淀：可按照“稀、热、慢、搅、陈”的操作方法沉淀，即沉淀的溶液要冲稀一些；沉淀时应将溶液加热；加入沉淀剂的速度要慢，同时应搅拌；沉淀完全后，盖上表面皿，放置过夜或在水浴锅上加热 1 h 左右，使沉淀陈化。

② 非晶形沉淀：宜用较浓的沉淀剂溶液，加入沉淀剂和搅拌的速度均快些，沉淀完全后要用蒸馏水稀释，不必放置陈化，有时还须加入电解质等。

3. 过滤和洗涤

重量分析法使用的定量滤纸，每张滤纸的灰分质量约为 0.08 mg，与称量误差相比可以忽略，因而定量滤纸也称无灰滤纸。按照滤纸孔隙的大小，定量滤纸又可分为“快速”、“中速”和“慢速”三个类型，应根据实际需要加以选用。沉淀的过滤和洗涤参见本章第六节“固液分离”，重量分析中对沉淀的过滤和洗涤要求很高，杂质要洗干净，沉淀要转移完全，不能损失。

4. 干燥和灼烧

(1) 干燥器的准备和使用

① 干燥器　首先将干燥器擦干净，烘干多孔瓷板，将干燥剂装入干燥器的底部(图 2-28)，应避免干燥剂玷污内壁的上部，然后盖上瓷板；再在磨口上涂上凡士林油，盖上干燥器盖。

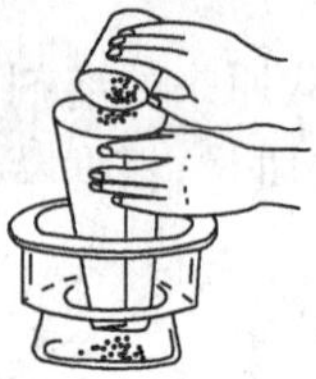

图 2－28

图 2－29

图 2－30

② 干燥剂　一般常用变色硅胶。还可用无水 $CaCl_2$ 等。由于各种干燥剂吸收水分的能力都是有一定限度的，因此干燥器中的空气并不是绝对干燥。所以灼烧和干燥后的坩埚和沉淀在干燥器中放置过久，可能会吸收少量水分而使质量增加，这点须多加注意。

③ 干燥器的操作　左手按住干燥器的下部，右手按住盖子上的圆顶，向左前方推动可打开干燥器，如图 2－29 所示。盖子取下后应拿在右手中，用左手放入（或取出）坩埚（或称量瓶），及时盖上干燥器盖。也可将盖子放在桌上安全的地方（注意要磨口向上，顶部朝下）。加盖时，也应拿住盖上圆顶，推着盖好。当坩埚或称量瓶等放入干燥器时，应放在瓷板圆孔内。称量瓶若比圆孔小时则应放在瓷板上。放入坩埚等热的容器时，应连续推开干燥器1～2 次。搬动或挪动干燥器时，应该用两手的拇指同时按住盖，防止滑落打碎，如图2－30所示。

（2）坩埚的准备

灼烧沉淀常用瓷坩埚。用前须用稀盐酸等溶剂洗净、晾干或烘干。用记号笔或 $K_4Fe[CN]_6$ 溶液在坩埚和盖上编号，干后，将它放入高温炉中灼烧（800℃左右），第一次灼烧约 30 min，取出稍冷后，放入干燥器中冷至室温，称量。然后进行第二次灼烧，约 15～20 min，稍冷后，再放入干燥器中，冷至室温，再称量。如此重复直至恒重（见本节附注）。瓷坩埚放在煤气灯上灼烧时，应放在架有铁环的泥三角上，逐渐升温灼烧，正确的操作如图 2－31（左）所示，但不能按图 2－31（右）进行，因铁丝烧红变软，坩埚容易跌落。瓷坩埚应放置在氧化焰中进行灼烧，灼烧时应带坩埚盖，但不能盖严，须留一条小缝。灼烧过程中用坩埚钳不时转动瓷坩埚，使之均匀加热，灼烧时间和操作方法与在高温炉中灼烧相同。

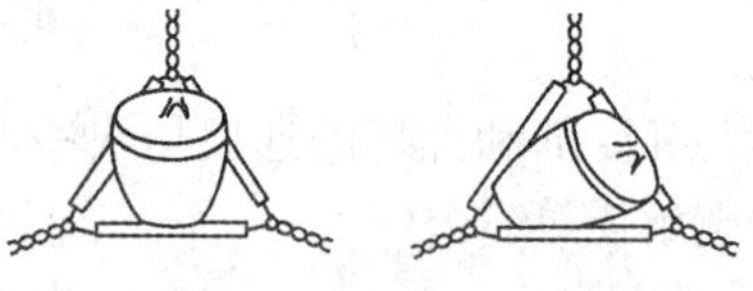

图 2－31　瓷坩埚在泥三角上的放置

图 2－32

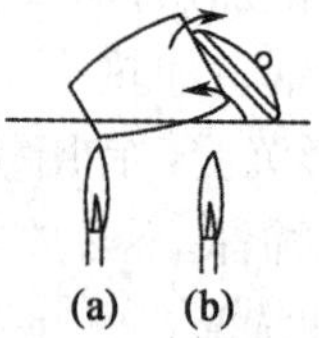

图 2－33

(a) 炭化、灰化火焰；
(b) 烘干火焰

（3）沉淀和滤纸的烘干

从漏斗中取出沉淀和滤纸时，用扁头玻璃棒将滤纸边挑起，向中间折叠，使其将沉淀盖住，如图 2－32 所示。再用玻璃棒轻轻转动滤纸包，以便擦净漏斗内壁可能沾有的沉淀。然后将滤纸包转移至已恒重的坩埚中，使它倾斜放置，滤纸包的尖端朝上，进行烘干。烘干时可在煤气灯（或电炉）上进行。将放有沉淀的坩埚斜放在泥三角上（注意，滤纸的三层部分向上），坩埚底部枕在泥三角的一边上，坩埚口朝泥三角的顶角，如图 2－31（右）所示，为使滤纸和沉淀迅速干燥，应该用反射焰，即用小火加热坩埚盖的中部，这时热空气流便进入坩埚内部，而水蒸气则从坩埚上面逸出，如图 2-33(b)所示。

(4) 滤纸的炭化和灰化

滤纸和沉淀干燥后（滤纸只是被干燥，而不变黑），将煤气灯逐渐移至坩埚底部（图 2-33a），使火焰逐渐加大，炭化滤纸，炭化时如遇滤纸着火，可立即用坩埚盖盖住，使坩埚内的火焰熄灭（切勿用嘴吹灭）。炭化后可加大火焰，使滤纸灰化（滤纸呈灰白色而不是黑色）。沉淀的烘干、炭化和灰化也可在电炉上进行。应注意温度。这时坩埚应是直立，坩埚盖不能盖严，其他操作和注意事项同前。

(5) 沉淀的灼烧与称量

沉淀和滤纸灰化后，将坩埚移入高温炉中（根据沉淀性质调节适当温度），盖上坩埚盖（稍留一小空隙）。灼烧 40～45 min（与空坩埚灼烧操作相同），取出，冷至室温，称量。然后进行第二次、第三次灼烧，直至坩埚和沉淀恒重为止。一般第二次以后灼烧 20 min 即可。

在干燥器冷却时，原则是冷至室温，一般需 30 min 以上。但要注意，每次灼烧、称量和放置的时间，都要保持一致。

【附注】

“恒重”一般是指连续两次称量，质量相差不大于 0.2 mg。但此数仅作参考，应根据沉淀质量允许误差及天平的精确度来确定。

第十节　试纸的制备及使用

一、试纸的种类

试纸包括石蕊试纸、酚酞试纸、pH 试纸、淀粉-碘化钾试纸、碘-淀粉试纸、醋酸铅试纸等。

(1) 石蕊试纸和酚酞试纸　用来定性检验溶液的酸碱性。有红色和蓝色两种。

(2) pH 试纸　包括广泛 pH 试纸和精密 pH 试纸两类，用来检验溶液的 pH。广泛 pH 试纸的变色范围是 pH 1～14，它只能粗略地估计溶液的 pH。精密 pH 试纸可以较精确地估计溶液的 pH，根据其变色范围可分为多种。如变色范围为 pH 3.8～5.4，pH 8.2～10 等等。根据待测溶液的酸碱性，可以选用某一变色范围的试纸。

(3) 淀粉-碘化钾试纸、碘-淀粉试纸　用来检验氧化性、还原性气体，如：Cl_2、Br_2 等，当氧化性气体遇到润湿的淀粉-碘化钾试纸后，则将试纸上的 I^- 氧化成 I_2，I_2 立即与试纸上的淀粉作用变成蓝色；如气体的氧化性很强，而且浓度大时，还可以进一步将 I_2 氧化成 IO_3^- 使试纸的蓝色褪去。使用时须仔细观察试纸颜色的变化，否则会得出错误的结论。

(4) 醋酸铅试纸　用来定性检验硫化氢气体。当含有 S^{2-} 的溶液被酸化时，逸出的硫化氢气体遇到润湿的醋酸铅试纸后，即与试纸上的醋酸铅反应，生成褐色的硫化铅沉淀，使试纸呈褐黑色，并有金属光泽。当溶液中 S^{2-} 浓度较小时，则不易检出。

二、试纸的制备

(1)酚酞试纸（白色）　溶解 1 g 酚酞在 100 mL 乙醇中，振摇后，加入 100 mL 蒸馏水，将滤纸浸渍后，放在无氨蒸气处晾干。

(2) 淀粉-碘化钾试纸(白色)　把 3 g 淀粉和 25 mL 水搅和，倾入 225 mL 沸水中，加入 1 g 碘化钾和 1 g 无水碳酸钠，再用水稀释至 500 mL，将滤纸浸泡后，取出放在无氧化性气体处晾干。

(3) 醋酸铅试纸(白色)　将滤纸浸入 3%的醋酸铅溶液中浸渍后，取出放在无硫化氢气体处晾干。

三、试纸的使用方法

(1) 石蕊试纸、酚酞试纸、pH 试纸

① 先将试纸剪成大小合适的小纸条。

② 将小纸条放在干燥洁净的表面皿上。

③ 再用玻璃棒蘸取要检验的溶液，滴在试纸小纸条上。

④ 然后观察试纸的颜色。切不可将试纸条投入溶液中试验。

(2) 醋酸铅试纸、淀粉-碘化钾试纸、碘-淀粉试纸等用于检验挥发性试剂的试纸

① 先将试纸剪成大小合适的小纸条。

② 将小纸条放在干燥洁净的表面皿上，用蒸馏水润湿。

③ 悬空放在挥发性试剂的上方，观察试纸颜色变化。

第十一节　分析试样的准备与分解

一、分析试样的准备

在采取和制备分析试样的过程中，必须保证所取试样具有代表性，即分析试样的组成能代表整批物料的平均组成，否则，所得测定结果不仅毫无实际意义，而且会给以后的工作造成严重的混乱。慎重地审查试样的来源，根据试样的类型使用正确的取样方法是保证分析试样具有代表性的关键。

(1) 气体试样的采取

① 常压下取样：用吸筒或抽气泵等一般的吸气装置，使盛气瓶产生真空，自由吸入气体试样。

② 气体压力高于常压取样：用球胆、盛气瓶直接盛取试样。

③ 气体压力低于常压取样：先将取样器抽成真空，然后再用取样管接通进行取样。

(2) 液体样品的采取

① 装在大容器中的液体试样的采取：充分搅拌后，在容器的各个不同深度和不同部位取样，经混合后供分析使用。

② 密封式容器中液体试样的采取：从密封式容器中放出试样，弃去开始放出的部分，再接取供分析使用的试样。

③ 分装于几个小容器中的同批液体试样的采取：先分别将各容器中的试样摇匀，然后从各容器中移取近等量试样于一个试样瓶中，混匀后供分析使用。

④ 水管中试样的采取：先放去管内静水，取一根橡皮管，其一端套在水管上，另一端插

入取样瓶底部，在瓶中装满水后，让其溢出瓶口少许后即可。

⑤ 河、池等水源中采样：在尽可能背阴的地方，离岸 1～2 m，水深 0.5 m 处采取。

(3) 固体试样的采取

① 粉状或松散试样的采取：如精矿、石英砂、化工产品等，其组成较均匀，可用探料钻插入包装袋(或其他容器)钻取。

② 金属锭块或制件试样的采取：一般可用钻、刨、切削、击碎等方法，从锭块或制件的纵横各部位采取。

③ 大块物料试样的采取：如矿石、焦炭、煤块等，不但组分不均匀，而且大小相差很大，所以，采样时应以适当的间距，从各个不同部分采取具有代表性的小样，称为原始平均试样，对于采集多少原始平均试样才具代表性，人们总结了一个经验公式：$Q = kd^a$。式中：Q 为原始平均试样的最低质量(kg)，d 为试样中最大颗粒直径(mm)，k 为物料的均匀系数(0.02～1.00，均匀度差者取值较大)，a 为物料的易碎系数(1.8～2.5，我国地质部门定为2)。原始平均试样一般按全部物料的千分之一至万分之三采集，需进一步进行粉碎、过筛、缩分等处理，才能作为分析用试样。所谓缩分是将样品合理地留用一半，经多次缩分可使保留的样品大大减少，常用的手工缩分是四分法。

所有的样品应按检测项目的不同做进一步的处理，如研磨、烘干等，再用称量瓶分装后置于干燥器中备用。其他种类试样及相关的准备要求参见《分析化学手册》。

二、分析试样的分解

根据分解试样时所用的试剂不同，分解方法可分为湿法和干法。湿法是用水、酸、碱或盐的溶液来分解试样，即先将试样分解制成溶液，再选择合适分析方法进行分析。干法则用固体盐、碱来熔融或烧结分解试样。试样的分解要求完全，且在分解过程中不能引入待测组分，也不能使待测组分有所损失，所有试剂及反应产物对后续测定应无干扰。分解时，要根据试样的性质、分析项目的要求，选择一种合适的分解方法。具体参见《分析化学手册》。

分析试样溶解的方法：用溶剂溶解试样时，先把盛有试样的烧杯适当倾斜，然后让溶剂慢慢顺着杯壁流下，搅拌使溶解。在溶解会产生气体时，先用少量的水将其润湿成糊状，用洁净的表面皿盖上，然后用滴管将溶剂自杯嘴逐滴加入，以防止生成的气体将试样带出，溶解后用蒸馏水冲洗表面皿。

对于需要加热溶解的试样，加热时要盖上表面皿，同时要防止溶液剧烈沸腾和迸溅，冷却后同样用蒸馏水冲洗表面皿，溶解时放在烧杯中的玻璃棒不要随意取出，以防溶液损失。

第十二节　无机物的制备、分离与提纯

无机化合物的种类繁多，各类化合物的制备方法区别也很大。即使是同一种化合物，往往也有多种制备方法。虽然新的方法不断推出，但是每一个化学工作者都必须掌握最基本的制备方法、基本技术和操作。在基础化学实验课程中，主要通过典型的制备实验，向大家介绍无机制备的一般原则，学习最基本的制备方法、基本技术和操作。

一、选择合成路线的基本原则

(1) 无机制备的基础是无机化学反应。判断反应的可能性要运用热力学和化学平衡理论,根据元素在周期表中的位置及其性质进行定性地判断;运用平衡常数 $K_a(K_b)$、K_{sp}、$K_{稳}$及 Q 和 ΔG 等热力学数据进行定性、定量判断,并运用平衡移动原理提高反应产率。同时要特别注意动力学因素对实际反应的影响,创造适宜的反应条件。无机制备通常要经过原料反应、粗制液的除杂精制和蒸发结晶等过程。

(2) 无机合成的目的是制备具有一定性质和规定质量标准的产品。因此要综合考虑产品的分离和提纯过程,这往往是化合物制备的关键。

(3) 合成路线力求工艺简单,原料价廉、易得,成本低,转化率高,产品质量好。同时对环境污染尽可能的少,生产安全性好。尤其要注意节约能源和保护环境,尽量实现化学实验绿色化。

二、无机物制备的反应类型

无机制备中涉及的反应很多,主要有:

(1) 分解反应　如:由 $CaCO_3$ 制备 CaO:$CaCO_3 \longrightarrow CaO + CO_2\uparrow$。

(2) 化合反应　如:制备二氯二氨合铂(Ⅱ):$PtCl_2 + 2NH_3 \longrightarrow [Pt(NH_3)_2Cl_2]$。

(3) 复分解反应　如:$NaHCO_3$ 的制备:$NH_4HCO_3 + NaCl \longrightarrow NaHCO_3\downarrow + NH_4Cl$。

(4) 氧化还原反应　如:K_2MnO_4 制备:$3MnO_2 + 6KOH + KClO_3 \longrightarrow 3K_2MnO_4 + KCl + 3H_2O$。

(5) 取代反应　如:$[PtCl_4]^{2-} + 2NH_3 \longrightarrow Pt(NH_3)_2Cl_2 + 2Cl^-$。

三、无机物制备的方法

1. 高温合成

用于高温反应的电炉主要有三种:马福炉、坩埚炉和管式炉。马福炉用于不须控制气氛,只须加热坩埚里的物料的情况。坩埚炉和管式炉通常用在控制气氛下(如在氢气或氮气流中)加热物质。

2. 电解合成

利用外加电源所提供的电能通过发生氧化还原反应进行物质制备的方法。通常用于制备氧化性或还原性较强的物质,如 Na 和 K 等活泼金属、过硫酸盐、高锰酸盐、氟、钛和钒的低价化合物等。

由 K_2MnO_4 制备 $KMnO_4$ 可用电解法完成。阳极为镍片,阴极为铁丝,控制阳极电流密度为 10 mA/cm^2,阴极电流密度为 250 mA/cm^2,槽电压为 2.5~3.0 V,在 60℃ 时电解 K_2MnO_4 溶液。$KMnO_4$ 在阳极逐渐析出沉于槽底,阴极有气体放出,两极反应为

阳极:$MnO_4^{2-} - 2e \longrightarrow MnO_4^-$

阴极:$2H_2O + 2e \longrightarrow 2OH^- + H_2\uparrow$

3. 静电放电合成

利用气体在外界强电场影响下产生等离子体的方法制备热力学上不稳定的物质,可在放电管中进行。臭氧发生器便是一种利用氧制备臭氧的放电合成装置。

4. 光化学合成

有时化学反应只有在反应物受到光照射时才能进行。光使反应物活化，反应物吸收光后，成键或非成键轨道上的电子被激发到反键轨道上，导致键的削弱甚至断裂，从而使反应得以活化而发生。本法用于合成羰基化合物、硼化物等。如：将五羰基合铁的冰醋酸溶液暴露在日光或紫外灯下，发生下面的反应：

$$2Fe(CO)_5 \longrightarrow Fe_2(CO)_9 + CO\uparrow$$

再如：三氯化硼和氧的光化学反应：

$$BCl_3 \longrightarrow BCl + Cl_2\uparrow$$

$$BCl + O_2 \longrightarrow BClO_2$$

$$BClO_2 + BCl \longrightarrow 2BOCl$$

$$3BOCl \longrightarrow (BOCl)_3$$

5. 化学传输合成

此方法是利用化学反应将难挥发物质从某一个温度区域传输到另一个温度区域的方法。常用的传输剂有氢、氧、氯、碘、一氧化碳、氯化氢等。化学传输反应在反应炉中两个不同的温度区进行，先将所需要的物质（固体）与适当的气体介质在源区温度（T_2）反应，形成一种气态化合物，然后借助载气把这种气态化合物传输到另一温度（T_1）的沉积区发生逆向反应，使得所需物质重新沉积下来，如：

$$ZnS(s) + I_2(g) \underset{T_1}{\overset{T_2}{\rightleftharpoons}} ZnI_2(g) + 1/2S_2(g)$$

6. 非水溶剂合成

适用于制备反应物或产物可与水发生反应的物质。如钾的氨溶液与氧作用制备超氧化钾 KO_2，即为非水溶剂合成。常用的非水溶剂有：氨、冰醋酸、硫酸、氟化氢。

7. 沉淀合成

这是一般无机合成中常用的方法。将欲制备的化合物以沉淀形式从其他化合物中分离出来，如氢氧化铝的制备：

$$Al_2(SO_4)_3 + 6NH_3 \cdot H_2O \longrightarrow 2Al(OH)_3\downarrow + 3(NH_4)_2SO_4$$

利用碳酸氢铵和氯化钠制备碳酸钠：

$$NH_4HCO_3 + NaCl \longrightarrow NaHCO_3\downarrow + NH_4Cl\text{（中间产物形成）}$$

$$2NaHCO_3 \longrightarrow Na_2CO_3 + CO_2\uparrow + H_2O\text{（加热分解得到最终产物）}$$

除上述 7 种方法外，还有其他方法，如：气相色谱法、化学真空系统法等。

四、无机物的分离提纯方法

无机物的分离提纯方法分为物理分离提纯法和化学分离提纯法两种基本方法。

常见的物理分离提纯法有：过滤、结晶（包括重结晶）、升华、蒸馏（包括分馏）、萃取和分液、离子交换、渗析、盐析等。

常见的化学分离提纯法有：① 加热法——混合物中有热稳定性差的物质时，可直接加热，使热稳定性差的物质分解而分离出去。有的物质受热后可直接变成被提纯的物质，如 Na_2CO_3 中含有 $NaHCO_3$ 杂质时，$NaHCO_3$ 可通过加热分解变成 Na_2CO_3。② 气体法——将杂质转变为气体而除去的方法。③ 沉淀法——在混合物中加入某试剂，使其中一种以沉淀的形式分离出去的方法。④ 酸碱法——利用被提纯物质不与酸碱反应而杂质可与酸碱反应的性质差异，加入酸或碱从而达到提纯的目的。⑤ 氧化还原法——利用氧化还原反应将杂质氧化或还原，达到分离的目的。⑥ 再生法——先将被提纯物质转变为其他物质，再用另一反应使其恢复。⑦ 二次转化法——针对有些杂质不能一次性除去，需要再进一步除杂，采用此方法。

用化学分离提纯法时要注意：

① 不引入新的杂质；

② 不能损耗或减少被提纯物质的质量；

③ 操作简便，试剂价廉，现象明显，易于分离。

常见的无机物分离提纯操作介绍如下：

1. 固液分离

原料经过化学反应制成的粗制液中含有杂质，必须进一步除去，除杂的方法很多，通常是在溶液中加入某些试剂，使杂质生成难溶化合物而沉淀。最常用的化学方法有：调节溶液 pH，利用水解沉淀；利用氧化还原水解；金属置换；硫化物沉淀；配合物掩蔽等。对于有固体和液体两相共存的混合溶液可采用倾析法、过滤法、离心分离法等方法分离出固体组分。具体操作见本章第六节“固液分离”。

2. 蒸发、结晶(重结晶)

精制后的溶液还可能存在少量其他杂质成分，可利用温度与溶解度的关系，通过蒸发、结晶操作，达到除去杂质离子的目的。

蒸发通常在蒸发皿中进行，因为它的表面积较大，有利于加速蒸发。注意加入蒸发皿中的液体的量不得超过其容量的 2/3，以防液体溅出。如果液体量较多，蒸发皿一次盛不下，可随水分的不断蒸发而继续添加液体。注意不要使瓷蒸发皿骤冷，以免炸裂。根据物质对热的稳定性可以选用煤气灯直接加热或用水浴加热。若物质的溶解度随温度变化较小，应加热到溶液表面出现晶膜时，停止加热。若物质的溶解度较小或高温时溶解度虽大但室温时溶解度较小，降温后容易析出晶体，不必蒸至液面出现晶膜就可以冷却。

结晶是提纯固态物质的重要方法之一。在一定的条件下，物质从溶液中析出的过程称结晶。通常有两种方法，一种是蒸发法，即通过蒸发或气化，使溶液达到饱和而析出晶体，此法主要用于溶解度随温度改变而变化不大的物质(如氯化钠)。另一种是冷却法，即通过降低温度使溶液冷却达到饱和而析出晶体，这种方法主要用于溶解度随温度下降而明显减小的物质(如硝酸钾)，有时需将两种方法结合使用。

晶体颗粒的大小与结晶条件有关，如果溶质的溶解度小、溶液的浓度高、溶剂的蒸发速度快或溶液冷却得快，析出的晶粒就细小；反之，就可得到较大的晶体颗粒，实际操作中，常根据需要，控制适宜的结晶条件，以得到大小合适的晶体颗粒。

当溶液发生过饱和现象时，可以振荡盛液容器，用玻璃棒搅动或轻轻地摩擦器壁，或投入几粒晶体(晶种),促使晶体析出。

假如第一次得到的晶体纯度不符合要求,可将所得晶体溶于少量溶剂中,加热使其溶解,然后再次进行蒸发(或冷却)、结晶、分离,如此反复的操作称为重结晶,有些物质的纯化,须经过几次重结晶才能完成。由于每次滤液中都含有一定量的溶质,所以滤液应收集起来,加以适当回收,以提高产率。

若易升华的物质中含有不挥发性杂质,或分离挥发性明显不同的固体混合物时,可以用升华方法进行纯化。要纯化的固体物质,必须在低于其熔点的温度下,具有高于 2 665.6 Pa (20 mmHg)的蒸气压。升华可以在常压或减压下操作,也可以根据物质的性质在大气气氛或惰性气体流中操作。

3. 液液分离

(1) 蒸馏

蒸馏是液体物质最重要的分离和纯化方法。液体在一定的温度下,具有一定的蒸气压。一般来说,液体的蒸气压,随着温度的增加而增加,直至到达沸点,这时有大量气泡从液体中逸出,即液体沸腾。

蒸馏的方法就是利用液体的这一性质。将液体加热至沸使其变成蒸气,再使蒸气通过冷却装置冷凝并将冷凝液收集在另一容器中的过程。由于低沸点化合物易挥发,高沸点化合物难挥发,固体物更难挥发,甚至可粗略地认为,大多数固体物不挥发。因此,通过蒸馏,我们就能把沸点相差较大的两种或两种以上的液体混合物逐一分开,达到纯化的目的;也可以把易挥发物质和不挥发物质分开,达到纯化的目的。

在实验室中进行蒸馏操作,所有仪器主要包括三个部分:

① 蒸馏烧瓶:这是蒸馏时最常用的容器。液体在瓶内气化,蒸气经支管或蒸馏头的侧管馏出,引入冷凝管。

② 冷凝管:由烧瓶中馏出的蒸气在此处冷凝。液体的沸点高于 130℃时用空气冷凝管,低于 130℃时用水冷凝管。为避免冷凝管炸裂,通常不把水冷凝管当空气冷凝管用。为确保所需馏分的纯度,不应采用球形冷凝管,因为球的凹部会存有馏出液,使不同组分的分离变得困难。

③ 接受管:最常用的是锥形瓶,收集冷凝后的液体。

欲收集几个组分,应准备几个接受器,其中所需馏分,必须用干净的及事先称量好的容器来收集。接受器的大小,应与可能得到的馏分多少相匹配,若馏分很少,用一个大容器来收集,显然会影响接收率。

若馏出液有毒、易燃、易挥发、易吸潮或放出有毒、有刺激性气味的气体时,应根据具体情况,在安装接受器时,采取相应的措施,妥善解决。

根据所要蒸馏液体的性质,正确选用热源,对蒸馏的效果和安全都有着重要的关系。热源的选择主要根据液体的沸点高低、各种热源的特点来考虑。

仪器组装好了以后,用长颈漏斗把要蒸馏的液体倒入蒸馏烧瓶中。漏斗颈须能伸到蒸馏烧瓶的支管下面。若用短颈漏斗或用玻璃棒转移液体时,应注意必须确保液体沿着支管口对面的瓶颈壁,慢慢加入,不能让液体流入支管。若液体中有干燥剂或其他固体物质,应在漏斗上放滤纸或一小团松软的脱脂棉、玻璃棉等,以滤除固体。

往蒸馏烧瓶中投入 2~3 粒沸石。沸石通常可用未上釉的瓷片敲成米粒大小的碎片制得。也可往蒸馏烧瓶里放入毛细管，毛细管的一端封闭，开口的一端朝下，其长度应足以使其上端能贴靠在烧瓶的颈部而不应横在液体中。

沸石和毛细管的作用都是为了防止液体暴沸，保证蒸馏能平稳地进行。

加热前，应认真地将装置再检查一遍，当确认装配严密、气密性好，且稳妥后，方可加热。若用的是水冷凝器，在检查后，应先上冷却水，然后再加热。

当溶液加热至沸点时，毛细管和沸石均能逸出许多细小的气泡，成为液体分子的气化中心。在持续沸腾时，沸石和毛细管都继续有效，一旦停止加热，沸腾中断，加进的沸石即会失效，在再次蒸馏前，必须重新加入沸石。如果加热后才发现忘了加沸石，应该待液体冷却后，再行补加。否则会引起剧烈的暴沸，使部分液体冲出支管口，影响蒸馏效果或者使液体冲出瓶外，酿成事故。在沸腾平稳进行时，冷凝的蒸气环由瓶颈逐渐上升到温度计的周围，温度计中的水银柱迅速上升，冷凝的液体不断地由温度计水银球下端滴回液面。这时应调节火焰大小或热浴温度，使冷凝管末端流出液体的速度约为每秒钟1～2滴。

第一滴馏出液滴入接受器时，记录此时的温度计读数。当温度计的读数稳定时，另换接受器承接馏出液，记录每个接受器内馏分的温度范围和质量。若要收集的馏分温度范围已有规定应按规定收集。馏分的沸点范围越小，纯度越高。

烧瓶中残留少量(约0.5～1 mL)液体时，应停止蒸馏。即使是半微量操作，液体也不能蒸干。

在整个蒸馏过程中，温度计水银球下端，应始终附有冷凝的液滴，确保气液两相平衡。

蒸馏低沸点易燃液体时(例如乙醚)，不得用明火加热，附近也不得有明火，最好的办法是用预先热好的水浴，为了保持水浴温度，可以不时地向水浴中添加热水。

蒸馏完毕，先停止加热，后停止通冷却水，再按照与装置顺序相反的程序拆卸仪器。为安全计，最好在拆卸仪器前小心地将热浴挪开，放在适当的地方。

(2) 萃取

萃取是利用物质在不同溶剂中溶解度的差异使其分离的。其过程为物质从其溶解或悬浮的相中转移到另一相中。萃取一般在分液漏斗中进行。

4. 离子交换分离

离子交换分离法是利用离子交换剂与溶液中的离子发生交换反应而实现分离的方法。

离子交换剂的种类很多，主要分为无机离子交换剂和有机离子交换剂。后者又称为离子交换树脂，是应用较多的离子交换剂。

离子交换树脂是具有可交换离子的有机高分子化合物。它分为阳离子交换树脂和阴离子交换树脂，分别能与溶液中的阳离子和阴离子发生交换反应。例如，磺酸型阳离子交换树脂 $R—SO_3^-H^+$ 和阴离子交换树脂 $R—NH_3^+OH^-$，就分别具有与阳离子交换的 H^+ 和与阴离子交换的 OH^-。当天然水流经此树脂时，其中的阳离子 Na^+、Mg^{2+} 和 Ca^{2+} 就与 H^+ 发生交换反应(正向交换)：

$$R—SO_3H + Na^+ \longrightarrow R—SO_3Na + H^+$$

阴离子 Cl^-、HCO_3^- 和 SO_4^{2-} 等与 OH^- 交换(正向交换)：

$$R—NH_3OH + Cl^- \longrightarrow R—NH_3Cl + OH^-$$

经过多次交换，最后得到含离子很少的水，常称为去离子水。

同其他离子互换反应一样，上述离子交换反应也是可逆的，故若用酸或碱浸泡（反向交换）使用过的离子交换树脂，就可以使其“再生”而继续使用。

溶剂萃取和离子交换法的最重要的应用莫过于成功而有效地分离那些性质极其相近的元素，如稀土元素、锆、铪、铌与钽等。

离子交换分离的步骤包括① 装柱；② 离子交换；③ 洗脱与分离；④ 树脂再生。

物质的提纯和分离远远不是这么简单。在工业生产过程中，生成的产品往往混有多种杂质，这就需要我们将上述这些方法综合运用才能解决问题。在需用多种试剂和多种提纯分离方法时要注意：① 安排好合理的除杂顺序；② 后加的试剂应能够把前面所加入的过量试剂除去。

五、物质的分析方法

物质的制备与物质的分析是密切相关的。当一个新的物质被合成出来，它的组成、结构和性质等问题，是必须要解决的，也就是要对制备的新物质进行分析鉴定。一旦对新物质的结构等问题有所了解，反过来可以促进合成工业合理化，而且可以进一步解决更复杂未知物的合成问题。物质的分析鉴定不仅对合成新化合物是必要的，对于已知化合物的合成也是不可缺少的工作。例如，需要通过分析工作确定合成物的纯度、杂质的含量等。

物质分析方法：

(1) 物理法

测定物质的熔点、沸点、电导率、黏度等。

(2) 化学分析

化学分析主要用于测定物质的主要组成部分，也可用它做结构分析。化学分析法是以物质的化学反应为基础的分析方法。它分为重量分析和滴定分析。用的较多的是滴定分析。根据所利用的反应类型不同，可分为酸碱滴定（利用酸碱中和反应）、氧化还原滴定（氧化还原反应）、沉淀滴定（形成沉淀的反应）、配位滴定（利用生成配合物反应）。

(3) 仪器分析

仪器分析是以物质的物理性质或物理化学性质为基础的分析方法。仪器分析方法有光谱、电化学、色谱等。它主要用来测定化合物的结构和杂质含量的测定。当存在于化合物中的杂质含量很少，用化学分析法无法测定时，宜采用仪器分析法。

第十三节　微型化学实验与绿色化学简介

一、微型化学实验的概念

微型化学实验（microscale chemical experiment 或 microscale laboratory，简称ML）是在微型化的仪器装置中进行的化学实验，其试剂用量比对应的常规实验节约90%以上。微型实验有两个基本特征：试剂用量少和仪器微型化。微型化实验不是常规实验的简单缩微或减量，而是在微型化的条件下对实验进行重新设计和探索，以尽可能少的试剂来获取尽可能多的化学信息。

微型实验与微量化学实验是不同的概念。微量化学指组分的微量或痕量的定量测定、理论、技术和方法,即微量分析化学。而微型化学实验尽管会包含一些微量化学的技术,但实验的对象和内容却超越了微量化学的范围。用于化学教学的微型实验还要具备现象明显、操作简单、效果优良、成本低等特点。

随着科学技术的发展、实验仪器精确程度的提高,化学实验的试剂和样品用量逐渐减少。16 世纪中叶,冶金工业中化学分析的样品用量为数千克,19 世纪三四十年代,0.5 mg 精度分析天平的问世,使重量分析样品量达 1 g 以下;0.01 mg 精度的扭力天平,让 Nernst 尝试做 1 mg 样品的分析;1 μg 精度天平的出现,使 Frilz Pregl 成功地用 3~5 mg 有机样品做了碳、氢等元素的微量分析。

20 世纪,半微量有机合成、半微量的定性分析已广泛地出现在教材中。1925 年,埃及 E. C. Grey 出版的《化学实验的微型方法》是较早的一本微型化学实验大学教材。1955 年,维也纳的国际微量化学大会上,马祖圣教授就建议以 mg 作为微量实验的试剂用量单位。自 1982 年始,美国的 Mayo 等人着眼于环境保护和实验室安全的需要,研究微型有机化学实验,并在基础有机化学实验中采用主试剂在 mmol 量级的微型制备实验取得成功。可见化学实验小型化、微型化是化学实验方法的变革。

我国的微型化学实验的研究是由无机化学、普通化学的微型实验和中学化学的研究开始的。由我国自编的首本《微型化学实验》于 1992 年出版。此后,天津大学沈君朴主编的《无机化学实验》、清华大学袁书玉主编的《无机化学实验》、西北大学史启祯等主编的《无机与分析化学实验》等教材已编一定数量的微型实验。1995 年华东师大陆根土编写的《无机化学教程(三)实验》将微型实验与常规实验并列编入;2000 年周宁怀主编了《微型无机化学实验》。迄今为止,国内已有 800 余所大、中学校开始在教学中应用微型实验,显示了微型实验在国内已进入大面积推广阶段。本教材也选用了一些微型实验。

二、绿色化学的概念

绿色化学(green chemistry),又称清洁化学(clean chemistry)、环境无害化学(enviromentally benign chemistry)、环境友好化学 (enviromentally friendly chemistry)。绿色化学有三层含义: 第一,绿色化学是清洁化学。绿色化学致力于从源头制止污染,而不是污染后的再治理,绿色化学技术应不产生或基本不产生对环境有害的废弃物,绿色化学所产生出来的化学品不会对环境产生有害的影响。第二,绿色化学是经济化学。绿色化学在其合成过程中不产生或少产生副产物,绿色化学技术应是低能耗和低原材料消耗的技术。第三,绿色化学是安全化学。在绿色化学过程中尽可能不使用有毒或危险的化学品,其反应条件尽可能是温和的或安全的,其发生意外事故的可能性是极低的。绿色化学是用化学的技术和方法去减少或消灭对人类健康、社区安全、生态环境有害的原料、溶剂和试剂、催化剂、产物、副产物、产品等的产生和使用。

不可否认人类进入 20 世纪以来创造了高度的物质文明,从 1990—1995 年的 6 年间合成的化合物数量就相当于有记载以来的 1 000 多年间人类发现和合成化合物的总量(1 000 万种),这是科技的发展、是社会的进步,但同时也带来了负面的效应,如资源的巨大浪费、日益严重的环境问题等。人们开始重新认识和寻找更为有利于其自身生存和可持续发展的道路,注意人与自然的和谐发展,绿色意识成了人类追求自然完美的一种高级表现形式。

1995 年 3 月,美国成立“绿色化学挑战计划”并设立“总统绿色化学挑战奖”。1997 年我国国家科委主办第72届香山科学会议，主题为“可持续发展对科学的挑战——绿色化学”。近些年来，各国化学家在绿色化学的研究领域里，运用物理学、生态学、生物学等的最新理论、技术和手段，取得了可喜的成绩。

绿色化学的核心是“杜绝污染源”，防治污染的最佳途径就是从源头消除污染，一开始就不要产生有毒、有害物。事实上，实现化学实验绿色化的关键是建立绿色化学的思维方式。在化学实验教学中，应在教师和学生的头脑中存有这种意识，要树立绿色化学的思维方式，从环境保护的角度，从经济和安全的角度来考虑各个实验的设置、实验手段、实验方法等。而这种思维方式的建立应遵循以下原则：

(1) 设计合成方法时，只要可能，不论原料、中间产物还是最终产品，均应对人体健康和环境无毒害(包括极小毒性和无毒)。

(2) 合成方法必须考虑能耗、成本，应设法降低能耗，最好采用在常温常压下的合成方法。

(3) 化工产品要设计成在其使用功能终结后，它不会永存于环境中，要能分解成可降解的无害产物。

(4) 选择化学生产过程的物质时，应使化学意外事故(包括渗透、爆炸、火灾等)的危险性降低到最低程度。

(5) 在技术可行和经济合理的前提下，原料要采用可再生资源以代替消耗性资源。

在本教材中，我们尽量做到化学实验绿色化，在选择实验内容时，既照顾到知识的广度和深度，又尽可能不使用有毒或危险的化学品，用量上既能够保证教学效果又尽量降低用量，做到绿色化学，减少污染。对实验所有产物、废弃试剂和物品必须分类回收，并在可能的条件下进行预处理，以降低毒性，严格控制倾倒物，减低环境影响，严禁自行填埋、倾倒，有些实验废液交由专业公司集中处理。

第十四节　参考资料简介

在学习和研究工作中经常要了解各种物质的物理和化学性质、制备或提纯方法及原理；或要了解某个研究课题的历史、现状及其发展趋势等，都需要查阅参考资料。因此，学会如何从已出版的各种期刊论文、科技报告、会议资料、专利说明书、技术标准、百科全书、手册、专题述评、文献指南、教材等各种各样的资料中找出所需的资料尤为重要。同时学会查阅资料，也是培养分析问题和解决问题能力的重要手段。

一、图书目录简介

图书馆的目录是多种多样的，为读者服务的目录有期刊目录、图书目录、特藏目录。期刊目录有中文和外文之分，中文期刊按刊名笔画顺序或刊名汉语拼音字母的顺序排列。外文期刊则以刊名的字母顺序排列。图书目录除分为中文和外文外，每个文种的图书又分成：

(1) 分类目录　按图书知识内容的学科组织。

(2) 书名目录　按书名字母顺序组织。

(3) 著者目录　按著者姓名的字母顺序组织。

一本图书可有以上三种目录供读者检索。目录通常都是卡片式的,读者可根据自己掌握的材料选择其中一种目录去检索。随着网络技术的发展,读者可先在有关院校的网上图书馆查询,然后借阅。

二、参考书及手册简介

1. 百科全书和大型参考书

(1) 中国大百科全书. 北京: 中国大百科全书出版社,1989

这是我国第一部大型综合性百科全书,按学科分卷出版。化学卷按所收条目的汉语拼音顺序排列,并附有汉字笔画索引,详尽地叙述和介绍了化学学科的基本知识。

(2) 科学技术百科全书. 北京: 科学出版社,1981

(3) 中国国家标准汇编. 北京: 中国标准出版社,1983

该书从 1983 年开始分册出版,收集了公开发行的全部现行国家标准,并按照国家标准的顺序号编排,已经出版了 40 多个分册,每册都有目录。在化学分册中,介绍了化合物的各个等级的含量标准、杂质含量和分析方法。

1984 年,中国标准出版社还出版了《中华人民共和国国家标准目录》,按标准的顺序号目录和分类目录两部分编排,因此,可从标准的顺序号目录、分类目录或分册的目录进行检索。

2. 实验技术参考书

(1) 杭州大学化学系等主编. 分析化学手册. 北京: 化学工业出版社,1979

这是一本化学分析工具书,较为全面的收集了化学分析的常用数据,并详尽地介绍了各种实验方法。全书共五个分册。

(2)《化学分析基本操作规范》编写组. 化学分析基本操作规范. 北京: 高等教育出版社,1984

(3) 孙尔康等编. 化学实验基础. 南京: 南京大学出版社,1991

(4) 梁树权等编. 定量分析基本操作. 北京: 高等教育出版社,1982

3. 化学物理数据手册

(1) 傅献彩主编. 实用化学便览. 南京: 南京大学出版社,1989

(2) 顾庆超等编. 化学用表. 南京: 江苏科学技术出版社,1979

(3) David R Lide. Handbook of Chemistry and Physics(化学和物理手册)88th,CRC Press,2007~2008

(4) Dean JA Lange's Handbook of Chemistry(兰格化学手册),15th,McGraw - Hill,Inc. ,1999

(5) 常文保等编. 简明分析化学手册. 北京: 北京大学出版社,1981

4. 合成化学参考书

(1) Braner G 著;何泽人译. 无机制备化学手册. 上册. 北京: 化学工业出版社,1959

(2) 美国化学会无机合成编辑委员会编;申泮文等译. 无机合成. 第 1~20 卷. 北京: 科学出版社,1959~1986

(3) 天津化工研究院编. 无机盐工业手册. 上、下册. 北京: 化学工业出版社,1979~1981

5. 主要教材和参考书

(1) 傅献彩主编. 大学化学. 上、下册. 北京：高等教育出版社，1999
(2) 武汉大学等校编. 无机化学. 上、下册. 第 3 版. 北京：高等教育出版社，1994
(3) 武汉大学主编. 分析化学. 第 3 版. 北京：高等教育出版社，1995
(4) 武汉大学主编. 分析化学实验. 第 2 版. 北京：高等教育出版社，1985
(5) 浙江大学化学系组编，徐伟亮主编. 基础化学实验. 北京：科学出版社，2005
(6) 南京大学大学化学实验教学组编. 大学化学实验. 北京：高等教育出版社，1999
(7) 柯以侃主编. 大学化学实验. 北京：化学工业出版社，2001
(8) 倪惠琼，蔡会武主编. 工科化学实验. 北京：化学工业出版社，2006
(9) 吴俊方主编. 工科化学基本实验. 南京：东南大学出版社，2006

6. 网络资源

(1) 万方数据库。
(2) 重庆维普数据库。
(3) 中国期刊数据库。
(4) 中国学位论文数据库。
(5) 中国科技大学化学实验教学中心。

第三章　误差与实验数据处理

第一节　误　　差

化学是一门实验科学，常常要进行许多定量测定，然后由实验测得的数据经过计算得到分析结果。结果的准确与否是一个很重要的问题。不准确的分析结果往往导致错误的结论。在任何一种测量中，无论所用仪器多么精密，测量方法多么完善，测量过程多么精细，但测量结果总是不可避免地带有误差。测量过程中，即使是技术非常娴熟的人，用同一种方法，对同一试样进行多次测量，也不可能得到完全一致的结果。这就是说，绝对准确是没有的，误差是客观存在的。实验时应根据实际情况正确测量、记录并处理实验数据，使分析结果达到一定的准确度。

在实验测定中，会因各种原因导致误差的产生。根据其性质的不同，可以分为系统误差和偶然误差两大类。

一、系统误差

系统误差又称恒定误差，是由某种固定原因所造成的，有重复、单向的特点。其误差的大小、正负在理论上说是可以测定的，又称为可测误差。

在系统误差中，根据性质和产生的具体原因，又分为以下几类：

(1) 方法误差　由实验方法本身的缺陷造成。如滴定中，反应进行不完全、干扰离子的影响、滴定终点与化学计量点的不相符等。

(2) 仪器和试剂误差　由仪器、试剂等原因带来的误差。如仪器刻度不够精确、试剂纯度不高等。

(3) 操作误差和主观误差　由操作者的主观原因造成。如对终点颜色的深浅把握不好；平行滴定时，估读滴定管最后一位数字时，常想使第二份滴定结果与前一份滴定结果相吻合，有种“先入为主”的主观因素存在等。这类误差因人而异，可采用让不同人员进行分析、用平均值报告分析结果的方法减小。

二、偶然误差

由某些难以控制的偶然原因（如测定时环境温度、湿度、气压等外界条件的微小变化、仪器性能的微小波动等）造成的，又称为随机误差。这种误差在实验中无法避免，时大、时小、时正、时负，故又称不可测误差。

偶然误差难以找到原因，似乎没有规律可言。但它遵守统计和概率理论，因此能用数理统计和概率论来处理。偶然误差从多次测量整体来看，具有下列特性：

(1) 对称性　绝对值相等的正、负误差出现的几率大致相等。

(2) 单峰性　绝对值小的误差出现的几率大；而绝对值大的误差出现的几率小。

(3) 有界性　一定测量条件下的有限次测量中，误差的绝对值在一定的范围内。

(4) 抵偿性　在相同条件下对同一过程多次测量时，随着测量次数的增加，偶然误差的代数和趋于零。

由上可见，在实验中可以通过增加平行测定次数和采用求平均值的方法来减小偶然误差。

三、过失误差

这是一种与事实明显不符的误差。是因读错、记错或实验者的过失和实验错误所致。发生此类误差，所得实验数据应予以删除。

四、提高分析结果准确度的方法

要提高分析结果的精确度，必须考虑分析过程中可能产生的各种误差，采取有效措施，将这些误差减少到最小。

(1) 选择合适的分析方法　各种分析方法的准确度是不同的。化学分析法对常量和半微量组分的测定能获得准确而满意的结果，相对误差一般在千分之几。面对微量，甚至超微量组成的测法，化学分析法就达不到这个要求。仪器分析法虽然误差较大，但由于灵敏度高，可以测出低含量成分。在选择分析方法时，一定要根据组分含量及对准确度的要求，在可能条件下选择最佳分析方法。

(2) 增加平行测定的次数　增加测定次数可以减少随机误差。在一般的分析工作中，测定次数为 2～4 次，如果没有过失误差，基本上可以得到比较准确的分析结果。

(3) 消除测定中的系统误差　消除测定中的系统误差可采取以下措施：

① 做空白实验。在不加样的条件下，按试样分析步骤在相同的操作条件下进行分析，所得结果的数值称为空白值，然后从试样结果中扣除空白值就可得到比较可靠的分析结果。

② 注意校正仪器。如滴定管、容量瓶、移液管及分析天平等，都应进行校正，以消除仪器不准所引起的系统误差。

③ 做对照实验。对照实验就是用相同的分析方法在相同的条件下。用标样代替试样进行的平行测定，将对照实验的结果与标样的已知测定结果相比，其比值称为校正系数。通过对照实验可以校正测定结果，可检查有无系统误差，也是消除系统误差的最有效的办法。

五、误差的表示

误差可由绝对误差和相对误差两种形式表示。前者是指测定值与真实值之差，后者是指绝对误差与真实值的百分比。即

$$绝对误差=测定值-真实值$$

$$相对误差=\frac{绝对误差}{真实值}\times 100\%$$

真实值(真值)　一般来说是未知的。但在某些情况下，我们可以认为真值是已知的。

理论值　如一些理论设计值、理论公式表达值等。

计量学约定值　如国际计量大会上确定的长度、质量、物质的量等。

相对值　精度高一个数量级的测量值作为低一级测量值的真值，如实验中用到的一些标准试样中组分的含量等。

绝对误差和相对误差都有正、负值。正值表示测量结果偏高，负值表示测量结果偏低。

第二节　准确度与精密度

一、准确度

准确度是指测定值与真实值之间相符合的程度。通常用误差的大小来衡量。误差越小，分析结果的准确度越高；误差越大，分析结果的准确度越低。

要确定误差的大小必须知道真实值，但是真实值通常是不知道的，在实际工作中，人们常用标准方法通过多次重复测定，将所求出的算术平均值作为真实值。

仪器的测量准确度，有时用绝对误差更清楚。例如，分析天平的误差是±0.000 2 g，常量滴定管的读数误差是±0.01 mL 等。

二、精密度

精密度是在相同的条件下，n 次重复测定结果彼此相符合的程度，说明测定数据的重复性，通常用偏差的大小来衡量。偏差越小说明精密度越高。在实际工作中，一般要进行多次测定，以求得分析结果的算术平均值。单次测定值与平均值之间的差值为偏差。

偏差　$$d = x - \bar{x}$$

偏差有绝对偏差、相对偏差、平均偏差、相对平均偏差、方差、标准偏差以及相对标准偏差（变异系数）等表示形式。

算术平均值　$$\bar{x} = \frac{x_1 + x_2 + x_3 + \cdots + x_n}{n}$$

绝对偏差　$$d_i = x_i - \bar{x}$$

相对偏差　$$\frac{d}{\bar{x}} = \frac{x - \bar{x}}{\bar{x}} \times 100\%$$

平均偏差　$$\bar{d} = \frac{|d_1| + |d_2| + |d_3| + \cdots + |d_n|}{n}$$

相对平均偏差　$$\frac{\bar{d}}{\bar{x}} \times 100\%$$

方差　$$\frac{\sum_{i=1}^{n}(x_i - \bar{x})^2}{n-1}$$

标准偏差　$$s = \sqrt{\frac{\sum_{i=1}^{n}(x_i - \bar{x})^2}{n-1}}$$

相对标准偏差(变异系数)　　$cv = \frac{s}{\bar{x}} \times 100\%$

例1　计算下面这一组测量值的算术平均值、绝对偏差、平均偏差、相对偏差、相对平均偏差。0.987,0.984,0.986,0.982,0.983,0.988

解　算术平均值=(0.987+0.984+0.986+0.982+0.983+0.988)/6=0.985

绝对偏差分别为0.002,−0.001,0.001,−0.003,−0.002,0.003

平均偏差={|0.002|+|−0.001|+|0.001|+|−0.003|+|−0.002|+|0.003|}/6=0.002

相对偏差分别为0.203%,−0.102%,0.102%,−0.305%,−0.203%,0.305%

相对平均偏差$=\frac{0.002}{0.985}\times 100\% = 0.203\%$

三、准确度与精密度关系

准确度与精密度是两个不同的概念,但它们之间有一定的关系。测定的精密度越高,测定结果越接近真实值。但绝不能认为精密度高,准确度也高,因为系统误差的存在并不影响测定的精密度;但是没有较好的精密度,就很难获得较高的准确度。精密度是保证准确度的先决条件。只有消除了系统误差之后,精密度高的结果才是既精密度又准确的。对初学者来说,在实验中首先要做到精密度达到规定的标准。

第三节　不确定度

一、不确定度概念

测量不确定度:表征合理地赋予被测量之值的分散性,与测量结果相联系的参数。这个参数可能是,如标准偏差(或其指定倍数)或置信区间宽度。测量不确定度一般包括很多分量。其中一些分量是由测量序列结果的统计学分布得出的,可表示为标准偏差。另一些分量是由根据经验和其他信息确定的概率分布得出的,也可以用标准偏差表示。在ISO指南中将这些不同种类的分量分别划分为A类评定和B类评定。“测量不确定度”一词没有对测量有效性怀疑的意思,正相反,对不确定度的了解表明对测量结果有效性的信心增加了。

不确定度就是表征被测量的真值所处的量值范围的评定。它是对测量结果受测量误差影响不确定程度的科学描述。具体地说,不确定度定量地表示了随机误差和未定系统误差的综合分布范围,它可以近似地理解为一定置信概率下的误差限值。

1. 分类　一类是用统计学方法计算的A类标准不确定度u_A,它可以用实验标准误差来表征;另一类是其他非统计学方法(或者说经验的方法)评定的B类标准不确定度u_B。

2. 标准不确定度评定

考虑正态分布,有

$$u_A = s_{\bar{x}} = \sqrt{\frac{\sum_{i=1}^{n}(x_i - \bar{x})^2}{n(n-1)}}$$

$$u_B = A/\sqrt{3}\text{(}A\text{ 为仪器的仪器误差限，并认为它是均匀分布)}$$

上式称为贝塞尔公式。

3. 合成标准不确定度 u_C

A 类和 B 类标准不确定度用方和根方法合成，得到直接测量结果的合成标准不确定度 u_C，即

$$u_C = \sqrt{u_A^2 + u_B^2}$$

4. 扩展不确定度 U

在工程技术中，置信概率 P 通常取较大值，此时的不确定度称为扩展不确定度。常用标准不确定度的倍数表达，即

$$U = ku_C \quad (k = 2,3)$$

当 k 取 2，且对应不确定度分布为正态分布时，置信概率 P 约为 95%。而当不确定度分布不明确时，我们不具体说它的置信概率是多少。

在实验教学中，统一用 $U=2u_C$（我们认定总的不确定度符合正态分布）来对实验结果进行评定。在此我们约定，用 $u_A(x)$、$u_B(x)$、$u_C(x)$、$U(x)$ 分别表示某被测量的标准 A 类、B 类、合成标准不确定度和扩展不确定度。一般情况若我们不特别指明，不确定度均指扩展不确定度。

5. 测量结果的表达

(1) 单次测量

单次测量在实验中经常遇到，很显然，A 类不确定度无法由贝塞尔公式计算，但并不表示它不存在。在教学实验中，我们可认为 $u_A \ll u_B$，从而得到

$$u_C \approx u_B = A/\sqrt{3}$$

其中 A 为仪器误差限，A 一般取仪器最小分度值。

因此，测量结果可表达为

$$x = \bar{x} \pm \sqrt{3}u_C$$

(2) 多次测量

设测量值分别为 $x_1, x_2, \cdots, x_n$，则

$$\bar{x} = \frac{1}{n}\sum_{i=1}^{n} x_i$$

$$u_A = s_{\bar{x}} = \sqrt{\frac{\sum_{i=1}^{n}(x_i - \bar{x})^2}{n(n-1)}}$$

$$u_B = A/\sqrt{3}$$

$$u_C = \sqrt{u_A^2 + u_B^2}$$

测量结果表示为

$$x = \bar{x} \pm 2u_C$$

例 2 用千分尺测量一圆柱体的直径 D,测量数据如下(单位: mm):

量 次	1	2	3	4	5
直 径	18.003	18.000	17.998	17.994	18.002
量 次	6	7	8	9	10
直 径	18.005	17.998	18.005	17.999	17.996

试求其不确定度 $U(D)$。

$$\bar{D}=\frac{1}{10}\sum_{i=1}^{10}D_i=18.000\ \text{mm}$$

$$u_{\text{A}}=\sqrt{\frac{\sum_{i=1}^{10}(D_i-\bar{D})^2}{10(10-1)}}=0.001\,3\ \text{mm}$$

$$u_{\text{B}}=A/\sqrt{3}=0.005\,8\ \text{mm}$$

$$u_{\text{C}}(D)=\sqrt{u_{\text{A}}^2+u_{\text{B}}^2}=\sqrt{0.001\,3^2+0.005\,8^2}=0.006\ \text{mm}$$

$$u(D)=2u_{\text{C}}(D)=0.001\,2\ \text{mm}$$

结果为

$$D=18.000\pm0.001\,2\ \text{mm}$$

例 3 用 0.5 级量程 2.00 V 的电压表测得电阻两端的电压值如下(单位: V):

1.54	1.55	1.53	1.56	1.52	1.54	1.56	1.55	1.54	1.53

试计算出电压的不确定度 $u_{\text{C}}(U)$。

$$\bar{U}=\frac{1}{10}\sum_{i=1}^{10}U_i=1.542\ \text{V}$$

$$u_{\text{A}}=s_{\bar{\text{U}}}=\sqrt{\frac{\sum_{i=1}^{10}(V_1-\bar{V})^2}{10(10-1)}}=0.004\ \text{V}$$

$$A=2.00\times0.5\%=0.01\ \text{V}$$

$$u_{\text{B}}=A/\sqrt{3}=0.005\,8\ \text{V}$$

$$u_{\text{C}}(U)=\sqrt{u_{\text{A}}^2+u_{\text{B}}^2}=\sqrt{0.004^2+0.005\,8^2}=0.007\,2\ \text{V}$$

结果为

$$U=1.542\pm0.015\ \text{V}$$

二、间接测量结果的评定

在间接测量中,待测量是直接测定量的函数。由于各直接测定量不可避免地存在误差，必然会导致间接测定量产生误差。相应的，各直接测量的不确定度将会按某种规律影响间接测量结果的总不确定度。这就是间接测量结果的不确定度的合成。

不确定度传递公式：

设间接测定量 y 是各直接测定量 $x_1, x_2, \cdots, x_m$ 的函数，即

$$y=f(x_1, x_2, \cdots, x_m)$$

若各直接测定量的平均值为 $\bar{x}_i (i=1,2,\cdots,m)$，则间接测定量 y 的平均值为

$$\bar{y}=f(\bar{x}_1, \bar{x}_2, \cdots, \bar{x}_m)$$

基于随机误差的抵偿性不难证明，上式就是间接测定量的最佳估计值。

若各直接测定量相互独立，其误差为 $\Delta x_i (i=1,2,\cdots,m)$，则由此产生的间接量 y 的标准不确定度为

$$\Delta_y=\frac{\partial f}{\partial x_1}\Delta x_1+\frac{\partial f}{\partial x_2}\Delta x_2+\cdots+\frac{\partial f}{\partial x_m}\Delta x_m$$

对于已定系统误差 $\Delta x_1 (i=1,2,\cdots,m)$，其大小和符号确定，可以直接用上式计算间接测定量的误差，即上式就是已定系统误差合成公式。

一般情况下，我们要求以不确定度大小来评价成立结果。按照国家《测量误差及数据处理技术规范》(JJG 1027—91)要求及国际惯例，间接测定量的合成不确定度采用方和根方式合成，将上式改写为

$$u_C(y)=\sqrt{\left(\frac{\partial f}{\partial x_1}\right)^2 u_C(x_1)^2+\left(\frac{\partial f}{\partial x_2}\right)^2 u_C(x_2)^2+\cdots+\left(\frac{\partial f}{\partial x_m}\right)^2 u_C(x_m)^2}$$

其中 $u_C(x_i) (i=1,2,\cdots,m)$ 为直接测定量 x_i 的标准不确定度。这就是间接测量结果的不确定度合成公式(误差传递公式)。

提示：

① 间接测定量的合成不确定度不仅依赖于各直接测定量的不确定度 $u_C(x_i)$，而且还与系数 $\left|\frac{\partial f}{\partial x_i}\right|$ (不确定度传递系数)有关。因此，测量时应该首先注意提高不确定度传递系数比较大的直接测定量的测量准确度。

② 考虑到不确定度只保留 1～2 位有效数字，在实际的不确定度合成计算过程中，如果发现公式中某几分项不确定度相对很小且其方和根小于某另一分项的 1/3，即几小项的平方和小于某一大项平方的 1/9，则可忽略这些微小项不计。这称为微小误差取舍准则。利用微小误差取舍准则可以简化计算，尤其当项数较多时，这种简化更是必要的。

例 4 测量圆柱体的体积，分别用游标卡尺和螺旋测微计测量圆柱体的高 H 和直径 D，测量数据如下：

高 H=45.04 mm(单次测量)

直径 D=16.272，16.272，16.274，16.271，16.275，16.273，16.271，16.273 mm

(游标卡尺分度值 0.02 mm，一级螺旋测微计测量范围 0～25 mm，示值误差限为 0.004 mm)，试计算圆柱体的体积和合成不确定度。

解 先计算直接测量量高 H 和直径 D 的平均值及其标准不确定度。其中单次测量量

高的标准不确定度为

$$u_C(H)=A_H/\sqrt{3}=0.012\ \text{mm}$$

直径的标准不确定度为

$$\overline{D}=\frac{1}{8}\sum_{i=1}^{8}D_i=16.2726\ \text{mm}$$

$$u_A(D)=s_{\overline{D}}=\sqrt{\frac{\sum_{i=1}^{8}(D_i-\overline{D})^2}{(8-1)8}}=0.0007\ \text{mm}$$

$$u_B(D)=A_D/\sqrt{3}=0.0022\ \text{mm}$$

$$u_C(D)=\sqrt{u_A^2+u_B^2}=0.0023\ \text{mm}$$

圆柱体体积

$$V=\frac{\pi}{4}HD^2=\frac{3.1416}{4}\times 45.04\times 16.2726^2=9367\ \text{mm}^3$$

这里 V 与 H 和 D 为乘除关系，据经验，先求 V 的相对不确定度 $\Delta V/V$。为了简便，先对 $V=\frac{\pi}{4}HD^2$ 两边取对数为

$$\ln V=\ln H+2\ln D+\ln\frac{\pi}{4}$$

两边微分，有

$$\frac{\mathrm{d}V}{V}=\frac{\mathrm{d}H}{H}+2\frac{\mathrm{d}D}{D}$$

换微分为相对标准不确定度，得 V 的相对不确定度

$$E_V=\frac{u_C(V)}{V}=\sqrt{\left(\frac{u_C(H)}{H}\right)^2+\left(2\frac{u_C(D)}{D}\right)^2}$$

$$=\sqrt{\left(\frac{0.012}{45}\right)^2+\left(2\frac{0.0023}{16}\right)^2}$$

$$=3.9\times 10^{-4}$$

体积的绝对标准不确定度

$$u_C(V)=\overline{V}\cdot E_V=9.4\times 10^3\times 3.9\times 10^{-4}=3.7\ \text{mm}^3$$

圆柱体体积测量结果为

$$V=9367\pm 7\ \text{mm}^3$$

例 5 在光栅衍射测量光的波长实验中，其公式为 $D\sin\varphi=k\lambda(k=1,2,3,\cdots)$，其中 D、φ 为直接测量量，试推导出波长的不确定度表达式。

解 当 k 取定后，对公式取对数，得

$$\ln\lambda+\ln k=\ln d+\ln\sin\varphi$$

对上式微分有

$$\frac{d\lambda}{\lambda}=\frac{dD}{D}+\frac{\cos\varphi}{\sin\varphi}d\varphi=\frac{dD}{D}+\cot\varphi d\varphi$$

上式用不确定度改写为

$$E_\lambda=\frac{u_C(\lambda)}{\bar{\lambda}}=\sqrt{\left[\frac{u_C(D)}{\bar{D}}\right]^2+\left[\cot\bar{\varphi}u_C(\varphi)\right]^2}$$

上式即波长的相对标准不确定度。由它很容易得到绝对不确定度。

从以上的解题过程可看到，对有些间接测量若因变量与自变量关系是以乘除关系为主的，则先计算相对标准不确定度再计算绝对不确定度显得更为简单。其基本方法是：先取对数，对对数表达式微分，将微分改为标准不确定度，再将方和根合成即可得到相对标准不确定度。

三、不确定度的来源

在实际工作中，结果的不确定度可能有很多来源，例如定义不完整、取样、基体效应和干扰、环境条件、试剂质量和容量仪器的不确定度、参考值、测量方法和程序中的估计和假定，以及随机变化等。在评估总不确定度时，可能有必要分析不确定度的每一个来源并分别处理，以确定其对总不确定度的贡献。每一个贡献量即为一个不确定度分量。当用标准偏差表示时，测量不确定度分量称为标准不确定度。如果各分量间存在相关性，在确定协方差时必须加以考虑。但是，通常可以评价几个分量的综合效应，这可以减少评估不确定度的总工作量，并且如果综合考虑的几个不确定度分量是相关的，也无须再另外考虑其相关性了。

对于测量结果 y，其总不确定度称为合成标准不确定度，记做 $u_C(y)$，是一个标准偏差估计值，它等于运用不确定度传播律将所有测量不确定度分量合成为总体方差的正平方根。

在分析化学中，很多情况下要用到扩展不确定度 U，扩展不确定度是指被测量的值以一个较高的置信水平存在的区间宽度。U 由合成标准不确定度 $u_C(y)$乘以包含因子 k。选择包含因子 k 时应根据所需要的置信水平。对于大约 95%的置信水平，k 值为 2。

注：对于包含因子 k 应加以说明，因为只有如此才能复原被测量值的合成标准不确定度，以备在可能需要用该量进行其他测量结果的合成不确定度计算时使用。

四、误差和不确定度

区分误差和不确定度很重要，因为误差定义为：被测量的单位结果和真值之差。由于真值往往不知道，故误差是一个理想的概念，不可能被确切地知道。但不确定度可以以一

个区间的形式表示，如果是为一个分析过程和所规定样品类型做评估时，可适用于其所描述的所有测量值。因此，测量误差与测量不确定度无论从定义、评定方法、合成方法、表达形式、分量的分类等方面均有区别。表 3-1 为测量误差与不确定度的对比表。

表 3-1 测量误差与不确定度的对比表

	误　差	不确定度
量的定义	测量结果减真值	测量结果的分散性、分布区间的半宽
与测量结果的关系	针对给定测量结果不同结果误差不同	合理赋予被测量之值均有相同不确定度；不同测量结果，不确定度可以相同
与测量条件的关系	与测量条件、方法、程序无关，只要测量结果不变，误差也不变	条件、方法、程序改变时，测量不确定度必定改变而不论测量结果如何
表达形式	差值，有一个符号：正或负	标准偏差、标准偏差的几倍、置信区间的半宽，恒为正值
分量的划分	按出现于测量结果中的规律分为随机误差与系统误差	按评定的方法划分为 A 类和 B 类；两类不确定度分量无本质区别
分量的合成	代数和	方和根，必要时引入协方差
置信概率	不存在	一般如需要，可以给出
极限值	一般存在	从分布理论上说，一般不存在
与分布的关系	无	一般有关

第四节　实验数据的记录与处理

一、有效数字

1. 有效数字的概念

要想取得准确的实验结果，不仅需要准确测量，还需要正确记录与计算，以有效数字记录实验结果。有效数字是指在科学实验中实际能测量到的数字。在这个数字中，除最后一位数是“可疑数字”(也是有效的)，其余各位数都是准确的。

有效数字与数学上的数字含义不同。它不仅表示量的大小，还表示测量结果的可靠程度，反映所用仪器和实验方法的准确度。

如需称取“$K_2Cr_2O_7$ 8.4 g”，有效数字为两位，这不仅说明了 $K_2Cr_2O_7$ 重 8.4 g，而且表明用精度为 0.1 g 的台秤称量就可以了。若需称取“$K_2Cr_2O_7$ 8.400 0 g”则表明须在精度为 0.000 1 g 的分析天平上称量，有效数字是 5 位。滴定管测量溶液体积，读数为 20.25 mL，前三位直接读得，最后一位则是估读的，是一位不定值，它有±0.01 mL 的误差，真实体积应在 20.24～20.26 mL 之间。

所以，记录数据时不能随便写。任何超越或低于仪器准确限度的有效数字的数值都是不恰当的。应以正确的有效数字记录实验结果。

"0"在数字中的位置不同，其含义是不同的，有时算作有效数字，有时则不算。

(1) "0"在数字前，仅起定位作用，本身不算有效数字。如 0.001 24，数字"1"前面的三个"0"都不算有效数字，该数有三位有效数字。

(2) "0"在数字中间，算有效数字。如 4.006 中的两个"0"都是有效数字，该数有四位有效数字。

(3) "0"在数字后，也算有效数字。如：0.035 0 中，"5"后面的"0"是有效数字，该数有三位有效数字。

(4) 以"0"结尾的正整数，有效数字位数不定。如 2 500，其有效数字位数可能是两位、三位甚至是四位。这种情况应根据实际改写成 2.5×10^3(两位)，或 2.50×10^3(三位)等等。

(5) pH，lg *K* 等对数的有效数字的位数取决于小数部分(尾数)数字的位数。如 pH＝10.20，其有效数字位数为两位，这是因为由 $[H^+]=6.3\times10^{-11}\,mol\cdot L^{-1}$ 得来的。

(6) 若某一数据第一位有效数字大于或等于 8，则有效数字的位数可多算一位，如 8.98 有效数字位数是四位。

2. 有效数字的修约

在处理数据过程中，涉及各测量值的有效数字位数可能不同，因此需要按下面所述的运算规则，确定各测量值的有效数字位数。各测量值的有效数字位数确定以后，就要将它后面多余的数字舍弃。舍弃多余数字的过程称为"数字的修约"，目前一般采用"四舍六入五成双"规则。

规则规定：当测量值中被修约的数字等于或小于 4 时，该数字舍弃；等于或大于 6 时，进位；等于 5 时，若 5 后面跟非零的数字，进位；若恰好是 5 或 5 后面跟零时，按留双的原则，5 前面数字是奇数，进位；5 前面的数字是偶数，舍弃。

根据这一规则，下列测量值修约成两位有效数字时，其结果应为

4.147	4.1
6.262 3	6.3
1.451 0	1.5
2.550 0	2.6
4.450 0	4.4

3. 有效数字的应用规则

(1) 加减法运算

几个数据相加或相减时，有效数字的保留应以这几个数据中小数点后位数最少的数字为依据。即取决于绝对误差最大的那个数。

如：0.023 1＋12.56＋1.0025＝？

由于每个数据中的最后一位数有±1 的绝对误差，其中以 12.56 的绝对误差最大，在加合的结果中总的绝对误差值取决于该数，故有效数字位数应根据它来修约。

即修约成 0.02＋12.56＋1.00＝13.58

(2) 乘除法运算

几个数据相乘或相除时，有效数字的位数应以这几个数据中相对误差最大的为依据，即根据这几个数据中有效数字位数最少的数来进行修约。

如：0.023 1×12.56×1.002 5＝？

修约成：0.023 1×12.6×1.00＝0.291

(3) 遇到算式中有常数倍数或分数的情况时，可认为是无限多位；因为它不是实验测量的数据。

(4) 记录数据时，应只保留一位"可疑数字"。运算过程中遵循有效数字修约规则和运算规则。

(5) 对高组分(大于10%)含量结果要求保留四位有效数字；1%～10%保留三位；小于1%保留两位。

(6) 对标准溶液浓度保留四位有效数字，对滴定度保留三位有效数字。

(7) 大多数情况下，表示误差或偏差时，取1～2位有效数字。

(8) 有时在运算中为了避免修约数字间的累计，给最终结果带来误差，也可先运算最后再修约或修约时多保留一位数进行运算，最后再修约掉，但应注意正确保留最后计算结果的有效数字位数。

二、可疑数据的取舍

可疑数据的取舍——$4\bar{d}$法、格鲁布斯法(Grubbs)、Q检验法，置信度和平均值的置信区间等内容请参阅有关分析化学教材。

三、实验数据的表示

1. 数据的计算处理

对要求不太高的实验，一般只重复两三次，如数据的精密度好，可用平均值作为结果。如若非得注明结果的误差，可根据方法误差求得或者根据所用仪器的精密度估计出来，对于要求较高的实验，往往要多次重复进行，所获得的一系列数据要经过严格处理，其具体做法是：

(1) 先整理数据，根据计算公式进行有关计算。

(2) 算出结果的平均值。

(3) 算出各数据对平均值的偏差、相对偏差或相对平均偏差。

(4) 测定次数较多时，根据选定的置信度对可疑数据进行取舍。

(5) 计算相对平均偏差、标准偏差等。

(6) 按置信度求出平均值的置信区间。

2. 数据的列表处理

这是表达实验数据最常用的方法之一。将各种实验数据列入一种设计得体、形式紧凑的表格内，可起到化繁为简的作用，有利于获得对实验结果相互比较的直观效果，有利于分析和阐明某些实验结果的规律性。设计数据表的原则是简单明了。因此，列表时须注意几点：

(1) 每个表应有简明、达意、完整的名称。

(2) 表格的横排称为行，纵排称为列。每个变量占表格一行或一列，每一行或一列的第一栏，要写出变量的名称和量纲。

(3) 表中数据应化为最简单的形式表示，公共的乘方因子应在第一栏的名称下面注明。

(4) 表中数据排列要整齐，应注意有效数字的位数，小数点对齐。

(5) 处理方法和运算公式要在表下注明。

例如滴定分析练习的数据记录与处理列表如下：

以酚酞为指示剂用碱滴定酸

测定次数 / 记录项目		1	2	3
$V(HCl)$(mL)				
$V(NaOH)$(mL)	终读数			
	初读数			
	净用量			
$V(HCl)/V(NaOH)$				
[$V(HCl)/V(NaOH)$]平均值				
相对偏差(%)				

3. 数据的作图处理

利用图形表达实验结果能直接显示出数据的特点、数据的变化规律，并能利用图形作进一步的处理。如求斜率、截距、外推值、内插值等。作图时应注意：

(1) 正确选择选择坐标纸、比例尺度

坐标纸有直角普通坐标纸、三角坐标纸、半对数坐标纸、对数坐标纸等种类。将一组实验数据绘图时，究竟使用什么形式的坐标纸，通常依据能否获得线形图形来选择，根据具体情况选择。如下表所示：

函数一般式	所用坐标纸名称
$y = a + bx$	直角坐标纸
$y = ax^b (\lg y = \lg a + b\lg x)$	对数坐标纸
$y = a + b\lg x$	半对数坐标纸

在基础化学实验中多使用直角坐标纸。习惯上以横坐标为自变量，纵坐标为应变量。坐标轴旁须注明变量的名称和单位。坐标轴上的比例尺度的选择极为重要，选择时应注意：

① 要能表示全部有效数字，这样由图形所求出的物理量的准确度与测量的准确度相一致。

② 坐标标度应选取便于计算的分度。即每一小格应代表 1、2 或 5 的倍数，而不要采用 3、6、7、9 的倍数。而且应把数字标在逢 5 或逢 10 的粗线上。

③ 要使数据点在图上分散开，占满纸面，使全图布局匀称。

④ 如若图形是直线，则比例尺的选择应使直线的斜率接近 1。

(2) 工具

在处理实验数据，作图所用的主要工具有铅笔、三角板、曲线板(或尺)、绘图笔、圆规和黑墨水等。铅笔以使用中等硬度的为宜；三角板和曲线板应选用透明的，以便作图时能全面观察实验点的分布情况；绘图笔应备有不同规格的几支，以便描绘不同粗细的线条。

(3) 点、线的描绘

代表某一数值的点，称为代表点。可用“●，△，◆，×”等不同的符号表示。符号的重心所在即表示读数值。描点时，用细铅笔将所描的点准确而清晰地标在其位置上，描出的线必须平滑，尽可能接近(或贯穿)大多数的点(并非要求强行贯穿所有的点)，只要使代表点均匀分布在曲线两侧邻近处即可，更确切地说，使所有代表点离曲线的距离的平方和为最小，这就是最小二乘的原理。这样描出的线能表示出被测量数值的平均变化情况。同一图中表示不同曲线时，要用不同的符号描点，以示区别。在曲线的极大、极小或转折处应多取一些点，以保证曲线所表示的规律的可靠性。如果发现有个别点远离曲线，又不能判断被测量的变量在此区域会发生什么突变，就要分析一下是否有偶然性的过失误差；如果属于后一种情况，描线时可不考虑这一点。但是，如果重复实验仍然有同样的情况，就应在这一区域进行仔细的测量，搞清是否有某些必然的规律。总之，切不可毫无理由地丢弃离曲线较远的点。

(4) 图名与说明

每一个图应有序号和简明的标题，有时还应对测试条件作简明的说明，这些一般放置在图的下方。

(5) 图解术

图解术是指用已得图形作进一步的计算和处理，以获得所需结果的技术。由于在许多情况下所求结果都不能简单地径自从通常所绘的图形直接读出，因此图解术的重要性并不亚于作图技术。目前常用的图解术有内插法、外推法、计算直线的斜率与截距、求波高、图解微分、图解积分等等。

4. 求外推值

有的数据不易或不能直接测定，在适当的条件下，常可用作图外推的方法获得。所谓外推，就是将变量间的函数关系按测量数据描绘的图像延伸至测量范围以外，求出测量范围外的函数值。但是必须指出，外推法只有在满足下列条件时才能采用：

(1) 在外推的那段范围及其邻近区域，被测量的变量间的函数关系呈线性或可以认为呈线性。

(2) 外推的那段范围离实测的范围不能相距太远。

(3) 外推所得结果与已有的正确经验不能抵触。

分析化学中常用的标准加入法就是用外推法求得试样中待测组分浓度的。

例 6 取若干份同体试样溶液(一般取 4～5 份)，除第一份外，其余各份分别加入不同量的待测组分的标准溶液，并稀释至一定相同的体积。设加入标准溶液的浓度为 $c_i(i=1,2,3\cdots)$，所测物理量为 A_i。将被测量物理量对浓度作图，得到右图所示的直线。延长直线与 X 轴的交点，即为未知试样的浓度 c_x(图 3－1)。

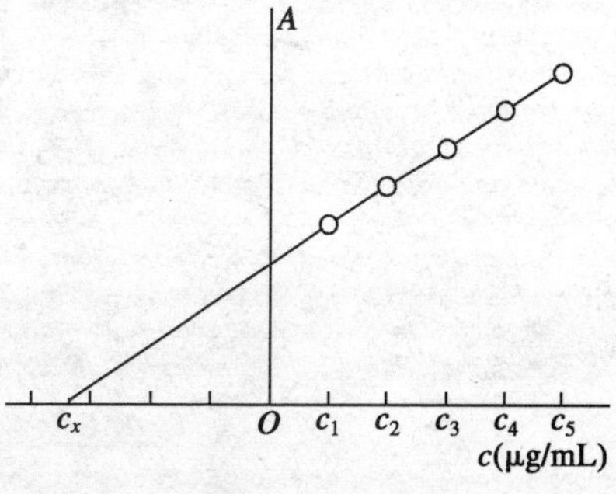

图 3－1 标准加入法

例 7 化学反应的摩尔焓变测定中，由于实验所用量热计并非严格的绝热体系，不可避免地存在体系与环境之间的热交换，温度-时间曲线图中温度达到最高点后会有下滑趋势，表明量热计的散热，考虑到散热从反应一开始就存在，因此用外推法补偿由热量散失而损失的温度差，在温度-时间曲线图中通过混合的时间点画一条平行于 T 轴的直线，使温度时间的延长线与平行线相交，从相交点求出相应值(图 3-2,3-3)。

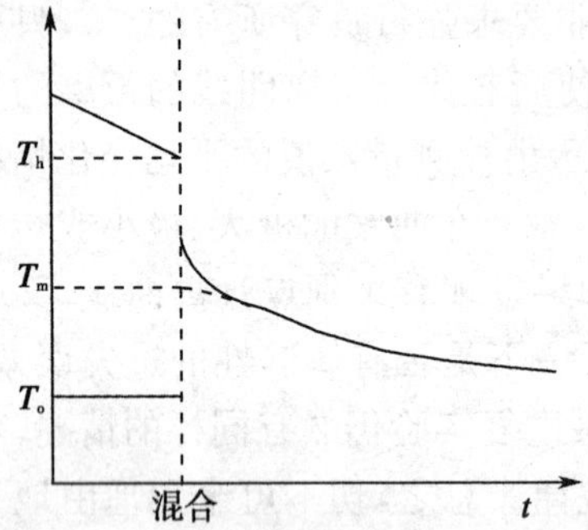

图 3-2　测定量热计热容的温度-时间曲线图

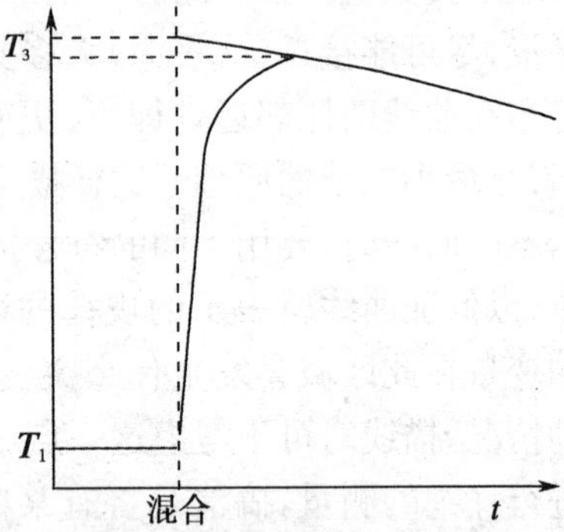

图 3-3　测定反应的摩尔焓变的温度-时间曲线图

第四章　常见仪器

第一节　台秤与分析天平

一、台秤和普通电子天平

在实验中，由于对质量的准确度要求不同，可选用不同类型的称量仪器进行称量。常用的有台秤、分析天平等。台秤（图 4-1）和普通电子天平（电子秤）的准确度只能达到0.1 g或 0.01 g，而分析天平的准确度可达到 0.000 1 g。

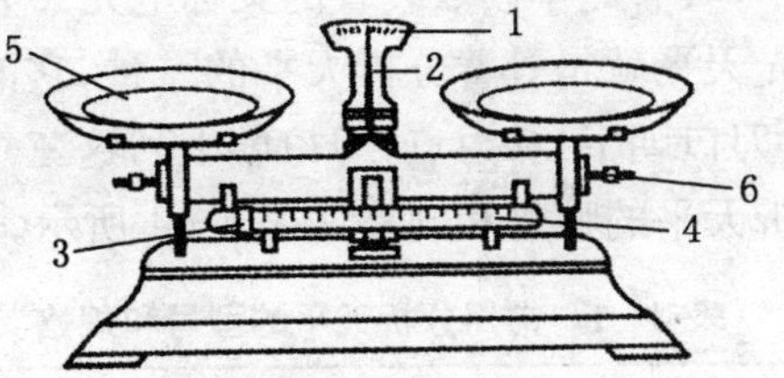

图 4-1　台秤

1—刻度盘　2—指针　3—游码　4—刻度尺　5—托盘　6—平衡调节螺丝

用台秤称量前，首先检查台秤的指针是否停在刻度盘的中间位置，如果指针不在中间，可调节托盘下面的平衡调节螺丝，使指针停在中间的位置，称之为“零点”。称量重物时，左盘放被称量物，右盘放砝码。5 g 以上的砝码放在砝码盒内，5 g 以下的砝码通过移动（或旋转）游码来添加。当砝码添加到台秤两边平衡，即指针停在中间的位置上为止。此时砝码和游码所示的质量，就是被称量物的质量。

用普通电子天平称量时，首先接通电源，打开开关，放称量纸在称盘上，清零，轻按去皮键（T）显示“0.0”g，出现全零状态时，将被称量物用药匙轻轻加在称盘上的称量纸上，待显示数字稳定并出现质量单位“g”后，即可读数，记录称量结果。若在容器中进行称量，将容器轻放在称盘上，轻按去皮键（T）待显示“0.0”g 后，容器质量值已去除，即为去皮重，继续用药匙在容器中加入被称量物进行称量，显示出的是被称量物的质量。

利用台秤、电子秤称量时必须注意以下几点：

(1) 不能称量热的物体。

(2) 称量物不能直接放在托盘上，视情况决定称量物放在纸上、表面皿上，或放在玻璃容器内。

(3) 砝码只能放在砝码盒内或干净的台秤托盘上，不能放在其他地方。

(4) 称量完毕，记录数据，放回砝码，使台秤各部分恢复原状。

(5) 保持秤的整洁，托盘上有污物时应立即清除。

二、天平的分类及构造原理

根据天平的构造,可分为机械天平和电子天平。

根据天平的使用目的,可分为通用天平和专用天平。

根据天平的分度值大小,可分为常量天平(0.1 mg)、半微量天平(0.01 mg)、微量天平(0.001 mg)等。

根据天平的精度等级,分为四级: Ⅰ—特种准确度(精细天平),Ⅱ—高准确度(精密天平),Ⅲ—中等准确度(商用天平),Ⅳ—普通准确度(粗糙天平)。

根据天平的平衡原理,可分为: 杠杆式天平、电磁力式天平、弹力式天平和液体静力平衡式天平四大类。

杠杆式天平是根据杠杆原理制成的一种精密衡量仪器,是用已知质量的砝码来衡量被称物的质量。有等臂和不等臂两种。

习惯上将具有较高灵敏度,全载不超过 200 g 的天平称为分析天平。分析天平是进行准确称量的精密仪器。其中,具有光学读数装置的又称电光天平。

常用的半机械加码电光天平就是等臂分析天平的一种,它的横梁用三个玛瑙三棱体的锐边(刀口)分别作为支点(刀口朝下)和力点(刀口朝上),这三个刀口必须完全平行并且位于同一水平面上。常用分析天平的型号和规格如表 4-1 所示。

表 4-1 常用分析天平的型号和规格

种　类	型　号	名　称	规　格*
双盘天平	TG328A	全机械加码电光天平	200 g/0.1 mg
	TG328B	半机械加码电光天平	200 g/0.1 mg
	TG332A	半微量天平	20 g/0.01 mg
单盘天平	DT-100	单盘精密天平	100 g/0.1 mg
	BWT-1	单盘半微量天平	20 g/0.01 mg
电子天平	FA1104	上皿电子天平	110 g/0.1 mg
	AY220	上皿电子天平	220 g/0.1 mg

注: *——量程/精度。

三、机械分析天平的质量、计量性能的检定

分析天平的质量指标主要有: 灵敏度、不等臂性和示值变动性。

天平安装后或使用一定时间后,都要对其质量或计量性能进行检查和调整。天平的正规检定应按国家计量部门的标准进行。主要检定项目有分度值、示值变动性和不等臂性。天平的灵敏度在文献中也常用感量来表示。感量与灵敏度互为倒数。感量就是分度值。三者之间的关系为

$$分度值=感量=1/灵敏度$$

(1) 分析天平的灵敏度

灵敏度是指天平的一个盘上增加一定质量时，天平指针所偏转的角度，用分度值来表示。一定的质量下，指针偏转角度愈大，天平的灵敏度愈高。

双盘天平(TG328B 型号)在左盘上加 10 mg 标准砝码，如果平衡位置在 99～101 分度内，其空载时的分度值误差就在国家规定的允差之内。测定结果若超出这个范围，就应调整其灵敏度(见仪器说明书)。

(2) 天平示值变动性误差

天平在空载时所停的点，称为零点；而天平载重时所停的点，称为平衡点。连续多次测定天平空载和全载时标尺的平衡位置，往往会有微小的差别，各次测量值的极差称为天平的示值变动性 Δ_0(空载时)和 Δ_P(全载时)，应连续测定 5 次。天平的示值变动性，一般要求允差在 1 个分度以内。

(3) 双盘天平的不等臂性

由于双盘天平的支点刀与两个承重刀之间的距离不可能调到绝对相等，往往有微小的差异，由此产生的称量误差叫做不等臂性误差。将一对等量砝码分别放在两个称盘上，测定天平的平衡位置，即可计算出天平的不等臂性误差。规定的允差为 3 个分度。

四、双盘半机械加码电光天平的结构

各种型号的等臂天平，其构造和使用方法大同小异，现以 TG328B 型(图 4-2)为例，介绍这类天平的结构和使用方法。

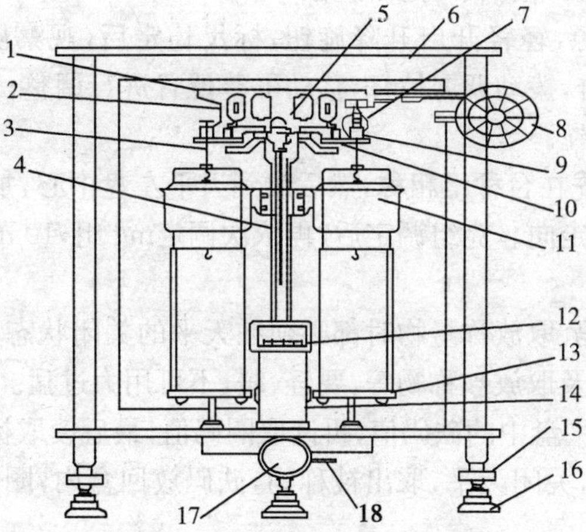

图 4-2　TG328B 型分析天平

1—横梁　2—平衡铊　3—吊耳　4—指针　5—支点刀　6—框罩　7—圈码
8—指数盘　9—支力销　10—托翼　11—阻尼内筒　12—投影屏　13—称盘
14—盘托　15—螺旋脚　16—垫脚　17—升降旋钮　18—调屏拉杆

(1) 结构

① 天平横梁：是天平的主要部件，一般用铝合金制成。三个玛瑙刀等距安装在梁上，梁的两端装有两个平衡铊，用来调节横梁的平衡位置(即粗调零点)，梁的中间装有垂直向下的指针，用以指示平衡位置。支点刀的后上方装有重心铊，用以调整天平的灵敏度。

② 天平立柱：安装在天平底板上。柱的上方嵌有一块玛瑙平板，与支点刀口相接触。

柱的上部装有能升降的托梁架(托翼),关闭天平时它托住横梁,与刀口脱离接触,以减少磨损。柱的中部装有空气阻尼器的外筒。

③ 悬挂系统:将吊耳、空气阻尼器以及称盘等悬挂在相应位置。

④ 读数系统:指针下端装有缩微标尺,光源通过光学系统将缩微标尺上的分度线放大,再反射到光屏上,从屏上可看到标尺的投影,中间为零,左负右正。光屏中央有一条垂直刻线,标尺投影与该线重合处即天平的平衡位置。天平箱下的调屏拉杆可将光屏在小范围内左右移动,用于细调天平的零点。

⑤ 升降旋钮:位于天平底板正中,它连接托翼、盘托和光源开关。开启天平时,顺时针旋转升降旋钮,托翼即下降,三个刀口与相应的玛瑙平板接触,使吊钩及称盘自由摆动,同时接通电源,天平进入工作状态。停止称量时,反时针旋转升降旋钮,横梁、吊耳以及称盘被托住。刀口与玛瑙平板脱离,电源切断,天平进入休息状态。

⑥ 机械加码装置:转动圈码指数盘,可使右盘增加10～990 mg 圈形砝码。内层为10～90 mg 组,外层为100～900 mg 组。

⑦ 砝码:每台天平都附有一盒配套使用的砝码,取用砝码时要用镊子,用完及时放回盒内并盖严。

(2) 使用方法及注意事项

分析天平是精密仪器,使用时要认真、仔细,按操作规程进行。

① 准备:取下防尘罩,叠好放在指定位置。检查天平是否正常,是否水平,称盘是否洁净,圈码指数盘是否在"000"位,圈码是否脱位等。

② 调零点:接通电源,轻轻开启升降旋钮,标尺稳定后,观察屏中央刻线与标尺上的"0"线是否重合,若不重合,拨动调屏拉杆,移动屏幕位置进行调整;若调屏拉杆调整不到零点,须调节横梁上的平衡铊。

③ 称量:欲称量物先在台秤上粗称,然后放到天平左盘中心,加码至粗称数据的克位。半开天平,观察标尺指针走向。克组调定后,再依次调定mg 组,10 mg 组。最后完全开启天平,准备读数。

要特别注意加减砝码、取放称量物时都必须在天平的关闭状态下进行,操作升降旋钮、打开两侧门、加减砝码以及取放被称物等,要轻、缓,不可用力过猛。

④ 读数　先读取天平盘中的砝码值,再读取圈码值,最后读取标尺上的数值。

⑤ 复原　称量完毕,关闭天平,取出被称物,砝码放回盒内,圈码盘退回到"000"位,关闭两侧门,盖上防尘罩。

五、电子天平

电子天平是新一代的天平,它是利用电子装置完成电磁力补偿的调节,使物体在重力场中实现力的平衡,或通过电磁力矩的调节,使物体在重力场中实现力矩的平衡。电子天平最基本的功能是:自动调零、自动校准、自动扣除空白和自动显示称量结果。

(1) 基本结构

电子天平的结构设计一直在不断改进和提高,向着功能多、平衡快、体积小、重量轻和操作简便的趋势发展。但就其基本结构和称量原理而言,各种型号的都差不多。图 4－3 是 AY220 型电子分析天平,感量为 0.1 mg,最大载荷 220 g,其显示屏和控制键板如图 4－4 所示。

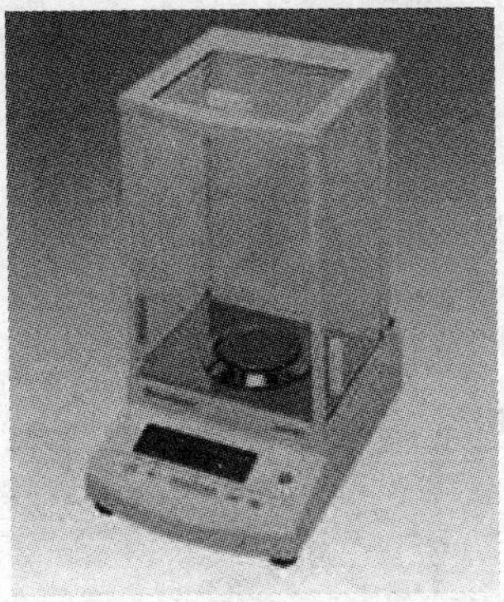

图 4－3　AY220 型电子分析天平

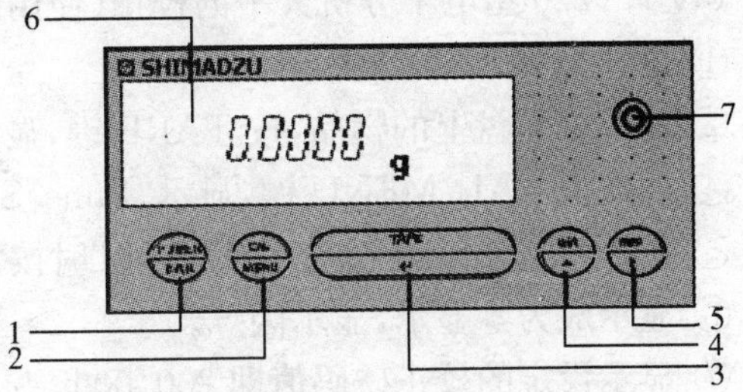

图 4－4　显示屏和控制键板

1—POWER/BRK 开/关键　2—CAL/MENU 校准/调整键

3—TARE 去皮/调零键　4—UNIT 切换测定单位键

5—PRINT打印键　6—显示屏　7—水平仪

(2) AY220 型电子分析天平的使用方法

一般情况下，只使用开/关键（POWER/BRK）、去皮/调零键（TARE）和校准/调整键（CAL/MENU）。使用时的操作步骤如下：

① 在使用前观察水平仪是否水平，若不水平，需调整水平调节脚。扫、擦净天平称盘和底盘。

② 接通电源，预热 60 min 后方可称量。

③ 轻按 POWER/BRK 键，如果显示不正好是“0.000 0”g，则须按一下 TARE(去皮/调零键)，等出现“0.000 0”g 后方可称量。

④ 打开天平侧门，将称量物轻轻放在称盘上（称量物不能直接放在托盘上，视情况决定称量物放在纸上、表面皿上，或放在玻璃容器内），关闭天平侧门，待显示数字稳定并出现质量单位“g”后，即可读数，并记录称量结果。若须对容器去皮重，轻按去皮/调零键（TARE），显示“0.000 0”g，表示容器质量值已去除，即已去皮重，可继续在容器中加入样品进行称量，显示出的是加入样品的质量。当拿走称量物后，就出现容器质量的负值。

⑤ 称量完毕，取下被称物，按一下开/关键（POWER/BRK）（如不久还要称量，可不拔掉电源），让天平处于待命状态。再次称量时按一下开/关键（POWER/BRK）就可。使用完毕，应拔下电源插头，盖上防尘罩。

(3) 电子分析天平的使用规则及维护

① 天平应避免阳光照射，避免振动，保持干燥。

② 称量物体不得超过天平的最大载重量，并放在适当的容器中，不得直接放在天平称盘上。不得将湿的容器直接放入称盘称量，如果不慎将试样洒落在天平内应及时清除，可用毛刷刷净，必要时要用干净的软布擦洗称量盘及天平内台面。

③ 称量前检查天平是否水平，并扫、擦净天平称盘和底盘，预热天平。

④ 称量要调零，天平开关动作要轻、缓，加减称量物后必须关上天平左右玻璃门，要等天平稳定后方可读取数据。

⑤ 同一实验应使用同一台天平，以减少称量误差。

⑥ 禁止在天平盘上直接称量强氧化性、强还原性、强腐蚀性、过热或过冷物质。

⑦ 称量结束以后要清除天平内的遗留物,关严左右门,使天平处于待机状态。

(4) AY220 型电子分析天平的校正(使用外部砝码进行量程校正)

① 仪器充分预热,确认水平。

② 取掉样品盘上的物品,按 TARE 键,显示置于零。

④ 按数次 CAL/MENU 键,显示"Func. SEL"时,按 TARE 键,显示"CAL"。

⑤ 按 CAL/MENU 键显示"E CAL"时按 TARE 键,校正开始。

⑥ 显示成为零显示,显示闪烁。

⑦ 显示设定的校正砝码值即 200.00 g,显示闪烁。

⑧ 将校正使用的砝码装在样品盘上。

⑨ 显示成为零显示,显示闪烁。

⑩ 取掉砝码。

⑪ "CAL END"显示数秒钟,如回到重量显示,校正结束。

无论使用哪类天平(包括台秤)均不得将湿的容器直接放入称盘称量,如果不慎将试样洒落在天平内应及时清除,可用毛刷刷净,必要时要用干净的软布擦洗称量盘及天平内台面。电子天平的开机、通电预热、校准均由实验室管理人员负责完成;电子分析天平自重较轻,容易移位,造成不水平,从而影响称量结果,所以使用时要特别注意,动作要轻、缓,并经常查看水平仪。

六、天平的称量方法

常用的称量方式有增量法和减量法:

(1) 增量法(直接称量法)。此法主要用于称取不易吸水,在空气中性质稳定的物质,如金属、矿石等。采用电子天平进行直接法称量时,称量前,轻按去皮/调零键(TARE),显示"0.000 0"g 后,将被称量物轻轻放在称盘中央,待读数稳定并出现质量单位"g"后,显示的是被称量物的质量,即可读数。

指定质量称量法是一种要求称取某一指定质量试样的直接称量法,如指定称量 0.500 0 g 时,先按 TARE 键出现全零状态后,将被称量物用药匙轻轻加入略少于 0.5 g 于称盘上的表面皿上,然后以手指轻轻振动药匙,使试样慢慢落入,直至天平读数为 0.500 0 g。

(2) 减量法(又称差减法)。减量法用于称取容易吸水、氧化或与二氧化碳反应的粉状物质。步骤如下:将适量试样装入洁净干燥的称量瓶,套上纸带或戴好细纱手套,拿出称量瓶放在分析天平上称其准确质量 m_1,然后取出称量瓶,从称量瓶中小心倾出试样于一洁净干燥的容器中(按图 4-5、4-6 所示,将称量瓶放在容器的上方,使其倾斜,用称量瓶盖轻轻敲瓶口上部,使试样慢慢落入容器中,当倾出的试样已接近所需要的质量时,慢慢地将称量瓶拿起,用称量瓶盖轻敲瓶口,使黏附在瓶口的试样落下),然后盖好瓶盖,将称量瓶放回天平盘上。称出质量 m_2,计算取出的试样质量 m,$m=m_1-m_2$。

如果是采用电子天平进行减量法称量,轻按 POWER/BRK(开关键)使天平处于称量状态,则只要将装有试样的称量瓶放在称盘上,按 TARE(去皮/调零键)去皮后,再按上述的步骤进行,倾出的试样质量 m 直接以负值显示在电子天平的屏幕上。要求 1～3 次倾出所需的质量。

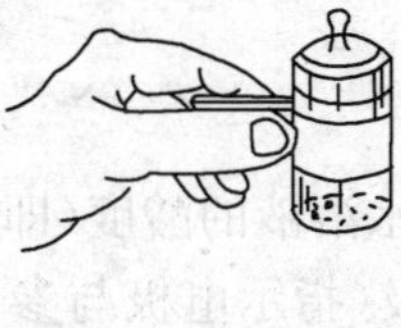

图 4-5 称量瓶拿法

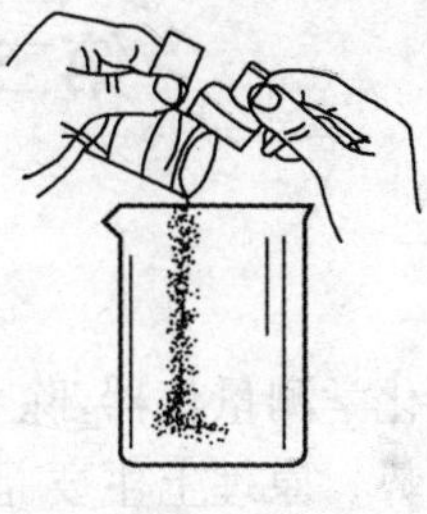

图 4-6 从瓶中倾出样品

减量法操作时要戴好细纱手套取放称量瓶，也可用一纸带套在称量瓶上，如图 4-6 所示，严禁直接用手抓取，倾出试样时不能把试样洒在容器外。

七、称量误差分析

称量误差主要来源如下：

(1) 被称物(容器或试样)在称量过程中的条件发生变化。

① 被称容器表面的湿度变化。烘干的称量瓶、灼烧过的坩埚等一般放在干燥器内冷却到室温后进行称量，它们暴露在空气中会因吸湿而使质量增加，空气湿度不同，吸附的水分不同，故称量试样要求速度要快。

② 试样能吸附或放出水分，或具有挥发性，使称量质量改变，灼烧产物都有吸湿性，应盖上坩埚盖称量。

③ 被称物温度与天平温度不一致。如果被称物温度较高，能引起天平臂不同程度的膨胀，且有上升的热气流，使称量结果小于真实值。应将烘干或灼烧过的器皿在干燥器中冷却至室温后称量，但在干燥器中不是绝对不吸附水分，因此坩埚等应保持相同的冷却时间后称量才易于恒重。

④ 容器包括加药品的塑料勺表面由于摩擦带电可能引起较大的误差，这点常被操作者忽略。故天平室湿度应保持在 50%～70%，过于干燥使摩擦而积聚的电不易耗散。称量时要注意，如擦拭被称物后应多放一段时间再称量。

(2) 天平和砝码不准确带来的误差。天平和砝码应定期检定(至多 1 年以内)，方法参见有关规程。砝码的实际质量不相符属于系统误差，可使用校正值消除，一般分析工作中不采用校正值时，要注意到克组砝码的质量允差较大。

(3) 称量操作不当是初学者称量误差的主要来源，如天平未调整水平、称量前后零点变动、开启天平过重，以及吊耳脱落、天平摆动受阻未被发现等等，其中以开启天平过重、转动减码手钮过重，造成称量前后零点变动为主要误差，因此在称量前后检查天平零点是否变化，是保证称量数据有效的一个简易方法。另外如砝码读错、记录错误等虽属于不应有的过失误差，但也是初学者称量失误的主要原因。

(4) 环境因素的影响。震动、气流、天平室温度太低或温度波动大等，均使天平变动性增大。

(5) 空气浮力的影响。一般分析工作中所称的物体其密度小于砝码的密度，其体积比相应的砝码的体积大，在空气中所受的浮力也大，在精密的称量中要进行浮力校正，一般工作忽略此项误差。

第二节 酸度计

一、仪器原理

酸度计是一种电化学测量仪器，除主要用于测量水溶液的酸度(即 pH)外，还可用于测量多种电极的电极电势。原理上主要是利用两支电极(指示电极与参比电极)，在不同 pH 溶液中能产生不同的电动势(毫伏信号)，经过一组转换器转变为电流，在微安计上以 pH 刻度值读出(图 4-7)。

其中指示电极的电极电势要随被测溶液的 pH 而变化，通常使用的是玻璃电极，而参比电极则要求与被测溶液的 pH 无关，通常使用甘汞电极。饱和 KCl 溶液的甘汞电极的电极电势为 0.241 5 V。

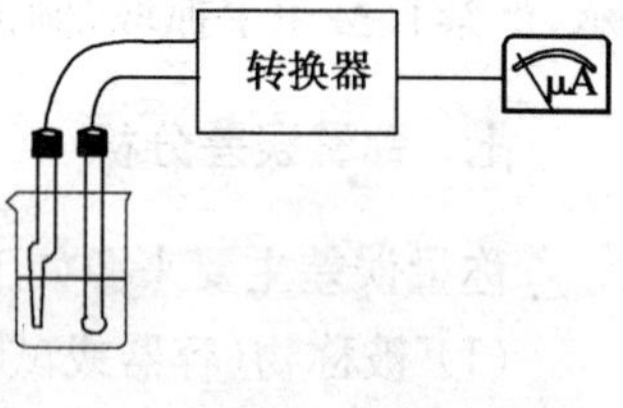

图 4-7 pH 计工作原理示意图

由于电极不对称电势的存在，用玻璃电极测定溶液的 pH 时一般采用比较法测定，就是先测一已知 pH 的标准缓冲溶液得到一读数，然后测未知溶液得到另一读数，这两读数之差就是两种溶液 pH 之差。由于其中一个是已知的，另一个未知的就不难算出来。为了方便起见，仪器上的定位调节器实际上就是用来抵消电极的不对称电势的。当测量标准缓冲溶液时，利用这个定位调节器把指示电表指针调整到标准缓冲溶液的 pH 上，这样就使以后测量未知溶液时，指示电表指针的读数就是未知溶液的 pH，省去了计算手续。通常把前面一步称为“校准”，后面一步称为“测量”。一台已经校准过的 pH 计，在一定时间内可以连续测量许多未知液，但如果玻璃电极的稳定性还没有完全建立，经常校准还是必要的。

酸度计有很多生产厂家和各种型号，这里仅介绍 pHS-2C 型酸度计的使用。

二、pHS-2C 型酸度计的使用方法

pHS-2C 型酸度计面板如图 4-8 所示。

1. 仪器使用前的准备

仪器供电电源为直流电，把直流稳压电源插在 220 V 交流电源上并与仪器相连，将电极头上的保护帽拔下，把电极安装在电极架上，然后将 Q9 短路插头旋转，把复合电极插头插在仪器的电极插座上，电极下端玻璃球泡较薄，须避免碰坏。电极插头在使用前应保持清洁干燥，切忌与污物接触，清洗电极并吸干电极球泡表面的水。

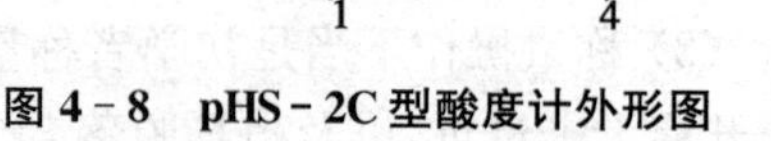

图 4-8 pHS-2C 型酸度计外形图

1—温度补偿旋钮 2—斜率调节器 3—定位调节器 4—*E* 和 pH 选择档 5—数字显示器

2. 仪器预热

仪器选择开关置“pH”档或“mV”档，开启电源，仪器预热几分钟。测量 pH 时先进行校正。

3. 仪器的校正

仪器在使用之前，即测被测溶液之前，先要校正。但这不是说每次使用之前都要校正，

一般在连续使用时，每天校正一次已能达到要求。

仪器的校正方法分为两种：

(1) 一点校正法——用于分析精度要求不高的情况。

① 仪器插上电极，选择开关置于 pH 档。

② 仪器斜率调节在 100%位置(即顺时针旋到底的位置)。

③ 选择一种最接近样品 pH 的缓冲溶液(如 pH=7)，并把电极放入这一缓冲溶液中，调节温度调节器，使所指示的温度与溶液的温度相同，并摇动烧杯，使溶液均匀。

④ 待读数稳定后，该读数应为缓冲溶液的 pH，否则调节定位调节器。

⑤ 清洗电极，并吸干电极球泡表面的余水。

(2) 两点校正法——用于分析精度要求较高的情况。

① 仪器插上电极，选择开关置于 pH 档，斜率调节器调节在 100%处。

② 选择两种缓冲溶液(也即被测溶液的 pH 在两种之间或接近的情况，如 pH=4 和 pH=7)。

③ 把电极放入第一种缓冲溶液(如 pH=7)中，调节温度调节器，使所指示的温度与溶液的温度相同。

④ 待读数稳定后，读数应为该缓冲溶液的 pH，否则调节定位调节器。

⑤ 把电极放入第二种缓冲溶液(如 pH=4)中，摇动烧杯使溶液均匀。

⑥ 待读数稳定后，读数应为该缓冲溶液的 pH，否则调节斜率调节器。

⑦ 清洗电极，并吸干电极球泡表面的余水。

4. 经校正的仪器，各调节器不应再有变动

不用时电极的球泡最好浸在蒸馏水中，在一般情况下 24 小时之内不需要校正。但遇到下列情况之一，则仪器最好事先校正。

① 溶液温度与标定时的温度有较大变化时。

② 干燥过久的电极。

③ 换过了的新电极。

④ "定位"调节器有变动，或可能有变动时。

⑤ 测量过浓酸(pH<2)或过浓碱(pH>12)之后。

⑥ 测量过含有氟化物的溶液而酸度在 pH<7 的溶液之后和较浓的有机溶液之后。

5. 测量 pH：已经校正过的仪器，即可用来测量被测溶液 pH

(1) 被测溶液和定位溶液温度相同时。

① "定位"调节器保持不变。

② 将电极夹向上移出，用蒸馏水清洗电极头部，并用滤纸吸干。

③ 把电极插在被测溶液之内，摇动烧杯使溶液均匀后读出该溶液的 pH。

(2) 被测溶液和定位溶液温度不同时。

① "定位"调节器保持不变。

② 用蒸馏水清洗电极头部，并用滤纸吸干。用温度计测出被测溶液的温度值。

③ 调节"温度"调节器，使指示在该温度值上。

④ 把电极插在被测溶液之内，摇动烧杯使溶液均匀后读出该溶液的 pH。

⑤ 清洗电极，并吸干电极球泡表面的余水，将电极放在保护液中。

6. 测量电极电势

① 测量电极电势值时，拔出测量电极插头，插上短路插头，转到“mV”档。

② 使读数在(0±1)mV个字(温度调节器、斜率调节器在测mV值时不起作用)。

③ 接上恰当的离子选择性电极，并用蒸馏水清洗电极，用滤纸吸干。

④ 把电极插在被测溶液之内，将溶液搅拌均匀后，即可读出该离子选择电极的电极电位(mV值)，并自动显示“+”、“−”极性。

三、注意事项

1. 实验中所使用E-201-C9型复合电极是由玻璃电极和氯化银电极组合而成的塑壳电极，连接线较特别，须加以注意。浸泡在溶液中的是电极的主要部分——玻璃泡，由特殊材料的玻璃薄膜组成，使用时要尤其小心。洗涤电极后用滤纸或吸水纸轻轻吸干，将电极放在保护液中，不可用力，以免玻璃球泡破裂。玻璃球泡有裂纹或老化时，应调换新电极。

2. 仪器的输入端必须保持清洁，不用时装上Q9短路插头，使输入端短路以保护仪器。

第三节　电导率仪

一、仪器原理

电导率仪是用来测量液体电导的仪器。

导体导电能力的大小，通常以电阻(R)或电导(G)表示，电导为电阻的倒数：

$$G=\frac{1}{R}\text{(电阻的单位为}\Omega\text{，电导的单位为S)}$$

同金属导体一样，电解质溶液的电阻也符合欧姆定律。温度一定时，两极间溶液的电阻与两极间的距离L成正比，与电极面积A成反比。

$$R\propto\frac{L}{A}\quad\text{或}\quad R=\rho\frac{L}{A}$$

ρ称为电阻率，它的倒数称为电导率，以γ表示。

将$R=\rho\frac{L}{A}$、$\gamma=\frac{1}{\rho}$代入$G=\frac{1}{R}$中，则可得

$$G=\gamma\frac{A}{L}\quad\text{或}\quad\gamma=\frac{L}{A}\cdot G$$

电导率γ表示放在相距1 m、面积为1 m^2的两个电极之间溶液的电导，单位为$S\cdot m^{-1}$(西门子/米)，$\frac{L}{A}$称为电极常数或电导池常数，因为在电导池中，所用的电极距离和面积是一定的，所以对某一电极来说，$\frac{L}{A}$为常数，由电极标出。

由于电导的单位为$S\cdot m^{-1}$太大，常用$mS\cdot m^{-1}$、$\mu S\cdot m^{-1}$，它们之间的关系是

$1\ S \cdot m^{-1} = 10^3\ mS \cdot m^{-1} = 10^6\ \mu S \cdot m^{-1}$，$1\ S \cdot m^{-1} = 10^4 \mu S \cdot cm^{-1}$。

二、DDS－11A 型电导率仪面板（图 4－9）

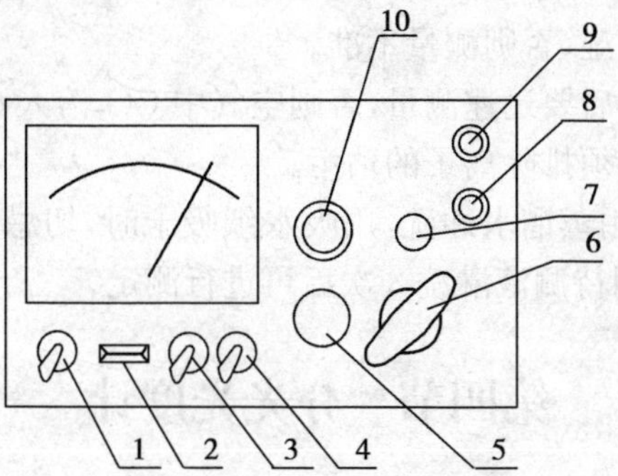

图 4－9　DDS－11A 型电导率仪面板图

1—电源开关　2—氖泡　3—高周、低周开关　4—校正、测量开关　5—校正调节器　6—量程选择开关　7—电容补偿调节器　8—电极插口　9—10 mV 输出插口　10—电极常数调节器

使用方法如下：

① 未开电源前，观察表头指针是否指零，如不指零，则应调整表头上的调零螺丝，使指针指零。

② 将校正、测量开关拨在"校正"位置。

③ 将电源插头先插妥在仪器插座上，再接电源。打开电源开关，并预热几分钟，待指针完全稳定下来为止。调节校正调节器使指针指示在满刻度。

④ 根据液体电导率的大小选用低周或高周，将开关指向所选择频率。

⑤ 将量程选择开关拨到所需要的测量范围。如预先不知道待测液体的电导率范围，应先把开关拨在最大测量挡，然后逐挡下调。

⑥ 根据液体电导率的大小选用不同电极，使用 DJS－1 型光亮电极和 DJS－1 型铂黑电极时，把电极常数调节器调节在与配套电极的常数相对应的位置上。例如，配套电极常数为 0.95，则电极常数调节器上的白线调节在 0.95 的位置处。如选用DJS－10 型铂黑电极，这时应把调节器调在 0.95 位置上，再将测得的读数乘以 10，即为待测液体的电导率。

⑦ 电极使用时，用电极夹夹紧电极的胶木帽，并通过电极夹把电极固定在电极杆上，将电极插头插入电极插口内。旋紧插口上的紧固螺丝，再将电极浸入待测溶液中。

⑧ 将校正、测量开关拨向测量，这时指示读数乘以量程开关的倍率，即为待测液的实际电导率。例如，量程开关放在 $0 \sim 10^3 \mu S \cdot cm^{-1}$ 档，电表指示为 0.5，则被测液电导率为 $0.5 \times 10^3 \mu S \cdot cm^{-1} = 500\ \mu S \cdot cm^{-1}$。

⑨ 所用量程开关指向黑点时，读表头上刻度为 $0 \sim 1\ \mu S \cdot cm^{-1}$ 的数；量程开关指向红点时，读表头上刻度为 $0 \sim 3\ \mu S \cdot cm^{-1}$ 的数值。

⑩ 当用 $0 \sim 0.1\ \mu S \cdot cm^{-1}$ 或 $0 \sim 0.3\ \mu S \cdot cm^{-1}$ 这两档测量纯水时，在电极未浸入溶液

前，调节电容补偿器，使电表指示为最小值(此最小值是电极铂片间的漏电阻，由于此漏电阻的存在，使调节电容补偿器时电表指针不能达到零点)，然后开始测量。

三、注意事项

(1) 电极的引线不能潮湿，否则测量不准。

(2) 高纯水被盛入容器后要迅速测量，否则空气中 CO_2 溶入水中，使电导率很快增加。

(3) 盛待测溶液的容器须排除离子的玷污。

(4) 每测一份样品后，用蒸馏水冲洗，用吸水纸吸干时，切忌擦及铂黑，以免铂黑脱落，引起电极常数的改变。可用待测液淋洗 3 次后再进行测定。

第四节　分光光度计

实验室常用的有 72 型、721 型、722 型、723 型等分光光度计，其原理基本相同，只是结构、测量精度、测量范围有差别。本节仅对 721 型进行介绍。

一、仪器原理

分光光度计是化学分析中常用的，在可见光波长范围(360～800 nm)内进行定量比色分析的仪器。分光光度计的基本工作原理是溶液中的物质在光的照射激发下，对光的吸收效应。而物质对光的吸收具有选择性，各种不同物质都具有其各自的吸收光谱。因此，当某单色光通过溶液时，其能量就会被吸收而减弱(见图 4－10)，光能量减弱的程度与溶液中物质的浓度 c 有一定的比例关系，即符合 Lambert-Beer(朗伯-比耳)定律，其关系式可表示为

$$A=\lg\frac{I_0}{I}=\varepsilon cL \qquad T=\frac{I}{I_0} \qquad A=\lg\frac{1}{T}$$

式中，A 为吸光度，表示光通过溶液时被吸收的强度，又称为光密度、消光值；T 为透光率，I_0 为入射光强度；I 为透射光强度；ε 为摩尔吸光系数；c 为溶液物质的量浓度；L 为光线通过溶液的厚度。单位为 cm。

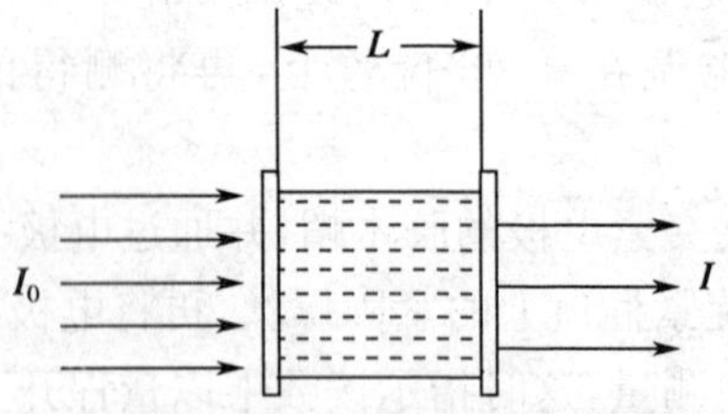

图 4－10　光通过溶液

当入射光强度 I_0、摩尔吸光系数 ε 和光线通过溶液的厚度 L 都保持不变时，透射光强度 I 就只随溶液物质的量浓度 c 而变化。因此，把透过溶液的光线通过测光机构中的光电转换器接收，将光能转换为电能，在微安计上读出相应的透光率(或吸光度)，就可推算出溶

液的浓度。分光光度计工作原理见图 4-11。

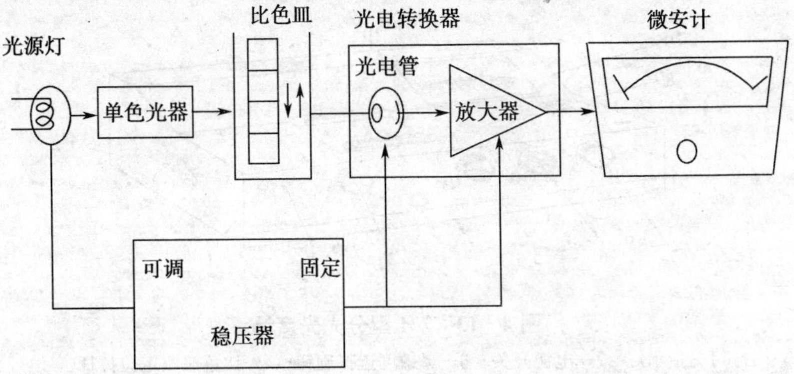

图 4-11 分光光度计工作原理

二、721 型分光光度计的结构

721 型分光光度计采用自准式光路，单光束方法，其波长范围为 360～800 nm，用钨丝白炽灯泡作光源，其光学系统简图如图 4-12 所示。从光源灯 1(12 V，25 W)发出的连续辐射光线，经聚光透镜 2 会聚后，再经过平面反射镜 7 转角 90°反射至入射狭缝 6，由此射入单色光器内，狭缝 6 正好位于球面准直镜 4 的焦面上。当入射光线经过准直镜 4 反射后，就以一束平行光射向色散棱镜 3(该棱镜背面镀铝)，光线进入棱镜后色散，入射角在最小偏向角，入射光在铝面上反射后依原路稍偏转一个角度反射回来，这样从棱镜色散后出来的光线再经过物镜反射后，就会聚在出射狭缝 6 上，出射狭缝与入射狭缝是一体的。从出射狭缝射出的单色光经聚光透镜 8 会聚后，射入比色皿 9 溶液中，经吸收后射至光电管 12，最后从微安计上直接读出光密度读数。

图 4-12 721 型分光光度计光学系统简图

1—光源灯 2—聚光透镜 3—色散棱镜 4—准直镜 5—保护玻璃 6—狭缝
7—反射镜 8—聚光透镜 9—比色皿 10—光门 11—保护玻璃 12—光电管

721 型分光光度计所包含的光源灯、单色光器，比色皿座、光电转换器、电源稳压器以及微安计等部件，全部合装成一台仪器，其外形如图 4-13 所示。

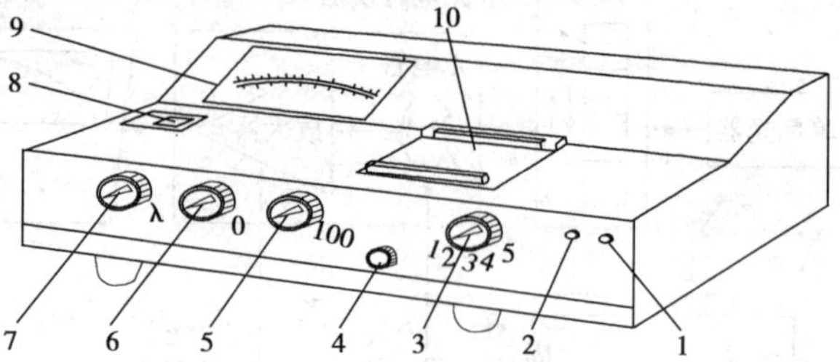

图 4-13　721 型分光光度计

1—指示灯　2—电源开关　3—灵敏度选择旋钮　4—比色皿座定位拉杆
5—透光率 100 电位器旋钮　6—透光率 0 电位器旋钮　7—波长调节旋钮
8—波长示窗　9—微安(透光率)计　10—比色皿暗箱盖

三、721 型分光光度计的使用方法

(1) 预热仪器：检查仪器各个调节旋钮的起始位置是否正确后，接通电源开关，打开比色皿暗箱盖，仪器预热 10～15 min，再进行下列操作。

(2) 选定波长：根据实验要求，转动波长调节器，指示到所需单色光的波长。

(3) 选定灵敏度挡：不同波长的单色光其光能量不同，灵敏度挡的选用原则是使空白挡能良好地用光量调节器调整 $T=100\%$处，低挡能达到的就不使用高挡的。

(4) 调"0"(即 $T=0$)：打开比色皿的暗箱盖，旋转"0"电位调节器，校正电表指针在 $T=0$ 处。

(5) 调"100"(即 $T=100\%$或 $A=0$)：将盛有参比溶液的比色皿放入比色皿座架的第一格内，有色溶液依次放在其他格内，将比色皿的暗箱盖轻轻盖上，将参比溶液拉入光路中，轻旋"100"电位器使电表指针在 $T=100\%$处。重复操作步骤(4)和(5)，使表头指针指示规定刻度。质量好的仪器一次即调好，稍差的要反复调节。

(6) 测定吸光度 A：轻轻拉动比色皿座定位拉杆，将盛有有色溶液的比色皿拉入光路中，这时表头指示为该有色溶液的吸光度 A。读数之后，立即打开比色皿暗箱盖。波长改变后需重复(4)和(5)的操作再测定。

(7) 关机：实验完毕，复原仪器，切断电源。比色皿取出洗净并擦干。检查有无溶液洒到比色皿座架上，有则应擦去。比色皿放回原盒内。

四、使用 721 型分光光度计注意事项

(1) 灵敏度应尽可能选择较低档，以使仪器具有较高的稳定性。

(2) 测定时，比色皿要用待装溶液润洗 2～3 次，以避免被测溶液浓度的改变。待装溶液加至比色皿约 2/3 高度为宜。比色皿在使用中应保持透光面的清洁，切勿用手指触摸透光面，也不要用粗糙的纸擦拭透光面。比色皿外被沾湿时，先用滤纸轻轻吸取液滴，再用叠成四层的镜头纸擦至完全透明。

(3) 仪器预热后，开始测量前应反复调透光率"0"和透光率"100"。

(4) 如果大幅度改变测试波长时，在调透光率“0”和透光率“100”后要稍等片刻(钨灯在急剧改变亮度后需要一段热平衡时间)，当指针稳定后重新调整透光率“0”和透光率“100”，方可开始测量。

(5) 空白溶液可以采用空气、去离子水或其他有色溶液或中性消光片，调节透光率于100处，能提高消光读数以适应溶液的高含量测定。

(6) 根据溶液含量的不同可以酌情选用不同规格光径长度的比色皿，使吸光度读数处于0.8之内。

(7) 不测定时，应经常打开比色皿的暗箱盖，以防止光电管疲劳。

(8) 仪器停止工作时，必须切断电源，把开关关上，罩上保护罩。

五、分光光度法具有的特点

(1) 灵敏度高　常用来测试物质含量在$10^{-3}\%\sim1\%$的微量组分，甚至可测定$10^{-5}\%\sim10^{-4}\%$的痕量组分。

(2) 准确度高　比色法的相对误差是5%～10%，分光光度法是2%～5%，采用精密的分光光度计可减少到1%～2%，完全可以满足微量组分测定的准确要求。但对常量组分，其准确度比重量法和滴定法要低。

(3) 操作简便、快速　由于新的灵敏度高、选择性好的显色剂和掩蔽剂的出现，常可不经分离而直接进行比色或分光光度法测定。

(4) 应用广泛　几乎所有的无机离子都可直接或间接的用比色或分光光度法测定。分光光度法主要应用于以下三个方面：① 测定浓度或含量；② 测定解离常数；③ 测定简单体系配合物的稳定常数和组成。

第五节　循环水式真空泵

循环水式真空泵(图4－14)是以循环水作为流体，利用射流产生负压的原理而设计的一种新型真空泵，广泛用于蒸发、蒸馏、结晶、过滤、减压、升华等操作中。由于水可以循环使用，避免了直排水的现象，节水效果明显，因此，是实验室理想的减压设备。水泵一般用于对真空度要求不高的减压体系中。

使用方法：

(1) 在循环水泵的水箱内加上自来水至要求的高度，盖好水箱盖。

(2) 将抽气管接口用橡胶管和抽滤瓶相连接，然后把和抽滤瓶相连的布氏漏斗及滤纸准备好，开启循环水泵即可。

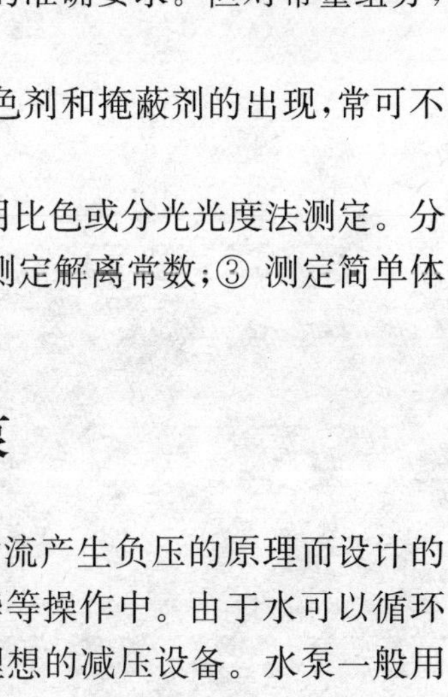

图4－14　循环水泵

1—电动机　2—指示灯　3—电源开关　4—水箱　5—水箱盖　6—抽气管接口　7—真空表

使用时应注意：

(1) 真空泵抽气口最好接一个缓冲瓶，以免停泵时水被倒吸入反应瓶中，使反应失败。

(2) 开泵前，应检查是否与体系接好，然后，打开缓冲瓶上的旋塞。开泵后，用旋塞调至所需要的真空度。

关泵时，先打开缓冲瓶上的旋塞，拆掉与体系的接口，再关泵。切忌相反操作。

（3）有机溶剂对水泵的塑料外壳有溶解作用，所以，应经常更换（或倒干）水泵中的水，以保持水泵的清洁完好和真空度。

下篇

实验部分

基础化学实验主要是训练学生从事化学研究最基本的操作和技能，建立对化学研究的感性认识，初步掌握进行化学实验的基本规律。本篇包括以下内容，一是基本操作实验，包括玻璃仪器的洗涤和干燥、玻璃管的简单加工、台秤和分析天平的使用、量器的使用、试剂的取用、溶液的配制、滴定操作及加热、蒸发、冷却、结晶、固液分离等。二是基础实验，包括基本常数的测定、元素及化合物的性质、常见离子的定性鉴定、定量分析（包括酸碱滴定、配位滴定、氧化还原滴定、沉淀滴定、沉淀重量法和分光光度法的训练）。三是综合及设计实验。实验中，要求学生自觉地重视化学素质和能力的培养，不仅要知其然，而且要知其所以然，并将此贯穿于整个实验过程中。

第五章 基本操作实验

实验一 玻璃仪器的认领、洗涤和干燥

【预习内容】

(1) 基础化学实验室规则和安全守则。

(2) 常用玻璃仪器的名称、规格、用途、性能、使用方法与注意事项。

(3) 玻璃仪器的洗涤与干燥方法，常用洗涤剂和铬酸洗液的配制与使用方法。

【目的要求】

(1) 学习基础化学实验室规则和安全守则。

(2) 了解本课程实验目的、学习方法和实验要求。

(3) 领取实验常用玻璃仪器，熟悉其名称、规格、用途、性能，了解使用方法与注意事项。

(4) 掌握常用玻璃仪器的洗涤和干燥方法。

【实验原理】

化学实验中使用的玻璃仪器常黏附有化学试剂等污物，既有可溶性物质，也有灰尘和其他不溶性物质及油污等有机物。为了使实验得到正确的结果，实验仪器必须十分洁净，

否则会影响实验效果，甚至导致实验失败。常用的洗涤方法有：① 振荡水洗和毛刷刷洗法；② 合成洗涤剂法；③ 铬酸洗液（或其他洗液）法；④通过试剂的相互作用将附在器壁上的物质转化为水溶性物质法。

实验时所用的仪器，除必须洗涤外，有时还要求干燥，干燥的方法有：① 晾干；② 吹干；③ 烘干；④ 烤干；⑤ 用有机溶剂干燥。

【仪器、试剂与材料】

仪器：基础化学实验常用仪器一套（表 5－1）。

表 5－1　仪器清单

名称	规格	数量	单位	名称	规格	数量	单位
烧杯	400 mL	1	只	滴管		1	支
烧杯	250 mL	2	只	试管及架		1	套
烧杯	100 mL	1	只	酒精灯		1	只
烧杯	50 mL	1	只	温度计	100℃	1	支
锥形瓶	250 mL	3	只	表面皿	75 cm	1	块
碘量瓶	250 mL	2	只	点滴板	9 孔	1	只
碘量瓶	50 mL	1	只	玻璃棒		1	支
试剂瓶	1 000 mL	1	只	漏斗		1	只
试剂瓶	500 mL	1	只	洗耳球		1	只
容量瓶	250 mL	1	只	酸式滴定管	50 mL	1	支
容量瓶	100 mL	1	只	碱式滴定管	50 mL	1	支
洗瓶	250 mL	1	只	移液管	10 mL	1	支
量筒	50 或 100 mL	1	只	移液管	25 mL	1	支
量筒	25 mL	1	只	移液管	100 mL	1	支
量筒	10 mL	2	只				

试剂与材料：H_2SO_4（浓），K_2CrO_4（CP），去污粉，肥皂粉，洗涤剂，工业酒精，乙醚，丙酮，无水乙醇。

【实验步骤】

（1）观看多媒体教学课件，了解化学实验基本知识，学习基础化学实验室规则和安全守则。

（2）按仪器清单认领仪器，并熟悉其名称、规格、用途、性能及其使用方法与注意事项。

（3）仪器的洗涤。

① 用铬酸洗液法洗涤一支 25 mL 移液管，交给教师检查。

② 根据仪器的污染情况，选用不同的洗涤方法将所领的其他仪器洗涤干净，由教师抽取两件检查。

③ 将仪器在仪器柜中排列整齐。

(4) 仪器的干燥。

① 将洗净的 100 mL 烧杯，放在石棉网上用小火烤干。

② 将洗净的试管抽取一支用试管夹夹住，在酒精灯上小火烤干。

③ 将洗净的试管抽取一支尽量倾去水，用少量有机溶剂润湿后倒出，晾干或吹干。

【注意事项】

1. 清点仪器时，有损坏的报告老师，登记处理；

2. 使用铬酸洗液要谨慎，不要碰到皮肤和衣服上，Cr(Ⅵ)有毒，会对环境造成污染，应尽量避免使用。

3. 塑料洗瓶只装蒸馏水或去离子水，注意节约蒸馏水，洗涤仪器时应按少量多次的原则进行。

4. 用毛刷蘸洗涤液刷洗仪器时，不能用力太大，以防刷毛玻璃仪器表面或损坏。选用不同的洗涤方法将所有仪器洗涤干净，由老师抽取两件检查并现场打分。

5. 使用酒精灯时必须用火柴点燃，决不能用另一燃着的酒精灯来点燃，否则会把酒精洒在外面而引起火灾或烧伤。加热完毕或因添加酒精要熄灭酒精灯时，必须用灯帽盖灭，盖灭后需重复盖一次，让空气进入且让热量散发，以免冷却后盖内造成负压使盖打不开。决不允许用嘴吹灭酒精灯。

6. 随时保持工作面清洁整齐，火柴梗、废纸片等固体废物应装入废渣桶内，废液回收到指定废液桶中。

7. 每人只能使用自己仪器，洗干净后按科学方法将仪器在仪器柜中排列整齐。

8. 实验完毕做好整理和清洁。

【思考题】

(1) 如何判断玻璃仪器是否洗涤干净？

(2) 比较玻璃仪器不同洗涤方法的适用范围和优缺点。

(3) 铬酸洗液是如何配制的？玻璃仪器是否都必须用铬酸洗液才能洗净？

(4) 容量瓶、移液管适宜用什么方法干燥？烤干试管时应注意什么？

实验二　灯的使用、玻璃的简单加工与塞子钻孔

【预习内容】

(1) 实验室常用灯的构造和原理。

(2) 玻璃管(棒)加工的方法。

(3) 塞子钻孔的方法。

【目的要求】

(1) 了解实验室常用灯的构造和原理，掌握正确的使用方法。

(2) 学会玻璃管的截断、熔烧、弯曲、拉制等基本操作。

(3) 学会塞子钻孔的方法。

【实验原理】

1. 灯的使用

在实验室的加热操作中，常使用酒精灯、酒精喷灯、煤气灯等。酒精灯的温度可达400～500℃，酒精喷灯或煤气灯的最高温度通常可达1 000℃左右。

(1) 酒精灯

① 构造：灯帽、灯芯、灯壶。

② 使用方法：检查灯芯并修整，添加酒精，点燃。点燃酒精灯需用火柴，勿用已点燃的酒精灯直接去点燃其他的酒精灯。熄灭酒精灯时，将灯罩盖上，勿用嘴吹。

(2) 酒精喷灯

① 构造：常用的酒精喷灯有挂式和座式两种。挂式喷灯的酒精贮存在贮罐内挂在高处，座式喷灯的酒精则贮存在灯座内。构造为，灯管、空气调节阀、预热盘、铜帽、酒精壶。

② 使用方法：首先在预热盆中注入酒精，然后点燃盆中的酒精以充分加热灯管（否则会因酒精气化不完全而造成“火雨”），并用探针疏通蒸气出口；待盆中酒精将要燃完，打开开关，点燃酒精蒸气，调节风门控制火焰；用毕后，关闭开关，熄灭火焰。

(3) 煤气灯

① 构造：灯管、空气入口、煤气入口、针阀、灯座。

② 使用方法：点燃煤气灯时，先旋转灯管上的铁环，关闭通气孔；缓慢打开煤气阀门，用火柴点燃煤气灯；然后旋转铁环，调节空气进入量，使煤气燃烧完全，形成正常的蓝色火焰。

若煤气和空气的进入量调节的不合适，就会发生不正常火焰：火焰发黄时，说明空气量不足，应加大空气量；火焰脱离灯管形成临空火焰时，说明空气进入量太大或煤气和空气的进入量都太大，需重新调节；火焰缩入灯管内形成侵入火焰时，说明空气进入量大，而煤气进入量小。侵入火焰使灯管壁烧得很热，灯管内发出嘶嘶的声音，并且可闻到煤气的臭味。此时应立即关闭煤气阀门，等灯管冷却后，重新点燃调节。

煤气是易燃且有毒的气体，煤气灯使用完毕后，必须随手关闭煤气阀门，以免发生意外事故。

2. 玻璃的简单加工

(1) 玻璃管(棒)截断

将一玻璃管(棒)平放在桌子边缘上，用手按住，在要截断的地方，用锉刀棱（或薄片小砂轮）向一个方向锉，不能来回锉，锉出一道深而短的凹痕。然后双手持玻璃，使玻璃上的锉痕朝外，两手的拇指放在锉痕的背后向前推，两手其余的手指往回拉，即可折断玻璃管（图5-1）。

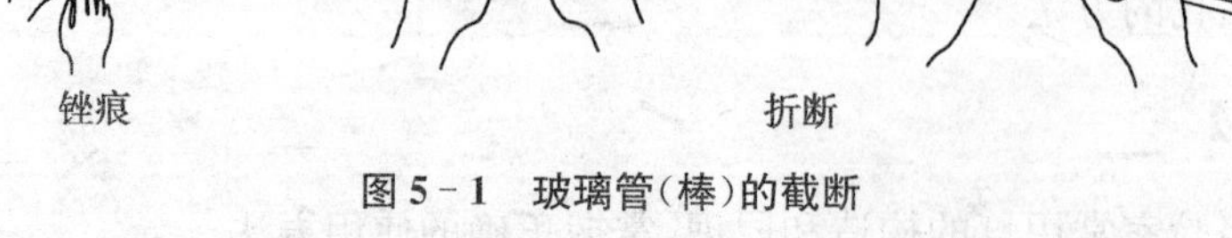

图5-1　玻璃管(棒)的截断

(2) 玻璃的熔烧

新截断的玻璃管切面十分锋利，容易割伤手，且难以插入塞子的圆孔，需要熔烧圆口。把玻璃管的切面斜插在喷灯的氧化焰中，慢慢转动，熔烧至截面光滑(图 5-2)，放在石棉网上冷却(图 5-2)。

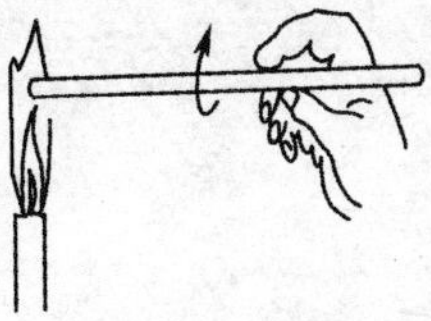

图 5-2　玻璃管的熔烧

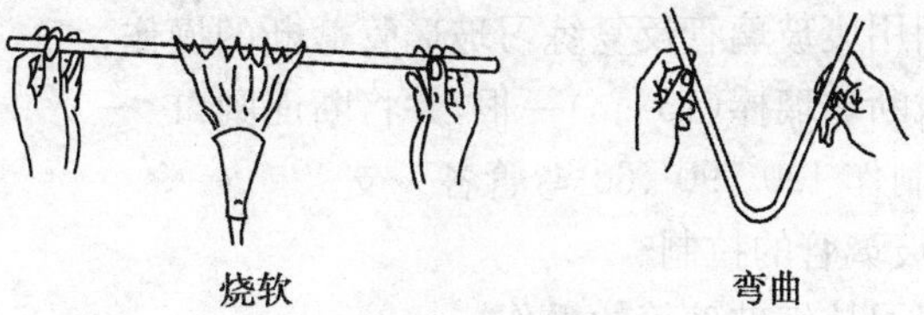

烧软　　弯曲

图 5-3　玻璃管的弯曲

(3) 玻璃的弯曲

先将玻璃用小火预热，然后两手握住玻璃的两端，将要弯曲的地方插入喷灯氧化焰内，缓慢而均匀地转动玻璃管，同时左右移动，以增大受热面积。待玻璃烧至黄软，取离火焰，慢慢弯曲至一定角度成型(图 5-3)，放在石棉网上冷却。如果要弯成较小的角度，可分几次弯成。

(4) 玻璃的拉制

拉制玻璃管之前，须将其烧软，烧软的操作同上，区别在于受热面积小一些，受热程度大一些。待玻璃管烧至红黄色，离开火焰，边旋转边拉动至所需管径。一手拿住玻璃管，使其自然下垂，成型后，放在石棉网上冷却。冷却后，在细的地方截断，熔光截面，制成两个尖嘴滴管。

3. 塞子钻孔

当需要在橡皮塞或软木塞内插入玻璃管或温度计时，必须在塞子上打孔。

打孔的工具是钻孔器，它是一组直径不同的金属管，一端有柄，一端很锋利，用来钻孔。另外，还有一根带柄的铁条，用来捅出塞进钻孔器中的杂物。

钻孔步骤如下：

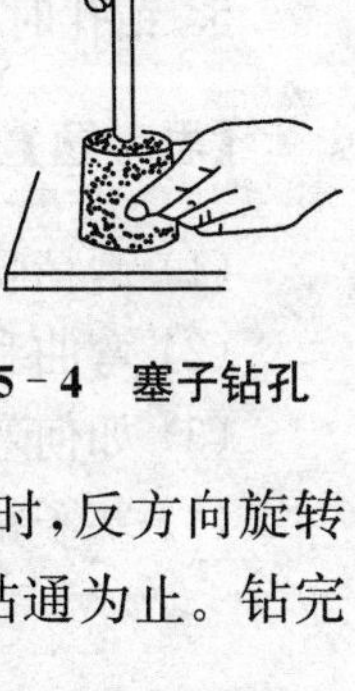

图 5-4　塞子钻孔

选择一个比要插入塞子的玻璃管口径略粗的钻孔器。将橡皮塞子小头朝上平放在桌子上，用左手按住塞子，右手按住钻孔器的手柄(图5-4)，在选定的位置上，沿一个方向垂直地边转边往下钻。钻到一半深时，反方向旋转拔出钻孔器，把塞子大头朝上，对准原孔的方位，按同样的操作钻孔，直到钻通为止。钻完后，将钻孔器中的杂物捅出。

软木塞上钻孔的方法同上，只是在钻孔之前要用压塞机把软木塞压实，以免钻裂木塞。另外，选择的钻孔器的直径比要插入的玻璃管口径略细一些，因为软木塞没有橡皮塞那样大的弹性。

【仪器与材料】

仪器：酒精灯，酒精喷灯(或煤气灯)，石棉网，锉刀，钻孔器。

材料：玻璃管(棒)，酒精，火柴。

【实验步骤】

(1) 了解灯的构造、火焰的性质。

(2) 玻璃的截断和熔烧。

① 利用废玻璃管反复练习玻璃管截断的操作。

② 截断玻璃棒(15 cm)一根,并将断面圆口。

(3) 制作 120°、90°、60°弯管各一支。

(4) 玻璃管的拉制。

① 练习拉细玻璃管的操作。

② 制作滴管一支。截断玻璃管(18～20 cm)一根,拉制成滴管。

(5) 根据制作的 90°玻璃弯管的口径,选用合适的钻孔器,在塞子上打孔,并将 90°玻璃弯管插入其中。

【注意事项】

1. 酒精易燃,使用时要特别注意安全。

2. 酒精喷灯使用前,先在预热盆上注入酒精,然后点燃盆内的酒精加热铜质灯管预热,在开启开关、点燃以前,灯管必须充分灼烧,否则酒精在灯管内不会全部气化,会有液态酒精由管口喷出,形成“火雨”,甚至会引起火灾。不用时,必须关好储罐的开关,以免酒精漏失,造成危险。使用酒精喷灯前,必须先准备一块湿抹布备用。

3. 刚截断的玻管面很锋利,易划破皮肤;切割玻璃管、玻璃棒时要防止划破手。

4. 刚加热过的玻管温度很高,置石棉网上冷却,切不可直接放在实验台上,防止烧焦台面;未冷却之前,也不要用手去摸,防止烫伤手。

5. 钻孔时,用力不能过猛,防止戳破手。

【思考题】

(1) 酒精喷灯的构造如何?怎样正确使用?

(2) 弯曲和拉细玻璃管时应如何加热玻璃管?

(3) 如何弯曲小角度的玻璃管?

(4) 塞子钻孔时应如何选择钻孔器的大小?又应如何操作?

实验三　分析天平的称量练习

【预习内容】

(1) 分析天平的构造及其使用。

(2) 称量方法及操作。

(3) 有效数字。

【目的要求】

(1) 了解分析天平的构造,学会正确的称量方法。

(2) 初步掌握直接法和减量法的称量方法。

(3) 学会准确、简明地记录实验原始数据,并正确地运用有效数字。

【实验原理】

质量是化学实验最常测定的物理量之一,在实验中,由于对质量的准确度要求不同,可选用不同规格的称量仪器进行称量。常用的有台秤(0.1 克)、电子天平(0.1 克)、分析天平(0.000 1 克)等。机械分析天平由于操作烦琐,已经逐渐被电子分析天平取代。

电子天平是新一代的天平,它是利用电子装置完成电磁力补偿调节,使物体在重力场中实现力的平衡,或通过电磁力矩的调节,使物体在重力场中实现力矩的平衡。电子天平有不同测量范围和精度的各种规格,使用时要注意规格是否满足称量要求。电子分析天平具有自动调零、自动校准、自动扣除空白、自动显示称量结果和打印结果等功能,可以准确地称量到 0.000 1 克,使用电子分析太平时应遵守"分析天平的使用规则",主要内容是:称量前检查天平是否水平,要扫、擦净天平称盘和底盘,预热天平;天平的顶门前门不得随意打开;称量前要调零,开关天平动作要轻、缓,加减称量物后必须关上天平左右门,要等天平稳定后方可读取数据;禁止在天平盘上直接称量强氧化性、强还原性、强腐蚀性物质;称量结束以后要清除天平内的遗留物,关严左右门,使天平处于待机状态。

常用的称量方式有增量法和减量法:

(1) 增量法(直接称量法)。将被称物直接放在称盘上,所得读数即被称物的质量。此法主要用于称取不易吸水,在空气中性质稳定的物质,如洁净干燥的器皿、金属、矿石等。采用电子分析天平进行直接法称量时,称量前,轻按除皮/调零键(TARE),显示 0.000 0 g 后,将被称量物轻轻放在称盘中央,待读数稳定并出现质量单位"g"后,显示的是被称物的质量,即可读数。

指定质量称量法是一种要求称取试样某一指定质量的直接称量法,如指定称量 0.500 0 g 试样时,先按 TARE 键出现全零状态后,将被称量物用药匙轻轻加入略少于 0.5 g 于称盘上的表面皿上,然后以手指轻轻振动,使试样慢慢落入,直至天平读数为 0.500 0 g。

(2) 减量法(又称差减法)。减量法用于称取容易吸水、氧化或与二氧化碳反应的颗粒状、粉状固体及液态样品物质。步骤如下:将适量试样装入洁净干燥的称量瓶,套上纸带或戴好细纱手套拿出称量瓶放在分析天平称盘上称其准确质量 m_1(采用 AY220 型电子分析天平称量,只需按去除皮/调零键去皮后,等出现 0.000 0 g,不需记录 m_1),然后取出称量瓶,从称量瓶中小心倾出试样于一洁净干燥的容器中(按图 5-5,5-6 所示,将称量瓶放在容器的上方,使其倾斜,用称量瓶盖轻轻敲瓶口上部,使试样慢慢落入容器中,当倾出的试样已接近所需要的质量时,慢慢地将称量瓶拿起,用称量瓶盖轻敲瓶口,使粘附在瓶口的试样落下),然后盖好瓶盖,将称量瓶放回天平称盘上,称出质量 m_2,计算取出的试样质量 m,$m=m_1-m_2$(电子分析天平不需要计算,称量瓶放回天平称盘上后,倾出试样的质量 m 直接以负值显示在电子天平的屏幕上)。

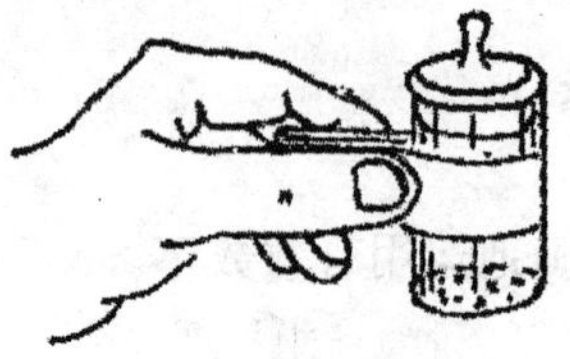

图 5-5　称量瓶拿法

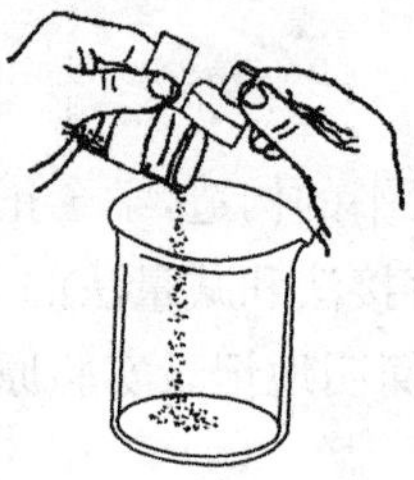

图 5-6　从瓶中倾出样品

【仪器与材料】

仪器：半机械加码电光分析天平（TG328B 型），电子分析天平（AY220 型），称量瓶，小烧杯，干燥器。

材料：试样（细砂或 NaCl 试样），金属片。

【实验步骤】

1. 电子分析天平的称量练习

（1）称量前准备

① 了解电子分析天平（AY220 型）的构造。扫、擦净天平称盘和底盘。

② 查看水平仪，如不平，调节螺旋脚调至水平。

③ 接通电源，预热 60 min 后，轻按 POWER 键，等出现“0.000 0”g 称量模式后方可称量。

（2）直接称量法称量练习

① 取一只洁净干燥的称量瓶，分别称出瓶盖和瓶身的质量（$m_{盖}$、$m_{身}$）（思考称量瓶和盖应如何拿?），再称出称量瓶总质量（$m_{总}$）。将分别称量的结果相加后与总质量核对。

② 领取一块已编号的金属片，称出其质量（$m_{金}$），将结果与教师核对。

③ 取一只洁净干燥的小烧杯，放在称盘上，按下 TARE 键，显示“0.000 0”g 后，从称量瓶内用药匙转移 0.13～0.15 g 试样于烧杯中，此时显示屏上会显示加入试样的质量，记录试样的质量 m_0。

（3）减量称量法称量练习

① 取三只洁净的小烧杯并编号。

② 从干燥器中取一只称量瓶（加有试样的）放在称盘上，按下 TARE 键，显示“0.000 0”g 后，从称量瓶内转移 0.13～0.15 g 试样于 1 号烧杯中，将称量瓶再放在称盘上，此时显示屏上会出现一个负值，表示倒出试样的质量，记录试样的质量 m_1。再按下 TARE 键，显示“0.000 0”g 后，再转移 0.13～0.15 g 试样于 2 号烧杯中，记录试样的质量 m_2。再按下 TARE 键，显示“0.000 0”g 后，转移 0.13～0.15 g 试样于 3 号烧杯中，记录试样的质量 m_3。

（4）指定质量称量法称量练习

取一只洁净干燥的表面皿，放在称盘上，按下 TARE 键，显示“0.000 0”g 后，将要称量的试样用药匙加到表面皿上，准确称取 0.500 0 g 试样（$\Delta m \leqslant \pm 0.000\ 5$ g），将称好的试样定量完全地转移到一只洁净的小烧杯中。

（5）称量后工作

① 取出天平盘上物品，清理天平称盘和底盘，关严左右门。

② 按 POWER 键，使天平处于待机状态。

③ 桌面清理干净。

④ 在"仪器使用登记本"上记录仪器运行情况，并签上班级、姓名、使用日期。

2. 机械分析天平的认识、了解与称量

（1）了解构造。

（2）了解操作规程。

（3）称量练习（多媒体演示）。

【数据记录与处理】

电子分析天平称量记录

称量物	质量(g)	称量物	质量(g)
称量瓶 $m_{盖}$		试样 1 质量 m_1	
称量瓶 $m_{身}$		试样 2 质量 m_2	
称量瓶盖＋称量瓶身 $m_{总}$		试样 3 质量 m_3	
金属片 $m_{金}$（编号）		指定质量试样 m	
试样质量 m_0		与指定试样质量差 Δm	

【注意事项】

1. 天平不能称量热的物体；被称物的质量不能超过天平的最大载重量。

2. 称量物不能直接放在称盘上，视情况决定称量物放在称量纸上、表面皿上、或放在玻璃容器内。

3. 称量前调零，开关天平动作要轻、缓，调零、加减称量物后必须关上天平左右玻璃门，要等天平稳定后方可读取数据。

4. 称量瓶（高型）除放在干燥器中，戴细纱手套的手中和放在天平称盘上以外，不能放在其他地方，以免被污染或被碰倒。

5. 直接法称量时不得用手直接取放被称物，可戴细纱手套、垫纸条、用镊子等取放。称量颗粒状或粉状固体试样时要用干净药匙轻轻加于称盘上，并且试样要完全转移到容器中，不得撒在容器外面。只有容器干燥时，才可将容器放在称盘上去皮后，试样用干净药匙加入容器中称量。

6. 减量法操作时要戴好细纱手套取放称量瓶，也可用一纸带套在称量瓶上，严禁直接用手拿取。称量试样时应盖上称量瓶盖，倒出试样时要在接受容器口的上方打开瓶盖，要用称量瓶盖轻扣称量瓶口使样品轻轻撒入容器中，防止样品撒在容器外面，当倾出的试样已接近所需要的质量时，在容器口的上方慢慢地将称量瓶拿起，用称量瓶盖轻敲瓶口，使粘附在瓶口的试样落下，然后盖好瓶盖，将称量瓶放回天平称盘上。要求 1～3 次倾出所需的质量。多次练习直到熟练掌握。

7. 同一实验应使用同一台天平，以减少称量误差。

8. 不要随意挪动天平位置，移动天平位置后必须重新校正。

9. 称量结束以后要清除天平内的遗留物，取出天平盘上物品并放回原处，关严左右门，使天平处于待机状态。

【思考题】

(1) 试样的称量方法有几种？怎样操作？各有什么优缺点？

(2) 称量时什么情况用直接法称量？什么情况用减量法称量？

(3) 在减量法称量时，若称量瓶内的试样吸湿，对称量结果有无影响？若试样倒到锥形瓶后再吸湿，对称量结果有无影响？

(4) 在称量的记录和计算中，如何正确运用有效数字？

实验四　量器的使用与溶液的配制

【预习内容】

(1) 量器的基本知识。

(2) 溶液的配制方法，浓度的计算。

(3) 试剂的取用。

【目的要求】

(1) 初步掌握一般量器、滴定管、移液管、容量瓶的使用方法。

(2) 掌握常规溶液和准确浓度溶液的配制方法。

【实验原理】

量筒、量杯常用于液体体积的一般量度。滴定管是能滴放任意量液体、准确连续量取液体体积的量液器，是滴定分析中最常用的准确量器，用于测量滴定时放出标准溶液的准确体积。移液管是用于准确移取一定体积溶液的量出式量器。容量瓶是用作配制准确浓度溶液或定量地稀释溶液的量具。这些量器的使用各有特点，我们必须按要求规范使用。

实验中根据实验要求需配制不同的溶液。溶液的配制可分为常规溶液的配制和准确浓度溶液的配制。一般在定性反应的实验中常规溶液就能满足要求。而在定量测定实验中，往往需配制准确浓度的溶液。在溶液的配制过程中，首先是根据所需浓度的准确程度，计算出所需称量(或量取)的溶质的量，然后选择能满足要求的称量仪器或量器，最后选用适当的容器、适当的方法将溶质溶解再稀释到所需体积。

配制常规溶液时，称量用台秤，量器用量筒或量杯。一般先将固体试剂溶于少量的水中，再转移到一般的量器中，加水稀释到所需的体积；或用稀释法在一般的量器中稀释液体试剂到所需的体积。配制准确浓度溶液时，称量用分析天平，量器用移液管、容量瓶。

有些金属的盐容易发生水解产生沉淀，配制时为抑制水解，可加入相应的酸。如：

$$FeSO_4 + 2H_2O \rightleftharpoons Fe(OH)_2 \downarrow + H_2SO_4$$

【仪器与试剂】

仪器：台秤，量筒（或量杯），移液管（10 mL），容量瓶（100 mL），烧杯（100 mL），滴定管（50 mL、酸式、碱式），锥形瓶（250 mL）。

试剂：$FeSO_4 \cdot 7H_2O$（固、AR），NaOH（固、AR），NaCl（固、AR），HCl（6 $mol \cdot L^{-1}$），HAC（1 $mol \cdot L^{-1}$左右的标准溶液），H_2SO_4 溶液（1∶2）。

【实验步骤】

1. 滴定管的使用练习

（1）洗净酸式、碱式滴定管各一支。

（2）练习并掌握酸式滴定管检漏、涂凡士林、排气泡的方法。

（3）练习并掌握碱式滴定管检漏、换乳胶管或玻璃球、排气泡的方法。

（4）滴定管中装水，练习并初步掌握滴定操作以及控制液滴大小和滴定速度的方法。

（5）掌握滴定管的正确读数方法。

2. 容量瓶和移液管的使用练习

取 100 mL 容量瓶检查是否漏水，用自来水练习定容，并练习振荡操作；用 10 mL 移液管反复练习吸液、准确体积移液与放液，熟练为止。

3. 常规溶液的配制

（1）配制 0.1 $mol \cdot L^{-1}$的 $FeSO_4$溶液 50 mL。

① 计算配制 0.1 $mol \cdot L^{-1}$的 $FeSO_4$溶液 50 mL 需要固体 $FeSO_4 \cdot 7H_2O$ 多少克。

② 用台秤称量所需 $FeSO_4 \cdot 7H_2O$ 置于 100 mL 烧杯中，加入 5 mL H_2SO_4（1∶2），用玻璃棒搅拌溶解后稀释至 50 mL，搅匀。

③ 将配制好的溶液回收到指定容器中。

（2）配制 1 $mol \cdot L^{-1}$的 NaOH 溶液 50 mL。

① 计算配制 1 $mol \cdot L^{-1}$的 NaOH 溶液 50 mL 需要固体 NaOH 多少克。

② 用台秤称量所需的 NaOH 固体置于 100 mL 烧杯中，加入 20 mL 蒸馏水，用玻璃棒搅拌使其溶解并冷却，然后加蒸馏水稀释到刻度并搅匀。

③ 将配制好的溶液回收到指定容器中。

（3）配制浓度为 2 $mol \cdot L^{-1}$ HCl 溶液 60 mL

① 计算配制 2 $mol \cdot L^{-1}$ HCl 溶液 60 mL 需要 6 $mol \cdot L^{-1}$的 HCl 溶液多少毫升。

② 用量筒量取所需的 6 $mol \cdot L^{-1}$ HCl 溶液倒入 100 mL 烧杯中，加蒸馏水稀释到刻度并搅匀。

③ 将配制好的溶液回收到指定容器中。

4. 准确浓度溶液的配制

（1）配制浓度为 0.1 $mol \cdot L^{-1}$（精确到 0.000 1）的 HAC 溶液 100 mL。

用 10 mL 移液管量取实验室已标定的 1 $mol \cdot L^{-1}$左右的 HAC 标准溶液 10.00 mL 到 100 mL 容量瓶中，用蒸馏水稀释到刻度，摇匀，配制好的溶液回收到指定容器中。

（2）配制浓度为 0.1 $mol \cdot L^{-1}$（精确到 0.000 1）的 NaCl 溶液 100 mL。步骤自拟。

【数据记录及处理】

1. 计算：

(1) 配制 0.1 mol·L^{-1}的 $FeSO_4$ 溶液 50 mL 需要固体 $FeSO_4·7H_2O$ 多少克？

(2) 配制 1 mol·L^{-1}的 NaOH 溶液 50 mL 需要固体 NaOH 多少克？

(3) 配制 2 mol·L^{-1} HCl 溶液 60 mL 需要 6 mol·L^{-1}的 HCl 溶液多少毫升？

2. 设计配制浓度为 0.1 mol·L^{-1}(精确到 0.000 1)的 NaCl 溶液 100 mL 的实验步骤。

【注意事项】

1. 滴定管在装入待装溶液前除了用水洗干净外，还要用待装溶液润洗内壁 2～3 次，每次 5～10 mL，然后装入待装溶液并用吸水纸或滤纸擦干滴定管外壁，赶走气泡，调节滴定管内溶液至“0.00”刻度线处，置于管架上备用。

2. 移液管不能用大拇指堵上管口，应用食指。在装入待装溶液前用水洗干净，用吸水纸或滤纸擦干外壁及管尖后，还要用待装溶液润洗内壁 2～3 次。移液管放液时，插入准备接收溶液的容器中，使其流液口接触倾斜的器壁，松开食指，保持移液管垂直使溶液自由地沿壁流下，待溶液流尽后再等待 15 s，拿出移液管。使用完毕后，应洗净放在移液管架上。

3. 容量瓶的主要用途是配制准确浓度的溶液或定量地稀释溶液。容量瓶使用时要先检查瓶口是否漏水，然后用洗液、自来水、蒸馏水洗净，使内壁不挂水珠，具体参见第二章第三节玻璃量器及其使用。

4. 用稀释法配制准确浓度溶液时，用移液管移取一定体积的溶液，直接放入容量瓶后加水定容。

5. 配制常规溶液时，先要根据浓度和体积计算溶质的质量或体积，称量固体用一般电子天平或台秤，量取液体用量筒或量杯，一般在烧杯中先将固体试剂溶于适量的水中，再转移到一般的量器中，加水稀释到所需的体积；或用稀释法在一般的量器中稀释液体试剂到所需的体积。

6. 配制准确浓度溶液时，称量固体用分析天平，量取液体用移液管，用容量瓶定容。

7. 随时保持工作面清洁整齐，废纸片等固体废物应装入废渣桶内，配制好的溶液回收到指定容器中，认准标签不要倒错。实验完毕做好整理和清洁。

【思考题】

(1) 滴定管中存在气泡对滴定有什么影响？

(2) 使用移液管的操作要领是什么？为何要垂直流下液体？最后留于管尖的半滴液体应如何处理？

(3) 配制 $BiCl_3$、$SnCl_2$ 等溶液时，为什么要先将其溶于稀酸中？

(4) 配制溶液时为何要用蒸馏水而不用自来水？

实验五　容量仪器的校正

【预习内容】

(1) 电子分析天平的称量。

(2) 滴定管、移液管和容量瓶的洗涤与使用。

(3) 校正容量仪器的原理和方法。

【目的要求】

(1) 进一步熟悉滴定管、移液管和容量瓶的使用。

(2) 进一步熟悉分析天平的称量练习。

(3) 掌握校正容量仪器的原理和方法。

【实验原理】

在滴定分析中,用来准确测量体积的容量器皿有滴定管、移液管和容量瓶,仪器上面都注明温度、容量和刻度。实际上严格地讲,其容积与所示的往往不完全相符,因此在准确度要求很高的分析实验中,必须对以上三种仪器进行校正。

校正的方法常采用称量法和相对校正法。

(1) 称量法　称量法是指称量容器中所放出或容纳的纯水的质量,根据该温度下水的密度,算出该容器在 20℃(通常以 20℃为标准温度)时的容积。由质量换算成容积时必须考虑三个因素:① 温度对水密度的影响;② 温度对玻璃器皿容积的影响;③ 空气浮力对称量的影响。把上述三个因素校正后得到一个总校准值,由总校正值列成表 5-2,根据此表的数值,便可计算出某一温度下于空气中,一定质量的纯水相当于 20℃时所占的实际容积。例如:在 16℃由滴定管放出 10.03 mL 的水,称出其质量为 10.05 g,查表 5-2 得 16℃时每 mL 水的质量为 0.997 80 g,则此滴定管的实际容积为

$$10.05/0.99780=10.07\ \text{mL}$$

容积之差为

$$10.07-10.05=+0.02\ \text{mL}$$

(2) 相对校正法　在实际工作中,容量仪器常常是配合使用的,因此只要求两者容积间有一定的比例关系,这时,可采用相对校准法。即用一个已校正的容器间接地校正另一个容器的方法。

表 5-2 在不同温度下充满 1 L(20℃)玻璃容器中纯水的质量(空气中用黄铜砝码称量)

温度(℃)	1 L 水的质量(g)	温度(℃)	1 L 水的质量(g)	温度(℃)	1 L 水的质量(g)
0	998.24	14	998.04	28	995.44
1	998.32	15	997.93	29	995.18
2	998.39	16	997.80	30	994.91
3	998.44	17	997.66	31	994.68
4	998.48	18	997.51	32	994.34
5	998.50	19	997.35	33	994.05
6	998.51	20	997.18	34	993.75
7	998.50	21	996.96	35	993.44
8	998.48	22	996.80	36	993.12
9	998.44	23	996.60	37	992.80
10	998.39	24	996.38	38	992.46
11	998.32	25	996.17	39	992.12
12	998.23	26	995.93	40	991.77
13	998.14	27	995.69		

【仪器与材料】

仪器：电子分析天平(AY220 型)，滴定管(50 mL、酸式)，容量瓶(50 mL、250 mL)，移液管(25 mL)，具塞锥形瓶(50 mL)，温度计。

材料：纯水。

【实验步骤】

1. 滴定管的校正

(1) 取 50 mL 具塞锥形瓶一只，洗净、外壁擦干(思考为什么?)，在分析天平上称出其质量，准确至小数点后第二位。

(2) 准备好一根 50 mL 酸式滴定管，洗净，装满纯水，调节至 0.00 刻度以下附近，记下读数。以每分钟约 10 mL 的流速从滴定管中放出 10 mL 水于已称重的具塞锥形瓶中，盖好瓶塞，称出“瓶+水”的质量(思考应称准至小数点后第几位)。用同样的方法再放出 10 mL 水于瓶中并称出其质量，直至放出 50 mL 水，每两次称量之差即为放出的水的质量。根据实验温度时 1 mL 水的质量(查表 5-2)来除以每次所得到的水的质量，即得滴定管各部分的实际容积。从实际容积和滴定管所示的容积之差，求出其校正值。

重复校正一次，两次相应的校正值之差应小于 0.02 mL，求出其平均值。滴定管校正示例见表 5-3。

表 5-3 滴定管校正示例

水的温度：25℃ 1 mL 水的质量 0.996 2 g

滴定管读数（mL）	水的体积（mL）	“瓶＋水”的质量（g）	水的质量（g）	实际容积（mL）	校正值（mL）	总校正值（mL）
0.03		29.20（空瓶）				
10.13	10.10	39.28	10.08	10.12	+0.02	+0.02
20.10	9.97	49.19	9.91	9.95	−0.02	0.00
30.17	10.07	59.27	10.08	10.12	+0.05	+0.05
40.20	10.03	69.24	9.97	10.01	−0.02	+0.03
49.99	9.79	79.07	9.83	9.87	+0.08	+0.11

2. 容量瓶的校正

取 50 mL 容量瓶一只，洗净，擦干外壁的水，并将瓶塞倒挂在瓶身上自然晾干。待干燥（必须干燥）后称其质量。然后加水至标线，擦干瓶外水，称量“瓶＋水”的质量。计算容量瓶的实际容积。重复一次实验，求其平均值。

计算示例：在 15℃时，某 50 mL 容量瓶所容纳的水的质量为 49.81 g，该容量瓶在 20℃时的实际容积是多少？

由表 5-2 查得 15℃时容积为 1 L 的纯水的质量为 997.93 g，即水的密度（已作容器校正）为 0.997 93 g·mL^{-1}，容量瓶在 20℃时的实际容积为

$$49.81/0.997\,93=49.91\ \text{mL}$$

容积之差为 $49.91-50.00=-0.09\ \text{mL}$

3. 移液管和容量瓶的相对校正

取预先洗净并自然晾干的 250 mL 容量瓶一只，用洗净的 25 mL 移液管准确移取纯水 10 次注入容量瓶中（对操作应力求准确，而不求迅速），观察液面弧形下是否与标线相切，如不相切，应另作标线。经互相校正后的移液管和容量瓶可配套使用。

【数据记录与处理】

1. 滴定管校正结果

水的温度______℃，空瓶重______g，1 mL 水的质量______g

滴定管读数（mL）	水的体积（mL）	“瓶＋水”的质量（g）	水的质量（g）	实际容积（mL）	校正值（mL）	总校正值（mL）

2. 容量瓶校正结果

水的温度________℃，1 mL 水的质量________g

次数	容量瓶重(g)	“瓶＋水”的质量(g)	水的质量(g)	实际容积(mL)	校正值(mL)
1					
2					
平均值					

【注意事项】

1. 待校正的仪器，应仔细洗净，其内壁应完全不挂水珠。容量瓶必须干燥后才能校正。
2. 校正前 6 小时或更早时间，将清洁的仪器放入实验室，使与室温平衡。
3. 校正时，滴定管和移液管管尖端和外壁的水必须除去。
4. 如室温有变化，须在每次放水时记录水温。
5. 校正的操作一定要规范、正确，次数不能少于 2 次，应由有经验的工作人员完成。

【思考题】

(1) 称量水重时，应称准至小数点后第几位(以克为单位)？为什么？
(2) 实验中，从滴定管中放纯水于称量瓶中应注意些什么？
(3) 滴定管、容量瓶、移液管校正时是否都需要干燥？为什么？
(4) 某 50 mL 容量瓶，如果其实际容积比标示值小 0.2 mL，此体积的相对误差是多少？

实验六 硫酸铜的提纯

【预习内容】

(1) 粗硫酸铜提纯及产品纯度检验的原理和方法。
(2) 加热、溶解、过滤、蒸发、浓缩、结晶等基本操作。

【目的要求】

(1) 通过氧化反应及水解反应了解硫酸铜提纯及产品纯度检验的原理和方法。
(2) 掌握加热、溶解、过滤、蒸发、浓缩、结晶等基本操作。

【实验原理】

粗硫酸铜中含有不溶性杂质和可溶性杂质离子 Fe^{2+}、Fe^{3+}，不溶性杂质可用过滤法除去。杂质离子 Fe^{2+} 常用氧化剂 H_2O_2 或 Br_2 氧化成 Fe^{3+}，然后调节溶液的 pH(一般控制在 pH＝3.5～4.0)，使 Fe^{3+} 水解为 $Fe(OH)_3$ 沉淀而除去，反应如下：

$$2Fe^{2+} + H_2O_2 + 2H^+ \rightleftharpoons 2Fe^{3+} + 2H_2O$$

$$Fe^{3+}+3H_2O \rightleftharpoons Fe(OH)_3\downarrow+3H^+$$

除去铁离子后的滤液经蒸发、浓缩，即可制得五水硫酸铜结晶。其他微量杂质在硫酸铜结晶时，留在母液中，抽滤时可与硫酸铜分离。

【仪器、试剂与材料】

仪器：电子天平（0.1 g），循环水式真空泵，烧杯，玻璃棒，三角漏斗，布氏漏斗，抽滤瓶，研钵，电炉。

试剂与材料：H_2SO_4（1 mol·L^{-1}），HCl（2 mol·L^{-1}），NaOH（0.5 mol·L^{-1}），$NH_3·H_2O$（6 mol·L^{-1}），KSCN（0.1 mol·L^{-1}），H_2O_2（3%），滤纸，pH 试纸（1～14），pH 试纸（0.5～5.0）。

【实验步骤】

1. 粗硫酸铜的提纯

（1）称样溶解

称取 8 g 已研细的粗硫酸铜于小烧杯中，加 30 mL 蒸馏水，搅拌、加热使其溶解。

（2）氧化及水解

在溶液中滴加 2 mL 3%H_2O_2，将溶液加热，同时在不断搅拌下，逐滴加入 0.5 mol·L^{-1} NaOH，直到 pH=3.5～4.0，再加热近沸，静置使水解生成的 $Fe(OH)_3$ 沉降。注意观察沉淀的颜色，若有浅蓝色出现（思考是什么物质？）说明 pH 过高。

（3）常压过滤

用倾析法过滤，将滤液转移到洁净的蒸发皿中。在滤液中滴加 1 mol·L^{-1} H_2SO_4 酸化调节 pH=1～2。

（4）蒸发、浓缩、结晶、冷却、抽滤

将蒸发皿中的滤液加热，蒸发、浓缩至液面出现一层晶膜时（将蒸发皿从电炉上拿开观察），即停止加热，冷却至室温，抽滤，取出硫酸铜晶体，吸干水分，称量并记录结果。

2. $CuSO_4$ 纯度的检验

（1）溶解、氧化

称 1 g 提纯后的产品于小烧杯中，加 10 mL 蒸馏水溶解，加入 1 mL 1 mol·L^{-1} H_2SO_4 酸化，再加入 2 mL 3%H_2O_2，煮沸片刻，使其中的 Fe^{2+} 氧化成 Fe^{3+}。

（2）$Fe(OH)_3$ 沉淀的生成

冷却溶液，在搅拌下逐滴加入 6 mol·L^{-1} $NH_3·H_2O$，直到最初生成的蓝色沉淀完全溶解，溶液呈深蓝色为止。此时，Fe^{3+} 成为 $Fe(OH)_3$ 沉淀，而 Cu^{2+} 则成为配离子 $[Cu(NH_3)_4]^{2+}$。

（3）$Fe(OH)_3$ 沉淀的溶解与产品纯度的评定

过滤，用 1 mol·L^{-1} $NH_3·H_2O$ 洗涤滤纸至蓝色洗去为止，此时 $Fe(OH)_3$ 沉淀留在滤纸上，滴加 3 mL 2 mol·L^{-1} HCl 在滤纸上，使 $Fe(OH)_3$ 沉淀溶解，滤液定容至 25 mL，然后在滤液中滴入 2 滴 0.1 mol·L^{-1} KCSN，观察溶液的颜色。

血红色愈深，表示 Fe^{3+} 愈多。因此可以根据血红色的深浅来比较 Fe^{3+} 的多少，评定产品的纯度。

$$Fe^{3+} + 3NH_3 \cdot H_2O \rightleftharpoons Fe(OH)_3 \downarrow + 3NH_4^+$$

$$2Cu^{2+} + SO_4^{2-} + 2NH_3 \cdot H_2O \rightleftharpoons \underset{\text{浅蓝色}}{Cu_2(OH)_2SO_4} \downarrow + 2NH_4^+$$

$$Cu_2(OH)_2SO_4 + 2NH_4^+ + 6NH_3 \cdot H_2O \rightleftharpoons 2\underset{\text{深蓝色}}{(Cu(NH_3)_4)^{2+}} + 8H_2O + SO_4^{2-}$$

$$Fe^{3+} + nSCN^- \rightleftharpoons \underset{\text{血红色}}{[Fe(SCN)_n]^{3-n}} \quad (n=1\sim6)$$

【数据记录与处理】

1. 数据记录

提纯前粗硫酸铜质量________g(G)。

提纯后硫酸铜质量________g(W)。

2. 数据处理

$$\text{回收率} = \frac{W}{G} \times 100\%$$

【注意事项】

1. 选择合适的烧杯和玻棒，在烧杯中加热液体时，应放在石棉网上，以防受热不均而破裂，液体的量不超过烧杯的1/2，并注意搅拌。

2. 溶解粗硫酸铜时溶剂的量不能太多，以免后期蒸发时间太长。要完全溶解。

3. 在溶液中滴加 H_2O_2 时温度要低于40℃，温度不能太高，注意是滴加。

4. 调节pH值是关键。用NaOH溶液调节pH为3.5～4，不能太大或太小。正确地用pH试纸测溶液的pH值。

5. 必须是倾析法过滤，过滤操作的注意点具体参见第二章第六节固液分离。

6. 拿下蒸发皿看到蒸发浓缩至出现一层晶膜即可，千万不能蒸干。

7. 冷却到室温才能抽滤。

8. 提纯后的产品称重并交指导老师登记、评定、回收。实验完毕做好整理和清洁。

【思考题】

(1) 粗硫酸铜中杂质 Fe^{2+} 为什么要氧化为 Fe^{3+} 后再除去？而除 Fe^{3+} 时，为什么要调节溶液的pH为4左右？pH太大或太小有什么影响？

(2) $KMnO_4$、$K_2Cr_2O_7$、Br_2、H_2O_2 都可以使 Fe^{2+} 氧化为 Fe^{3+}，你认为选用哪一种氧化剂较为合适，为什么？

(3) 精制后的硫酸铜溶液为什么要滴几滴 H_2SO_4 调节 pH=1～2 然后再加热蒸发？

(4) 抽滤时蒸发皿中的少量晶体怎样转移到漏斗中？能否用蒸馏水冲洗？

实验七　硝酸钾的制备和提纯

【预习内容】

（1）溶解、结晶、固液分离。

（2）直接加热法。

（3）根据硝酸钾、氯化钾、氯化钠、硝酸钠在不同温度下的溶解度，在预习笔记本上画出溶解度曲线。

【目的要求】

（1）学习利用各种易溶盐在不同温度时溶解度的差异来制备易溶盐的原理和方法。

（2）了解结晶和重结晶的一般原理和方法。

（3）进一步掌握溶解、加热、蒸发和过滤的基本操作。

【实验原理】

用 $NaNO_3$ 和 KCl 制备 KNO_3，其反应式为

$$NaNO_3 + KCl = NaCl + KNO_3$$

当 $NaNO_3$ 和 KCl 溶液混合时，在混合液中同时存在 Na^+、K^+、Cl^-、NO_3^-，由这四种离子组成的四种盐（KNO_3、KCl、$NaNO_3$、NaCl）同时存在于溶液中。本实验简单地利用四种盐于不同温度下在水中的溶解度差异来分离出 KNO_3 结晶（表 5－4）。在 20℃时除 $NaNO_3$ 外，其余三种盐的溶解度相差不大，随温度的升高，NaCl 几乎不变，$NaNO_3$ 和 KCl 改变也不大，而 KNO_3 的溶解度却增大得很快。这样把 $NaNO_3$ 和 KCl 混合溶液加热蒸发，在较高温度下 NaCl 由于溶解度较小而首先析出，趁热滤去，冷却滤液，就析出溶解度急剧下降的 KNO_3 晶体。在初次结晶中，一般混有少量杂质，为了进一步除去这些杂质，可采用重结晶进行提纯。

表 5－4　四种盐在不同温度下的溶解度（g/100 g H_2O）

盐 \ 温度（℃）	0	20	40	70	100
KNO_3	13.3	31.6	63.9	138.0	246
KCl	27.6	34.0	40.0	48.3	56.7
$NaNO_3$	73.0	88.0	104.0	136.0	180.0
NaCl	35.7	36.0	36.6	37.8	39.8

【仪器与试剂】

仪器：循环水式真空泵，抽滤瓶，布氏漏斗，烧杯等。

试剂：$NaNO_3$（固），KCl（固），KNO_3（饱和溶液，AR），$AgNO_3$（0.1 $mol \cdot L^{-1}$），HNO_3（6 $mol \cdot L^{-1}$）。

【实验步骤】

1. KNO_3的制备

在 100 mL 烧杯中加入 11.3 g $NaNO_3$和 10 g KCl，再加入 20 mL 蒸馏水。将烧杯放在石棉网上，用小火加热搅拌促其溶解，冷却后，常压过滤除去难溶物(若溶液澄清可不用过滤)，再将滤液继续加热至烧杯内开始有较多的晶体析出时(思考是什么晶体?)，此时趁热快速抽滤，滤液中又很快出现晶体(这又是什么晶体?)。

另取沸水 10 mL 加入吸滤瓶，使结晶重新溶解，并将溶液转移至烧杯中缓缓加热，蒸发至原有体积的 3/4。静置，冷却(可用冷水浴冷却)。待结晶重新析出再进行吸滤。用饱和 KNO_3溶液洗两遍，将晶体抽干，称量，计算实际产率。

粗结晶保留少许(约 0.2 g)供纯度检验，其余进行下面的重结晶。

2. KNO_3的提纯

按重量比为 KNO_3 ∶ H_2O＝1.5∶1(该比例根据实验时的温度参照 KNO_3的溶解度适当调整)的比例将粗产品溶于所需蒸馏水中。加热并搅拌使溶液刚刚沸腾即停止加热(此时，若晶体尚未完全溶解，可以加适量水，使其刚好完全溶解)。自然冷却到室温，以观察针状晶体的外形，抽滤。取饱和 KNO_3溶液，用滴管逐滴加于晶体的各部分洗涤，尽量抽去水，称量。

3. 产品纯度的检验

取粗产品和重结晶后所得 KNO_3晶体各 0.2 g 分别置于两支试管中，各加 2 mL 蒸馏水配成溶液，加 1 滴 6mol · L^{-1} HNO_3 酸化，然后再各滴加 2 滴 0.1 mol · L^{-1} $AgNO_3$溶液，观察现象，并作出结论。

【数据记录与处理】

1. 数据记录

KNO_3 实际产量________g。

2. 数据处理

计算 KNO_3 理论产量：________g。

计算 KNO_3 产率：________。

【注意事项】

1. 选择合适的烧杯和玻棒进行反应，并放在石棉网上搅拌加热，蒸发浓缩时，溶液一旦沸腾，调低温度，只要保持溶液微沸就行。要控制好浓缩程度，蒸发浓缩至溶液原体积 2/3，趁热过滤。

2. 加热是为了制备硝酸钾的饱和溶液，以利用溶解度的差别得到硝酸钾。必须不断搅拌，否则大量析出的 NaCl 盐溶液会溅出。热过滤是为了防止在除去氯化钠晶体的时候，硝酸钾析出。

3. 热滤和溶液的浓缩，控制好水的蒸发量是实验成功的关键。

4. 必须要趁热快速减压抽滤，这就要求布氏漏斗在沸水中或烘箱中预热。

5. 热滤失败，不必从头做起。只要把滤液、漏斗中的固体全部回到原来的小烧杯中，加一定量的水至原记号处，再加热溶解、蒸发浓缩至2/3，趁热抽滤就行。万一漏斗中的滤纸与固体分不开，滤纸也可回到烧杯中，在趁热抽滤时与氯化钠一起除去。

6. 不能将除去氯化钠后的滤液直接冷却制取硝酸钾，滤液直接冷却可以得到较多的硝酸钾，但会混氯化钠，产品纯度下降。

7. 重结晶后要冷却到室温才能抽滤。

8. 提纯后的产品称重并交指导老师登记评定，回收。

【思考题】

（1）实验的操作关键有哪些？如何提高 KNO_3 的产率？

（2）产品的主要杂质是什么？

（3）能否将除去氯化钠后的滤液直接冷却制取硝酸钾？

（4）考虑在母液中留有硝酸钾，粗略计算本实验实际得到的最高产量。

【附注】

本实验所用的饱和 KNO_3 溶液，要用质量好的 AR 级 KNO_3，而且溶液配制好后，一定要用 $0.1\ mol \cdot L^{-1}$ $AgNO_3$ 溶液检查，认定确无 Cl^- 离子后才能使用，以确保不因洗涤液而重新引进杂质。

实验八　滴定操作练习

【预习内容】

（1）HCl 和 NaOH 溶液的配制方法。

（2）酸碱滴定理论，酸碱指示剂的选用原则。

（3）酸、碱滴定管的准备和使用。

（4）滴定操作。

（5）误差与实验数据处理。

【目的要求】

（1）掌握酸碱溶液的配制和比较滴定方法。

（2）进一步学习溶液的配制，滴定管、移液管等仪器的使用方法。

（3）掌握滴定操作，学会准确地判断滴定终点。

（4）掌握体积的数据记录和数据处理方法。

【实验原理】

滴定分析以化学反应为基础。本实验以酸碱滴定法中 HCl 和 NaOH 的中和反应为例：

$$HCl + NaOH \longrightarrow NaCl + H_2O$$

当反应达到化学计量点时，$c(HCl) \times V(HCl) = c(NaOH) \times V(NaOH)$，式中 $c(HCl)$、$c(NaOH)$ 分别是酸、碱溶液的物质的量的浓度，$V(HCl)$、$V(NaOH)$ 分别是酸、碱溶液的体积。因此，酸碱溶液通过相互滴定，可以求得准确的体积比。如果已知其中一种溶液的准确浓度，即可求得另一种标准溶液的准确浓度，这是标定标准溶液浓度的方法之一。它与直接标定法（基准物质标定）相比，准确度稍差，适用于要求不高的工业分析。

酸碱滴定终点的确定可以借助于酸碱指示剂，它们都具有一定的变色范围，如：酚酞变色 pH 范围 8.2～10.0，颜色变化由无色→淡红。甲基红变色 pH 范围 4.2～6.2，颜色变化由红色→黄色。甲基橙变色 pH 范围 3.1～4.4，颜色变化由红色→黄色。

实验中以酚酞为指示剂，用 NaOH 溶液滴定 HCl 溶液，当溶液的颜色由无色突变为淡粉红色即为终点；以甲基橙为指示剂，用 HCl 溶液滴定 NaOH 溶液，当溶液的颜色由黄色突变为橙色即为终点。

【仪器与试剂】

仪器：电子天平（0.1 g），酸式滴定管（50 mL），碱式滴定管（50 mL），移液管（25 mL），锥形瓶（250 mL），洗瓶（250 mL），洗耳球，烧杯，试剂瓶。

试剂：HCl（浓，密度为 1.19 $g \cdot cm^{-3}$，浓度约为 12 $mol \cdot L^{-1}$），NaOH（固，AR），酚酞指示剂（0.2%），甲基橙指示剂（0.1%）。

【实验步骤】

1. HCl（0.1 $mol \cdot L^{-1}$）和 NaOH（0.1 $mol \cdot L^{-1}$）溶液的配制

（1）计算配制 500 mL 0.1 $mol \cdot L^{-1}$ HCl 溶液需浓 HCl 多少mL。用小量筒量取所需浓 HCl 倒入 500 mL 烧杯中，再用蒸馏水稀释至 500 mL，初步搅匀，倒入试剂瓶中，盖上玻璃塞，摇匀，贴上标签备用。

（2）计算配制 500 mL 0.1 $mol \cdot L^{-1}$ NaOH 溶液需固体 NaOH 多少克。在台秤上称取固体 NaOH 于 500 mL 烧杯中，加约 100 mL 蒸馏水搅拌溶解，再加蒸馏水稀释至500 mL，初步搅匀，倒入 1 000 mL 试剂瓶中，用橡皮塞塞好，摇匀，贴上标签备用。

2. 仪器的准备

（1）洗净酸式、碱式滴定管各一支。

（2）洗净移液管、锥形瓶。

（3）碱式滴定管检漏、换乳胶管或玻璃球、润洗、装液、排气泡、调零。

（4）酸式滴定管检漏、涂凡士林、润洗、装液、排气泡、调零。

3. 酸碱浓度的相互比较

（1）以酚酞为指示剂，用 NaOH 溶液滴定 HCl 溶液

用 0.1 $mol \cdot L^{-1}$ 的 NaOH 溶液将已洗净的碱式滴定管润洗 3 遍，然后将 NaOH 溶液倒入碱式滴定管，赶走气泡，调节滴定管内溶液至“0.00”刻度线处，置于滴定管架上。用 HCl 溶液将已洗净的 25 mL 移液管润洗三遍，然后准确移取 25.00 mL 0.1 $mol \cdot L^{-1}$ HCl

溶液于 250 mL 锥形瓶中，加入 0.2%酚酞指示剂 1～2 滴，用 0.1 mol·L^{-1} NaOH 溶液滴定至微红色（半分钟内不褪色）即为终点。平行测定三次以上（每次滴定管初读数都放在“0.00”刻度线处），直至精密度符合要求，精密度要求小于 0.3%。

（2）以甲基橙为指示剂，用 HCl 溶液滴定 NaOH 溶液

用 0.1 mol·L^{-1}的 HCl 溶液将已洗净的酸式滴定管润洗三遍，然后将 HCl 溶液倒入酸式滴定管，赶走气泡，调节滴定管内溶液至“0.00”刻度线处，置于滴定管架上。从碱式滴定管中放出约 20 mL NaOH 溶液于 250 mL 锥形瓶中，加入甲基橙指示剂 1 滴，用 HCl 溶液滴定至溶液由黄色突变为橙色为终点。平行测定三次以上（每次滴定管初读数都放在“0.00”刻度线处），直至精密度符合要求。精密度要求小于 0.3%。

【数据记录与处理】

1. 用 NaOH 溶液滴定 HCl 溶液（以酚酞为指示剂）

记录项目 \ 测定次数		1	2	3
V(HCl)(mL)			25.00	
V(NaOH)(mL)	终读数			
	初读数			
	净用量			
V(HCl)/V(NaOH)				
[V(HCl)/V(NaOH)]平均值				
相对偏差(%)				

2. 用 HCl 溶液滴定 NaOH 溶液（以甲基橙为指示剂）

记录项目 \ 测定次数		1	2	3
V(NaOH)(mL)	终读数			
	初读数			
	净用量			
V(HCl)(mL)	终读数			
	初读数			
	净用量			
V(HCl)/V(NaOH)				
[V(HCl)/V(NaOH)]平均值				
绝对偏差				
相对平均偏差(%)				

【注意事项】

1. 滴定管在装入标准溶液前除了用水洗干净外还要用待装溶液润洗内壁 2～3 次(每次 5～10 mL),然后用吸水纸或滤纸擦干外壁,赶走气泡,调节滴定管内溶液至“0.00”刻度线处,置于滴定管架上。

2. 用于滴定的锥形瓶不需要干燥,也不需要用标准溶液淌洗。

3. 移液管吸液和放液要规范,以减少误差。

4. 指示剂要在滴定时加入,不能加的太早太多。

5. 每次滴定前滴定管内溶液都应调至“0.00”刻度线处。

6. 滴定时要边滴边摇,开始速度可适当快些,但近终点时要慢滴快摇,并注意加一滴颜色的变化,当红色(以酚酞为指示剂,用 NaOH 溶液滴定 HCl 溶液)褪去较慢时,应半滴操作,用洗瓶淋洗锥形瓶内壁溶液颜色不在发生变化,摇匀后不消失(30 s 内)即为终点。

7. 接近终点时,要用少量蒸馏水冲洗锥形瓶内壁,使溅在锥形瓶内壁上溶液流下。

8. 要重视滴定管读数并估读一位,保留到小数点后两位。

9. 如有记录错误需更正时,应在原数据上划一道杠,再在旁边写上正确值,不要涂改。

10. 平行测定三次以上,直至精密度符合要求,即相对偏差小于 0.3%,否则应重做,要力争每次成功,尽量避免重做。

11. 随时保持工作面清洁整齐,废液装入杯中,废纸片等固体废物应装入废渣桶内,不可乱抛。

12. 为及时纠正错误,本实验要求原始数据当面签字,并现场完成报告,交指导老师批阅和指正。

13. 实验完毕做好整理和清洁。

【附注】

滴定实验工作面的布置

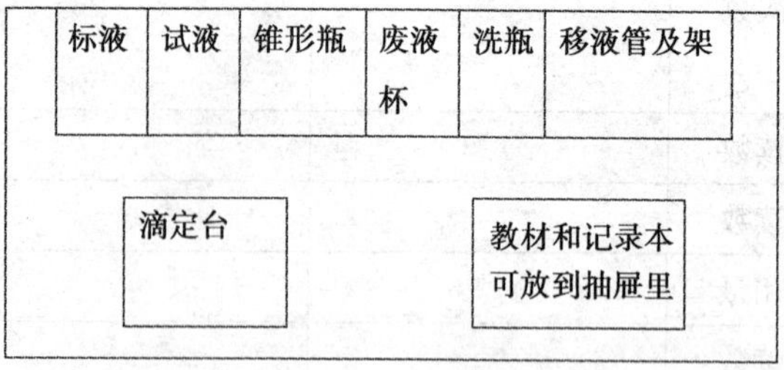

【思考题】

(1) 滴定管在装入标准溶液前为什么要用此溶液淌洗内壁 2～3 次?用于滴定的锥形瓶或烧杯是否需要干燥?要不要用标准溶液淌洗?为什么?

(2) 配制 NaOH 和 HCl 溶液所用的水的体积,是否需要准确量度?为什么?

(3) 用 HCl 溶液滴定 NaOH 标准溶液时是否可用酚酞作指示剂?

(4) 接近终点时,为什么要用蒸馏水冲洗锥形瓶内壁?

(5) 滴定管有气泡存在时对滴定有何影响?应如何除去滴定管中的气泡?

第六章 基本常数测定实验

实验九 化学反应摩尔焓变的测定

【预习内容】

(1) 化学反应摩尔焓变的概念，热容、比热容。

(2) 标准溶液的直接法配制，容量瓶的使用。

(3) 量热计的使用，量热计热容测定的方法。

(4) 外推法，测定化学反应摩尔焓变的原理和方法。

【目的要求】

(1) 掌握测定化学反应摩尔焓变的原理和方法。

(2) 学会正确使用量热计。

(3) 进一步熟悉标准溶液的直接法配制和容量瓶的使用。

(4) 外推法处理数据。

【实验原理】

化学反应通常是在恒压条件下进行的，恒压下进行的化学反应的热效应称为等压热效应。在化学热力学中反应的摩尔焓变 ΔH 在数值上等于等压热效应。放热反应 ΔH 为负值，吸热反应 ΔH 为正值。本实验是在恒压下，测定金属锌从铜盐溶液中置换出 1 mol 铜时所放出的热量，即反应的摩尔焓变。反应时，使反应物在量热计中作绝热变化，量热计中溶液温度升高的同时也使量热计的温度相应的提高，反应放出的热量按下式计算：

$$\Delta r H_m^\theta = -\frac{(V \cdot d \cdot c + C_p) \times \Delta T}{n \times 1\,000}$$

式中，$\Delta_r H_m^\theta$——反应的摩尔焓变(kJ·moL^{-1})，$\Delta_r H_m^\theta$(理论值)＝-218.6 kJ·moL^{-1}。

V——溶液的体积(mL)。

d——溶液的密度(g·mL^{-1})。

c——溶液的比热容(J·g^{-1}·K^{-1})。

ΔT——真实温升(K，由作图外推法求得)。

n——V mL 溶液中溶质的物质的量(mol)。

C_p——量热计的热容(J·K^{-1})。

量热计的热容 C_p 是指量热计温度升高 1℃所需要的热量。在测定反应热之前，必须先测定量热计的热容。其方法大致如下：

在量热计中加入一定量(G_g)的冷水，测其温度为 T_c，加入相同量的热水，温度为 T_h，设混合后水温为 T_m。则：

$$热水失热 = (T_h - T_m) \times G \times c$$

$$冷水得热 = (T_m - T_c) \times G \times c$$

$$量热计得热 = (T_m - T_c) \times C_p$$

因为热水失热为冷水得热与量热计得热之和，故量热计的热容：

$$C_p = \frac{(T_h - T_m) \times G \times C - (T_m - T_c) \times G \times C}{(T_m - T_c)}$$

式中，C——水的比热容(4.180 $J \cdot g^{-1} \cdot K^{-1}$)。

【仪器与试剂】

仪器：分析天平，电子天平(0.1 g)，温度计(−5～+50，0.1℃)，量热计，移液管(100 mL)，容量瓶(250 mL)，量筒(50 mL)，烧杯(100 mL)。

试剂：硫酸铜晶体(固、AR)，锌粉(固、CP)。

【实验步骤】

1. 测定量热计的热容

用量筒量取 50 mL 水倒入洁净干燥的量热计中，盖好盖子，缓慢搅拌。并每隔 20 s 记录一次温度，连续测定 3～5 min 后，如果温度不变化，则可认为处于热平衡状态，记录此温度(T_1)。

量取 50 mL 水，注入 100 mL 烧杯中，加热。当温度升至高于冷水温度 15～20℃时，停止加热。将另一温度计插入水中，观察此热水温度。每隔 20 s 记录一次温度，连续测定3 min后，迅速将热水全部倒入量热计中，盖好盖子，开始搅拌。在倒入热水的同时开始计时，每 20 s 记录一次混合水温度。当温度达到最高点后，再连续观测 2～3 min，用外推法求 T_m。

2. 测定锌与硫酸铜反应的摩尔焓变

(1) 配制 250 mL 0.200 0 mol·L^{-1} $CuSO_4$溶液。在分析天平上称出所需的 $CuSO_4 \cdot 5H_2O$ 的量(实验前自行计算)，用 250 mL 容量瓶配制成溶液，正确计算 $CuSO_4$溶液的浓度。

(2) 用电子天平称取 3 g 锌粉。

(3) 用 100 mL 移液管准确量取 $CuSO_4$溶液 100 mL，注入干净的量热计中。不断搅拌溶液，每隔 20 s 记录一次温度。直至溶液与量热计达到平衡，温度保持恒定(一般需要 3～4 min)。

(4) 迅速加入 3 g 锌粉，盖上插有温度计的盖子，扶住温度计用力摇几下，每隔 20 s 记录一次温度(注意仍需不断搅拌溶液)，记录温度至上升到最高点后再继续测定 3～5 min。

(5) 实验结束后，小心打开盖子，将溶液倒入指定容器中。将实验所用仪器洗净，放回原处。

【数据记录与处理】

1. 数据记录

称 $CuSO_4 \cdot 5H_2O$ 的质量 $m=$ ________ g。

表 6－1　量热计热容的测定

时间(s)	20　40　60　80　100　120　140　160　180
冷水 T_c(℃)	
热水 T_h(℃)	
时间(s)	200　220　240　260　280　300　320　340　360　380　400　420　440　460　480　500　520
混合水 T_m(℃)	

表 6－2　锌与硫酸铜反应的摩尔焓变测定

时间(s)	20　40　60　80　100　120　140　160　180
温度(℃)	
时间(s)	200　220　240　260　280　300　320　340　360　380　400　420　440　460　480　500　520
温度(℃)	

2. 数据处理

(1) 计算 $C(CuSO_4)=$ ________ $mol \cdot L^{-1}$。

(2) 作出测定量热计热容的温度-时间曲线图。

(3) 作出测定锌与硫酸铜反应的摩尔焓变的温度-时间曲线图。

(4) 用外推法求 T_m，T_2，ΔT（$\Delta T=T_2-T_1$，由图 6－2 求得）。

由于本实验所用量热计并非严格的绝热体系，不可避免地存在体系与环境之间的热交换，温度、时间曲线图中温度达到最高点后会有下滑趋势，表明量热计的散热，考虑到散热从反应一开始就存在，因此用外推法补偿由热量散失而损失的温度差，在温度-时间曲线图中通过混合的时间点画一条平行于 T 轴的直线，温度-时间曲线的延长线与平行线相交，从相交点求出 T_m，T_2。

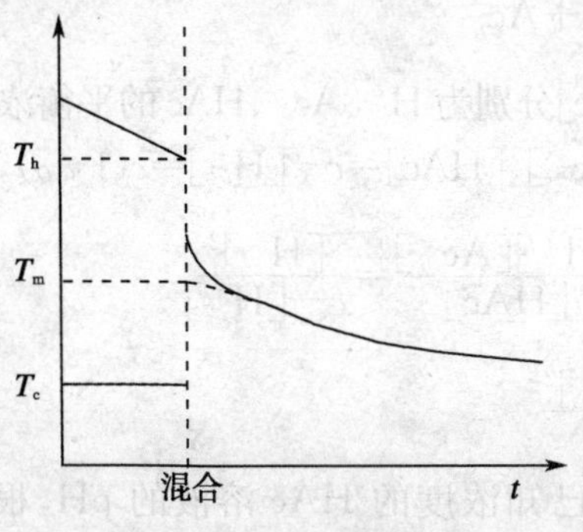

图 6－1　测定量热计热容的温度-时间曲线图

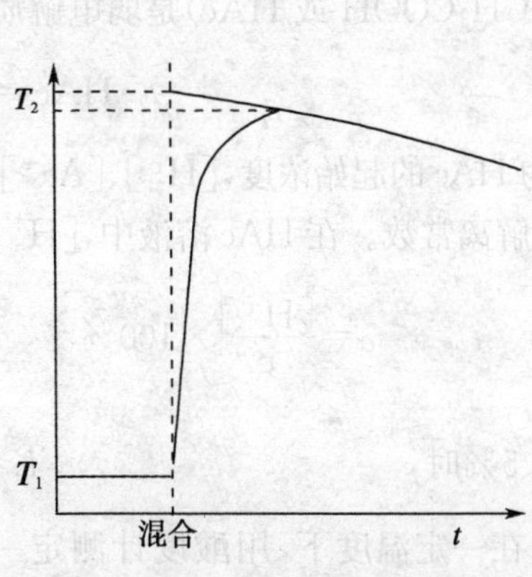

图 6－2　测定反应的摩尔焓变的温度-时间曲线图

(5) 根据 T_c、T_h、T_m、ΔT 计算 C_p、$\Delta_r H_m^\theta$ 的数值。计算中假设溶液的比热容与水相同，为 $4.180\ J \cdot g^{-1} \cdot K^{-1}$，溶液的密度与水相同，为 $1.00\ g \cdot mL^{-1}$。

【思考题】

(1) 为什么实验中锌粉的称量只需准确到 0.1 g,而对于所用 $CuSO_4$ 溶液的浓度与体积则要求比较精确?

(2) 所用的量热计是否允许有残留的水滴?为什么?

实验十　醋酸解离常数的测定

【预习内容】

(1) 解离常数的定义,查 K(HAc)标准值。

(2) 醋酸解离常数测定的多种方法、原理,数据如何处理。

(3) 酸度计、电导率仪的使用。

【目的要求】

(1) 掌握测定醋酸解离常数的原理与方法。

(2) 了解酸度计、电导率仪的原理,学习使用酸度计、电导率仪。

(3) 巩固滴定管、移液管、容量瓶的操作。

(4) 进一步熟悉溶液的配制。

(一) pH 法

【实验原理】

醋酸(CH_3COOH 或 HAc)是弱电解质,在水溶液中存在以下解离平衡:

$$HAc \rightleftharpoons H^+ + Ac^-$$

若 c 为 HAc 的起始浓度,$[H^+]$、$[Ac^-]$、$[HAc]$分别为 H^+、Ac^-、HAc 的平衡浓度,α 为解离度,K 为解离常数。在 HAc 溶液中,$[H^+]=[Ac^-]$、$[HAc]=c-[H^+]=c(1-\alpha)$,

$$\alpha=\frac{[H^+]}{c}\times 100\% \qquad K=\frac{[H^+][Ac^-]}{[HAc]}=\frac{[H^+]^2}{c-[H^+]}$$

当 $\alpha<5\%$时,

$$K\approx\frac{[H^+]^2}{c}$$

所以,在一定温度下,用酸度计测定一系列已知浓度的 HAc 溶液的 pH,根据 $pH=-\lg[H^+]$,换算出$[H^+]$,就可以得出一系列对应的 K 值,取其平均值,即为该温度下的解离常数。

【仪器与试剂】

仪器:酸度计(pHS－2C),滴定管(碱式),移液管(5 mL、25 mL),锥形瓶,容量瓶

(50 mL)，烧杯(50 mL)。

试剂：HAc(浓)，NaOH(0.1 mol·L^{-1}，实验室事先标定好其准确浓度)，酚酞指示剂，缓冲溶液(25℃，pH=4.00、pH=6.86)。

【实验步骤】

1. 300 mL 0.1 mol·L^{-1}醋酸溶液的配制与标定

(1) 计算 300 mL 0.1 mol·L^{-1}醋酸溶液所需冰醋酸(17.5 mol·L^{-1})的量，用量筒量取所需冰醋酸，再加蒸馏水稀释至 300 mL，充分混匀，转入试剂瓶中。

(2) 以酚酞为指示剂，用已知 0.1 mol·L^{-1}的标准 NaOH 溶液标定约 0.1 mol·L^{-1} HAc 溶液的浓度。记录数据。

2. 配制不同浓度的醋酸溶液

将 4 只干燥的 50 mL 烧杯编成 1～4 号，然后按表 6-4 的烧杯编号，用两支滴定管准确放入已标定的 0.1 mol·L^{-1} HAc 溶液和蒸馏水。

3. 认识酸度计的构造与使用

4. 测定醋酸溶液的 pH

用酸度计按由稀到浓的顺序依次测定烧杯中不同浓度的醋酸溶液的 pH，将数据记录在表 6-4 中。

【数据记录与处理】

1. 0.1 mol·L^{-1}醋酸溶液浓度的标定

表 6-3　0.1 mol·L^{-1}醋酸溶液浓度的标定

记录项目＼测定次数		1	2	3
C(NaOH)(mol·L^{-1})				
V(HAc)(mL)		25.00	25.00	25.00
V(NaOH)(mL)				
C(HAc)溶液的浓度(mol·L^{-1})	测定值			
	平均值			

2. 醋酸溶液 K 值的测定

表 6-4　配制不同浓度的 HAc 及实验记录、处理　　温度______℃

溶液编号	HAc 的体积(mL)	H_2O 的体积(mL)	HAc 的浓度 c (mol·L^{-1})	pH	[H^+]	α	解离常数 K 测定值	解离常数 K 平均值
1	3.00	45.00						
2	6.00	42.00						
3	12.00	36.00						
4	24.00	24.00						

计算公式
$$\alpha=\frac{[H^+]}{c}\times 100\%$$

$$K=\frac{[H^+][Ac^-]}{[HAc]}=\frac{[H^+]^2}{c-[H^+]}$$

当 $\alpha<5\%$ 时，
$$K\approx\frac{[H^+]^2}{c}$$

【思考题】

(1) 改变所测 HAc 溶液的浓度或温度，则解离常数有无变化？若有变化，会有怎样的变化？

(2)“解离度越大，酸度越大”。这句话是否正确？为什么？

(3) 若所用 HAc 溶液的浓度极稀，是否可以用公式 $K=\frac{[H^+]^2}{c}$ 求解离常数？为什么？

（二）电导率法

【实验原理】

一元弱酸、弱碱的解离平衡常数 K 和解离度 α 具有一定的关系。例如醋酸溶液：

$$HAc \rightleftharpoons H^+ + Ac^-$$

起始浓度(mol·L^{-1})　　c　　0　　0

平衡时浓度(mol·L^{-1})　　$c-c\alpha$　　$c\alpha$　　$c\alpha$

$$K=\frac{[H^+][Ac^-]}{[HAc]}=\frac{(c\alpha)^2}{c-c\alpha}=\frac{c^2\alpha^2}{c(1-\alpha)}=\frac{c\alpha^2}{1-\alpha} \quad (1)$$

解离度可通过测定溶液的电导来求得，从而求得解离常数。

导体导电能力的大小，通常以电阻(R)或电导(G)表示，电导为电阻的倒数

即　$G=\frac{1}{R}$（电阻的单位为 Ω，电导的单位为 S）

同金属导体一样，电解质溶液的电阻也符合欧姆定律。温度一定时，两极间溶液的电阻与两极间的距离 L 成正比，与电极面积 A 成反比。

$$R\propto\frac{L}{A} \text{ 或 } R=\rho\frac{L}{A}$$

ρ 称为电阻率，它的倒数称为电导率，以 γ 表示，$\gamma=\frac{1}{\rho}$，单位为 S·m^{-1}。

将 $R=\rho\frac{L}{A}$、$\gamma=\frac{1}{\rho}$ 代入 $G=\frac{1}{R}$ 中，则可得

$$G=\gamma\frac{A}{L} \text{ 或 } \gamma=\frac{L}{A}\cdot G \quad (2)$$

电导率 γ 表示放在相距 1 cm、面积为 1 cm^2 的两个电极之间溶液的电导。

$\frac{L}{A}$ 称为电极常数或电导池常数，因为在电导池中，所用的电极距离和面积是一定的，所以对某一电极来说，$\frac{L}{A}$ 为常数，由电极标出。

在一定温度下，同一电解质不同浓度的溶液的电导与两个变量有关，即溶液的电解质总量和溶液的电离度。如果把含 1 mol 的电解质溶液放在相距 1 m 的两个平行电极之间，这时溶液无论怎样稀释，溶液的电导只与电解质的电离度有关。在此条件下测得的电导称为该电解质的摩尔电导。如以 λ 表示摩尔电导，V 表示 1 mol 电解质溶液的体积(mL)，c 表示溶液的浓度($mol \cdot L^{-1}$)，γ 表示溶液的电导率，则

$$\lambda = \gamma V = \gamma \frac{1\,000}{c} \tag{3}$$

对弱电解质来说，在无限稀释时，可看作完全电离，这时溶液的摩尔电导称为极限摩尔电导 λ_∞。在一定温度下，弱电解质的极限摩尔电导是一定的，表 6－5 列出无限稀释时醋酸溶液的极限摩尔电导 λ_∞。

表 6－5

温度(℃)	0	18	25	30
$\lambda_\infty/(S \cdot m^2 \cdot mol^{-1})$	245×10^{-4}	349×10^{-4}	390.7×10^{-4}	421.8×10^{-4}

对弱电解质来说，某浓度时的电离度等于该浓度时的摩尔电导与极限摩尔电导之比，

即
$$\alpha = \frac{\lambda}{\lambda_\infty} \tag{4}$$

将(4) 式代入(1) 式，得
$$K = \frac{c\alpha^2}{1-\alpha} = \frac{c\lambda^2}{\lambda_\infty(\lambda_\infty-\lambda)} \tag{5}$$

这样，可以从实验测定浓度为 c 的醋酸溶液的电导率 γ 后，代入(3) 式，算出 λ，将 λ 的值代入(5)式，即可算出 K(HAc)。

【仪器与试剂】

仪器：电导率仪(DDS－11A 型)，烧杯(50 mL)，滴定管(50 mL，酸式、碱式)。

试剂：冰醋酸，NaOH(固)，基准邻苯二甲酸氢钾(固)。

【实验步骤】

(1) 300 mL 0.1 $mol \cdot L^{-1}$ 醋酸溶液的配制与标定[同实验(一)]。

(2) 配制不同浓度的醋酸溶液。

将 5 只干燥的 50 mL 烧杯编成 1～5 号，然后按表 6－6 的烧杯编号，用两支滴定管准确放入已标定的 0.1 $mol \cdot L^{-1}$ HAc 溶液和蒸馏水。

(3) 认识 DDS－11A 型电导率仪的构造与使用。

(4) 用电导率仪由稀到浓测定测定 1～5 号 HAc 溶液的电导率，将结果记录在表 6－6 中。

【数据记录与处理】

表 6-6　配制不同浓度的 HAc 及实验记录处理

烧杯编号	HAc 体积 (mL)	H_2O 的体积 (mL)	c(HAc) ($mol \cdot L^{-1}$)	γ ($S \cdot m^{-1}$)	λ ($S \cdot m^2 \cdot mol^{-1}$)	α	K
1	3.00	45.00					
2	6.00	42.00					
3	12.00	36.00					
4	24.00	24.00					
5	48.00	0					

$$\lambda = \gamma V = \gamma \frac{1\,000}{c} \qquad \alpha = \frac{\lambda}{\lambda_\infty} \qquad K = \frac{c\alpha^2}{1-\alpha} = \frac{c\lambda^2}{\lambda_\infty(\lambda_\infty - \lambda)}$$

室温________℃。

在室温下 HAc 的 λ_∞(查表)____________ $S \cdot m^2 \cdot mol^{-1}$。

醋酸的解离常数 K(HAc)________。

【思考题】

(1) 电解质溶液导电的特点是什么?

(2) 什么叫电导、电导率和摩尔电导?

(3) 弱电解质的解离度与哪些因素有关?

(4) 测定 HAc 溶液的电导率时为什么按溶液的浓度由稀到浓顺序进行?

【附注】

若室温不同于表 6-5 所列的温度,极限摩尔电导 λ_∞ 可用内插法求得。例如:室温为 20℃时,醋酸的极限摩尔电导 λ_∞ 为

$$(390.7-349)\times 10^{-4} : (25-18) = X : (20-18)$$

$$X = 11.9 \times 10^{-4}(S \cdot m^2 \cdot mol^{-1})$$

$$\lambda_\infty = 349\times 10^{-4} + 11.9\times 10^{-4} = 360.9\times 10^{-4}(S \cdot m^2 \cdot mol^{-1})$$

实验十一　磺基水杨酸合铁(Ⅲ)配合物的组成和稳定常数的测定

【预习内容】

(1) 等摩尔系列法。

(2) 分光光度法测定配合物的组成及其稳定常数的原理和方法。

(3) 721 分光光度计的使用。

【目的要求】

(1) 了解分光光度法测定配合物的组成及其稳定常数的原理和方法。

(2) 学会 721 分光光度计的使用。

【实验原理】

磺基水杨酸(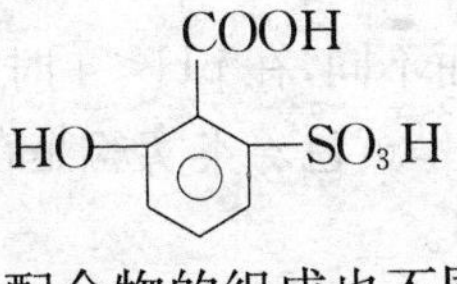

,简式为 H_3R)与 Fe^{3+} 可以形成稳定的配合物,因溶液 pH 的不同形成配合物的组成也不同。本实验将测定 pH<2.5 时,所形成红褐色的磺基水杨酸合铁(Ⅲ)配离子的组成及其稳定常数。

测定配合物的组成常用分光光度法。由于所测溶液中,磺基水杨酸是无色的,溶液的浓度很稀,也可认为是无色的,只有磺基水杨酸合铁配离子(ML_n)是有色的,因此溶液的吸光度只与配离子的浓度成正比。通过对溶液吸光度的测定,可以求出该配离子的组成。

本实验采用等摩系列法,即保持溶液中中心离子(M)和配位体(L)的总摩尔数不变,即总物质的量不变,而 M 和 L 的摩尔分数连续变化。

用一定波长的单色光,测定一系列变化组分的溶液的吸光度。显然在这一系列溶液中,有一些溶液的金属离子是过量的,而另有一些溶液的配体是过量的。在这两部分溶液中,配离子的浓度都不可能达到最大值,只有当溶液中金属离子与配位体的摩尔数之比与配离子的组成一致时,配离子的浓度才最大。由于中心离子和配位体基本无色,只有配离子有色,所以配离子的浓度越大,溶液颜色越深,其吸光度也就越大。若以吸光度对配位体的摩尔分数作图,则从图上最大吸收峰处可以求得配合物的组成 n 值。

如图 6-3 所示,根据最大吸收处:

$$\text{配体摩尔分数} = \frac{\text{配位体摩尔数}}{\text{总摩尔数}} = 0.5$$

$$\text{中心离子摩尔分数} = \frac{\text{中心离子摩尔数}}{\text{总摩尔数}} = 0.5$$

$$n = \frac{\text{配位体摩尔分数}}{\text{中心离子摩尔分数}} = 1$$

由此可知该配合物的组成是 ML。

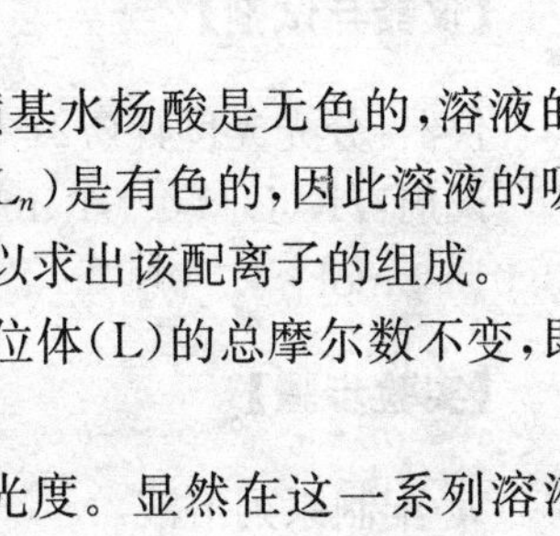

图 6-3　等摩尔系列法

图 6-3 表示一个典型的低稳定性的配合物 ML 的物质的量比与吸光度曲线,将两边直线部分延长相交于 B,B 点位于 50%处,即金属离子与配体的物质的量比为 1∶1。从图中可见,当完全以 ML 形式存在时,在 B 点 ML 的浓度最大,对应的吸光度为 A_1,但由于配合物一部分解离,实验测得的最大吸光度在 E 点,其值为 A_2。

配合物的解离度为 α,则

$$\alpha = \frac{A_1 - A_2}{A_1}$$

再根据 1∶1 组成配合物的关系式即可导出稳定常数 K：

$$\begin{array}{lccc} & M & + \quad R \rightleftharpoons & MR \\ \text{平衡浓度} & c\alpha & c\alpha & c-c\alpha \end{array}$$

$$K=\frac{[MR]}{[M][R]}=\frac{1-\alpha}{c\alpha^2}$$

式中，c——相应于 F 点的金属离子浓度。

磺基水杨酸与 Fe^{3+} 形成的配合物因 pH 的不同而不同，在 pH<4 时，形成 1∶1 的配合物，呈紫红色；pH 为 10 左右时，形成 1∶3 的配合物，呈黄色。本实验是在 pH<2.5 时测定的。实验中加入 $HClO_4$ 是为了保证测定时所需的 pH。

【仪器与试剂】

仪器：分光光度计（721 型），烧杯（50 mL），容量瓶（100 mL），吸量管（10 mL），锥形瓶。

试剂：$HClO_4$（0.01 mol·L^{-1}），磺基水杨酸（0.010 0 mol·L^{-1}），Fe^{3+} 溶液（0.010 0 mol·L^{-1}）。

【实验步骤】

1. 配制系列溶液

（1）配制 0.001 00 mol·L^{-1} Fe^{3+} 溶液。精确吸取 10.00 mL 0.010 0 mol·L^{-1} Fe^{3+} 溶液，注入 100 mL 容量瓶中，用 0.01 mol·L^{-1} $HClO_4$ 溶液稀释至刻度，摇匀备用。

（2）同法配制 0.001 00 mol·L^{-1} 磺基水杨酸溶液。

（3）用三支 10 mL 刻度移液管按照表 6-7 列出的 mL 数，分别吸取 0.01 mol·L^{-1} $HClO_4$、0.001 00 mol·L^{-1} Fe^{3+} 溶液和 0.001 00 mol·L^{-1} 磺基水杨酸溶液，一一注入 11 只 50 mL 烧杯（或容量瓶）中，摇匀。

2. 测定系列溶液的吸光度

用 721 型分光光度计（在波长为 500 nm 的光源下，L=1 cm，以蒸馏水为空白）测系列溶液的吸光度，记录数据。

以吸光度对磺基水杨酸的摩尔分数作图，从图中找出最大吸收峰，求出配合物的组成和稳定常数。

【数据记录与处理】

表 6-7 实验数据记录

室温_____℃

溶液编号	$HClO_4$（mL）	Fe^{3+}（mL）	H_3R（mL）	H_3R（摩尔分数）	吸光度
1	10.00	10.00	0.00		
2	10.00	9.00	1.00		
3	10.00	8.00	2.00		
4	10.00	7.00	3.00		

续 表

溶液编号	$HClO_4$(mL)	Fe^{3+}(mL)	H_3R(mL)	H_3R(摩尔分数)	吸光度
5	10.00	6.00	4.00		
6	10.00	5.00	5.00		
7	10.00	4.00	6.00		
8	10.00	3.00	7.00		
9	10.00	2.00	8.00		
10	10.00	1.00	9.00		
11	10.00	0.00	10.00		

以吸光度对磺基水杨酸的摩尔分数作图，从图中找出最大吸收峰，求出配合物的组成和稳定常数。

【思考题】

(1) 用等摩尔系列法测定配合物组成时，为什么说溶液中金属离子的摩尔数与配位体的摩尔数之比正好与配离子组成相同时，配离子的浓度最大？

(2) 用吸光度对配体的体积分数作图是否可求得配合物的组成？

(3) 在测定吸光度时，如果温度变化较大，对测得的稳定常数有何影响？

(4) 实验中每种溶液的 pH 是否一样？

【附注】

(1) 溶液的配制。

$HClO_4$溶液的配制(0.01 mol·L^{-1})：用 4.4 mL 70%$HClO_4$注入 50 mL 蒸馏水中，再稀释到5 000 mL。

Fe^{3+}溶液的配制(0.010 0 mol·L^{-1})：用分析纯硫酸铁铵 $NH_4Fe(SO_4)_2 \cdot 12H_2O$ 溶于 0.01 mol·L^{-1} $HClO_4$中配制而成。

磺基水杨酸溶液的配制(0.010 0 mol·L^{-1})：用分析纯磺基水杨酸溶于 0.01 mol·L^{-1} $HClO_4$配制而成。

(2) 本实验测得的是表观稳定常数，如果考虑弱酸的解离平衡，则对表观稳定常数要加以校正，校正后即可得 $K_{稳}$。

校正公式为

$$\lg K_{稳} = \lg K + \lg \alpha$$

对磺基水杨酸，pH=2 时，$\lg \alpha = 10.2$。

实验十二　难溶电解质溶度积的测定

（一）电动势法测定卤化银的溶度积常数

【预习内容】

(1) 电极电位与溶度积常数的关系。
(2) 图解法处理实验数据。
(3) 用 pHS－2C 酸度计测量原电池电动势的方法。

【目的要求】

(1) 学习电动势法测定卤化银溶度积常数的方法原理。
(2) 掌握用酸度计测量电动势的方法。

【实验原理】

利用电动势法可以测定难溶化合物的溶度积常数。如测定某一卤化银溶度积常数时，只需选两支电极和相应的溶液构成原电池，通过测定该原电池的电动势 E 值，通过 E、K_{sp} 的关系式就可以求出该卤化银的溶度积常数。如原电池：

$$(-)\mathrm{Ag}+\mathrm{AgX}\mid \mathrm{KX}\mid [c(\mathrm{X}^-)] \parallel 饱和甘汞电极(+)$$

其中负极的电极反应为

$$\mathrm{AgX(s)}+\mathrm{e}^- \rightleftharpoons \mathrm{Ag(s)}+\mathrm{X}^-$$

其电极电势的 Nernst 方程式为

$$E(\mathrm{AgX/Ag})=E^{\theta}(\mathrm{AgX/Ag})-\frac{RT}{ZF}\ln c(\mathrm{X}^-)/c^{\theta}$$

$T=298.15\ \mathrm{K}$ 时

$$E(\mathrm{AgX/Ag})=E^{\theta}(\mathrm{AgX/Ag})-\frac{0.059\,2}{Z}\ln c(\mathrm{X}^-)/c^{\theta}$$

其中　$$E^{\theta}(\mathrm{AgX/Ag})=E^{\theta}(\mathrm{Ag^+/Ag})+\frac{0.059\,2}{Z}\lg K_{sp}^{\theta}(\mathrm{AgX})$$

上述原电池的电动势为

$$E=E_{甘汞}-E(\mathrm{AgX/Ag})$$

所以　$$E=\left[E_{甘汞}-E^{\theta}(\mathrm{Ag^+/Ag})-\frac{0.059\,2}{Z}\lg K_{sp}^{\theta}(\mathrm{AgX})\right]+\frac{0.059\,2}{Z}\lg c(\mathrm{X}^-)/c^{\theta}$$

式中 $E_{甘汞}$ 和 $E^{\theta}(\mathrm{Ag^+/Ag})$ 是已知的，在一定温度下 $K_{sp}(\mathrm{AgX})$ 是一常数，所以 $E\sim$

$\lg c(X^-)$呈线性关系，可通过改变原电池体系中的 $c(X^-)$，测得相应 E，然后作图，从直线在纵坐标上的截距求得 $K_{sp}(AgX)$。

【仪器与试剂】

仪器：pHS－2C 型酸度计，双接界甘汞电极，银电极，电子分析天平，容量瓶(50 mL)，移液管(50 mL)，吸量管(1 mL)。

药品：KCl(固，AR)，KBr(固，AR)，KI(固，AR)，$AgNO_3$(0.1 $mol \cdot L^{-1}$)，HNO_3(6 $mol \cdot L^{-1}$)。

【实验步骤】

1. 配制溶液

分别用 50 mL 容量瓶配制 0.200 0 $mol \cdot L^{-1}$ 的 KCl、KBr、KI 溶液[计算出需要的 KCl(固)、KBr(固)、KI(固)的质量，用电子分析天平称取]。

2. 电极的活化

将银电极插入 6 $mol \cdot L^{-1}$ HNO_3溶液中活化，当银电极表面有气泡产生且呈白色时，将银电极取出，先用自来水冲洗再用蒸馏水洗净，然后用滤纸吸干待用。

3. 原电池电动势的测定

(1) 将银电极和双接界甘汞电极安装在电极架上，银电极接负极，甘汞电极接正极(电动势 E 没有负值，如出现负值说明正负极接反了，可以调换电极，也可以去掉负号记录正值即可)。

(2) 在 100 mL 干燥烧杯中，准确加入 50 mL 蒸馏水，用吸量管移入 1.00 mL 0.200 0 $mol \cdot L^{-1}$ 的 KCl 溶液，滴入 1 滴 0.1 $mol \cdot L^{-1}$ $AgNO_3$溶液，摇匀后，将电极放回该溶液中，测定电动势值 E_1，并记录于表 6－8 中。

(3) 再移取 1.00 mL 0.200 0 $mol \cdot L^{-1}$ 的 KCl 溶液于同一烧杯中，摇匀后，测定其电动势 E_2，并记录于表 6－8 中。

(4) 如此重复步骤(3)，分别测得 E_3、E_4、E_5，记录于表 6－8 中。

【数据记录与处理】

1. 实验数据记录

表 6－8

测定次数	1	2	3	4	5
加入 KCl 的累积体积(mL)	1.00	2.00	3.00	4.00	5.00
$c(Cl^-)$($mol \cdot L^{-1}$)					
$\lg c(Cl^-)/c^\theta$					
E(V)					

2. 数据处理

以 $\lg c(Cl^-)/c^\theta$ 对 E 作图，从直线的截距求出 K_{sp}^θ。

按照上述同样方法，可分别测定 AgBr、AgI 的 K^{θ}_{sp}，每次换溶液时，应将两电极冲洗干净并轻轻擦干。

【思考题】

(1) 总结电极电势与溶度积常数的关系。
(2) 设计电动势法测定 PbI_2 溶度积常数的方案。
(3) 试写出 AgX 和 Ag(s)构成电对的 E^{θ}(AgX/Ag)与 K_{sp}(AgX)的关系式。
(4) 银电极如何活化?

(二) 电导率法测定硫酸钡的溶度积常数

【预习内容】

(1) 电导率法测定 $BaSO_4$ 溶度积常数的原理方法。
(2) DDS-11A 型电导率仪的使用。

【目的要求】

(1) 学习电导率法测定 $BaSO_4$ 的溶度积常数。
(2) 进一步熟悉电导率仪的使用。

【实验原理】

硫酸钡是难溶电解质，在饱和溶液中存在如下平衡：

$$BaSO_4(s) \rightleftharpoons Ba^{2+} + SO_4^{2-}$$

$$K_{sp}(BaSO_4) = [Ba^{2+}][SO_4^{2-}] = c^2(BaSO_4)$$

由此可见，只须测定出$[Ba^{2+}]$、$[SO_4^{2-}]$、$c(BaSO_4)$其中任一浓度值即可求出$K_{sp}(BaSO_4)$。由于$BaSO_4$的溶解度很小，因此可把饱和溶液看作无限稀释的溶液，离子的活度与浓度近似相等。由于难溶电解质的饱和溶液浓度很低，因此，常采用电导法，通过测定电解质溶液的电导率计算离子浓度。

电导 G 为电阻的倒数(电阻的单位为 Ω，电导的单位为 S)，同金属导体一样，电解质溶液的电阻也符合欧姆定律。温度一定时，两极间溶液的电阻与两极间的距离 L 成正比，与电极面积 A 成反比。

$$R \propto \frac{L}{A} \text{ 或 } R = \rho \frac{L}{A} \tag{1}$$

ρ 称为电阻率，它的倒数称为电导率，以 γ 表示，$\gamma = \frac{1}{\rho}$，单位为 $S \cdot m^{-1}$。

将 $R = \rho \frac{L}{A}$，$\gamma = \frac{1}{\rho}$ 代入 $G = \frac{1}{R}$ 中，则可得

$$G=\gamma\frac{A}{L} \text{ 或 } \gamma=\frac{L}{A}\cdot G \quad (2)$$

电导率 γ 表示放在相距 1 cm、面积为 1 cm^2 的两个电极之间溶液的电导。

$\frac{L}{A}$ 称为电极常数或电导池常数，因为在电导池中，所用的电极距离和面积是一定的，所以对某一电极来说，$\frac{L}{A}$ 为常数，由电极标出。

在一定温度下，如果把含 1 mol 的电解质溶液放在相距 1 cm 的两个平行电极之间，这时溶液无论怎样稀释，溶液的电导只与电解质的电离度有关。在此条件下测得的电导称为该电解质的摩尔电导。如以 λ 表示摩尔电导，V 表示 1 mol 电解质溶液的体积(mL)，C 表示溶液的浓度($mol\cdot L^{-1}$)，γ 表示溶液的电导率，则

$$\lambda=\gamma V=\gamma\frac{1\,000}{c} \quad (3)$$

对弱电解质来说，在无限稀释时，可看作完全电离，这时溶液的摩尔电导称为极限摩尔电导 λ_∞。在一定温度下，弱电解质的极限摩尔电导是一定的。实验证明，当溶液无限稀时，每种电解质的极限摩尔电导是解离的两种离子的极限摩尔电导的简单加和，对 $BaSO_4$ 饱和溶液而言：

$$\lambda_\infty(BaSO_4)=\lambda_\infty(Ba^{2-})+\lambda_\infty(SO_4^{2-})$$

当以 $\frac{1}{2}BaSO_4$ 为基本单元，$\lambda_\infty(BaSO_4)=2\lambda\left(\frac{1}{2}BaSO_4\right)$。在 25℃时，无限稀的 $\frac{1}{2}Ba^{2+}$ 和 $\frac{1}{2}SO_4^{2-}$ 的 λ_∞ 值分别为 63.6 $S\cdot cm^2\cdot mol^{-1}$，8.0 $S\cdot cm^2\cdot mol^{-1}$。

因此 $\lambda_\infty(BaSO_4)=2\lambda\left(\frac{1}{2}BaSO_4\right)=2\left[\lambda_\infty\left(\frac{1}{2}Ba^{2-}\right)+\lambda_\infty\left(\frac{1}{2}SO_4^{2-}\right)\right]=2\times(63.6+8.0)=143.2(S\cdot cm^2\cdot mol^{-1})$

摩尔电导又是浓度为 1 $mol\cdot L^{-1}$ 溶液的电导率 γ，因此只要测得电导率 γ 值，即求得溶液浓度。

$$c(BaSO_4)=\frac{1\,000\,\gamma(BaSO_4)}{\lambda_\infty(BaSO_4)}$$

由于测得 $BaSO_4$ 的电导率包括蒸馏水的电导率，因此真正的 $BaSO_4$ 电导率为

$$\gamma(BaSO_4)=\gamma[BaSO_{4溶液}]-\gamma(H_2O)$$

$$K_{sp}(BaSO_4)=\left[\frac{\gamma[BaSO_{4溶液}]-\gamma(H_2O)}{\lambda_\infty(BaSO_4)}\times1\,000\right]^2$$

【仪器与试剂】

仪器：DDS－11A 型电导率仪，烧杯，量筒，吸管。

试剂：$BaSO_4$(固，AR)，蒸馏水。

【实验步骤】

1. $BaSO_4$饱和溶液的制备：将适量$BaSO_4$置于50 mL烧杯中，加已测定电导的蒸馏水40 mL，加热煮沸3～5 min，搅拌、静置、冷却。

2. 电导率测定：用DDS－11A型电导率仪测电导率。

(1) 取40 mL蒸馏水，测定其电导率$\gamma(H_2O)$，测定时操作要迅速。

(2) 将制得的$BaSO_4$饱和溶液冷却至室温后，取上层清液用DDS－11A型电导率仪测得溶液的$\gamma(BaSO_{4溶液})$。

平行测定两份。

【数据记录与处理】

温度 t ________ ℃；电极常数 ________。

$\gamma(BaSO_{4溶液})$ ________ $S \cdot cm^{-1}$。

$\gamma(H_2O)$ ________ $S \cdot cm^{-1}$。

由实验测定数据代入下式求得$K_{sp}(BaSO_4)$ ________。

$$K_{sp}(BaSO_4)=\left[\frac{\gamma(BaSO_{4溶液})-\gamma(H_2O)}{\lambda_\infty(BaSO_4)}\times 1\,000\right]^2$$

【思考题】

(1) 为什么要测纯水电导率？

(2) 何谓极限摩尔电导，什么情况下$\lambda_\infty=\lambda_\infty$(正高子)$+\lambda_\infty$(负离子)？

(3) 在什么条件下可用电导率计算溶液浓度？

实验十三　化学反应速率与活化能测定

【预习内容】

(1) 反应速率、反应级数、反应速率常数和反应活化能的定义。

(2) 反应物浓度、反应温度和催化剂对反应速率的影响。

(3) 测定反应速率、反应级数、反应速率常数和反应活化能的方法。

(4) 数据处理中的作图法。

【目的要求】

(1) 掌握反应物浓度、反应温度和催化剂对反应速率的影响。

(2) 学习测定反应速率、反应级数、反应速率常数和反应活化能的方法。

(3) 练习秒表的使用和热水浴操作。

(4) 数据处理中的作图法。

【实验原理】

(一) 反应物浓度对反应速率的影响

温度 T(K)下：

$$2Fe^{3+}+2I^{-}\rightleftharpoons 2Fe^{2+}+I_2 \tag{1}$$

$$2S_2O_3^{2-}+I_2\rightleftharpoons S_4O_6^{2-}+2I^{-} \tag{2}$$

因为反应(2)比反应(1)迅速，故由反应(1)生成的 I_2 能及时被 $Na_2S_2O_3$ 转化为 I^-。当体系中的 $Na_2S_2O_3$ 消耗完时，新生成的 I_2 遇淀粉立即显蓝色。实验中将加入 $Na_2S_2O_3$ 至溶液出现蓝色所用时间记为 Δt，则 Δt 时间内$[I^-]$不变，

而 $$\Delta[Fe^{3+}]=\Delta[S_2O_3^{2-}]=-[S_2O_3^{2-}]_{初始}$$

初始平均速率：

$$v=-\Delta[Fe^{3+}]/2\Delta t=[S_2O_3^{2-}]_{初始}/2\Delta t$$

设反应速率方程：

$$v=k[Fe^{3+}]^a[I^-]^b \tag{3}$$

$$\lg v=a\lg[Fe^{3+}]+b\lg[I^-]+\lg k$$

即 $$\lg v=\lg([S_2O_3^{2-}]_{初始}/2\Delta t)=a\lg[Fe^{3+}]_{平均}+b\lg[I^-]+\lg k$$

式中平均浓度： $[Fe^{3+}]_{平均}=[Fe^{3+}]_{初始}-[S_2O_3^{2-}]_{初始}/2$

当改变$[Fe^{3+}]_{初始}$而保持$[I^-]_{初始}$不变时，以 $\lg v\sim\lg[Fe^{3+}]_{平均}$ 作图可得一直线，其斜率为相对于 Fe^{3+} 的反应级数 a。

当改变$[I^-]_{初始}$而保持$[Fe^{3+}]_{初始}$不变时，以 $\lg v\sim\lg[I^-]$作图可得一直线，其斜率为相对于 I^- 的反应级数 b。

将所得 a、b 带入式(3)，可求出温度 T 时各次实验的速率常数 k 和反应的平均速率常数，并得出反应的速率方程。

对于有些反应，改变溶液的酸度也会影响反应速率。

(二) 温度对反应速率的影响

当浓度不变、温度变化时，根据 Arrhenius 公式：

$$\lg k=\lg A-E_a/2.303RT$$

有 $$\lg(k_2/k_1)=E_a(T_2-T_1)/2.303RT_2T_1$$

上式定量地描述了温度对反应速率的影响。根据不同温度下的 k 值，可以求出反应的活化能 E_a。

(三) 催化剂对反应速率的影响

催化剂通常是指加入少量便能显著改变反应速率而其本身最后并无损耗的物质。一些过渡金属离子具有催化活性。例如 Mn^{2+} 能加速 $KMnO_4$ 与 $H_2C_2O_4$ 的反应，Fe^{3+} 能促进 H_2O_2的分解。一些过渡金属单质还是良好的电催化剂。例如 Cu 作为电催化剂，能明显地加快 Zn 与 $H^+(H_2O)$之间的氧化还原反应。酶是生物体内广泛存在、反应活性很高、专一性很

强的生物催化剂。例如植物体内的过氧化氢酶，能在温和条件下催化 H_2O_2 的分解反应。

【仪器、试剂与材料】

仪器：小烧杯，温度计，秒表，恒温箱。

试剂与材料：KI(0.02 mol·L^{-1})，$Na_2S_2O_3$(0.002 mol·L^{-1})，KCl(0.1 mol·L^{-1}、0.02 mol·L^{-1})，$FeCl_3$(0.1 mol·L^{-1}、0.02 mol·L^{-1})，$KMnO_4$(0.01 mol·L^{-1})，$MnSO_4$(0.1 mol·L^{-1})，$H_2C_2O_4$(0.1 mol·L^{-1})，H_2SO_4(1 mol·L^{-1})，3% H_2O_2，0.2%淀粉溶液，酚酞指示剂，Zn 片，Cu 片，新鲜绿叶。

【实验步骤】

(一) 浓度对反应速率的影响

在室温下，按照表 6-9 依次量取试剂(1)～(4) 倒入一小烧杯中，往另一小烧杯中加入试剂(5)和(6)，混匀，测定溶液温度 T_1。迅速将后一烧杯中的溶液倒入前一烧杯之中，并同时启动秒表计时。当烧杯中溶液刚一出现蓝色，立即停止计时，并测定溶液温度 T_2。记录溶液变蓝所用时间 Δt(s)。由 T_1、T_2 计算反应平均温度 T(K)。用此方法测定表 6-9 中各组溶液。

表 6-9　反应液的准备与反应时间的测定

试 剂(mL)	Ⅰ	Ⅱ	Ⅲ	Ⅳ	Ⅴ	Ⅵ	Ⅶ
(1) 0.02 mol·L^{-1}KI	20.0	15.0	10.0	5.0	20.0	20.0	20.0
(2) 0.002 mol·L^{-1} $Na_2S_2O_3$	5.0	5.0	5.0	5.0	5.0	5.0	5.0
(3) 0.2%淀粉	5.0	5.0	5.0	5.0	5.0	5.0	5.0
(4) 0.02 mol·L^{-1} KCl	0.0	5.0	10.0	15.0	0.0	0.0	0.0
(5) 0.02 mol·L^{-1} $FeCl_3$	20.0	20.0	20.0	20.0	15.0	10.0	5.0
(6) 0.1 mol·L^{-1} KCl	0.0	0.0	0.0	0.0	5.0	10.0	15.0
Δt(s)							
T(K)							
$v=[S_2O_3^{2-}]_{初始}/2\Delta t$							
$\lg v$							
$[Fe^{3+}]_{初始}$							
$\lg[Fe^{3+}]_{平均}$							
$[I^-]_{初始}$							
$\lg[I^-]$							
$k=v/[Fe^{3+}]^a[I^-]^b$							
平均速率常数							
速率方程							

据表 6-9 中Ⅰ～Ⅳ组数据以 $\lg v \sim \lg[I^-]$作图，求出相对于 I^- 的反应级数 b。据Ⅰ、

Ⅴ～Ⅶ组数据以 $\lg v \sim \lg[Fe^{3+}]_{平均}$ 作图，得出相对于 Fe^{3+} 的反应级数 a。计算各组相应的速率常数 k 和平均速率常数，写出反应速率方程（将 a、b 取整）。

（二）温度对反应速率的影响

往一只小烧杯中依次加入 10.0 mL 0.02 mol·L^{-1} KI，5.0 mL 0.002 mol·L^{-1} $Na_2S_2O_3$，5.0 mL 0.2%淀粉溶液，20.0 mL 0.02 mol·L^{-1} KCl 溶液（为使离子强度与溶液总体积不变），混匀。往另一只小烧杯中加入 10.0 mL 0.02 mol·L^{-1} $FeCl_3$溶液。将两只烧杯放在恒温箱中恒温约 10 min。温度恒定后，测定溶液温度 T_1。将 $FeCl_3$溶液迅速倒入另一烧杯内（再放入恒温箱中），并立即用秒表记时。搅拌溶液。当溶液刚刚变蓝，马上停止记时。记录反应所用时间 Δt(s)，测定反应后溶液的温度 T_2。计算反应平均温度 T(K)。依此方法测定室温和高于室温 5℃、10℃、15℃下的四组 Δt(s) 和 T(K)，填入表 6－10。

计算温度 T(K)下的速率常数 k。并根据表 6－9 数据和 Arrhenius 公式计算反应活化能 E_a(kJ·mol^{-1})。

表 6－10　不同温度下反应时间的测定

编 号	Ⅰ	Ⅱ	Ⅲ	Ⅳ
T_1(℃)				
T_2(℃)				
T(K)				
Δt(s)				
k				
E_a(kJ/mol)				

（三）催化剂对反应速率的影响

1. 均相催化

(1) 取两支试管，各加 5 mL 0.1 mol·L^{-1} $H_2C_2O_4$ 和 10 滴 1.0 mol·L^{-1} H_2SO_4。往其中一支试管中滴加 1 滴 0.1 mol·L^{-1} $MnSO_4$，摇匀。再往上述两支试管中各加 5 滴 0.01 mol·$L^{-1}$$KMnO_4$。观察、比较两支试管的现象并予以解释。

(2) 往两支试管中各加 5 mL 3%H_2O_2，再往其中一只试管中滴加 5 滴 0.1 mol·L^{-1} $FeCl_3$，静置片刻。观察、比较两支试管的现象有无差别。若现象不明显，则振荡两支试管，观察有无差别并解释之。

2. 电催化

往两个小烧杯中各加 20 mL H_2O、10 滴 0.1 mol·L^{-1} NaCl、2 滴酚酞指示剂和一块 Zn 片。再往其中一个小烧杯中加入一块 Cu 片，使 Cu 片与 Zn 片接触，静置。观察、比较两个烧杯中的现象，记录并解释之。

3. 酶催化

往试管中加入 10 mL 3%H_2O_2，取新鲜绿叶两三片（约 0.5 g）撕细揉碎，加到试管中，观察并记录现象。

4. 扩展实验——自身催化反应（选做）

往试管中加入 5.0 mL 0.1 mol·L^{-1} $H_2C_2O_4$和 10 滴 1.0 mol·L^{-1} H_2SO_4，再加 1 滴 0.01 mol·L^{-1} $KMnO_4$，并同时启动秒表，摇动试管至溶液红色消失时立即停表，记录褪色时间。同此操作，继续往试管中滴加 0.01 mol·L^{-1} $KMnO_4$并记录褪色时间，至 $KMnO_4$加到 15 滴为止。比较在反应不同阶段 $KMnO_4$褪色所用时间的长短，观察褪色时间的变化趋势，并予以解释。

【思考题】

(1) 实验 1 中为什么要加入 KCl 溶液?

(2) 通常控制反应速率可采取哪些简便措施?

(3) 酶催化有何特点？你还知道哪些关于酶催化的反应?

【附注】

(1) 秒表计时之前要练习启动和停止操作，以免计时操作出现失误。

(2) 恒温箱温度与反应溶液温度略有差别，故恒温后应测定溶液温度。

(3) 在洗涤装有碎叶的试管时，不要将碎叶冲入水槽。

(4) 实验所用绿叶可为摘下不久的树叶、菜叶或草叶。

第七章 定性化学实验

实验十四 电离平衡与沉淀反应

【预习内容】

(1) 弱电解质的电离平衡与水解平衡,同离子效应,缓冲溶液。

(2) 难溶电解质的溶度积规则,沉淀的生成、溶解和转化的条件。

(3) 离心机的使用。

【目的要求】

(1) 通过实验,理解电离平衡、水解平衡、沉淀平衡和同离子效应的基本原理。

(2) 学习缓冲溶液的配制方法并试验其性质。

(3) 掌握沉淀的生成、溶解和转化的条件。

(4) 掌握离心分离操作和离心机的使用。

【实验原理】

弱电解质溶液中,加入含有同离子的另一电解质时,使弱电解质的电离程度减小,这种效应为同离子效应。盐类水解是酸碱中和反应的逆反应,升高温度和稀释溶液有利于水解的进行。溶液能抵抗外来的少量酸、碱或稀释的影响,而使其 pH 保持稳定的本领称为缓冲作用,具有缓冲作用的溶液称为缓冲溶液,弱酸和它的盐的水溶液、弱碱和它的盐的水溶液都是缓冲溶液。少量溶液与沉淀的分离,应采用离心分离法。

沉淀平衡是难溶电解质在一定温度下与它的饱和溶液中相应离子所建立的化学平衡。

$$A_mB_n(s) \underset{\text{沉淀}}{\overset{\text{溶解}}{\rightleftharpoons}} mA^{n+}(aq) + nB^{m-}(aq)$$

$$K_{sp}(A_mB_n) = [A^{n+}]^m[B^{m-}]^n$$

$K_{sp}(A_mB_n)$称为溶度积,在一定温度下,A_mB_n饱和溶液中,$K_{sp}(A_mB_n)$为一常数。$[A^{n+}]$,$[B^{m-}]$分别表示达到平衡时两种离子的浓度。

将任意溶液中实际离子浓度的幂次方乘积定义为离子积,用 Q 表示

$$Q = [A^{n+}]^m[B^{m-}]^n$$

那么离子积 Q 与溶度积 K_{sp} 之间有以下关系,称溶度积规则:

$Q > K_{sp}$,过饱和溶液,可能析出沉淀;

$Q = K_{sp}$,饱和溶液,处于沉淀溶解平衡;

$Q<K_{sp}$，不饱和溶液，沉淀溶解。

所以，增加沉淀剂离子浓度，使 $Q>K_{sp}$ 即可析出沉淀；减少溶液中离子的浓度，使其 $Q<K_{sp}$ 即可使沉淀溶解。常见的沉淀溶解方法有：① 生成弱电解质；② 生成配合物；③ 发生氧化还原反应。

在一定条件下，如果溶液中含有多种离子，且都能与所加沉淀剂反应生成沉淀，形成沉淀物的溶解度又相差较大，在这种情况下向溶液中缓缓加入沉淀剂，Q 先达到 K_{sp} 的化合物首先析出，当它沉淀完全（$c \leqslant 10^{-5}\ \mathrm{mol \cdot L^{-1}}$），另一种化合物开始沉淀，这种先后沉淀的过程称为分步沉淀，在实际工作中常利用分步沉淀进行离子间的分析和分离。

在含有沉淀的溶液中，加入适当的试剂，使之与某一离子结合生成另一种沉淀，这一过程称为沉淀的转化。

【仪器与试剂】

仪器：离心机，试管，试管架，玻璃棒，离心试管，滴瓶，滴管，量筒。

试剂：HNO_3（6 mol·L^{-1}），HCl（1 mol·L^{-1}、6 mol·L^{-1}），HAc（0.1 mol·L^{-1}、1 mol·L^{-1}），NaOH（1 mol·L^{-1}），$NH_3 \cdot H_2O$（1 mol·L^{-1}），NaAc（0.1 mol·L^{-1}、1 mol·L^{-1}），NaCl（0.1 mol·L^{-1}、1 mol·L^{-1}），Na_2CO_3（0.1 mol·L^{-1}），$Pb(NO_3)_2$（0.1 mol·L^{-1}、0.001 mol·L^{-1}），KI（0.1 mol·L^{-1}、0.001 mol·L^{-1}），$AgNO_3$（0.1 mol·L^{-1}），K_2CrO_4（0.05 mol·L^{-1}），$MgCl_2$（0.1 mol·L^{-1}），$CaCl_2$（0.1 mol·L^{-1}），$Al_2(SO_4)_3$（0.1 mol·L^{-1}），$NaHCO_3$（0.5 mol·L^{-1}），Na_2S（0.1 mol·L^{-1}），Na_3PO_4（0.1 mol·L^{-1}），Na_2HPO_4（0.1 mol·L^{-1}），NaH_2PO_4（0.1 mol·L^{-1}），$CuSO_4$（0.1 mol·L^{-1}）、$(NH_4)_2C_2O_2$（饱和），NH_4Cl（固），NaAc（固），$SbCl_3$（固），甲基橙（0.1%）。

【实验步骤】

1. 同离子效应

（1）取两支小试管，各加入 1 mL 0.1 mol·L^{-1} HAc 溶液及 1 滴甲基橙，混合均匀（观察溶液呈何色？）在一试管中加入少量 NaAc（固），观察指示颜色的变化。试说明两管颜色不同的原因。

（2）取两支小试管，各加入 5 滴 0.1 mol·L^{-1} $MgCl_2$ 溶液，在其中一支试管中再加入 5 滴饱和 NH_4Cl 溶液，然后分别在这两支试管中加入 5 滴 1 mol·L^{-1} $NH_3 \cdot H_2O$，观察两试管发生的现象有何不同？何故？

2. 缓冲溶液的配制和性质

（1）用 1 mol·L^{-1} HAc 和 1 mol·L^{-1} NaAc 溶液配制 pH＝4.0 的缓冲溶液 10 mL，应如何配制？配好后，用 pH 试纸测定其 pH，检验是否符合要求。

（2）将上述的缓冲溶液分二等份，在一份中加入 1 mol·L^{-1} HCl 1 滴，在另一份中加入 1 mol·L^{-1} NaOH 1 滴，分别测定其 pH。

（3）取两支试管，各加入 5 mL 蒸馏水，用 pH 试纸测定其 pH，然后分别加入 1 mol·L^{-1} HCl 1 滴和 1 mol·L^{-1} NaOH 1 滴，再用 pH 试纸测定其 pH，与上面实验结果比较，说明缓冲溶液的缓冲性能。

3. 盐的水解

（1）在三支小试管中分别加入 1 mL 0.1 mol·L^{-1} Na_2CO_3、NaCl 及 $Al_2(SO_4)_3$ 溶液，

用 pH 试纸试验它们的酸碱性，解释原因，并写出有关反应方程式。

(2) 用 pH 试纸试验 0.1 mol·L^{-1} Na_3PO_4、Na_2HPO_4、NaH_2PO_4溶液的酸碱性。酸式盐是否都呈酸性，为什么？

(3) 将少量 $SbCl_3$固体加到盛有 1 mL 蒸馏水的小试管中，有何现象产生？用 pH 试纸试验溶液的酸碱性。加入 6 mol·L^{-1} HCl，沉淀是否溶解？最后将所得溶液稀释，又有什么变化？解释上述现象，写出有关反应方程式。

4. 溶度积原理的应用

(1) 沉淀的生成

在一支试管中加入 1 mL 0.1 mol·L^{-1} $Pb(NO_3)_2$溶液，然后加入 1 mL 0.1 mol·L^{-1} KI 溶液，观察有无沉淀生成？

在另一支试管中加入 1 mL 0.001 mol·$L^{-1}$$Pb(NO_3)_2$溶液，然后加入 1 mL 0.001 mol·$L^{-1}$ KI 溶液，观察有无沉淀生成？用溶度积原理解释以上现象。

(2) 沉淀的溶解

先自行设计实验方法制取 CaC_2O_4、AgCl 和 CuS 沉淀。然后按下述要求设计实验方法将它们分别溶解：

① 用生成弱电解质的方法溶解 CaC_2O_4沉淀。

② 用生成配离子的方法溶解 AgCl 沉淀。

③ 用氧化还原反应的方法溶解 CuS 沉淀。

(3) 分步沉淀

在试管中加入 0.5 mL 0.1 mol·L^{-1} NaCl 溶液和 0.5 mL 0.05 mol·L^{-1} K_2CrO_4溶液，然后逐滴加入 0.1 mol·L^{-1} $AgNO_3$溶液，边加边振荡，观察形成的沉淀的颜色变化，用溶度积原理解释实验现象。

(4) 沉淀的转化

在离心试管中，加入 0.1 mol·L^{-1} $AgNO_3$溶液 5 滴，再加入 0.1 mol·L^{-1} NaCl 溶液 6 滴，有何种颜色的沉淀生成？离心分离，弃去上层清液，沉淀中滴加 0.1 mol·L^{-1} Na_2S 溶液，有何现象？为什么？

【思考题】

(1) $NaHCO_3$溶液是否具有缓冲能力？为什么？

(2) 试解释为什么 $NaHCO_3$ 水溶液呈碱性，而 $NaHSO_4$ 水溶液呈酸性？

(3) 如何配制 Sn^{2+}、Bi^{3+}、Sb^{3+}、Fe^{3+} 等盐的水溶液？

(4) 利用平衡移动原理，判断下列难溶电解质是否可以用 HNO_3 水溶液来溶解？

$MgCO_3$　　Ag_3PO_4　　AgCl　　$BaSO_4$　　CaC_2O_4

【附注】

实验步骤、现象等记录格式如下：

实验步骤	实验现象	解释与结论
……	……	……

实验十五　氧化还原反应

【预习内容】

(1) 原电池、电动势。
(2) 氧化剂、还原剂。
(3) 浓度、酸度等因素对氧化还原反应的影响。

【目的要求】

(1) 了解原电池的装置和反应，并学会粗略测量原电池电动势的方法。
(2) 熟悉常用氧化剂和还原剂的反应。
(3) 了解浓度、酸度等因素对氧化还原反应的影响。

【实验原理】

金属间的置换反应伴随着电子的转移，利用这类反应可组装原电池，如标准铜锌原电池。

$$(-)Zn|ZnSO_4(1\ mol\cdot L^{-1})\parallel CuSO_4(1\ mol\cdot L^{-1})|Cu\ (+)$$

在原电池中，化学能转变为电能，产生电流，由于电池本身有内电阻，用毫伏计所测的电压，只是电池电动势的一部分(即外电路的电压降)。可用酸度计粗略地测量其电动势。

当氧化剂和还原剂所对应的电对的电极电势相差较大时，通常可以直接用标准电极电势 E^θ 来判断氧化还原反应的方向，作为氧化剂电对对应的电极电势与作为还原剂电对对应的电极电势数值之差大于零，则氧化还原反应就自发进行。也就是 E^θ 值大的氧化态物质可以氧化 E^θ 值小的还原态物质，或 E^θ 值小的还原态物质可以还原 E^θ 值大的氧化态物质。

若两者的标准电极电势代数值相差不大时，必须考虑浓度对电极电势的影响。具体方法是利用 Nernst 方程式计算出不同浓度的电极电势值来说明氧化还原反应的情况。

Nernst 方程式为 $E=E^\theta+\frac{0.059}{n}\lg\frac{c(\text{氧化态})}{c(\text{还原态})}$

若有 H^+ 或 OH^- 参加氧化还原反应，还必须考虑 pH(酸度)对电极电势和氧化还原反应的影响。

【仪器、试剂与材料】

仪器：酸度计，铜片电极和锌片电极各两根，盐桥(充有琼胶和 KCl 饱和溶液的 U 形管)，烧杯(50 mL，4 只)，量筒，试管。

试剂与材料：H_2SO_4(1 mol·L^{-1})，HNO_3(2 mol·L^{-1}、浓)，HAc(1 mol·L^{-1}、6 mol·L^{-1})，NaOH(6 mol·L^{-1})，$NH_3\cdot H_2O$(2 mol·L^{-1})，$CuSO_4$(0.01 mol·L^{-1}、0.5 mol·L^{-1})，$ZnSO_4$(0.5 mol·L^{-1})，KBr(0.1 mol·L^{-1})，KI(0.1 mol·L^{-1})，KSCN (0.1 mol·L^{-1})，$KMnO_4$(0.01 mol·L^{-1})，KIO_3(0.1 mol·L^{-1})，Na_2SO_3(0.1 mol·L^{-1})，Na_2SiO_3(20%)，$FeCl_3$(0.1 mol·L^{-1})，$FeSO_4$(0.1 mol·L^{-1})，$Pb(NO_3)_2$(0.1 mol·L^{-1}、0.5 mol·L^{-1}、1 mol·L^{-1})，$CoCl_2$(0.1 mol·L^{-1})，H_2O_2(3%)，硫代乙酰胺(5%)，溴水，氯水，CCl_4，锌

粒，铜棒，砂纸。

【实验步骤】

1. 原电池与电动势

在两只 100 mL 小烧杯中，分别注入 20 mL 0.5 $mol \cdot L^{-1}$ $ZnSO_4$ 和 0.5 $mol \cdot L^{-1}$ $CuSO_4$ 溶液。在 $ZnSO_4$ 溶液中插入锌片，$CuSO_4$ 溶液中插入铜片组成两个电极，两烧杯间以盐桥连接，构成原电池。用导线将锌片和铜片分别与伏特计的负极和正极相接(图 7-1)，测量其电动势，记录数据，并写出电极反应。

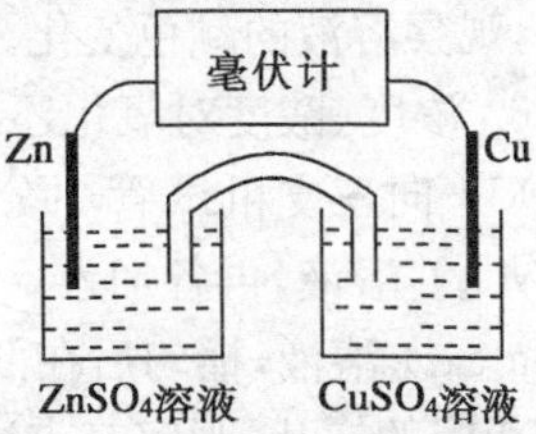

图 7-1　铜锌原电池装置示意图

2. 浓度对电极电势的影响

将步骤 1 中的 0.5 $mol \cdot L^{-1}$ 的 $CuSO_4$ 溶液，换成 0.01 $mol \cdot L^{-1}$ $CuSO_4$，重新测定电动势，与步骤 1 的实验数据进行比较，并解释之。

3. 电极电势与氧化还原反应的关系

(1) 在一支试管中加入 1 mL 0.1 $mol \cdot L^{-1}$ 的 KI 溶液和 5 滴 0.1 $mol \cdot L^{-1}$ $FeCl_3$ 溶液，振荡后有何现象？再加入 10 滴 CCl_4 充分振荡，观察 CCl_4 层颜色的变化，发生了什么反应？

(2) 用 0.1 $mol \cdot L^{-1}$ KBr 溶液代替 KI 溶液，进行上述实验，反应能否发生？为什么？

(3) 在一支试管中加入 1 mL 0.1 $mol \cdot L^{-1}$ 的 $FeSO_4$ 溶液，滴加 0.1 $mol \cdot L^{-1}$ 的 KSCN 溶液，溶液的颜色有无变化？

在另一支试管中加入 1 mL 0.1 $mol \cdot L^{-1}$ 的 $FeSO_4$ 溶液，加数滴溴水，振荡后再滴加 0.1 $mol \cdot L^{-1}$ 的KSCN 溶液，溶液呈何色？

根据以上实验现象，定性地比较 $E^\theta(Br_2/Br^-)$、$E^\theta(I_2/I^-)$、$E^\theta(Fe^{3+}/Fe^{2+})$ 的相对大小，并指出哪一种物质是最强氧化剂，哪一种物质是最强还原剂。

4. 常见氧化剂和还原剂的反应

(1) H_2O_2 的氧化性

在一支试管中加入 0.5 mL 0.1 $mol \cdot L^{-1}$ 的 KI 溶液，再加入 2～3 滴 1 $mol \cdot L^{-1}$ H_2SO_4 酸化，然后逐滴加入 3% 的 H_2O_2，振荡试管并观察现象。写出反应方程式。

(2) $KMnO_4$ 的氧化性

在一支试管中加入 0.5 mL 0.01 $mol \cdot L^{-1}$ 的 $KMnO_4$ 溶液，再加入少量 1 $mol \cdot L^{-1}$ H_2SO_4 酸化，然后逐滴加入 3% 的 H_2O_2，振荡试管并观察现象。写出反应方在一支试管中加入 1 mL 0.1 $mol \cdot L^{-1}$ 的 $FeCl_3$ 溶液，滴加 10 滴 5% 的硫代乙酰胺溶液，振荡并微热之，有何现象？写出反应方程式。

(4) KI 的还原性

在一支试管中加入 0.5 mL 0.1 $mol \cdot L^{-1}$ 的 KI 溶液，逐滴加入 Cl_2 水，边加边振荡，注意溶液颜色的变化。继续滴入 Cl_2 水，溶液的颜色又有何变化？写出反应方程式。

5. 浓度、酸度对氧化还原反应产物的影响

(1) 在两支各盛有一锌粒的试管中，分别加入 1 mL 浓 HNO_3 和 2 $mol \cdot L^{-1}$ HNO_3 溶液，观察所发生的现象。不同浓度的 HNO_3 与锌粒作用的反应产物和反应速率有何不同？稀 HNO_3 的还原产物可用检验溶液中是否有 NH_4^+ 的办法来确定。

(2) 在一支盛有 1 mL 0.1 $mol \cdot L^{-1}$ KI 溶液的试管中，加入数滴 1 $mol \cdot L^{-1}$ H_2SO_4 酸

化，然后逐滴加入 0.1 mol·L^{-1} KIO_3溶液，振荡并观察现象。写出反应式。然后在该试管中再逐滴加入 6 mol·L^{-1} NaOH 溶液，振荡后又有何现象产生？写出反应方程式。

在三支各盛有 5 滴 0.01 mol·L^{-1} $KMnO_4$溶液的试管中，分别加入 1 mol·L^{-1} H_2SO_4溶液、蒸馏水、6 mol·L^{-1} NaOH 溶液各 0.5 mL，混合后再逐滴加入 0.1 mol·L^{-1} Na_2SO_3溶液，观察溶液的颜色变化。写出反应方程式。

6. 浓度、酸度对氧化还原反应速率的影响

(1) 向三支粗试管中分别加入 10 滴 0.1 mol·L^{-1}、0.5 mol·L^{-1}、1 mol·L^{-1}的 $Pb(NO_3)_2$溶液，再各加入 5 mL 1 mol·L^{-1}的 HAc 溶液，振荡混匀后缓慢加入 5 mL 20%的 Na_2SiO_3溶液，摇匀后在 90℃左右的热水中加热至形成硅胶，在三支试管中分别放入表面积相同的锌片，观察三支试管中"铅树"的生长速度有何不同？试解释之。

(2) 在两支各盛 0.5 mL 0.1 mol·L^{-1} KBr 溶液的试管中，分别加入 0.5 mL 1 mol·L^{-1} H_2SO_4和 6 mol·L^{-1}的 HAc 溶液，然后各加入 2 滴 0.01 mol·L^{-1} $KMnO_4$溶液，观察两支试管中红色褪去的速度。写出有关的反应方程式。

7. 配合物对氧化还原反应的影响

在两支试管中分别加入 2～3 滴 0.1 mol·L^{-1} $CoCl_2$的溶液，向第一支试管中加几滴 3% H_2O_2，观察有何现象？向第二支试管中加入过量的 2 mol·L^{-1} $NH_3 \cdot H_2O$，有何现象？再加入几滴 3% H_2O_2，又有何现象？解释原因并写出反应方程式。

【思考题】

(1) 怎样装置原电池？盐桥有什么作用？

(2) 如何利用电极电势来判断氧化还原反应进行的方向？

(3) 如何通过实验比较下列物质的氧化还原性的强弱？

① Cl_2、Br_2、I_2和 Fe^{3+}；

② Cl^-、Br^-、I^-和 Fe^{2+}。

(4) H_2O_2为什么既可作氧化剂又可作还原剂？写出有关电极反应，说明 H_2O_2在什么情况下可作氧化剂，在什么情况下可作还原剂？

【附注】

盐桥的制法：

(1) 称 1 g 琼脂，放在 100 mL 饱和的 KCl 溶液中浸泡一会，加热煮成糊状，趁热倒入 U 形玻璃管中（里面不能留有气泡），冷却后即成。

(2) 更为简便的方法可用饱和 KCl 溶液装满 U 形玻璃管，两管口以小棉花球塞住（里面不能留有气泡）即可使用。

实验十六 配合物的生成与性质

【预习内容】

(1) 配合物的生成与性质。

(2) 螯合物的形成条件及性质。

【目的要求】

(1) 了解配合物的生成与性质，掌握配离子和简单离子的区别。

(2) 了解配位平衡与沉淀溶解平衡间的相互转化。

(3) 了解螯合物的形成条件及性质。

(4) 初步掌握利用沉淀反应和配位溶解反应分离鉴定混合阳离子的方法。

【实验原理】

配合物分子一般是由中心离子、配位体和外界所构成。中心离子和配位体组成配位离子(内界)，例如：

$$[Cu(NH_3)_4]SO_4 \xlongequal{\quad} [Cu(NH_3)_4]^{2+} + SO_4^{2-} \text{(完全解离)}$$

$$[Cu(NH_3)_4]^{2+} \rightleftharpoons Cu^{2+} + 4NH_3 \text{(部分解离)}$$

$[Cu(NH_3)_4]^{2+}$称为配位离子(内界)，其中 Cu^{2+} 为中心离子，NH_3 为配位体，SO_4^{2-} 为外界。配合物中的内界和外界可以用实验来确定。

配位离子的解离平衡也是一种动态平衡，能向着生成更难解离或更难溶解的物质的方向移动。

具有环状结构的配合物称为螯合物。由于配位体中有两个或两个以上的配位原子与中心离子配位形成多元环状结构，使螯合物具有特殊的性质，原来物质的某些性质如颜色、溶解度、酸度等会发生变化。例如，硼酸是一种很弱的酸，但是与多羟基化合物甘油、甘露醇等形成螯合物而使其酸性增强。分析化学中也常以螯合物的形成作为某些金属离子的特征反应而定性、定量地检验其存在。

配位反应常用来分离和鉴定某些离子。例如，欲使 Cu^{2+}、Fe^{3+}、Ba^{2+} 混合离子完全分离，具体过程如下：

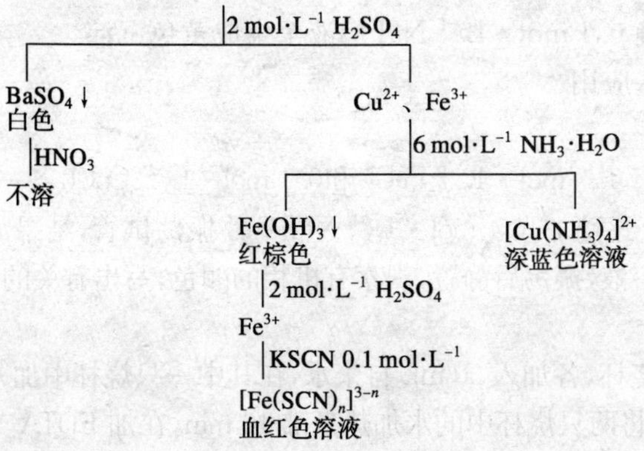

【仪器、试剂与材料】

仪器：离心机，电加热器，普通试管，离心试管，烧杯

试剂与材料：HAc（2 mol·L^{-1}、6 mol·L^{-1}）、NaOH（2 mol·L^{-1}）、$NH_3 \cdot H_2O$（6 mol·L^{-1}），$AgNO_3$、$CuSO_4$、$Al(NO_3)_3$、$K_3[Fe(CN)_6]$（0.1 mol·L^{-1}），$FeCl_3$、$CoCl_2$、NaBr、KSCN、NaI、NaCl、$NiCl_2$、EDTA 二钠盐溶液、H_3BO_3（0.1 mol·L^{-1}），$BaCl_2$（1 mol·L^{-1}），NH_4F（4 mol·L^{-1}），$Na_2S_2O_3$（1 mol·L^{-1}），NH_4Cl（饱和溶液），丁二肟（1%），丙酮溶液，甘油，KSCN（固），铝试剂，pH 试纸。

【实验步骤】

1. 配合物的生成和组成

在两支试管中各加入 10 滴 0.1 mol·L^{-1} $CuSO_4$溶液，然后分别加入 2 滴 1 mol·L^{-1} $BaCl_2$溶液和 2 滴 2 mol·L^{-1}NaOH 溶液，观察生成的沉淀（分别是检验SO_4^{2-}和Cu^{2+}的方法）。

另取 10 滴 0.1 mol·$L^{-1}$$CuSO_4$溶液加入 6 mol·$L^{-1}$ $NH_3 \cdot H_2O$ 至生成深蓝色溶液，然后将深蓝色溶液分盛在两支试管中，分别加入 2 滴 1 mol·L^{-1} $BaCl_2$溶液和 2 滴 2 mol·L^{-1} NaOH 溶液，观察是否都有沉淀产生。

根据上面实验的结果，说明 $CuSO_4$和 NH_3所形成的配位化合物的组成。

2. 简单离子与配离子的比较及配离子的颜色

(1) 在一支试管中滴入 5 滴 0.1 mol·L^{-1} $FeCl_3$溶液，加入 1 滴 0.1 mol·L^{-1} KSCN 溶液，观察现象，然后将溶液用少量水稀释，逐滴加入 4 mol·L^{-1} NH_4F 溶液，观察现象并解释。

(2) 以铁氰化钾 $K_3[Fe(CN)_6]$溶液代替 $FeCl_3$溶液进行上述实验，观察现象是否与上相同并解释。

3. 难溶化合物与配位离子的相互转化

往一支试管中加入 5 滴 0.1 mol·L^{-1} $AgNO_3$溶液，然后按下列次序进行实验，并写出每一步反应的化学方程式。

(1) 加入 1～2 滴 0.1 mol·L^{-1} NaCl 溶液至生成白色沉淀。

(2) 滴加 6 mol·L^{-1} $NH_3 \cdot H_2O$ 溶液，边滴边振荡至沉淀刚溶解。

(3) 加入 1～2 滴 0.1 mol·L^{-1} NaBr 溶液至生成浅黄色沉淀。

(4) 滴加 1 mol·L^{-1} $Na_2S_2O_3$溶液，边滴边振荡至沉淀刚溶解。

(5) 加入 1～2 滴 0.1 mol·L^{-1} NaI 溶液至生成黄色沉淀。

4. 配合物的某些应用

(1) 掩蔽效应

在一试管中，加入 0.1 mol·L^{-1} $FeCl_3$和0.1 mol·L^{-1} $CoCl_2$各一滴，再加入少许 KSCN 固体，观察有何现象？逐滴加入 4 mol·L^{-1} NH_4F 并振荡试管，结果如何？待溶液的血红色褪去后加 1 mL 丙酮溶液，振荡后静置，观察有机相的颜色，写出有关的反应方程式。

(2) 硬水软化

取两只 100 mL 烧杯，各加入 50 mL 自来水，在其中一只烧杯中加入 3～5 滴0.1 mol·L^{-1} EDTA 二钠盐溶液。将两只烧杯中的水加热煮沸 10 min，在加 EDTA 二钠盐溶液的烧杯中看到有白色 $CaCO_3$等悬浮物生成，而未加 EDTA 二钠盐溶液的烧杯中则没有。这说明水中 Ca^{2+}等阳离子发生了变化（什么变化？为何没有白色悬浮物产生?）。

5. 螯合物的生成和应用

(1) 在一支试管中加入 2 滴 0.1 mol·L^{-1} $NiCl_2$溶液，再加入 10 滴蒸馏水和

$6\ mol \cdot L^{-1}$氨水溶液。混匀后，再加入 2 滴 1%丁二肟溶液。观察现象，并写出化学反应式。此法是检验 Ni^{2+} 的灵敏反应。

(2) 取一条 pH 试纸，在它的一端滴加 1 滴 $0.1\ mol \cdot L^{-1}\ H_3BO_3$溶液，观察溶液所显示的 pH，在它的另一端滴 1 滴甘油液，待两种溶液扩散重叠后，观察溶液重叠处所显示的 pH，并解释之。

6. 混合离子分离鉴定

取 Ag^+、Cu^{2+}、Al^{3+} 的混合溶液 15 滴进行离子分离鉴定，画出分离鉴定过程示意图。

【思考题】

(1) 通过实验总结简单离子形成配离子后，哪些性质会发生改变？

(2) 影响配位平衡的主要因素是什么？

(3) Fe^{3+} 可以将 I^- 氧化为 I_2，而自身被还原成 Fe^{2+}，但 Fe^{2+} 的配离子 $[Fe(CN)_6]^{4-}$ 又可以将 I_2 还原成 I^-，而自身被氧化成 $[Fe(CN)_6]^{3-}$，如何解释此现象？

(4) 用丁二肟鉴定 Ni^{2+} 离子时，溶液酸度过高或过低对鉴定反应有何影响？

实验十七　铜、银、锌、镉、汞

【预习内容】

(1) 铜、银、锌、镉、汞化合物的性质。

(2) 查电极电势表，写出铜的标准电极电势图，判断 Cu(Ⅰ)的稳定性。

【目的要求】

(1) 了解铜、银、锌、镉、汞化合物的一些常见反应。

(2) 掌握铜、锌氢氧化物的酸碱性。

(3) 熟悉 Cu^{2+}、Ag^+、Zn^{2+}、Hg^{2+}、Hg_2^{2+} 离子的鉴定反应。

【实验原理】

Cu、Ag 在元素周期表中属于 ds 区元素的ⅠB 族，其电子层构形为 $(n-1)d^{10}ns^1$，Zn、Cd、Hg 在元素周期表中属于 ds 区元素的ⅡB 族，其电子层构形为 $(n-1)d^{10}ns^2$。在化合物中，Cu 的常见氧化值为+1 和+2，Ag 的氧化值为+1，Zn、Cd、Hg 的氧化值一般为+2，Hg 还有氧化值为+1 的化合物。

$Cu(OH)_2$以碱性为主，溶于酸，但它又有微弱的酸性，溶于过量的浓碱溶液。氢氧化锌呈两性。汞(Ⅱ)的氢氧化物极易脱水而转变为黄色的 HgO，HgO 不溶于过量碱中。

Cu^+ 在水溶液中不稳定，可自发歧化反应，生成 Cu^{2+} 和 Cu。Cu(Ⅰ)只能存在于稳定的配合物和难溶的固体化合物之中，例如 $[Cu(NH_3)_2]^+$、CuI 和 Cu_2O。

在铜盐溶液中加入过量的 NaOH，再加入葡萄糖，则 Cu^{2+} 能还原成 Cu_2O。

$$2Cu^{2+} + 4OH^- + C_6H_{12}O_6 = Cu_2O\downarrow + C_6H_{12}O_7 + 2H_2O$$

在银盐溶液中加入过量氨水，再用甲醛或葡萄糖还原，便可制得银镜。

Cu^{2+}、Ag^{+}、Zn^{2+}、Cd^{2+}与过量的氨水反应时，分别生成氨配合物。Hg^{2+}和Hg_2^{2+}与过量的氨水反应时，在没有大量NH_4^+存在的情况下并不生成氨配离子：

$HgCl_2+2NH_3 = HgNH_2Cl\downarrow$（白色）$+NH_4Cl$

$Hg_2Cl_2+2NH_3 = HgNH_2Cl\downarrow$（白色）$+Hg$（黑色）$+NH_4Cl$

$2Hg(NO_3)_2+4NH_3+H_2O = HgO\cdot HgNH_2NO_3\downarrow$（白色）$+3NH_4NO_3$

$2Hg_2(NO_3)_2+4NH_3+H_2O = HgO\cdot HgNH_2NO_3\downarrow$（白色）$+2Hg\downarrow$（黑色）$+3NH_4NO_3$

Hg_2^{2+}离子能够稳定地存在于水溶液中，在一定条件下，Hg_2^{2+}会发生歧化反应。如当加入Hg(Ⅱ)的沉淀剂OH^-、S^{2-}时，会促使Hg_2^{2+}歧化，最终产物为Hg(Ⅰ)和相应的Hg(Ⅱ)的稳定难溶盐或配合物，如HgS、HgO、$HgNH_2Cl$等。

【仪器与试剂】

仪器：离心机，离心试管，试管，酒精灯。

试剂：HCl($2\ mol\cdot L^{-1}$、$6\ mol\cdot L^{-1}$、浓)，H_2SO_4($2\ mol\cdot L^{-1}$、$6\ mol\cdot L^{-1}$)，HNO_3($2\ mol\cdot L^{-1}$、$6\ mol\cdot L^{-1}$、浓)，HAc($2\ mol\cdot L^{-1}$)，NaOH($1\ mol\cdot L^{-1}$、$6\ mol\cdot L^{-1}$)，$NH_3\cdot H_2O$($2\ mol\cdot L^{-1}$、$6\ mol\cdot L^{-1}$)，$CuSO_4$($0.1\ mol\cdot L^{-1}$)，$AgNO_3$($0.1\ mol\cdot L^{-1}$)，KI($0.1\ mol\cdot L^{-1}$)，$K_4[Fe(CN)_6]$($0.1\ mol\cdot L^{-1}$)，$ZnSO_4$($0.2\ mol\cdot L^{-1}$)，$CdSO_4$($0.2\ mol\cdot L^{-1}$)，$Hg(NO_3)_2$($0.1\ mol\cdot L^{-1}$)，$Hg_2(NO_3)_2$($0.1\ mol\cdot L^{-1}$)，NaCl($0.1\ mol\cdot L^{-1}$)，Na_2S($1\ mol\cdot L^{-1}$)，$SnCl_2$($0.1\ mol\cdot L^{-1}$)，$(NH_4)_2Hg(SCN)_4$，葡萄糖(10%)，淀粉溶液(1%)，$HgCl_2$(固)，Hg_2Cl_2(固)。

【实验步骤】

(一) 铜和银的化合物

1. 氢氧化物或氧化物的生成和性质

(1) 在试管中加入1 mL $0.1\ mol\cdot L^{-1}$ $CuSO_4$溶液，滴入$1\ mol\cdot L^{-1}$ NaOH溶液至沉淀完全，把沉淀分成三份，其中两份分别加入$2\ mol\cdot L^{-1}$ H_2SO_4和过量的$6\ mol\cdot L^{-1}$ NaOH溶液，另一份加热至固体变黑。加热后的一份再加$2\ mol\cdot L^{-1}$ HCl观察现象，写出反应方程式。

(2) 在试管中加入1 mL $0.1\ mol\cdot L^{-1}$ $AgNO_3$溶液，滴入$1\ mol\cdot L^{-1}$ NaOH溶液至沉淀完全，把沉淀分成两份，分别加入$2\ mol\cdot L^{-1}$ HNO_3和过量的$6\ mol\cdot L^{-1}$ NaOH溶液，观察沉淀是否溶解，写出反应方程式。

2. 氨合物的生成

取两支试管，一支试管中加入0.5 mL $0.1\ mol\cdot L^{-1}$ $CuSO_4$溶液，另一支试管中加入0.5 mL $0.1\ mol\cdot L^{-1}$ $AgNO_3$溶液，然后各缓慢滴入$2\ mol\cdot L^{-1}$氨水，边滴边摇，观察反应过程中沉淀的生成和溶解情况，写出有关反应方程式。

3. 与碘化钾的反应

(1) 在离心管中滴入5滴$0.1\ mol\cdot L^{-1}$ $CuSO_4$溶液和10滴$0.1\ mol\cdot L^{-1}$ KI溶液，摇匀，离心分离，吸出上清液，用淀粉液检验上清液是否含有I_2。沉淀用水洗两次后，观察沉淀的颜色,写出反应方程式。

(2) 用 0.1 mol·L^{-1} $AgNO_3$溶液代替 $CuSO_4$溶液,重复(1)项实验,比较两者反应有何不同。

4. 铜、银化合物的氧化还原性

(1) 在试管中加入 0.5 mL 0.1 mol·$L^{-1}$$CuSO_4$溶液,再滴加过量的 6 mol·$L^{-1}$NaOH 溶液至初生成的沉淀完全溶解,再往此溶液中加入 0.5 mL 10%的葡萄糖溶液,混匀后微热。观察沉淀颜色的变化。然后离心分离,水洗沉淀两次,向沉淀滴加 6 mol·$L^{-1}$$H_2SO_4$溶液,振摇至沉淀溶解,观察沉淀颜色的变化,写出有关反应式。

(2) 在试管中加入 1 mL 0.1 mol·L^{-1} $AgNO_3$溶液,再滴加 2 mol·L^{-1}氨水至生成的沉淀溶解后再多加 2 滴,然后加 5 滴 10%的葡萄糖溶液,振摇后在水浴中加热,观察管壁上银镜的生成,写出反应方程式。

5. 铜离子的鉴定

取 1 滴被鉴定的 Cu^{2+}试液于点滴板上,加入 1 滴 2mol·L^{-1} HAc 溶液,再加入 2 滴 0.1 mol·$L^{-1}$$K_4[Fe(CN)_6]$溶液,有红棕色沉淀生成,在沉淀中注入 6 mol·L^{-1}氨水,沉淀溶解呈蓝色溶液,表示有 Cu^{2+}存在。

6. 银离子的鉴定

取 2 滴 Ag^+试液滴入离心试管中,加 2 滴 2 mol·L^{-1} HCl 溶液,混匀,水浴加热,离心分离。在沉淀上加 2 滴 2 mol·L^{-1}氨水,沉淀溶解,再逐滴加入 2 mol·L^{-1} HNO_3溶液,摇动,白色沉淀重又出现,表示有 Ag^+存在。

(二) 锌、镉的化合物

1. 氢氧化物的生成和两性性质

(1) 试管中加入 1 mL 0.2 mol·L^{-1} $ZnSO_4$溶液,然后滴入 1 mol·L^{-1} NaOH 溶液至沉淀充分生成(不要过量)。把沉淀分成两份,分别加入 6 mol·L^{-1} NaOH 溶液和 2 mol·L^{-1} H_2SO_4溶液,观察沉淀是否溶解,写出有关反应方程式。

(2) 用同样的方法试验镉的氢氧化物的生成和性质,并与氢氧化锌比较,写出有关反应方程式。

2. 氨合物的生成

在两支试管中,分别加入 10 滴 0.2 mol·L^{-1} $ZnSO_4$溶液、0.2 mol·L^{-1} $CdSO_4$溶液,然后分别逐滴加入 2 mol·L^{-1}氨水,边滴边摇,观察反应过程中沉淀的生成和溶解,写出有关反应方程式。

3. 硫化物的性质

在盛有 0.5 mL 0.2 mol·$L^{-1}$$ZnSO_4$溶液、0.2 mol·$L^{-1}$$CdSO_4$溶液的两支试管中,分别滴加 1 mol·$L^{-1}$$Na_2S$ 溶液,观察沉淀的生成和颜色。将沉淀离心分离,在沉淀中加入 2 mol·L^{-1}HCl,观察沉淀是否溶解,写出反应方程式。

4. 锌离子的鉴定

取 2 滴 Zn^{2+}试液,用 2 mol·L^{-1}HAC 酸化,加入等体积的$(NH_4)_2Hg(SCN)_4$溶液,生成白色沉淀,表示有 Zn^{2+}存在。

(三) 汞的化合物

1. 与 NaOH 的反应

取两支试管,一支试管中滴入 10 滴 0.1 mol·$L^{-1}$$Hg(NO_3)_2$,另一支试管中滴入 10 滴

0.1 mol·L^{-1} $Hg_2(NO_3)_2$溶液，然后各滴入 1 mol·L^{-1} NaOH 溶液 10 滴，观察两者沉淀颜色和形态的区别。把每管的沉淀各分成两份，分别试验其在 6 mol·L^{-1} HNO_3 和 6 mol·L^{-1} NaOH 溶液中的溶解性。

2. 与 KI 的反应

取两支试管，一支试管中滴入 10 滴 0.1 mol·L^{-1} $Hg(NO_3)_2$，另一支试管中滴入 10 滴 0.1 mol·L^{-1} $Hg_2(NO_3)_2$溶液，然后各逐滴加入 0.1 mol·L^{-1} KI 溶液至过量，观察反应过程中两者变化的区别，写出反应方程式。

3. 与 $SnCl_2$的反应

取两支试管，一支试管中滴入 5 滴 0.1 mol·L^{-1} $Hg(NO_3)_2$，另一支试管中滴入 5 滴 0.1 mol·L^{-1} $Hg_2(NO_3)_2$溶液，然后各加入 0.1 mol·L^{-1} NaCl 溶液，观察现象。再各加入适量 6 mol·L^{-1} HCl 溶液后，继续各加 0.1 mol·L^{-1} $SnCl_2$溶液，边滴边摇，观察变化，写出有关反应方程式。

4. 与氨水的反应

取 $HgCl_2$ 与 Hg_2Cl_2 晶体各少许，分别逐滴加入 2 mol·L^{-1} 氨水至过量，边滴边摇，观察反应过程中的现象，注意两者的区别，写出有关反应方程式。

5. 硫化物的性质

在盛有 0.5 mL 0.1 mol·L^{-1} $Hg(NO_3)_2$溶液的试管中滴加1 mol·L^{-1} Na_2S 溶液，观察沉淀的生成和颜色。将沉淀离心分离，分成三份，在三份沉淀中分别加入 2 mol·L^{-1} HCl、浓盐酸、王水(自配)，观察沉淀是否溶解。对锌、汞硫化物的溶解性质进行总结，写出反应方程式。

【思考题】

(1) Cu^{2+}，Ag^+，Zn^{2+}，Hg^{2+}，Hg_2^{2+} 等离子与 NaOH 溶液反应的异同点？

(2) 试设计出两种区别 $HgCl_2$ 和 Hg_2Cl_2 的实验方法。

(3) 将 KI 加到 $CuSO_4$溶液中是否会得到 CuI 沉淀？CuI 沉淀为什么可溶于浓的 KI 溶液中，也可溶于浓 KSCN 溶液中？CuI 是否可溶于浓 HCl，为什么？

(4) 如何分离 Cu^{2+}，Ag^+，Zn^{2+}，Hg^{2+}？

【附注】

Fe^{3+} 离子能与六氰合铁(Ⅱ)酸钾反应生成蓝色沉淀，此沉淀对鉴定 Cu^{2+} 会产生干扰，因此常需要预先除去 Fe^{3+} 离子。除去的方法是先加入氨水，使 Fe^{3+} 离子生成氢氧化铁沉淀，而 Cu^{2+} 离子则与氨水形成可溶性的配合物留在溶液中。

实验十八　铬、锰、铁、钴、镍

【预习内容】

(1) 铬、锰、铁、钴、镍的常见氧化态以及它们存在的状态和颜色。

(2) 溶液中离子浓度和酸度对氧化剂或还原剂电极电势的影响。

【目的要求】

（1）了解低氧化态铬和锰化合物的还原性，高氧化态铬和锰化合物的氧化性。

（2）掌握铬和锰各种氧化态化合物之间的转化条件。

（3）掌握铁、钴、镍化合物的氧化还原性和配合性。

【实验原理】

铬和锰在元素周期表中分别属于第四周期中的ⅥB族和ⅦB族。它们的原子结构极其相近，次外层d能级均为半充满状态。铬和锰的高氧化值化合物的氧化性较强。

向铬（Ⅲ）盐溶液中加碱可以生成蓝灰色的$Cr(OH)_3$沉淀。这是一种两性氢氧化物，既溶于酸也溶于碱，无论是Cr^{3+}或亚铬酸盐在水溶液中都有水解作用。Cr^{3+}有很强的生成配合物的能力。在碱性溶液中，CrO_2^-还原性较强，可被H_2O_2、Cl_2、Br_2等氧化为CrO_4^{2-}。重铬酸盐在酸性溶液中是强氧化剂，例如在冷溶液中$K_2Cr_2O_7$可以氧化H_2S、H_2SO_3、Fe^{2+}和HI。在重铬酸盐的水溶液中存在铬酸根与重铬酸根离子间的平衡，除了加酸或加碱可以使这个平衡移动外，向这个溶液中加入Ba^{2+}、Pb^{2+}或Ag^+都能使平衡移动，因为这些离子的铬酸盐都是难溶盐，且溶度积较小。

锰可以表现为＋2、＋3、＋4、＋6、＋7多种氧化态，其中以＋2、＋4、＋7氧化态的化合物较重要。在碱性溶液中，Mn^{2+}易被空气中的氧所氧化。在锰（Ⅱ）盐溶液中，加入强碱，可得到白色的$Mn(OH)_2$沉淀。它在碱性介质中很不稳定，与空气接触，即被氧化成棕色的$MnO(OH)_2$沉淀。把Mn^{2+}氧化成MnO_4^-较困难，但是某些极强的氧化剂如过硫酸铵、铋酸钠等在酸性溶液中是可以进行的。这些反应是Mn^{2+}的特征反应，常利用紫红色的MnO_4^-出现来检验溶液中微量Mn^{2+}的存在。高锰酸钾是一种很强的氧化剂，可以氧化Fe^{2+}、Cl^-、I^-等。在酸性溶液中还原产物为Mn^{2+}；在微酸性、中性和微碱性溶液中，还原产物为褐色MnO_2沉淀；在强碱性溶液中，则生成绿色锰酸盐。

铁、钴、镍为元素周期表中的ⅧB族，它们是同一周期的相邻元素，其电子构形为$3d^{6\sim8}4s^2$，它们的很多物理和化学性质相似，常见的氧化态为＋2、＋3，但铁有＋6价态。

铁、钴、镍氢氧化物性质

还原性增强 ←

$Fe(OH)_2$	$Co(OH)_2$	$Ni(OH)_2$
白色	粉红色	绿色
难溶于水	难溶于水	难溶于水
$Fe(OH)_3$	$Co(OH)_3$	$Ni(OH)_3$
棕红色	棕色	黑色
难溶于水	难溶于水	难溶于水

→ 氧化性增强

铁族元素的阳离子是配合物的较好形成体，能形成很多的配合物。但因Fe^{3+}、Fe^{2+}与OH^-的结合能力较强，它们在氨水中形成稳定的氨合离子较难。由于配合物的形成，使溶解度和颜色等性质发生改变，常用于离子的分离和鉴定。例如，无色$[FeF_6]^{3-}$的形成可以

“掩蔽”Fe^{3+}，避免形成 $Fe(OH)_3$ 沉淀或棕红色离子$[Fe(OH)_n]^{3-n}$的干扰；血红色$[Fe(NCS)_n]^{3-n}$的形成可用于鉴定 Fe^{3+}；蓝色$[Co(SCN)_4]^{2-}$的形成可用于鉴定 Co^{2+}；鉴定 Ni^{2+} 则利用配合物丁二酮肟镍（鲜红色沉淀）的形成：

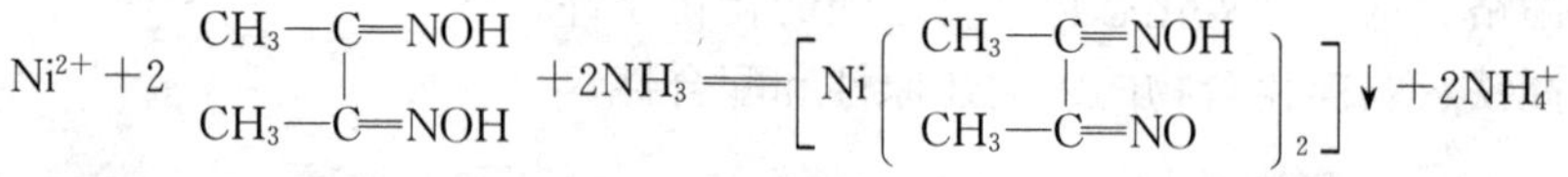

【仪器、试剂与材料】

仪器：试管，滴管，酒精灯。

试剂与材料：H_2SO_4（1 mol·L^{-1}、2 mol·L^{-1}、6mol·L^{-1}、浓），HCl（2 mol·L^{-1}、浓），HNO_3（6 mol·L^{-1}），$Cr_2(SO_4)_3$（0.1 mol·L^{-1}），NaOH（2 mol·L^{-1}、6 mol·L^{-1}），$NH_3\cdot H_2O$（浓），H_2O_2（3%），$K_2Cr_2O_7$（0.1 mol·L^{-1}），$NaNO_2$（0.2 mol·L^{-1}），K_2CrO_4（0.1 mol·L^{-1}），$AgNO_3$（0.1 mol·L^{-1}），$Pb(NO_3)_2$（0.1 mol·L^{-1}），$BaCl_2$（0.1 mol·L^{-1}），$MnSO_4$（0.2 mol·L^{-1}），Na_2SO_3（0.1 mol·L^{-1}），$KMnO_4$（0.01 mol·L^{-1}），NH_4Cl（2 mol·L^{-1}），$(NH_4)_2Fe(SO_4)_2$（2 mol·L^{-1}），$CoCl_2$（0.2 mol·L^{-1}），$NiSO_4$（0.2 mol·L^{-1}），$FeCl_3$（0.1 mol·L^{-1}），KI（0.1 mol·L^{-1}），CCl_4，$K_3[Fe(CN)_6]$（0.5 mol·L^{-1}），$K_4[Fe(CN)_6]$（0.5 mol·L^{-1}），KSCN（0.5 mol·L^{-1}），$NaBiO_3$（固）、KSCN（固）、NH_4Cl（固），MnO_2（固），溴水，戊醇，丙酮，丁二酮肟（1%），硫酸亚铁铵晶体，淀粉碘化钾试纸。

【实验步骤】

（一）铬的化合物

1. 氢氧化铬（Ⅲ）的生成和性质

取 0.5 mL 0.1 mol·L^{-1} $Cr_2(SO_4)_3$溶液于试管中，逐滴加入 2 mol·L^{-1} NaOH 溶液直至沉淀生成。用实验证明此沉淀具有两性性质，观察现象，写出有关反应式。

2. 铬（Ⅲ）化合物的还原性

取 0.5 mL 0.1 mol·L^{-1} $Cr_2(SO_4)_3$溶液于试管中，滴入 6 mol·L^{-1} NaOH 溶液直至生成的沉淀又溶解为止。然后滴入数滴 3% H_2O_2溶液，在水浴中加热，观察溶液颜色的变化，写出有关反应式。

3. 铬（Ⅵ）化合物的氧化性

取 0.5 mL 0.1 mol·L^{-1} $K_2Cr_2O_7$溶液于试管中，滴入数滴 2 mol·L^{-1} H_2SO_4酸化。然后滴入数滴 0.2 mol·L^{-1} $NaNO_2$溶液，观察溶液颜色的变化，写出反应式。

4. 铬酸根离子和重铬酸根离子在溶液中的平衡与转化

取 1 mL 0.1 mol·L^{-1} $K_2Cr_2O_7$溶液于试管中，滴入 2 mol·L^{-1} NaOH 使呈碱性，观察溶液颜色有何变化？再滴入 2 mol·L^{-1} H_2SO_4使呈酸性，溶液颜色又有何变化？写出反应式。

5. 铬酸盐的生成

往 0.1 mol·L^{-1} K_2CrO_4溶液中，分别滴入 0.1 mol·L^{-1} $AgNO_3$、0.1 mol·L^{-1} $BaCl_2$和 0.1 mol·L^{-1} $Pb(NO_3)_2$溶液，观察沉淀颜色，写出反应式。

用 $K_2Cr_2O_7$溶液和 0.1 mol·L^{-1} $BaCl_2$溶液反应，有什么现象？反应前后，溶液的 pH 发生什么变化？试用 $Cr_2O_7^{2-}$ 与 CrO_4^{2-} 间的平衡关系说明这一实验结果并写出反应式。

（二）锰的化合物

1. 氢氧化锰（Ⅱ）的生成和性质

往 2 mL 0.2 mol·L^{-1} $MnSO_4$溶液中，逐滴滴入 2 mol·L^{-1} NaOH 溶液使呈碱性，观察沉淀的生成，写出反应式。将沉淀分成四份：

（1）振荡，静置，有何变化？

（2）加入 2 mol·L^{-1} HCl 至呈酸性，沉淀是否溶解？

（3）加入 2 mol·L^{-1} NaOH 至呈碱性，沉淀是否溶解？

（4）加入 2 mol·L^{-1} NH_4Cl，沉淀是否溶解？写出反应式。

2. Mn（Ⅱ）的被氧化

取 5 滴 0.2 mol·L^{-1} $MnSO_4$溶液于试管中，加入 5 滴 6 mol·L^{-1} HNO_3，再加入少量 $NaBiO_3$固体，微热，观察溶液颜色的变化，写出反应式。此法可鉴定 Mn^{2+} 的存在。

3. 二氧化锰的生成和性质

（1）往数滴 0.01 mol·L^{-1} $KMnO_4$溶液中逐滴滴入 0.2 mol·L^{-1} $MnSO_4$溶液，有无沉淀产生？写出反应式。

（2）往上述沉淀中滴入几滴 1 mol·L^{-1} H_2SO_4，再逐滴滴入 0.1 mol·L^{-1} Na_2SO_3溶液，沉淀是否消失？写出反应式。

（3）在盛有少量 MnO_2固体的试管中注入 2 mL 浓 H_2SO_4，加热，观察反应前后的颜色和状态，有何气体产生？写出反应式。

4. 高锰酸钾的氧化性

在三支试管中，各加入 1 mL 0.1 mol·L^{-1} Na_2SO_3溶液，然后分别加入 2 mol·L^{-1} H_2SO_4，6 mol·L^{-1} NaOH 和蒸馏水各 1 mL，再各滴入 0.01 mol·L^{-1} $KMnO_4$溶液 2 滴，观察各试管中的现象，比较 $KMnO_4$溶液在不同酸碱性介质中的还原产物，写出有关反应式。

（三）铁（Ⅱ）、钴（Ⅱ）、镍（Ⅱ）化合物的还原性

1. 铁（Ⅱ）的还原性

在酸性介质中：往盛有 1 mL 溴水的试管中加入 3 滴 6 mol·L^{-1} H_2SO_4溶液，然后滴入 2 mol·L^{-1} $(NH_4)_2Fe(SO_4)_2$溶液，观察现象，写出反应式。

2. 氢氧化亚铁的生成和还原性

在一支试管中加入 1 mL 蒸馏水，再加 2 滴 2 mol·L^{-1} H_2SO_4煮沸（除去空气），然后加入少量硫酸亚铁铵晶体，振摇使其完全溶解；另取一支试管，加入 1 mL 6 mol·L^{-1} NaOH 溶液，煮沸冷却后，用长滴管吸取此 NaOH 溶液，插入前一支试管底部，慢慢放出 NaOH 溶液（整个操作都要避免将空气带进溶液中），观察 $Fe(OH)_2$沉淀的生成和颜色，振荡后静置，观察沉淀颜色的变化（留待下面实验用），写出反应式。

3. 钴（Ⅱ）、镍（Ⅱ）化合物的还原性

在两支试管中，分别加入 0.5 mL 0.2 mol·L^{-1} $CoCl_2$溶液，再各加入 2 mol·L^{-1} NaOH 溶液，观察沉淀的生成；然后，在一支试管中加入溴水（此管留待下面实验用），另一支试管静置于空气中，观察变化情况。

用 $NiSO_4$溶液代替 $CoCl_2$溶液，重复上述实验，比较两者有何不同？

（四）铁(Ⅲ)、钴(Ⅲ)、镍(Ⅲ)的氧化性

(1) 在上面实验保留下来的铁、钴、镍氢氧化物沉淀里，各加入 5 滴浓盐酸，振荡后用湿的淀粉碘化钾试纸检验所放出的气体，写出有关反应式。

(2) 在试管中加入 10 滴 0.1 mol · $L^{-1}FeCl_3$溶液和 5 滴 0.1 mol · $L^{-1}KI$ 溶液，再加入 1 mL CCl_4充分振荡后，观察 CCl_4层的颜色，写出反应式。

（五）铁、钴、镍配合物的生成

1. 铁的配合物

(1) 在试管中加入 1 mL 蒸馏水，再加入极少量硫酸亚铁铵晶体，溶解后，加 0.5 mol · L^{-1} $K_3[Fe(CN)_6]$溶液 2 滴，观察现象，写出反应式。这是鉴定 Fe^{2+} 的特征反应。

(2) 在两支试管中，各加入 1 mL 蒸馏水，10 滴 0.1 mol · $L^{-1}FeCl_3$溶液和 2 滴 2 mol · L^{-1} 硫酸酸化，然后在一支试管中加入 0.5 mol · $L^{-1}K_4[Fe(CN)_6]$溶液 2 滴，在另一支试管中加入 0.5 mol · L^{-1}KSCN 溶液 2 滴，振摇后，观察现象，分别写出反应式。这是鉴定 Fe^{3+} 的特征反应。

(3) 取 0.5 mol · $L^{-1}K_3[Fe(CN)_6]$溶液 10 滴于试管中，滴加 2 mol · L^{-1} NaOH 溶液数滴，是否有 $Fe(OH)_3$沉淀产生？为什么？

2. 钴的配合物

取 2 mL 0.2 mol · L^{-1} $CoCl_2$溶液于试管中，小心加入少量的固体 KSCN(不振摇)，观察固体周围的颜色，再加入 1 mL 丙酮或 1 mL 戊醇振摇，观察水相和有机相的颜色。

取 1 mL 0.2 mol · L^{-1} $CoCl_2$溶液于试管中，加入少量固体 NH_4Cl 振摇至溶解。然后，滴入浓氨水，边滴边振荡，至生成的沉淀刚好溶解为止，静置一段时间，观察溶液颜色有何变化，写出反应式。

3. 镍的配合物

取 1 mL 0.2 mol · L^{-1} $NiSO_4$溶液于试管中，逐滴加入浓氨水，观察现象，写出反应式。然后滴加几滴丁二酮肟试剂，观察是否有鲜红色沉淀生成。这是鉴定 Ni^{2+} 的特征反应。

【思考题】

(1) $K_2Cr_2O_7$与 $Ba(NO_3)_2$作用，为什么得到的是 $BaCrO_4$而不是 $BaCr_2O_7$？怎样才能使这个反应进行完全？

(2) 为什么铬酸洗液能洗涤玻璃器皿？铬酸洗液使用一段时间后为什么就会失效？

(3) 在 $CoCl_2$溶液中滴加 NaOH 溶液，刚开始时有何种颜色的沉淀出现？为什么？

(4) 有四瓶溶液分别是 $Cr_2(SO_4)_3$、$MnSO_4$、$FeSO_4$、$FeCl_3$。它们在外观上有何区别？试选用实验中较灵敏的反应来鉴别它们。

实验十九　常见阴离子混合液的分离与鉴定

【预习内容】

(1) 查阅有关参考书目，了解常见阴离子的性质。

(2) 了解常见阴离子的检出反应以及离子的干扰情况。

【目的要求】

(1) 熟悉常见阴离子的有关性质。

(2) 了解分离并检出阴离子的方法、步骤和条件。

(3) 检出未知液中的阴离子。

【实验原理】

在水溶液中,非金属元素常以简单阴离子(如 S^{2-},Cl^- 等)或复杂阴离子(如 CO_3^{2-},SO_4^{2-} 等)存在。当溶液中同时存在多种阴离子时,必须进行混合离子的分组以排除离子间的干扰。因此,一般都先通过初步试验的方法,判别溶液中不可能存在的阴离子,然后对可能存在的阴离子采用个别鉴定的方法进行个别检出。在鉴定时,如某些离子发生相互干扰,则适当地采取分离反应。

根据各种阴离子的钡盐、银盐的溶解度不同,可将阴离子分为三组。用 $BaCl_2$ 能沉淀的 SO_4^{2-}、SO_3^{2-}、$S_2O_3^{2-}$、CO_3^{2-}、PO_4^{3-} 等阴离子称为第一组阴离子(钡组);用 $AgNO_3$ 能沉淀的 Cl^-、Br^-、I^-、S^{2-}、$S_2O_3^{2-}$ 等阴离子称为第二组阴离子(银组);NO_2^-、NO_3^- 等阴离子则属于第三组。再结合溶液的酸碱性及阴离子的氧化还原性,可得出初步检验结果。为了避免由于试剂、蒸馏水、容器、反应条件、操作方法等因素引起的误检和漏检,应进行空白试验(用蒸馏水代替试液,以相同的方法进行离子鉴定,确定试液中是否真正含有被检出离子)和对照试验(用已知含有被检出离子的试液代替样品,以相同的方法进行离子鉴定并与未知试液结果进行比较)。

本实验仅对常见的 11 种阴离子进行分离与检出。现将它们的初步检验结果列表如下:

表 7-1　11 种阴离子的分组检出结果

组别	试剂 阴离子	稀 H_2SO_4	$BaCl_2$ 溶液		$AgNO_3$ 溶液		MnO_4 溶液 (H_2SO_4)	I_2-淀粉	KI-淀粉 (H_2SO_4)
			中性或弱碱性	酸性 (HCl)	中性	酸性 (HNO_3)			
一	SO_4^{2-}	—①	白↓	白↓	白↓②	溶	—	—	—
	SO_3^{2-}	SO_2↑	白↓	溶,SO_2↑	白↓	溶,SO_2↑	紫色褪去	蓝色褪去	—
	CO_3^{2-}	CO_2↑	白↓	溶,CO_2↑	白↓	溶,CO_2↑	—	—	—
	PO_4^{3-}	—	白↓	溶	黄↓	溶	—	—	—
二	$S_2O_3^{2-}$	SO_2↑+S↓	白↓②	SO_2↑+S↓	白↓→黑↓	不溶	紫色褪去	蓝色褪去	—
	S^{2-}	H_2S↑(S↓)	—	—	黑↓	不溶	紫色褪去	蓝色褪去	—
	Cl^-	—	—	—	白↓	不溶	—	—	—
	Br^-	—	—	—	淡黄↓	不溶	紫→黄	—	—
	I^-	—	—	—	黄↓	不溶	紫→浅棕	—	—
三	NO_2^-	NO↑+NO_2↑	—	—	白↓②	溶	紫色褪去	—	显蓝色
	NO_3^-	—	—	—	—	—	—	—	—

注:① 表中"—"表示无现象;② 浓度大时才产生沉淀。

【仪器、试剂与材料】

仪器：试管，离心试管，酒精灯，离心机。

试剂与材料：HCl（2 mol·L^{-1}、6 mol·L^{-1}），H_2SO_4（2 mol·L^{-1}、浓），HNO_3（2 mol·L^{-1}、浓），NaOH（2 mol·L^{-1}、6 mol·L^{-1}），$NH_3·H_2O$（6 mol·L^{-1}），$KMnO_4$（0.01 mol·L^{-1}），CCl_4，锌粉，$(NH_4)_2CO_3$（12%），$Na_2[Fe(CN)_5NO]$（1%、新配），$BaCl_2$（0.5 mol·L^{-1}），I_2-淀粉试液，H_2O_2（3%），$Ba(OH)_2$（饱和溶液），饱和氯水，$CdCO_3$（固），$FeSO_4$（0.1 mol·L^{-1}），$AgNO_3$（0.1 mol·L^{-1}），KI（0.1 mol·L^{-1}），$Sr(NO_3)_2$（0.1 mol·L^{-1}），$(NH_4)_2MoO_4$（0.1 mol·L^{-1}），$NaNO_3$（0.05 mol·L^{-1}），$NaNO_2$（0.05 mol·L^{-1}），Na_2S（0.05 mol·L^{-1}），NaCl（0.05 mol·L^{-1}），NaBr（0.05 mol·L^{-1}），NaI（0.05 mol·L^{-1}），$Na_2S_2O_3$（0.05 mol·L^{-1}），Na_2SO_4（0.05 mol·L^{-1}），Na_3PO_4（0.05 mol·L^{-1}），Na_2CO_3（0.05 mol·L^{-1}），Na_2SO_3（0.05 mol·L^{-1}），$Pb(Ac)_2$试纸，pH试纸。

【实验步骤】

领取一份可能含有SO_4^{2-}、SO_3^{2-}、$S_2O_3^{2-}$、CO_3^{2-}、PO_4^{3-}、Cl^-、Br^-、I^-、S^{2-}、NO_2^-、NO_3^-离子的混合液，按以下步骤检验。

（一）初步检验

1. 酸碱性的检验

用pH试纸测定试液的pH。若溶液显强酸性，则CO_3^{2-}、S^{2-}、SO_3^{2-}、$S_2O_3^{2-}$等离子不可能存在（为什么？）。若溶液显中性或碱性，则加2 mol·L^{-1} H_2SO_4酸化，用手指轻敲试管底部，观察是否有气泡产生（现象不明显时可稍微加热）。如有气泡产生，可能有S^{2-}、$S_2O_3^{2-}$、NO_2^-、CO_3^{2-}等离子（离子浓度小时，现象不一定明显）。

若酸化后溶液变浑浊，表示S^{2-}、$S_2O_3^{2-}$离子可能存在。说明其原因。

2. 钡组阴离子的检验

取3～4滴试液，必要时加6 mol·L^{-1} $NH_3·H_2O$，使溶液显碱性，再加2滴0.5 mol·L^{-1} $BaCl_2$溶液。若有白色沉淀生成，则可能存在CO_3^{2-}、SO_4^{2-}、SO_3^{2-}、PO_4^{3-}、$S_2O_3^{2-}$等离子。继续加入数滴2 mol·L^{-1} HCl，观察沉淀是否溶解。若沉淀不溶解，则表示存在SO_4^{2-}离子。为什么？试说明其原因。

若加入$BaCl_2$无沉淀生成，则上述阴离子不存在（但$S_2O_3^{2-}$不能肯定）。

3. 银组阴离子的检验

取3滴试液，加入3滴0.1 mol·L^{-1} $AgNO_3$溶液，观察有无沉淀产生。若有沉淀生成，观察沉淀的颜色，并继续加入5滴2 mol·L^{-1} HNO_3溶液，看沉淀是否溶解。若沉淀不溶解，表示S^{2-}、$S_2O_3^{2-}$、Cl^-、Br^-、I^-等离子可能存在。若沉淀溶解，则SO_4^{2-}、SO_3^{2-}、CO_3^{2-}、PO_4^{3-}、NO_2^-等离子可能存在。为什么？

4. 还原性阴离子的检验

取3滴试液，用2 mol·L^{-1} H_2SO_4酸化，再逐滴加入0.01 mol·L^{-1} $KMnO_4$溶液。若紫色褪去，表示SO_3^{2-}、$S_2O_3^{2-}$、S^{2-}、NO_2^-、Br^-、I^-可能存在。为什么？写出反应方程式。

当检出有还原性阴离子后，再用I_2-淀粉溶液检验是否有强还原性阴离子。若蓝色褪去，则可能存在 S^{2-}、SO_3^{2-}、$S_2O_3^{2-}$。说明原因。

5. 氧化性阴离子的检验

取 3 滴试液，用 2 mol·L^{-1} H_2SO_4 酸化，再加入 3～4 滴 CCl_4 和 3 滴 0.1 mol·L^{-1} KI 溶液，振荡试管，观察 CCl_4 层是否显紫色，如果是，表示存在 NO_2^-。为什么？写出反应方程式。

（二）阴离子的检出

经过以上的初步检验，可以判断哪些离子可能存在，然后进行分离、鉴定，确定未知液中存在的离子。

(1) SO_4^{2-} 的检出　未知溶液用 6 mol·L^{-1} HCl 酸化，再加入 0.5 mol·L^{-1} $BaCl_2$ 溶液，若生成白色沉淀，表示有 SO_4^{2-} 存在。

(2) CO_3^{2-} 的检出　一般用 $Ba(OH)_2$ 气体瓶法。取下洁净滴瓶的滴管，在滴瓶内加少量未知液，从滴管上口加入 1 滴饱和 $Ba(OH)_2$ 溶液。然后往滴瓶内加入 5 滴 6 mol·L^{-1} HCl，立即将滴管插入瓶中，塞紧。用手指轻敲瓶底，放置 2 min。若 $Ba(OH)_2$ 溶液变浑，则存在 CO_3^{2-}。如未知液中含有 $S_2O_3^{2-}$ 或 SO_3^{2-}，它们会干扰 CO_3^{2-} 的检出，需要加入 5 滴 3% H_2O_2 溶液将它们氧化后再检出 CO_3^{2-}。

$$SO_3^{2-}+H_2O_2 = SO_4^{2-}+H_2O$$

$$S_2O_3^{2-}+4H_2O_2+2OH^- = 2SO_4^{2-}+5H_2O$$

(3) PO_4^{3-} 的检出　一般用生成磷钼酸铵的反应来检出。但 SO_3^{2-}、$S_2O_3^{2-}$、S^{2-} 等还原性阴离子及大量 Cl^- 都有干扰。还原性阴离子能将钼还原成低氧化态而破坏了试剂，大量的 Cl^- 能降低反应的灵敏度。所以，这些干扰离子存在时，要先滴加浓 HNO_3，煮沸，排除干扰。

此外，磷钼酸铵能溶于磷酸盐，所以反应时要加入过量的试剂。

(4) S^{2-} 的检出　试液中的 S^{2-} 含量多时，可酸化试液，用 $Pb(Ac)_2$ 试纸检查 H_2S。S^{2-} 含量少时，可在碱性溶液中加入 $Na_2[Fe(CN)_5NO]$ 检验。S^{2-} 存在时会因为形成 $Na_4[Fe(CN)_5NOS]$ 而显紫红色。

S^{2-} 对 SO_3^{2-}、$S_2O_3^{2-}$ 的检出有干扰，因此在检出 SO_3^{2-}、$S_2O_3^{2-}$ 前必须把 S^{2-} 除去。方法是在溶液中加入 $CdCO_3$ 固体，利用沉淀的转化除去 S^{2-}：

$$S^{2-}+CdCO_3(s) = CdS\downarrow+CO_3^{2-}$$

(5) $S_2O_3^{2-}$ 的检出　在除去 S^{2-} 的溶液里加入过量 0.1 mol·L^{-1} $AgNO_3$ 溶液，若产生的白色沉淀逐渐转化为黄→橙→棕，最后变为黑色，则表示有 $S_2O_3^{2-}$ 存在。

$$S_2O_3^{2-}+2Ag^+ = Ag_2S_2O_3\downarrow$$
$$Ag_2S_2O_3+H_2O = Ag_2S\downarrow(\text{黑})+H_2SO_4$$

(6) SO_3^{2-} 的检出　$S_2O_3^{2-}$ 妨碍 SO_3^{2-} 的检出，在检出 SO_3^{2-} 前应分离。在除去 S^{2-} 的溶液中加 $Sr(NO_3)_2$ 溶液，溶解度很小的 $SrSO_3$ 和其他难溶于水的锶盐（如 $SrCO_3$、$SrSO_4$ 等）即生成沉淀，而溶解度大的 SrS_2O_3 留在溶液中。将含有 SO_3^{2-} 的沉淀溶于盐酸，加入 $BaCl_2$ 溶液，SO_4^{2-} 可通过产生白色 $BaSO_4$ 沉淀把它分离除去。然后在溶液中加入数滴 3% H_2O_2 溶液，此时 SO_3^{2-} 被氧化为 SO_4^{2-}，产生白色 $BaSO_4$ 沉淀。

(7) Cl^-、Br^-、I^- 的检出　由于强还原性阴离子妨碍 Br^-、I^- 的检出，所以一般将 Cl^-、

Br^-、I^-沉淀为银盐，再以12%$(NH_4)_2CO_3$溶液处理沉淀，在所得银氨溶液中先检出Cl^-。$(NH_4)_2CO_3$溶液处理后，沉淀再用锌粉处理，在所得溶液中加氯水，先检出I^-，再检出Br^-。这样连续检出Br^-、I^-的方法只适用于含有少量I^-和多量Br^-的溶液。如果I^-浓度较大，I_2在CCl_4层的紫色干扰溴的检出，加入很多氯水也难以使紫色褪去。这时，可在溶液中加入H_2SO_4和KNO_2并加热，使I^-氧化成I_2，蒸发除去，然后再检出Br^-。

(8) NO_2^-的检出　酸性介质下加KI和CCl_4，在常见的11种阴离子范围内，只有NO_2^-能把I^-氧化成I_2。

(9) NO_3^-的检出　一般用棕色环法鉴定：

$$3Fe^{2+}+NO_3^-+4H^+ \xlongequal{} NO\uparrow+3Fe^{3+}+2H_2O$$

$$NO+Fe^{2+} \xlongequal{} Fe(NO)^{2+}\text{(棕色)}$$

NO_2^-也能产生同样的反应，因此当NO_2^-存在时，须先将NO_2^-除去。除去的方法是在混合溶液中加饱和NH_4Cl并加热：

$$NH_4^++NO_2^- \rightleftharpoons N_2\uparrow+2H_2O$$

通过检查确无NO_2^-时，再检出NO_3^-。

【思考题】

(1) 一试样不溶于水而溶于稀硝酸，如已证实含Ag^+和Ba^{2+}，问需检验何种阴离子？

(2) 鉴定少量CO_3^{2-}时，为什么用$Ba(OH)_2$而不用$Ca(OH)_2$？

(3) 现有五瓶无色溶液分别为：$NaNO_2$、$Na_2S_2O_3$、$AgNO_3$、KI、稀H_2SO_4，能否不用其他试剂而利用它们之间的反应把它们区分开来？

(4) 某碱性无色未知液，用盐酸酸化后变浑浊，此未知液中可能有哪些阴离子？

实验二十　常见阳离子混合液的分离与鉴定

【预习内容】

(1) 查阅有关参考书目，了解常见阳离子的性质，检出反应方程式以及离子的干扰情况。

(2) 了解常见阳离子初步试验的方法。

【目的要求】

(1) 总结、比较常见阳离子的有关性质。

(2) 了解阳离子分离的一般原理和方法。

(3) 进一步掌握沉淀的生成、洗涤、转移等操作。

【实验原理】

阳离子的种类较多，常见的有20多种，个别定性检出时，容易发生相互干扰，所以，一般阳离子分析都是利用阳离子的某些共同特性，先分成几组，然后根据阳离子的个别特性加以检出。凡能使一组阳离子在适当的条件下生成沉淀而与其他组阳离子分离的试剂称为组试剂。利用不同组试剂把阳离子逐级分离，再进行检出的方法叫做阳离子的系统分析。在阳离子系统分析中，利用不同的组试剂有多种不同的分组方案，主要有硫化氢系统、两酸两碱系统、铵盐系统等，其中硫化氢系统分析法和两酸两碱系统分析法是应用最广泛的两种分析方法。

1. 硫化氢系统分析法

硫化氢系统分析法是以硫化物溶解度的不同为基础，用 HCl、H_2S、$(NH_4)_2S$、$(NH_4)_2CO_3$四种组试剂把常见的阳离子分为五个组的系统分析法。在上述组试剂中，因 H_2S气体毒性较大且制备不太方便，常用硫代乙酰胺 CH_3CSNH_2（通常简写为 TAA）的水溶液代替 H_2S 作沉淀剂。同时，硫代乙酰胺在不同的介质中加热时还可发生不同的水解作用，因而也可代替$(NH_4)_2S$ 作沉淀剂。常见阳离子的分组方案及所用组试剂见表 7－2：

表 7－2　阳离子的硫化氢系统分组

<table>
<tr><td rowspan="4">分组根据的特征</td><td colspan="4">硫化物不溶于水</td><td colspan="2">硫化物溶于水</td></tr>
<tr><td colspan="3">在稀酸中硫化物沉淀</td><td rowspan="3">在稀酸中不生成硫化物沉淀</td><td rowspan="3">碳酸盐不溶于水</td><td rowspan="3">碳酸盐溶于水</td></tr>
<tr><td rowspan="2">氯化物不溶于热水</td><td colspan="2">氯化物溶于热水</td></tr>
<tr><td>硫化物不溶于硫化钠</td><td>硫化物溶于硫化钠</td></tr>
<tr><td>包括离子</td><td>Ag^+
Hg_2^{2+}
(Pb^{2+})①</td><td>Pb^{2+}
Bi^{3+}
Cu^{2+}
Cd^{2+}</td><td>Hg^{2+}
As(Ⅲ，Ⅴ)
Sb(Ⅲ，Ⅴ)
Sn^{4+}</td><td>Fe^{3+} Fe^{2+}
Al^{3+} Mn^{2+}
Cr^{3+} Zn^{2+}
Co^{2+}
Ni^{2+}</td><td>Ba^{2+}
Sr^{2+}
Ca^{2+}</td><td>Mg^{2+}
K^+
Na^+
(NH_4^+)②</td></tr>
<tr><td rowspan="2">组的名称</td><td rowspan="2">Ⅰ组
银组
盐酸组</td><td>$Ⅱ_A$组</td><td>$Ⅱ_B$组</td><td rowspan="2">Ⅲ组
铁组
硫化铵组</td><td rowspan="2">Ⅳ组
钙组
碳酸铵组</td><td rowspan="2">Ⅴ组
钠组
可溶组</td></tr>
<tr><td colspan="2">Ⅱ组
铜锡组
硫化氢组</td></tr>
<tr><td>组试剂</td><td>HCl</td><td colspan="2">$0.3\ mol \cdot L^{-1}$ HCl
H_2S</td><td>NH_3+NH_4Cl
$(NH_4)_2S$</td><td>NH_3+NH_4Cl
$(NH_4)_2CO_3$</td><td>—</td></tr>
</table>

注：① Pb^{2+}浓度大时部分沉淀；② 系统分析中需要加入铵盐，故 NH_4^+ 需另行检出。

硫化氢系统分析的过程是：在含有阳离子的酸性溶液中加入 HCl，Ag^+、Pb^{2+}、Hg_2^{2+}形成白色的氯化物沉淀，而与其他阳离子分离，这几种阳离子就构成了盐酸组。沉淀盐酸组时，HCl 的浓度不能太大，否则会因形成配合物而沉淀不完全。在分离沉淀后的清液中调节至 HCl 的浓度为 $0.3\ mol \cdot L^{-1}$，加硫代乙酰胺并加热，Pb^{2+}、Bi^{3+}、Cu^{2+}、Cd^{2+}、Hg^{2+}、As(Ⅲ，Ⅴ)，Sb(Ⅲ，Ⅴ)，Sn^{4+}等阳离子生成相应的硫化物沉淀，这些离子组成了硫化氢组，这些离子除 Pb^{2+}外，其氯化物都溶于 H_2O，Pb^{2+} 虽然在盐酸组中析出一部分 $PbCl_2$沉淀，但由于沉淀不完全，溶液中还剩相当量的 Pb^{2+}，所以硫化氢组中也包括 Pb^{2+}。在分离沉淀后的清液中加入氨水至碱性（NH_4Cl 存在下），加入硫代乙酰胺并加热，Fe^{3+}、Co^{2+}、Ni^{2+}、Mn^{2+}、Zn^{2+} 形成硫化物沉淀，而 Al^{3+}、Cr^{3+} 形成氢氧化物沉淀，这些离子统称为硫化铵组。在沉淀这一组离子时，溶液的酸度不能太高，否则本组离子不可能沉淀完全；溶液酸度也不可能低，否则另一组的 Mg^{2+} 可能部分生成 $Mg(OH)_2$ 沉淀，并且 $Al(OH)_3$ 呈两性也可能部分溶解，于是溶液中加入一定量的 NH_4Cl 以控制溶液的 pH，防止形成 $Mg(OH)_2$ 沉淀和出现 $Al(OH)_3$ 的部分溶解。在分离沉淀后的清液中加入 $(NH_4)_2CO_3$、Sr^{2+}、Ba^{2+} 和 Ca^{2+} 形成碳酸盐并析出沉淀，称为碳酸铵组。剩下的 Mg^{2+}、K^+、Na^+、NH_4^+ 不被上述任何组试剂所沉淀，留在溶液中，叫可溶组，这一分析过程见图 7-2。分成 5 个组后再利用组内离子性质的差异性，利用各种试剂和方法一一进行检出。

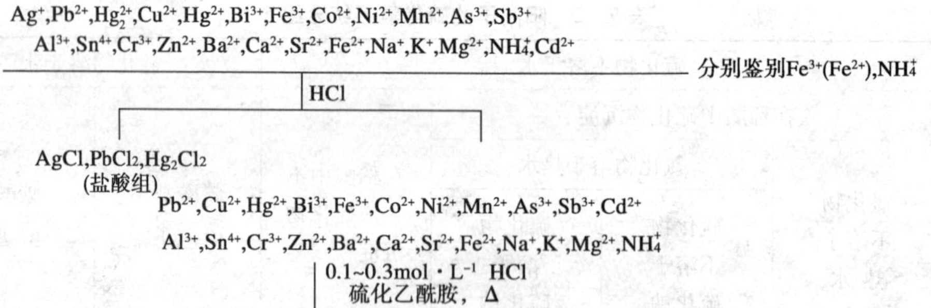

图 7-2　硫化氢系统分组方案

2. 两酸两碱系统分析法

两酸两碱系统分析法主要依据各阳离子氯化物、硫酸盐、氢氧化物的溶解度不同，以两酸（HCl、H_2SO_4）、两碱（$NH_3 \cdot H_2O$、NaOH）为组试剂，将 20 多种阳离子分成五组，分组方案如图 7-3 所示。每组分出后，继续再进行组内分离，直至鉴定时相互不发生干扰为止。在实际分析中，如果发现某组离子整组不存在（无沉淀产生），这组离子的分析就可省去，从而简化了分析的手续。常见阳离子的主要鉴定反应请参阅有关书籍。

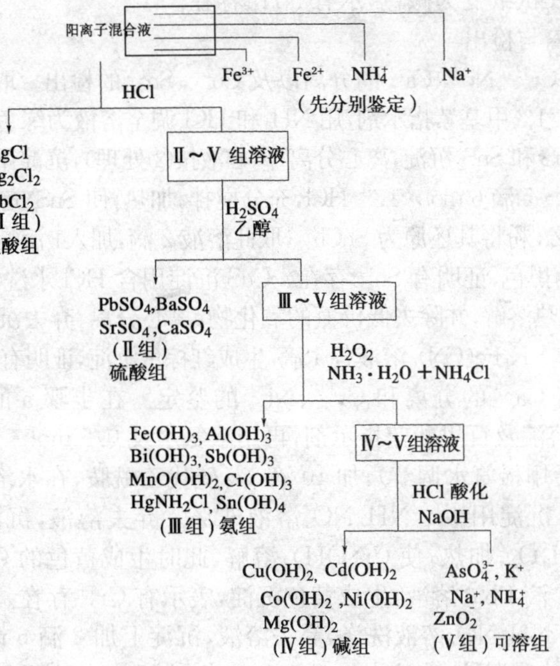

图 7-3 两酸两碱系统分组方案(图中↓表示沉淀,|表示溶液)

【仪器、试剂与材料】

仪器:试管,烧杯,离心机,酒精灯,恒温水浴。

试剂与材料:Cu^{2+}、Sn^{4+}、Cr^{3+}、Ni^{2+}、Ca^{2+}、NH_4^+ 的混合液,Hg^{2+}、Cu^{2+}、Pb^{2+}、Ni^{2+}、Mg^{2+} 的混合液,Na^+、Ni^{2+}、Pb^{2+}、Cr^{2+}、Ca^{2+} 的混合液,Fe^{3+}、Al^{3+}、Ag^+、Zn^{2+}、Cu^{2+}、NH_4^+ 的混合液,NaOH(2 mol·L^{-1}、6 mol·L^{-1}、10%),$NH_3 \cdot H_2O$(0.5 mol·L^{-1}、2 mol·L^{-1}、6 mol·L^{-1}、浓),HCl(6 mol·L^{-1}),硫代乙酰胺溶液(5%),Zn 粉,$HgCl_2$(0.2 mol·L^{-1}),HNO_3(2 mol·L^{-1}、6 mol·L^{-1}),NaAc(1 mol·L^{-1}),$K_4Fe(CN)_6$(0.25 mol·L^{-1}),H_2O_2(6%),丁二酮肟溶液(1%),$(NH_4)_2CO_3$(1 mol·L^{-1}),HAc(2 mol·L^{-1}),乙二醛双缩(α-羟基苯胺)(简称 GBHA)的乙醇溶液(1%),Na_2CO_3(10%),$CHCl_3$,H_2SO_4(1.0 mol·L^{-1}),NH_4Ac(饱和溶液),K_2CrO_4(1 mol·L^{-1}),KI(1 mol·L^{-1}),NH_4Cl(3 mol·L^{-1}),$CuSO_4$(2%),NH_4NO_3(1%),Na_2SO_3(固体),0.001%镁试剂Ⅰ(对硝基苯偶氮间苯二酚),百里酚蓝指示剂,甲基紫指示剂(0.1%),pH 试纸(1~14)。

【实验步骤】

(1) 将 3 mL 可能含有 Cu^{2+}、Sn^{4+}、Cr^{3+}、Ni^{2+}、Ca^{2+}、NH_4^+ 等离子的混合液进行分离和鉴定。用流程图表示出操作步骤,记录实验现象、结论等,并写出有关鉴定反应的方程式。

操作步骤

① 初步检验

NH_4^+ 的鉴定,首先将一小块 pH 试纸用蒸馏水润湿,贴在表面皿中心,另一表面皿中加 2 滴混合液、2 滴 2 mol·L^{-1} NaOH 溶液,很快用贴有 pH 试纸的表面皿盖上,将此装置放在水浴上加热，如 pH 试纸变为碱色，示有 NH_4^+ 存在。

② 各离子的分离与检出

a. Cu^{2+}、Sn^{4+} 与 Cr^{3+}、Ni^{2+}、Ca^{2+} 的分离以及 Cu^{2+}、Sn^{4+} 的检出。取 20 滴混合液于一支离心试管中，加入 1 滴 0.1%甲基紫指示剂，用 NH_3 和 HCl 调至溶液为绿色，加入 10 滴 5%硫代乙酰胺，加热，则析出 CuS 和 SnS_2 沉淀，离心分离（离心液按②处理），沉淀用含 HCl 的水洗两次，弃去洗涤液，沉淀上加 4～5 滴 6 mol·L^{-1} HCl，充分搅拌，加热，使 SnS_2 充分溶解，离心分离，离心液为 $SnCl_6^{2-}$，用少许 Zn 粉将其还原为 $SnCl_4^{2-}$，取此溶液 2 滴，加入1 滴0.2 mol·L^{-1} $HgCl_2$，生成白色沉淀，并逐渐变为黑色，证明有 Sn^{4+} 存在。CuS 沉淀用含 HCl 水洗涤，弃去洗涤液，加 2 滴 2 mol·L^{-1} HNO_3，加热溶解，并除去低价氮的氧化物，离心分离，弃去沉淀，溶液加 1 mol·L^{-1} NaAc 和 0.25 mol·L^{-1} $K_4Fe(CN)_6$ 溶液各 1 滴，生成红棕色沉淀，证明有 Cu^{2+} 存在。

b. Cr^{3+}、Ni^{2+} 与 Ca^{2+} 的分离和 Cr^{3+}、Ni^{2+} 的鉴定。在步骤 a 的离心液中，加入 5 滴 3 mol·L^{-1} NH_4Cl 溶液及百里酚蓝指示剂，再用浓氨水及 0.5 mol·L^{-1} 氨水调至溶液显黄棕色（先用浓氨水，后用稀氨水调节），加 10 滴 5%硫代乙酰胺，在水浴中加热，离心分离，离心液按步骤 c 处理。沉淀用 1% NH_4NO_3 溶液洗涤。弃去溶液，沉淀加 3 滴 6 mol·L^{-1} NaOH 和 3 滴 6% H_2O_2，加热，使 $Cr(OH)_3$ 溶解，此时生成黄色的 CrO_4^{2-}，离心分离，离心液加 HAc 酸化，加 1 滴 Pb^{2+} 溶液，生成黄色沉淀，表示有 Cr^{3+} 存在。

NiS 沉淀用 1% NH_4NO_3 溶液洗涤，弃去溶液，沉淀上加 2 滴 6 mol·L^{-1} HNO_3，加热溶解，分离出生成的硫磺沉淀，清液中加入 6 mol·L^{-1} 氨水，使之呈碱性，加 1 滴 1%丁二酮肟，生成红色沉淀，证明有 Ni^{2+} 存在。

c. Ca^{2+} 的鉴定。在步骤 b 的离心液中，加 3 滴 1 mol·L^{-1} $(NH_4)_2CO_3$，生成白色沉淀，离心分离，弃去离心液，沉淀用水洗一次，加 2 滴 2 mol·L^{-1} HAc 溶解，取此溶液 1 滴，加 4 滴 1% GBHA 的乙醇溶液，1 滴 10% NaOH 溶液，1 滴 10% Na_2CO_3 溶液和 3～4 滴 $CHCl_3$，再加数滴水，摇动试管，$CHCl_3$ 层显红色表示有 Ca^{2+} 存在。

(2) 在以下几组混合离子中任选一组，拟定实验方案后进行实验。用流程图表示操作步骤，记录试样和试剂用量、实验现象、结论等，并写出有关鉴定反应的方程式。

① Hg^{2+}，Cu^{2+}，Pb^{2+}，Ni^{2+}，Mg^{2+}

② Na^+，Ni^{2+}，Pb^{2+}，Cr^{2+}，Ca^{2+}

③ Fe^{3+}，Al^{3+}，Ag^+，Zn^{2+}，Cu^{2+}，NH_4^+

【思考题】

(1) 根据本实验的内容，总结常见离子的检出方法，写出反应条件、现象及反应方程式。

(2) 为什么硫代乙酰胺（CH_3CSNH_2）的水溶液可以代替 H_2S 来使用？

(3) 在进行混合离子的鉴定时，为什么要先鉴别出 NH_4^+？

(4) 有 5 种溶液分别为：KCl、$Cd(NO_3)_2$、$AgNO_3$、$ZnSO_4$、$CrCl_3$，请选用一种试剂把它们区分开来。

【附注】 某些有机试剂的结构简式和有关阳离子的检出反应方程式

1. GBHA[乙二醛双缩（α-羟基苯胺）]

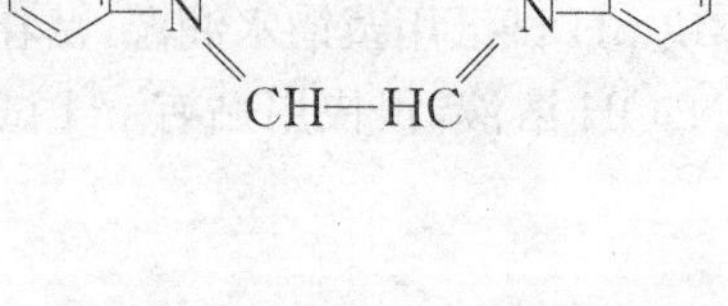

2. 丁二酮肟

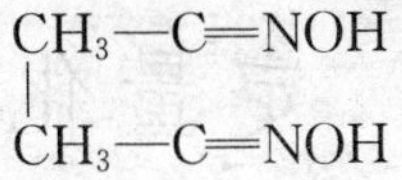

3. 硫代乙酰胺

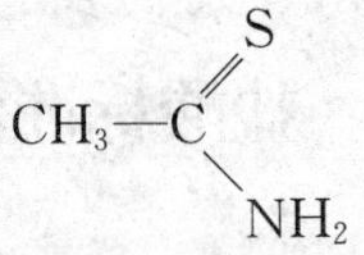

其水解反应式为

酸性溶液中：　$CH_3CSNH_2 + H_2O \longrightarrow NH_4^+ + CH_3COO^- + H_2S$

碱性溶液中：　$CH_3CSNH_2 + OH^- \longrightarrow NH_4^+ + CH_3COO^- + HS^-$

4. Cu^{2+} 的检出反应方程式

$$2Cu^{2+} + [Fe(CN)_6]^{4-} \longrightarrow Cu_2[Fe(CN)_6]\downarrow \text{（红综色）}$$

5. Hg^{2+} 的检出反应方程式

$$Hg^{2+} + 4I^- \longrightarrow HgI_4^{2-}$$

$$2Cu^{2+} + 4I^- \longrightarrow 2CuI\downarrow \text{（白）} + I_2$$

$$2HgCl_2 + SnCl_2 \longrightarrow Hg_2Cl_2\downarrow \text{（白色）} + SnCl_4$$

6. Pb^{2+} 检出反应方程式

$$Pb(Ac)_3^- + CrO_4^{2-} \longrightarrow PbCrO_4\downarrow + 3Ac^-$$

7. Sn^{4+} 的检出反应方程式

$$Zn + SnCl_6^{2-} \longrightarrow Zn^{2+} + SnCl_4^{2-} + 2Cl^-$$

$$2HgCl_2 + SnCl_2 \longrightarrow Hg_2Cl_2\downarrow \text{（白色）} + SnCl_4$$

$$HgCl_2 + SnCl_2 \longrightarrow Hg\downarrow \text{（黑色）} + SnCl_4$$

8. Cr^{3+} 的检出反应

$$Cr^{3+} + 4OH^- \longrightarrow CrO_2^- \text{（亮绿色）} + 2H_2O$$

$$2CrO_2^- + 3H_2O_2 + 2OH^- \longrightarrow 2CrO_4^{2-} \text{（黄色）} + 4H_2O$$

9. Ni^{2+} 的检出反应

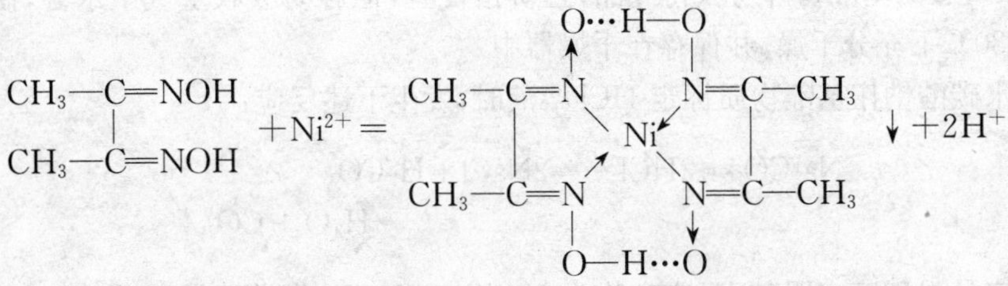

鲜红色

第八章　定量化学实验

实验二十一　盐酸标准溶液的标定

【预习内容】

(1) 酸碱指示剂选择的原则，甲基橙指示剂的变色范围。
(2) 基准物质与标准溶液的概念。
(3) 以无水碳酸钠作基准物质标定 HCl 溶液浓度的原理与方法。
(4) 推导盐酸标准溶液浓度的计算公式。

【目的要求】

(1) 学会酸式滴定管的使用。
(2) 学会用无水 Na_2CO_3 作基准物质标定盐酸溶液浓度的原理和方法。
(3) 掌握用有效数字记录体积读数及运算的方法。

【实验原理】

浓盐酸易挥发，不能直接配制标准溶液，可先配制成近似于所需浓度的溶液，然后用基准物质(或已经用基准物质标定过的标准溶液)来标定它的准确浓度。标定盐酸标准溶液可用基准试剂无水碳酸钠或硼砂。

硼砂($Na_2B_4O_7 \cdot 10H_2O$)基准物容易获得纯品，不吸收水分，但当空气湿度较小时，容易失去结晶水，因此需保存在相对湿度为 60%的恒湿器中。

硼砂作为基准物时与盐酸反应为

$$Na_2B_4O_7 + 2HCl + 5H_2O \xlongequal{\quad} 4H_3BO_3 + 2NaCl$$

该反应是强酸滴定弱碱，反应产物为 H_3BO_3 和 NaCl，化学计量点时 pH 为 5.12，可以选用甲基红指示剂，由黄色变为浅粉红色即为终点，变色十分敏锐。

无水 Na_2CO_3 基准物容易获得纯品，且价格便宜，但容易吸收空气中水分，使用前必须在 275～280℃下充分干燥，并保存在干燥器中。

用无水碳酸钠作基准物质标定 HCl 溶液时，发生下述反应：

$$Na_2CO_3 + 2HCl \xlongequal{\quad} 2NaCl + H_2CO_3$$
$$\qquad\qquad\qquad\qquad\qquad\qquad \llcorner\!\!\rightarrow H_2O + CO_2\uparrow$$

该反应是强酸滴定弱碱，反应产物为 H_2CO_3 和 NaCl，化学计量点时 pH 为 3.8～3.9，可选甲基橙为指示剂，由黄色转变为橙色即为终点，但变色不太敏锐。

当 Na_2CO_3 的量一定时(通过直接称取一定量无水 Na_2CO_3 以水溶解后或吸取一定体积的 Na_2CO_3 标准溶液达到此目的),用 HCl 溶液滴定,以甲基橙作指示剂滴到橙色为终点,此终点体积近似认为为化学计量点体积,根据 Na_2CO_3 的物质的量与 HCl 溶液滴定时消耗的体积,即可求得 HCl 溶液的标准浓度。

必须注意,以指示剂变色点来判断化学计量点到达时,选择指示剂的变色范围必须要落在滴定的 pH 突跃范围内,否则会造成误差增大,甚至会得到较大的误差。

pH 突跃范围的大小与浓度、电离常数(或水解常数)的大小有关。浓度愈大,突跃愈大;电离常数或水解常数愈大,突跃愈大;反之皆小。无水碳酸钠是一种水解盐,碱性相当于弱碱,所以用甲基橙作指示剂时,浓度不能太稀,否则误差太大。

【仪器与试剂】

仪器:酸式滴定管,滴定管夹,滴定台,移液管(25 mL),锥形瓶(250 mL,3 个),容量瓶(250 mL),洗耳球,洗瓶,分析天平。

试剂:无水碳酸钠(基准试剂,经烘干处理),盐酸溶液(近似浓度为 0.1 $mol \cdot L^{-1}$),甲基橙指示剂(0.1%)。

【实验步骤】

1. Na_2CO_3 标准溶液的配制

取一只洁净小烧杯,用减量法称量基准无水碳酸钠(经烘干处理)样品 1.2～1.3 g(思考为什么?),加入适量蒸馏水,用一洁净的玻璃棒搅拌溶解(注意勿使溶液溅出损失,可稍加热),待样品溶解后,借助玻璃棒小心地将小烧杯中的溶液转移到 250 mL 容量瓶中(容量瓶必须事先检查是否漏液),随后用洗瓶中蒸馏水沿烧杯内壁冲洗烧杯,再将烧杯内溶液转移到容量瓶中,如此反复 3～4 次(必须注意勿使溶液的总体积超过容量瓶的刻线)。最后借助洗瓶小心地向容量瓶加入蒸馏水,使容量瓶中的液面正好与刻线对准。塞紧瓶塞,摇匀瓶内溶液,备用。

根据无水碳酸钠的质量及容量瓶的体积,计算碳酸钠标准溶液的摩尔浓度(计算到 4 位有效数字)。

2. HCl 溶液浓度的标定

用待标定的 HCl 溶液润洗洁净的酸式滴定管三次,然后装入待标定的 HCl 溶液至刻度线上,打开活塞,赶走滴定管下端的气泡,再调节溶液的弯月面在"0～1"mL 刻度线之间,记下初读数(V_1)(准确至小数点后第二位)。

用 Na_2CO_3 标准溶液润洗洁净的 25 mL 移液管三次,然后移取 25.00 mL Na_2CO_3 标准溶液置于洗净的 250 mL 锥形瓶中,滴入 1～2 滴甲基橙指示剂,摇匀后,用右手持锥形瓶,用左手的大拇指和食指旋转活塞,开始时滴入 HCl 溶液的速度为一滴接着一滴,且边滴边摇锥形瓶,使溶液均匀混合。待接近终点时,速度为加入一滴后摇几摇,直至加入一滴酸后,摇匀,溶液由黄色变为橙色,再用洗瓶冲洗锥形瓶内壁后,仍不变色,即为终点,记下末读数(V_2)。

平行滴定操作三次,要求滴入的 HCl 溶液体积相差不超过 0.10 mL。

【数据记录与处理】

测定次数 记录项目	1	2	3
$m(Na_2CO_3)$(g)			
V_2(末读数 mL)			
V_1(初读数 mL)			
$V(HCl)$(mL)			
$c(HCl)(mol \cdot L^{-1})$			
$\bar{c}(HCl)(mol \cdot L^{-1})$			
绝对偏差			
相对平均偏差(%)			

$$c(HCl)=\frac{2m(Na_2CO_3)\times 1\,000\times 25.00}{V(HCl)\times 106.0\times 250.0}$$

【思考题】

(1) 标定盐酸时为什么不用酚酞作指示剂?

(2) 若加入大量洗涤水,使终点体积约为400 mL左右,则将对本实验结果产生什么影响?为什么?

(3) 如果滴定管下端气泡没有赶走,对实验结果将会产生什么影响?为什么?

实验二十二　NaOH标准溶液的配制与标定

【预习内容】

(1) NaOH标准溶液的配制方法。

(2) 邻苯二甲酸氢钾标定NaOH溶液浓度的原理。

(3) 分析天平的减量称量法。

(4) 推导NaOH标准溶液浓度计算公式。

【目的要求】

(1) 掌握NaOH标准溶液的配制方法。

(2) 学会运用邻苯二甲酸氢钾作为基准物质标定NaOH溶液的浓度。

(3) 进一步熟悉酸碱滴定操作和减量法称量操作。

【实验原理】

固体氢氧化钠易吸收空气中的二氧化碳和水分,因此NaOH标准溶液不能用直接配制法，而只能用间接法。配制的碱标准溶液准确浓度必须用基准物质进行标定，标定 NaOH 的基准物质常用草酸（$H_2C_2O_4 \cdot 2H_2O$）、苯甲酸和邻苯二甲酸氢钾（$KHC_8H_4O_4$）。本实验选用邻苯二甲酸氢钾作为基准物质，它纯度高、稳定、不吸水且具有较大的摩尔质量，是较理想的基准试剂。其标定反应为

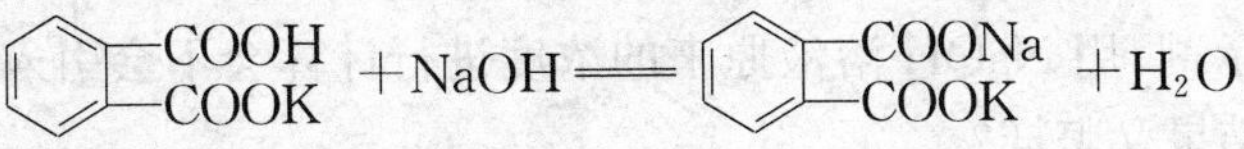

其中邻苯二甲酸氢钾（KHP）为中等弱酸，其 $K_2 = 3.9 \times 10^{-6}$。上述反应终点时，pH≈9，故选择酚酞作为标定反应的指示剂。

【仪器及试剂】

仪器：碱式滴定管，锥形瓶三只，烧杯，玻璃棒，台秤，分析天平，试剂瓶（带橡皮塞），量杯（50 mL），塑料洗瓶，牛角匙。

试剂：氢氧化钠（固，AR），邻苯二甲酸氢钾（基准试剂，105～110 ℃烘干 1 h 以上），酚酞指示剂（0.2 %乙醇溶液）。

【实验步骤】

1. 配制 $0.1\ mol \cdot L^{-1}$ 的 NaOH 标准溶液 1 L

称量 4.0 gNaOH 放入烧杯中→快速溶解（用新鲜的或煮沸除去 CO_2 的蒸馏水）→稀释至 1 L→存放于试剂瓶中（带橡皮塞）→摇匀贴上标签备用。

2. 标定（平行测定三次）

在分析天平上准确称量（减量法）邻苯二甲酸氢钾（KHP）0.4～0.6 g（思考为什么?）试样三份于三只编号锥形瓶中，每份加入沸腾后刚刚冷却的水 50 mL，摇动使之溶解，加入酚酞指示剂 1～2 滴，用 $0.1\ mol \cdot L^{-1}$ 的 NaOH 标准溶液滴定至微红色，且 30 s 内不褪色，即为终点，记录消耗的 NaOH 溶液的体积。三份测定的相对平均偏差应不大于 0.2%。

【数据记录与处理】

测定次数 / 记录项目	1	2	3
m(KHP)(g)			
V(NaOH)(mL)			
c(NaOH)($mol \cdot L^{-1}$)			
$\bar{c}$(NaOH)($mol \cdot L^{-1}$)			
绝对偏差			
相对平均偏差(%)			

计算公式：

$$c(NaOH) = \frac{m(KHP) \times 1\,000}{V(NaOH) \times 204.2}$$

【思考题】

(1) 用邻苯二甲酸氢钾标定 NaOH 溶液时,为什么用酚酞而不用甲基橙作指示剂?

(2) 如基准物 $KHC_8H_4O_4$ 中含有少量 $H_2C_8H_4O_4$,对 NaOH 溶液标定结果有何影响?

(3) 如果 NaOH 标准溶液在保存过程中吸收了空气中的 CO_2,用该标准溶液滴定盐酸,以甲基橙作指示剂,用 NaOH 溶液原来的浓度进行计算会不会引入误差?若用酚酞为指示剂进行滴定,结果又怎样?

实验二十三　铵盐中氮含量的测定(甲醛法)

【预习内容】

(1) 试样的直接法准确称量、溶解、完全转移、定容。

(2) 甲醛法测定铵盐中氮含量的方法原理。

(3) 大样的取用原则。

(4) 甲基红指示剂的变色范围,酸色、碱色。

【实验目的】

(1) 了解酸碱滴定法的应用,掌握甲醛法测定铵盐中氮含量的方法。

(2) 熟悉容量瓶、移液管的使用。

(3) 了解大样的取用原则。

【实验原理】

因氨水的电离常数不大($K_b=1.8\times10^{-5}$),其共轭酸太弱(NH_4^+ 的 $K_a=5.6\times10^{-10}$),不能用碱标准溶液直接滴定,只能用间接的方法来测定其含氮量。

本实验利用铵盐与甲醛能够发生反应而释放出等物质的量的酸(能被碱标准溶液滴定)来达到间接测定的目的。

化学反应式为:$4NH_4^+ + 6HCHO = (CH_2)_6N_4H^+ + 3H^+ + 6H_2O$

滴定化学反应为:$(CH_2)_6N_4H^+ + 3H^+ + 4NaOH = (CH_2)_6N_4 + 4Na^+ + 4H_2O$

生成六次甲基四胺酸($K_a=7.1\times10^{-6}$)和 H^+ 离子,用氢氧化钠标准溶液滴定,以酚酞作为指示剂,滴定至微红色,30 s 内不褪色即为终点。

如试样中含游离酸,加甲醛之前应事先以甲基红为指示剂用氢氧化钠标液中和,以免影响测定的结果。

甲醛法的准确度较差,但测定方法简单,实际应用较广,适用于铵盐中铵态氮的测定。试样如含 Fe^{3+},则影响终点观察,可改用蒸馏法。

另一种氮含量的测定方法为蒸馏法,准确度较高,但操作比较麻烦费时。

甲醛法也可用于测定有机物中的氮,但须先将它转化为铵盐,然后再进行测定。

【仪器与试剂】

仪器:分析天平(0.000 1 g),滴定管,容量瓶(250 mL),移液管(25 mL),锥形瓶,烧杯等。

试剂：氢氧化钠溶液（0.1 mol·L^{-1}），酚酞指示剂（0.2%），甲醛（1∶1,18%），甲基红（0.2%），邻苯二甲酸氢钾（固，GR），硫酸铵试样（LR）。

【实验步骤】

1. 氢氧化钠溶液的标定（同实验二十二）

2. 甲醛溶液的处理

甲醛中含有微量酸，应事先中和，其方法如下：取原瓶装甲醛上层清液于烧杯中，加水稀释一倍，加入2～3滴0.2%酚酞指示剂，用氢氧化钠标准溶液滴定甲醛溶液呈现微红色。

3. 配制样液

准确称取试样（硫酸铵试样）1.5～1.6 g（为什么？）于100 mL烧杯中，加入约30 mL水溶解，把溶液定量转移至250 mL的容量瓶中，以水定容，摇匀备用。

4. 测定

移取样液25.00 mL于250 mL锥形瓶中，加入一滴甲基红指示剂，用氢氧化钠溶液中和至溶液呈黄色，以中和试样中原有的酸或碱，再加入10 mL 18%中性甲醛进行转化，然后加入1～3滴酚酞指示剂，摇匀后放置1 min，用氢氧化钠标准溶液滴定至微红色，且30 s内不褪色即为终点，记录消耗的氢氧化钠标准溶液体积。平行测定三次。

【数据记录与处理】

测定次数 / 记录项目	1	2	3
m(样)(g)			
V(NaOH)(mL)			
C(NaOH)（mol·L^{-1}）			
ω(N)(%)			
$\bar{\omega}$(N)(%)			
相对平均偏差(%)			

计算公式：$\omega(\mathrm{N})(\%)=\dfrac{c(\mathrm{NaOH})\times V(\mathrm{NaOH})\times 14.01\times 250.0}{m(样)\times 25.00\times 1\,000}\times 100\%$

【思考题】

（1）硫酸铵试样溶解于水后，溶液为碱性还是酸性？能否用氢氧化钠溶液直接测定其中的含氮量？

（2）尿素$CO(NH_2)_2$中含氮的测定也可采用此法，先加硫酸加热使样品全部转化成硫酸铵后，测定方法同上。试设计实验方案并写出含氮量测定的计算公式。

（3）本测定为什么要取大样进行分析？

拓展实验　复合肥中总氮含量测定——蒸馏法

【预习内容】

(1) 肥料试样溶液的制备方法。
(2) 蒸馏法测氮的原理和方法。

【目的要求】

(1) 学会肥料试样溶液的制备方法。
(2) 掌握蒸馏法测氮的原理和方法。

【实验原理】

在酸性介质中还原硝酸盐成铵盐，在触媒存在下，用浓硫酸消化，将有机态氮或尿素态氮和氰氨态氮转化为硫酸铵。从碱性溶液中蒸馏氨，并吸收于过量硫酸标准溶液中，再用甲基红或甲基红-亚甲基蓝混合指示剂，用氢氧化钠标准溶液返滴定。在测定的同时，使用同样的操作步骤、同样的试剂，但不含试样，进行空白试验。过程所发生的化学反应如下：

$$NH_4^+ + OH^- = NH_3 + H_2O$$
$$2NH_3 \cdot H_2O + H_2SO_4 = (NH_4)_2SO_4 + 2H_2O$$
$$H_2SO_4 + 2NaOH = Na_2SO_4 + 2H_2O$$

根据样品质量、蒸馏样品溶液和空白溶液所消耗滴定剂 NaOH 标准溶液的浓度和体积可计算肥料中氮的含量：

$$\omega(N)\% = \frac{(V_0 - V_1)c \times 0.014\,01}{m} \times 100$$

式中　c——测定及空白实验时，使用 NaOH 标准溶液的浓度，$mol \cdot L^{-1}$；
V_1——测定试样时，消耗 NaOH 标准溶液的体积，mL；
V_0——空白实验时，消耗 NaOH 标准溶液的体积，mL；
m——样品的质量，g。

蒸馏法测定氮含量，虽然操作比较麻烦费时，但准确度较高，不仅适用于铵盐中铵态氮的测定，而且适用其他形态的氮含量测定。

【仪器与试剂】

仪器：实验室常用仪器、消化蒸馏装置，如图8－1所示。

试剂：氧化铝，防泡剂(如熔点小于 100℃ 的石蜡或硅脂)，消化触媒混合物(将 1 000 g 硫酸钾和 50 g 五水硫酸铜混合，并仔细研磨)，氢氧化钠标准溶液($0.1\ mol \cdot L^{-1}$)，硫酸标准溶液(0.50、0.20、$0.10\ mol \cdot L^{-1}$)，甲基红指示剂，甲基红-亚甲基蓝混合指示剂。

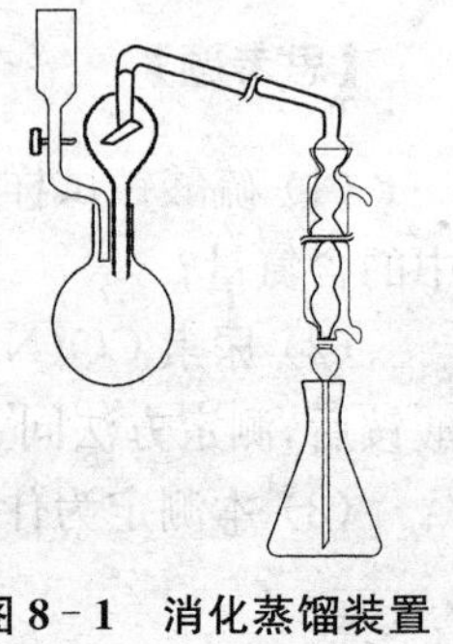

图 8－1　消化蒸馏装置

【实验步骤】

1. 称样

准确称取总氮含量不大于 235 mg、硝酸态氮含量不大于 60 mg 的实验室样品 0.5～2 g 于圆底烧瓶中。

2. 消化(试样含有机态氮,除了完全以尿素和氰氨基化物形式存在外,或是测定未知组分肥料时,必须采用此步骤)

将烧瓶置于通风橱内,加 22 g 消化触媒混合物和 1.5 g 氧化铝,小心地加入 30 mL 硫酸,并加 0.5 g 防泡剂以减少泡沫,于烧瓶颈插上梨形空心玻璃塞,将其置于预先调节至 7～7.5 min 沸腾试验的加热装置上。如泡沫很多,减少供热强度至泡沫消失,继续加热烧瓶和内容物,直到浓的白烟在烧瓶的圆球部分清晰。缓慢地转动烧瓶,继续消化 60 min 或直到溶液透明,冷却烧瓶至室温。

3. 蒸馏

若用圆底烧瓶蒸馏,定量转移试样或经水解或经消化的溶液至圆底烧瓶中,并加入防爆沸颗粒。根据试样预计的氮含量,加入适当浓度和体积的硫酸溶液于接受器中,加 4～5 滴指示剂溶液,装上接受器,导管的末端应插入硫酸溶液中,如溶液太少,加入适量水于接受器中。至少注入 120 mL 氢氧化钠溶液于滴液漏斗中,若试样既未经水解,又未经消化处理时,只需注 20 mL 氢氧化钠于滴液漏斗中,小心地将其注入到蒸馏烧瓶中。当滴液漏斗中余下约 2 mL 溶液时,关闭活塞。加热使烧瓶内容物沸腾,逐渐增加加热速度,使内容物达到激烈沸腾。在蒸馏期间,烧瓶内容物应保持碱性。至少收集 150 mL 馏出液后,将接受器取下,而冷凝管的导管仍在接受器边上的位置。用 pH 试纸检验之后蒸出的馏出液,以保证氨全部蒸出,移去热源。从冷凝管上拆下防溅球管,用水冲洗冷凝管和扩大球泡的内部及导管的外部,收集冲洗液于接受器中。

4. 滴定

用氢氧化钠标准溶液返滴定过量硫酸到指示剂颜色呈现灰绿色(甲基红-亚甲基蓝混合指示剂)或橙黄色(甲基红指示剂)。记录消耗的 NaOH 标准溶液体积V_1 mL。

5. 空白实验

在测定的同时,使用同样的操作步骤、同样的试剂,但不含试样,进行试验。记录消耗的 NaOH 标准溶液体积 V_0mL。

平行测定三次。

【数据记录与处理】(格式自拟)

计算氮的百分含量。

【思考题】

(1) 氨基酸能用蒸馏法测定氮含量吗?

(2) 实验用过量的硫酸标准溶液吸收氨,可以改用硼酸吗?

(3) 比较甲醛法和蒸馏法测定物质中含氮量的优缺点。

实验二十四　EDTA 标准溶液的配制与标定

【预习内容】

(1) EDTA 在配位滴定中的应用。
(2) 金属指示剂的工作原理。
(3) 钙指示剂使用的 pH 范围、适用离子、颜色变化情况。
(4) 基准物质 $CaCO_3$ 标定 EDTA 溶液浓度的原理和方法。

【目的要求】

(1) 练习 EDTA 标准溶液的配制。
(2) 掌握用基准物质 $CaCO_3$ 标定 EDTA 溶液浓度的原理和方法。
(3) 掌握钙指示剂的使用方法。
(4) 进一步掌握移液管和容量瓶的正确使用。

【实验原理】

EDTA 是乙二胺四乙酸的简称，是取其英文四个字首组成的，即"Ethylene-diamine tetraacetic acid"，其结构式为

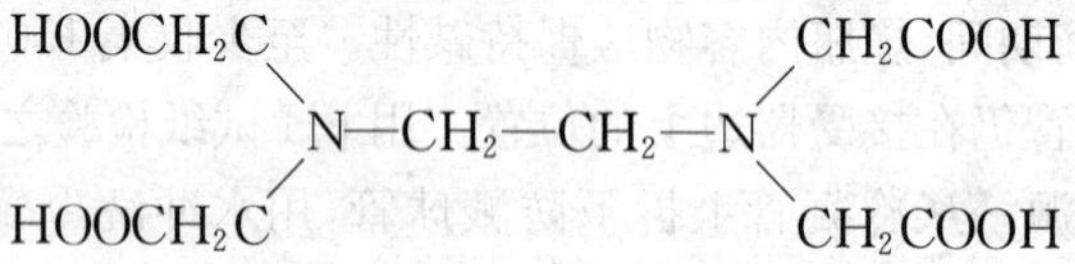

乙二胺四乙酸微溶于水，常温下其溶解度约为 $0.2\ g \cdot L^{-1}$。难溶于酸和一般的有机溶剂，但易溶于氨性溶液或苛性碱溶液中，其二钠盐的溶解度要比它大 600 倍，常温下其溶解度约为 $120\ g \cdot L^{-1}$，因此在分析中通常使用其二钠盐配制标准溶液，习惯上也称 EDTA。

标定 EDTA 溶液常用的基准物有 Zn、ZnO、$CaCO_3$、Bi、Cu、$MgSO_4 \cdot 7H_2O$、Hg、Ni、Pb 等。通常选用其中与被测组分相同的物质作基准物，这样，滴定条件一致，可减小误差，对测定更为有利。

本实验选用 $CaCO_3$ 为基准物，首先可加 HCl 溶液溶解，其反应如下：

$$CaCO_3 + 2HCl = CaCl_2 + CO_2\uparrow + H_2O$$

然后把溶液转移到容量瓶中并稀释，制成钙标准溶液。吸取一定量钙标准溶液，调节酸度使 pH≥12，用钙指示剂，以 EDTA 溶液滴定溶液由酒红色变为纯蓝色，即为终点。其变色原理如下：

钙指示剂在水溶液中按下式离解：

$$H_3Ind \rightleftharpoons 2H^+ + HInd^{2-}\text{（纯蓝色）}$$

在 pH≥12 的溶液中，$HInd^{2-}$ 离子与 Ca^{2+} 离子形成比较稳定的络离子，其反应如下：

$$HInd^{2-} + Ca^{2+} \rightleftharpoons CaInd^-\text{（酒红色）} + H^+$$

所以，在钙标准溶液中加入钙指示剂时，溶液呈酒红色，用 EDTA 溶液滴定时，由于 EDTA 能与 Ca^{2+} 形成比 $CaInd^{-}$ 络离子更稳定的络离子，因此，在终点附近，$CaInd^{-}$ 络离子将不断转化为较稳定的 CaY^{2-} 络离子，而钙指示剂则被游离了出来，其反应可表示如下：

$$CaInd^{-}(\text{酒红色})+H_2Y^{2-}+OH^{-} = CaY^{2-}(\text{无色})+HInd^{2-}(\text{纯蓝色})+H_2O$$

反应终点时溶液由酒红色变为纯蓝色。

配位滴定中所用的水，应不含 Fe^{3+}、Al^{3+}、Cu^{2+}、Ca^{2+}、Mg^{2+} 等杂质离子。

【仪器与试剂】

仪器：分析天平（0.000 1 g），台秤（0.1 g），酸式滴定管，容量瓶（250 mL），移液管（25 mL），锥形瓶（250 mL3 只），烧杯（250 mL），量筒（25 mL、10 mL），洗瓶，表面皿。

试剂：EDTA 二钠盐（固、AR），碳酸钙（固、GR 或 AR），盐酸溶液（1∶1），NaOH（10%）、镁溶液（2%），钙指示剂。

【实验步骤】

1. 配制 0.01 mol · L^{-1} EDTA 标准溶液 1 000 mL

称量 EDTA 二钠盐 3.8 g，加 300 mL 温水溶解，冷却至室温后，稀释至 1 000 mL，摇匀。

2. 配制 0.01 mol · L^{-1} 钙标准溶液 250.0 mL

准确称量 $CaCO_3$ 0.20～0.25 g（110℃干燥两小时）于小烧杯中，加入少量蒸馏水润湿，盖上表面皿，缓缓从杯嘴处滴加 HCl（1∶1）数毫升，待 $CaCO_3$ 完全溶解后，用洗瓶把可能溅到杯壁和表面皿上的溶液淋洗入烧杯中，然后加热近沸，待冷却后将溶液定量转移于 250 mL容量瓶，定容，摇匀。

3. EDTA 标准溶液的标定

准确移取 25.00 mL 上述钙标准溶液置于 250 mL 的锥形瓶中，加入 25 mL 蒸馏水，2 mL 镁溶液，5 mL NaOH（10%），加约 10 mg（黄豆大小）的钙指示剂，摇匀后，用 EDTA 溶液滴定至酒红色变为纯蓝色，即为终点。记下所用体积 V（平行滴定三次，要求相对平均偏差小于 0.2%）。

注意：由于配位反应速度较慢，故滴加 EDTA 溶液速度不能太快，特别是近终点时，应逐滴加入，并充分振摇。

【数据记录与处理】

测定次数 / 记录项目	1	2	3
$m(CaCO_3)$(g)			
V(EDTA)(mL)			
c(EDTA)(mol · L^{-1})			
$\overline{c}$(EDTA)(mol · L^{-1})			
相对平均偏差(%)			

计算公式：

$$c(\text{EDTA})=\frac{m(\text{CaCO}_3)\times 1\,000\times 25.00}{V(\text{EDTA})\times 100.09\times 250.0}$$

【思考题】

(1) 为什么通常使用乙二胺四乙酸的二钠盐来配制 EDTA 标准溶液而不用乙二胺四乙酸？

(2) 以高纯 $CaCO_3$ 为基准物，以钙指示剂标定 EDTA 溶液浓度时，应控制溶液的酸度为多少？为什么？怎样控制？

(3) 若配制的钙标准溶液没有摇匀，将对标定产生什么后果？

(4) 络合滴定法与酸碱滴定法相比主要不同点是什么？在操作时应注意什么？

(5) EDTA 标准溶液为什么须放入塑料瓶中保存？

实验二十五　水的硬度测定

【预习内容】

(1) 络合滴定法测定水的硬度的原理和方法。

(2) 硬度的常用表示方法。

(3) 铬黑 T 指示剂在不同 pH 时的颜色变化情况。

【目的要求】

(1) 了解水的硬度的测定意义和硬度的常用表示方法。

(2) 掌握用络合滴定法测定水的硬度的原理和方法。

(3) 熟悉金属指示剂的使用及其终点的判断。

【实验原理】

Ca^{2+}、Mg^{2+}是自来水中的主要金属离子(还含有微量的 Fe^{3+}、Al^{3+}、Cu^{2+}等)，通常以钙镁含量来表示水的硬度。由钙离子形成的硬度称为钙硬度，由镁离子形成的硬度称为镁硬度，总硬度是水中钙镁离子的总浓度。

世界各国有不同表示水硬度的方法，我国是采用德国硬度单位制，以含 Ca^{2+}、Mg^{2+}离子量折合成 CaO 的量来表示水的硬度。每度(°)相当于 1 L 水中含有 10 mg 氧化钙，即 10 万份水中含有一份 CaO。按水的硬度大小可将水质分类：极软水(0°～4°)；软水(4°～8°)；中硬水(8°～16°)；硬水(16°～30°)；极硬水(30°以上)。生活用饮用水的硬度不得超过 25°。各种工业用水对硬度有不同的要求，如锅炉用水必须是软水，因此，测定水的硬度有很重要的实际意义。

水的硬度测定一般采用 EDTA 配位(络合)滴定法，在 pH＝10 的氨性缓冲溶液中以铬黑 T(EBT)作指示剂，用 EDTA 标准溶液直接滴定水中的 Ca^{2+}、Mg^{2+}，终点时溶液由酒红色变为纯蓝色，测定水的总硬度。

其反应式如下：

pH=10 时

$$Me^{2+}(Ca^{2+}、Mg^{2+})+EBT \rightleftharpoons Me-EBT^{2+}(酒红色)$$

$$Me^{2+}+H_2Y^{2-} = MeY^{2-}(无色)+2H^+$$

终点时

$$Me-EBT^{2+}(酒红色)+H_2Y^{2-} = MeY^{2-}(无色)+EBT(蓝色)+2H^+$$

钙硬度测定的原理与以 $CaCO_3$ 为基准物质标定 EDTA 溶液浓度的原理和方法相似。

总硬度减去钙硬度即为镁硬度。

若水样中存有 Fe^{3+}、Al^{3+}、Cu^{2+}、Zn^{2+}、Pb^{2+} 等微量杂质离子时，可用三乙醇胺、Na_2S 或 KCN 掩蔽之。

【仪器与试剂】

仪器：酸式滴定管，锥形瓶(250 mL)，量筒，烧杯，洗瓶，移液管(100 mL)。

试剂：EDTA 标准溶液(0.01 mol·L^{-1})，NaOH(10%)，钙指示剂，pH=10 的氨性缓冲溶液(将 54 g NH_4Cl 溶于少量水中，加入 350 mL 浓氨水，稀释至 1 000 mL)，铬黑 T(EBT)指示剂(1%，称取 1.0 g 铬黑 T 溶于 75 mL 的三乙醇胺与 25 mL 无水乙醇溶液中)，三乙醇胺(1∶2)。

【实验步骤】

1. 总硬度的测定

用移液管移取 100.0 mL 自来水于锥形瓶中，加入 5 mL 三乙醇胺(1∶2)、5 mL pH=10 的氨性缓冲溶液，3～5 滴 EBT 指示剂，摇匀后即用 0.01 mol·L^{-1} EDTA 标准溶液滴定，近终点时，应逐滴加入，并充分振摇。溶液由酒红色变为纯蓝色时为终点。记下所用体积 V_1，计算水的总硬度。平行测定三次。

2. 钙硬度的测定

准确移取 100.0 mL 自来水于 250 mL 的锥形瓶中，加 5 mL 三乙醇胺(1∶2)、5 mL NaOH(10%)，再加约 10 mg(黄豆大小)的钙指示剂，摇匀后，用 0.01 mol·L^{-1} EDTA 溶液滴定至酒红色变为纯蓝色，即为终点。记下所用体积 V_2，计算钙硬度。平行测定三次。

3. 镁硬度的测定

总硬度减去钙硬度即为镁硬度。

4. 空白测定

用移液管移取 100.0 mL 蒸馏水于锥形瓶中，加入 5 mL 三乙醇胺(1∶2)、5 mL pH=10 的氨性缓冲溶液、3～5 滴 EBT 指示剂，若溶液为纯蓝色，说明蒸馏水空白溶液中无 Ca^{2+}、Mg^{2+}；若溶液为酒红色，说明蒸馏水空白溶液中有 Ca^{2+}、Mg^{2+}，摇匀后即用 0.01 mol·L^{-1} EDTA 标准溶液滴定，溶液由酒红色变为纯蓝色时为终点。记下所用体积 V_0，并在计算硬度时扣除此体积。

【数据记录与处理】

总硬度的测定

测定次数 / 记录项目	1	2	3
$V_1(H_2O)$(mL)			
c(EDTA)($mol \cdot L^{-1}$)			
V_1(EDTA)(mL)			
总硬度(°)			
总硬度平均值(°)			
相对平均偏差(%)			

钙硬度的测定

测定次数 / 记录项目	1	2	3
$V(H_2O)$(mL)			
c(EDTA)($mol \cdot L^{-1}$)			
V_2(EDTA)(mL)			
钙硬度(°)			
钙硬度平均值(°)			
相对平均偏差(%)			

计算公式：

$$硬度(°)=\frac{c(EDTA)\times V(EDTA)\times 56.08}{V(H_2O)\times 1\,000}\times 10^5$$

【思考题】

(1) 为什么滴定 Ca^{2+}、Mg^{2+} 总量时要控制 pH=10，而滴定 Ca^{2+} 则需 pH=12～13？

(2) 用 EDTA 法测定水的硬度时，哪些离子的存在有干扰？如何消除？

(3) 若以 $mg \cdot L^{-1}$ 为单位，将水样中 Ca^{2+}、Mg^{2+} 折算为 $CaCO_3$，如何计算硬度？

实验二十六　铅、铋混合液的连续测定

【预习内容】

(1) 铅、铋离子配位滴定时的酸度条件。

(2) 以金属锌标定 EDTA 标准溶液的原理与方法。

(3) 铅、铋混合液连续测定的原理与方法。

(4) 二甲酚橙指示剂的使用。

【目的要求】

(1) 掌握以金属锌标定 EDTA 标准溶液的原理与方法。

(2) 掌握通过控制不同的酸度连续测定铅、铋离子的配位滴定法。

(3) 熟悉二甲酚橙指示剂的应用。

【实验原理】

Bi^{3+} 与 EDTA 形成的配合物，其 $\log K_{BiY}=27.9$(25℃)，Pb^{2+} 与 EDTA 形成的配合物，其 $\log K_{PbY}=18.0$(25℃)。由于两稳定常数间差别较大，可通过控制酸度的方法在一份试液中连续分别滴定出各自含量。

首先调节溶液的 pH≈1，以二甲酚橙为指示剂，此时，Bi^{3+} 与指示剂形成紫红色配合物(Pb^{2+} 在此条件下不形成紫红色配合物)，然后用 EDTA 标准溶液滴定 Bi^{3+} 至溶液由紫红色变为亮黄色，即为滴定 Bi^{3+} 的终点。

在滴定后的溶液中，加入六次甲基四胺溶液，调节溶液 pH＝5～6，此时 Pb^{2+} 与二甲酚橙形成紫红色配合物，溶液的颜色重新变为紫红色，然后用 EDTA 标准溶液继续滴定至溶液由紫红色变为亮黄色时，即为滴定 Pb^{2+} 的终点。

二甲酚橙指示剂自身在 pH＜6.3 时呈黄色，pH＞6.3 时呈红色，与 Pb^{2+}、Bi^{3+} 形成紫红色配合物。

【仪器与试剂】

仪器：分析天平，台称，酸式滴定管，容量瓶，移液管，锥形瓶，量筒，洗瓶。

试剂：EDTA 标准溶液(0.01 mol·L^{-1})，金属锌或氧化锌(基准试剂)，HNO_3(0.1 mol·L^{-1}，0.5 mol·L^{-1})，HCl(1∶1)，六次甲基四胺(20%)，二甲酚橙指示剂(0.2%)，$Pb(NO_3)_2$(固)，$Bi(NO_3)_3$(固)。

【实验步骤】

1. Zn^{2+} 标准溶液(0.01 mol·L^{-1})的配制

准确称取纯金属锌 0.15～0.20 g(或氧化锌 0.20～0.22 g)于 250 mL 烧杯中，加入少量蒸馏水润湿，盖上表面皿，缓缓从杯嘴处滴加 HCl(1∶1)5(或 10)mL，待锌溶解完全后，用洗瓶把可能溅到杯壁和表面皿上的溶液淋洗入杯中，将溶液转移到 250 mL 容量瓶中，稀释至刻度，摇匀。

2. EDTA 标准溶液(0.01 mol·L^{-1})的标定

准确移取锌标准溶液 25.00 mL 于 250 mL 锥形瓶中，加入二甲酚橙指示剂 2 滴，用 20%六次甲基四胺溶液调节至溶液呈现紫红色后再过量 5 mL。以 EDTA 溶液滴定至溶液由紫红色变为亮黄色，即为终点。平行滴定三次。根据滴定所用 EDTA 溶液的体积，计算 EDTA 溶液的浓度。

3. Pb^{2+}、Bi^{3+} 混合液的配制

称取 $Pb(NO_3)_2$ 3.3g，$Bi(NO_3)_3$ 4.8 g，加 25 mL 0.5 mol·L^{-1} HNO_3 溶解，并用

0.1 mol·L^{-1} HNO_3稀释至1 L，此混合溶液中含Pb^{2+}、Bi^{3+}浓度各约为0.01 mol·L^{-1}。

4. Pb^{2+}、Bi^{3+}混合液的测定

用移液管移取25.00 mL的Pb^{2+}、Bi^{3+}混合液三份，分别注入250 mL锥形瓶中，调节溶液的pH≈1，加1～2滴二甲酚橙指示剂，用EDTA标准溶液滴定至溶液由紫红色变为亮黄色，即为Bi^{3+}的终点。根据消耗的EDTA体积及浓度，计算混合液中Bi^{3+}的含量。

在滴定Bi^{3+}后的溶液中，再加1～2滴二甲酚橙指示剂，滴加20%的六次甲基四胺溶液至呈现稳定的紫红色后，再过量5 mL，此时，溶液的pH约为5～6，再用EDTA标准液滴定至溶液由紫红色变为亮黄色，即为终点。根据所消耗EDTA体积及浓度，计算混合液中Pb^{2+}的含量。

【数据记录与处理】（格式自拟）

【思考题】

(1) 本实验，能否先在pH=5～6的溶液中测定出Pb^{2+}的含量，然后再调整pH≈1测定Bi^{3+}的含量？

(2) 配置Zn标准溶液和EDTA溶液时，各选用何种天平？为什么？

(3) 本实验用六次甲基四胺调节pH=5～6，用HAc缓冲溶液代替六次甲基四胺行吗？用氨或碱呢？

【附注】

如果试样为铅铋合金时，其溶样方法为：准确称取0.5～0.6 g合金试样于小烧杯中，加入HNO_3(1∶2)7 mL，盖上表面皿，微沸溶解，然后用洗瓶吹洗表面皿与杯壁，将溶液转入100 mL容量瓶中，用0.1 mol·L^{-1} HNO_3稀释至刻度，摇匀。

实验二十七　铝合金中铝含量的测定

【预习内容】

(1) 置换滴定法。

(2) 测定铝合金中铝含量的方法和原理。

(3) 指示剂二甲酚橙的使用特点。

【目的要求】

(1) 了解测定合金中组分含量的样品处理方法。

(2) 掌握配合滴定中的置换滴定法。

【实验原理】

铝合金中铝经溶样后转化成Al^{3+}，由于Al^{3+}离子易水解，易形成多核羟基配合物，同时Al^{3+}与EDTA配合速度慢，故一般采用返滴定法或置换滴定法测定铝。本实验采用置

换滴定法，先调节溶液的 pH 为 3～4，加入过量 EDTA 溶液，煮沸，使 Al^{3+} 与 EDTA 充分配合，冷却后，再调节溶液的 pH 为 5～6，以二甲酚橙为指示剂，用 Zn^{2+} 标准溶液滴定过量 EDTA（不计体积）。然后，加入过量 NH_4F，加热至沸，使 AlY^- 与 F^- 之间发生置换反应，并释放出与 Al^{3+} 配合的 EDTA，再用 Zn^{2+} 标准溶液滴定至紫红色，即为终点。记录体积，求算出铝的含量。

$$Al\% = \frac{C(Zn^{2+}) \times V(Zn^{2+}) \times 26.98}{m_s \times \frac{25.00}{250.0}}$$

式中 $C(Zn^{2+})$——锌标准溶液的浓度（$mol \cdot L^{-1}$）；

$V(Zn^{2+})$——消耗锌标准溶液的体积（mL）；

m_s——称取铝合金的质量（g）。

【仪器与试剂】

仪器：酸式滴定管，锥形瓶，量筒，洗瓶，烧杯，表面皿，容量瓶，移液管等。

试剂：纯锌（固），EDTA 二钠盐（AR），氨水（1∶1），HCl（1∶3），HCl（1∶1），NH_4F（固），二甲酚橙指示剂，六次甲基四胺（20%），HNO_3-HCl-水混合酸（1∶1∶2）。

【实验步骤】

1. 锌标准溶液（0.02 $mol \cdot L^{-1}$）的配制

准确称取纯金属锌 0.33 g 左右于 100 mL 烧杯中，加 5 mLHCl（1∶1），立即盖上表面皿，待锌溶解完全后，加入适量水，完全转移到 250 mL 容量瓶中，稀释至刻度，摇匀。计算此溶液的准确浓度。

2. EDTA 溶液（0.02 $mol \cdot L^{-1}$）的配制

称取 3.8 g EDTA 二钠盐置于烧杯中，加 100 mL 水，微微加热并搅拌使其溶解完全，稀释至 500 mL，冷却后转入 500 mL 试剂瓶中，摇匀。

3. 铝合金样品的预处理

准确称取 0.13～0.15 g 铝合金样品于 100 mL 烧杯中，加入 10 mL 混合酸（HNO_3-HCl-水），并立即盖上表面皿，待样品溶解后定量转入 250 mL 容量瓶中，稀释至刻度，摇匀。

4. 铝的测定

准确移取上述试液 25.00 mL 于 250 mL 锥形瓶中，加 EDTA 溶液 20 mL，二甲酚橙指示剂 2 滴，用氨水（1∶1）调至溶液恰呈紫红色，然后，滴加 HCl（1∶3）3 滴，将溶液煮沸 3 min，冷却，加入六次甲基四胺（20%）20 mL，使溶液 pH 为 5～6（此时溶液应呈黄色，如不呈黄色，可用 HCl 调节）。补加二甲酚橙指示剂 2 滴，用锌标准溶液滴定至溶液由黄色突变为红色（此时不计体积）。加入 NH_4F（2 g），将溶液加热至微沸，冷却，再补加 2 滴指示剂，此时溶液应呈黄色，若呈红色，应滴加 HCl 使呈黄色。再用锌标准液滴定至溶液由黄色变为紫红色，即为终点。根据消耗的 Zn^{2+} 标液的浓度和体积，计算铝含量。

【数据记录与处理】（格式自拟）

【思考题】

(1) EDTA 配位滴定法测铝含量时为什么要采用返滴定法或置换滴定法?
(2) 本实验可否用铬黑 T 作指示剂?
(3) 本实验使用的 EDTA 溶液要不要标定?

【附注】

铝合金的牌号繁多,如铝镁合金、铝锌合金等,合金中主要共存元素有 Si、Mg、Cu、Mn、Fe、Zn。在用 EDTA 置换法测定 Al 时,它们均不干扰。但试样中如含 Ti^{4+}、Zr^{4+}、Sn^{4+} 等离子时,亦同时被滴定,对 Al^{3+} 的测定有干扰。大量的 Fe^{3+} 对二甲酚橙指示剂有封闭作用,故本法不适于含大量 Fe 试样的测定。大量 Ca^{2+} 在 pH=5~6 时,也有部分与 EDTA 配合,使测定结果不稳定。

实验二十八 "胃舒平"药片中铝和镁含量的测定

【预习内容】

(1) 样品的前处理方法。
(2) 返滴定法。
(3) 沉淀分离操作。

【目的要求】

(1) 了解成品药剂中组分含量测定的前处理方法。
(2) 掌握配位滴定中的返滴定法。
(3) 熟悉沉淀分离的操作方法。

【实验原理】

"胃舒平"药片的主要成分为氢氧化铝、三硅酸镁($Mg_2Si_3O_8 \cdot 5H_2O$)及少量中药颠茄流浸膏,此外药片成型时还加入了糊精等辅料。药片中铝和镁含量,可用配位滴定法测定,其他成分不干扰测定。

药片溶解后,分离去不溶物质,制成试液。取部分试液准确加入已知过量的 EDTA,并调节溶液 pH 为 3~4,煮沸使 EDTA 与 Al^{3+} 反应完全。冷却后再调节 pH 为 5~6,以二甲酚橙为指示剂,用锌标准溶液返滴过量的 EDTA,即可测出铝含量。其反应如下:

$$Al^{3+} + H_2Y^{2-}(\text{定量且过量}) = AlY^- + 2H^+$$

$$H_2Y^{2-}(\text{未反应}) + Zn^{2+} = ZnY^{2-} + 2H^+$$

$$Zn^{2+} + H_2In^{4-}(\text{黄色}) = ZnIn^{4-}(\text{红色}) + 2H^+$$

另取试液调节 pH,使铝沉淀并予以分离后,于 pH=10 的条件下以铬黑 T 为指示剂,用 EDTA 溶液滴定滤液中的镁，测得镁含量。

【仪器试剂】

仪器：分析天平(0.000 1 g)，台秤(0.1 g)，酸式滴定管，研钵，容量瓶(100 mL)，移液管(10 mL)，锥形瓶(250 mL3 只)，烧杯(250 mL)，量筒(25 mL、10 mL)，洗瓶，表面皿，漏斗。

试剂：锌标准溶液(0.02 mol·L^{-1})，EDTA 标准溶液(0.02 mol·L^{-1})，六次甲基四胺(20%)，HCl(1∶1)，三乙醇胺(1∶2)，氨水(1∶1)，NH_4Cl(固)，甲基红(0.2%乙醇溶液)，二甲酚橙(0.2%)，铬黑 T 指示剂，氨水-氯化铵缓冲溶液(pH=10)。

【实验步骤】

1. (0.02 mol·L^{-1})锌标准溶液配制(同实验二十七)

2. (0.02 mol·L^{-1})EDTA 溶液的配制(同实验二十七)

3. 样品的处理

取“胃舒平”药片 10 片，研细，准确称出药粉 0.8 g 左右，加入 HCl(1∶1)8 mL，加水至 40 mL，煮沸。冷却后过滤，并用水洗涤沉淀。收集滤液及洗涤液于 100 mL 容量瓶中，用水稀释至标线，摇匀，制成试液。

4. 铝的测定

准确移取上述试液 5.00 mL 于 250 mL 锥形瓶中，加水至 25 mL 左右。准确加入 0.02 mol·L^{-1}EDTA 溶液 25.00 mL，摇匀。加入二甲酚橙指示剂 2 滴，滴加氨水(1∶1)至溶液恰呈紫红色，然后滴加 HCl(1∶1)2 滴。将溶液煮沸 3 min 左右，冷却。再加入 20%六次甲基四胺溶液 10 mL，使溶液 pH 为 5～6。再加入二甲酚橙指示剂 2 滴，用锌标准溶液滴定至黄色突变为红色。根据 EDTA 加入量与锌标准溶液滴定体积，计算铝含量，以 Al_2O_3%表示。

5. 镁的测定

另移取试液 10.00 mL 于 250 mL 烧杯中，滴加氨水(1∶1)至刚出现沉淀，再加入 HCl(1∶1)至沉淀恰好溶解。加入固体 NH_4Cl 0.8 g，溶解后，滴加 20%六次甲基四胺至沉淀出现并过量 6 mL。加热至 80℃ 并维持此温度 10～15 min。冷却后过滤，以少量水分次洗涤沉淀。收集滤液及洗涤液于 250 mL 锥形瓶中，加入三乙醇胺 4 mL、氨水-氯化铵缓冲溶液 4 mL 及甲基红指示剂 1 滴、铬黑 T 指示剂少许，用 EDTA 溶液滴定至溶液由暗红色转变为蓝绿色。计算镁含量，以 MgO%表示。

【数据记录与处理】(格式自拟)

【思考题】

(1) 实验中为什么要称取大样混匀后再分取部分试样进行实验？

(2) 能否用 EDTA 标准溶液直接滴定铝？

(3) 在分离铝后的滤液中测定镁，为什么要加入三乙醇胺溶液？

(4) 测定镁时能否不分离铝，而采取掩蔽的方法直接测定？选择什么物质做掩蔽剂比较好？试设计实验方案。

【附注】

(1) 胃舒平药片中各组分含量可能不十分均匀，为使测定结果具有代表性，本实验应多取一些样品，研细混匀后再取部分进行分析。

(2) 以六次甲基四胺溶液调节 pH 以分离铝，其结果比用氨水好，因为这样可以减少 $Al(OH)_3$沉淀对 Mg^{2+} 的吸附。

(3) 测定镁时，加入 1 滴甲基红，会使终点更为灵敏。

(4) 铬黑 T 指示剂的配制：铬黑 T 和氯化钠固体按 1∶100 混合，研磨混匀，保持干燥。

(5) 氨水-氯化铵缓冲溶液（pH＝10）的配制：称取 54 g NH_4Cl 溶于少量水中，加入350 mL浓氨水，稀释至 1 000 mL。

实验二十九　硫代硫酸钠标准溶液的配制与标定

【预习内容】

(1) 硫代硫酸钠不能用直接法配制的原因，配制方法和保存条件。

(2) 用重铬酸钾标准溶液标定硫代硫酸钠溶液浓度的原理、条件和有关反应方程式。

(3) 淀粉指示剂的使用特点，碘量瓶的使用。

【目的要求】

(1) 掌握硫代硫酸钠溶液的配制方法和保存条件。

(2) 了解标定硫代硫酸钠标准溶液浓度的原理和方法。

(3) 掌握碘量法的测定条件。

【实验原理】

硫代硫酸钠（$Na_2S_2O_3 \cdot 5H_2O$）一般都含有少量杂质，如 S、Na_2SO_3、Na_2SO_4、Na_2CO_3及 NaCl 等，同时还容易风化和潮解。因此，不能直接配制准确浓度的溶液。

$Na_2S_2O_3$溶液易受空气和微生物等的作用而分解：

(1) 溶解的 CO_2 的作用

$$Na_2S_2O_3 + H_2CO_3 \xlongequal{pH<4.6} NaHSO_3 + NaHCO_3 + S\downarrow$$

此作用一般发生在溶液配成后的最初十天内，以后由于空气的氧化作用，浓度会慢慢减小。在 pH＝9～10 间硫代硫酸盐溶液最稳定，所以在 $Na_2S_2O_3$ 溶液中加入少量的 Na_2CO_3。

(2) 空气的氧化作用

$$2Na_2S_2O_3 + O_2 = 2Na_2SO_4 + 2S\downarrow$$

(3) 微生物的作用

是 $Na_2S_2O_3$分解的主要原因，为避免微生物的分解作用，可以加入少量HgI_2（10 mg · L^{-1}）。

为了减少溶解在水中的CO_2和杀死水中的微生物，应用新煮沸后冷却的蒸馏水配制溶液并加入少量Na_2CO_3(浓度约为0.02%)，以防止$Na_2S_2O_3$分解。

日光能够促进$Na_2S_2O_3$溶液分解，所以$Na_2S_2O_3$溶液应储存于棕色的试剂瓶中，放置在暗处，经7～14天再标定。

以重铬酸钾为基准物质采用间接碘法标定$Na_2S_2O_3$的反应方程式为

$$Cr_2O_7^{2-}+6I^-+14H^+ = 2Cr^{3+}+3I_2+7H_2O$$

$$I_2+2S_2O_3^{2-} = S_4O_6^{2-}+2I^-$$

【仪器与试剂】

仪器：分析天平(0.000 1 g)，台秤(0.1 g)，碱式滴定管，碘量瓶(250 mL)，烧杯(500 mL)，量筒(50 mL、10 mL)，洗瓶。

试剂：$K_2Cr_2O_7$(GR)，$Na_2S_2O_3\cdot 5H_2O$(AR)，KI(固)，HCl(6 mol·L^{-1})，淀粉(0.5%)。

【实验步骤】

1. 0.1 mol·L^{-1}的硫代硫酸钠溶液的配制

在台秤上称取25 g $Na_2S_2O_3\cdot 5H_2O$于500 mL烧杯中，加入300 mL新煮沸已冷却的蒸馏水，待完全溶解后，加入0.2 g Na_2CO_3，然后用新煮沸已冷却的蒸馏水稀释至1 L，贮于棕色瓶，摇匀，在暗处放置7--14天后标定。

2. 0.1 mol·L^{-1}的硫代硫酸钠溶液的标定

准确称量已烘干的$K_2Cr_2O_7$ 0.12～0.13 g于250 mL碘量瓶中，加入30 mL水溶解。加2 g KI和5 mL 6 mol·L^{-1} HCl溶液，混匀后将塞子塞好，暗处放置5 min，然后稀释大约至100 mL，用0.1 mol·L^{-1}的硫代硫酸钠溶液滴定呈浅黄绿色，加0.5%淀粉溶液2 mL，继续滴定至蓝色变为亮绿色，即为终点(平行测定三次)。

【数据记录与处理】

测定次数 / 记录项目	1	2	3
$m(K_2Cr_2O_7)$(g)			
$V(Na_2S_2O_3)$(mL)			
$c(Na_2S_2O_3)$(mol·L^{-1})			
$\bar{c}(Na_2S_2O_3)$(mol·L^{-1})			
相对平均偏差(%)			

结果计算：$$c(Na_2S_2O_3)=\frac{6\times m(K_2Cr_2O_7)\times 1\,000}{V(Na_2S_2O_3)\times M(K_2Cr_2O_7)}$$

式中　$M(K_2Cr_2O_7)$——$K_2Cr_2O_7$的摩尔质量(294.2 g·mol^{-1})。

【思考题】

(1) 如何配制和保存浓度较稳定的硫代硫酸钠标准溶液?

(2) 用 $K_2Cr_2O_7$ 作基准物标定硫代硫酸钠溶液时,为什么要加入过量的 KI 和 HCl 溶液?

(3) 为什么不能直接用 $K_2Cr_2O_7$ 标定 $Na_2S_2O_3$ 溶液,而要采用间接法? 为什么 $K_2Cr_2O_7$ 与 KI 反应必须要放置 5 min? 滴定前加水稀释的目的是什么?

(4) 为什么要在临近终点时才加入淀粉指示剂溶液?

【附注】

(1) $K_2Cr_2O_7$ 与 KI 的反应不是立刻完成的,在稀溶液中更慢,因此,在暗处放置 5 min 后,再加水稀释的目的是为了使滴定能在中性或弱酸性介质中进行。

(2) 淀粉指示剂要在临近终点时才加入,不能过早,因淀粉吸附大量 I_3^- 后 I_2 不易放出,影响与 $Na_2S_2O_3$ 的反应,从而产生误差;但也不能加入太迟,造成终点已过。

实验三十　硫酸铜中铜含量的测定

【预习内容】

(1) 间接碘法的基本原理及应用。

(2) 碘法测定铜的原理和方法,产生误差的因素。

(3) 碘法测定铜过程中减少误差的措施。

【目的要求】

(1) 掌握用碘法测定铜的原理和方法。

(2) 了解碘法测定铜过程中采取减少误差的措施。

【实验原理】

在弱酸溶液中,Cu^{2+} 与过量的 KI 生成 CuI 沉淀,同时析出定量的 I_2,析出的 I_2 以淀粉为指示剂,用硫代硫酸钠标准溶液滴定,由此计算出铜的含量。反应式如下:

$$2Cu^{2+} + 4I^- \xlongequal{} 2CuI\downarrow + I_2 (pH=3\sim4)$$

$$I_2 + 2S_2O_3^{2-} \xlongequal{} S_4O_6^{2-} + 2I^-$$

为使反应趋于完全,必须加入过量 KI 与 Cu^{2+} 充分反应。由于 CuI 沉淀吸收 I_2 而使结果偏低,因此在近终点时加入 KSCN,使 CuI 转变为溶解度更小的 CuSCN 沉淀,CuSCN 对 I_2 的吸附较差。测定在 pH=3～4 的弱酸中进行,以防止 Cu^{2+} 的水解。酸度过大,I^- 在 Cu^{2+} 催化下易被空气中的 O_2 氧化为 I_2,使结果偏高。

大量 Cl^- 能与 Cu^{2+} 形成配合物,影响 Cu^{2+} 与 I^- 的定量反应,所以最好用 H_2SO_4 调节溶液酸度。

【仪器与试剂】

仪器:分析天平(0.000 1 g),碱式滴定管,容量瓶,烧杯,碘量瓶。

试剂:$CuSO_4\cdot 5H_2O$(固),$Na_2S_2O_3$($0.1\ mol\cdot L^{-1}$),KI(固),H_2SO_4($1\ mol\cdot L^{-1}$),淀粉(0.5%),KSCN(10%)。

【实验步骤】

准确称取硫酸铜试样 0.5～0.6 g(思考为什么?)于 250 mL 碘量瓶中,加 3 mL $1\ mol\cdot L^{-1}$ H_2SO_4和约 30 mL H_2O 使之溶解,加入 1.2 g KI,立即用 $0.1\ mol\cdot L^{-1}$ 的硫代硫酸钠标准溶液滴定至浅黄色,然后加入 3 mL 0.5%淀粉指示剂,继续滴至浅灰色,再加入 5 mL 10% KSCN 溶液,摇匀后溶液蓝色加深,继续滴定至蓝色恰好消失为终点。此时溶液为米色 CuSCN 悬浮液。平行测定三次,由实验结果计算硫酸铜的铜含量。

【数据记录与处理】

硫酸铜中铜含量由下式计算:

$$\omega(Cu)\%=\frac{c(Na_2S_2O_3)\times V(Na_2S_2O_3)\times M(Cu)}{m(CuSO_4\cdot 5H_2O)\times 1\,000}\times 100\%$$

记录项目 \ 测定次数	1	2	3
$m(CuSO_4\cdot 5H_2O)$(g)			
$C(Na_2S_2O_3)$($mol\cdot L^{-1}$)			
$V(Na_2S_2O_3)$(mL)			
ω(Cu)(%)			
$\bar{\omega}$(Cu)(%)			
相对平均偏差(%)			

【思考题】

(1) 用碘量法测定铜时为什么要在弱酸性溶液中进行?

(2) 加入过量的 KI 在测定铜含量时有什么作用?

(3) 用碘法测定铜含量时,为什么要加入 KSCN 溶液?如在酸化后立即加 KSCN 溶液,会产生什么影响?

(4) 已知 $E^\theta(Cu^{2+}/Cu^{+})=0.153$ V,$E^\theta(I_2/I^{-})=0.54$ V,为什么本法中 Cu^{2+} 能使 I^- 氧化为 I_2?

【附注】

(1) 本方法只能用于不含干扰性物质的试样,矿石或合金中的铜也可以用碘量法测定,但必须设法防止能氧化 I^- 离子的物质（如 NO_3^-、Fe^{3+}）的干扰。防止的方法是加入掩蔽剂（如加入 NaF）以掩蔽干扰离子，或在测定前将它们分离除去。

（2）终点为 CuSCN 悬浮液，溶液为米色或浅灰色，把握终点应以蓝色恰好消失为准，要防止滴过终点。

实验三十一　维生素 C 药片中抗坏血酸含量的测定（微型实验）

【预习内容】

（1）I_2 标准溶液的配制及标定方法。

（2）维生素 C 的分子结构与用途。

（3）直接碘量法测定抗坏血酸含量的原理及其操作。

【目的要求】

（1）掌握 I_2 标准溶液的配制及标定方法。

（2）掌握直接碘量法测定维生素 C 药片中抗坏血酸含量的原理及其操作。

【实验原理】

维生素 C 又叫抗坏血酸，属水溶性维生素。它广泛存在于水果和蔬菜中，维生素 C 具有许多对人体健康有益的功能，临床上用于坏血病的预防和治疗，也可用于贫血、过敏性皮肤病、高血脂症和感冒的治疗。成人每日需 45 mg，儿童需 40 mg。维生素 C 属外源性维生素，人体不能合成，必须从食物中摄取。

在日常生活中，烹调食物过熟会破坏其中维生素，水果过熟维生素量也会减少。因为维生素 C 是一种还原剂，分子中的烯二醇基易被氧化，因此可间接防止其他物质被氧化，所以维生素 C 也是一种抗氧化剂，可延缓衰老。

本实验采用碘量法测定维生素 C 药片中抗坏血酸的含量，碘量法是利用 I_2 的氧化性和 I^- 的还原性进行测定的分析方法。固体 I_2 在水中溶解度很小且易挥发，通常是将 I_2 溶解在 KI 溶液中配成碘溶液，溶液保存在棕色磨口瓶中。碘液可用基准 As_2O_3 标定，也可用已标定的 $Na_2S_2O_3$ 标准溶液标定。用 $Na_2S_2O_3$ 标准溶液标定碘液的基本反应式为

$$2S_2O_3^{2-} + I_2 = S_4O_6^{2-} + 2I^-$$

抗坏血酸的分子式为 $C_6H_8O_6$，由于分子中的烯二醇基具有还原性，能被 I_2 定量地氧化成二酮基，以此可测定维生素 C 的含量。反应式如下：

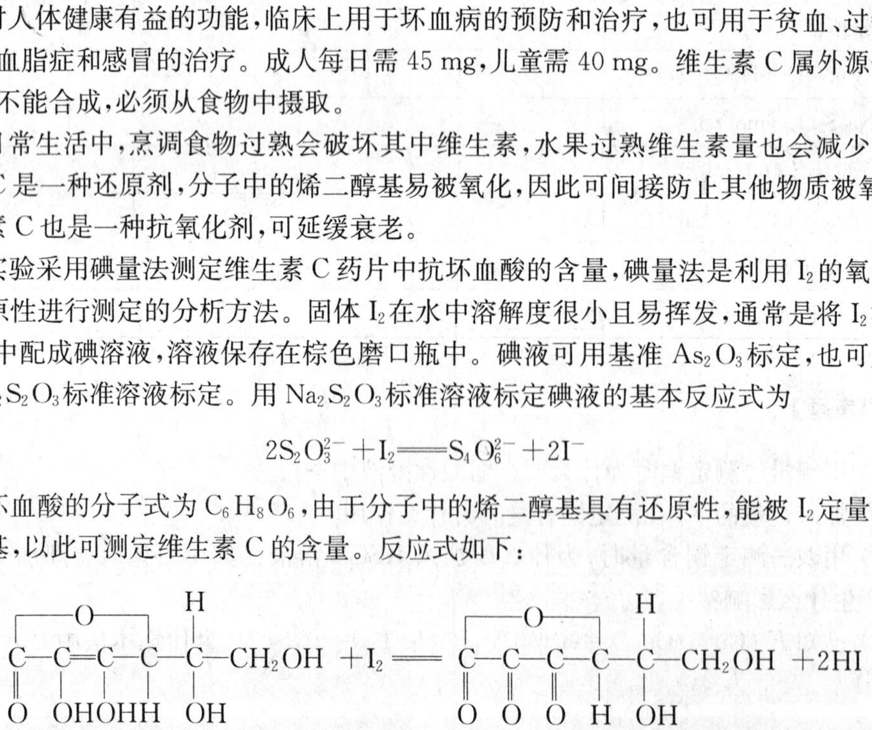

由于维生素 C 的还原性很强，在空气中极易被氧化，尤其在碱性介质中更甚，测定时加入 HAc 使溶液呈弱酸性，以减少维生素 C 的副反应。用淀粉溶液作为指示剂，终点时过量

的 I_2 与淀粉生成蓝色的加合物，反应很灵敏。

【仪器与试剂】

仪器：分析天平（0.000 1 g），台秤（0.1 g），称量瓶，研钵，烧杯（250 mL），容量瓶（250 mL），碘量瓶或具塞锥形瓶（50 mL），量筒（20 mL、10 mL、5 mL），移液管（5.00 mL），酸式滴定管（棕色、50 mL），试剂瓶（棕色）。

试剂：$Na_2S_2O_3$（0.02 mol·L^{-1}），I_2（固），$K_2Cr_2O_7$（GR），KI（固），维生素 C 药片，淀粉溶液（0.5%），Na_2CO_3（固），HAc（2 mol·L^{-1}），HCl（1∶1）。

【实验步骤】

（1）$Na_2S_2O_3$ 标准溶液（0.02 mol·L^{-1}）的配制及标定（同实验二十九）

（2）I_2 标准溶液（0.01 mol·L^{-1}）的配制及标定

称取 1.2～1.3 g I_2 和 2.4 g KI，置于研钵中，加入少量水研磨，待 I_2 全部溶解后，将溶液转入棕色试剂瓶中。加水稀释至 250 mL，充分摇匀，放暗处保存。

移取 $Na_2S_2O_3$ 标准溶液 5.00 mL，置于 50 mL 碘量瓶中，加水 10 mL、淀粉指示剂 8 滴，用 I_2 标准溶液滴定至呈稳定的蓝色，30 s 内不褪色，即为终点。平行滴定三份。计算 I_2 溶液的浓度。

（3）维生素 C 含量的测定

取 10 片维生素 C 药片，小心研细，准确称取适量维生素 C 药片粉末（m_s 相当于 2 片的质量）于 100 mL 的小烧杯中，加入 2 mol·L^{-1} HAc 溶液 20 mL，加新煮沸过的冷蒸馏水适量，溶解后转移到 100 mL 的容量瓶中，稀释至刻度，摇匀。用干燥滤纸迅速过滤，滤液备用。

用移液管准确移取滤液 5.00 mL，置于 50 mL 碘量瓶中，加水 10 mL，淀粉指示剂 8 滴，立即用 I_2 标准溶液滴定至溶液呈稳定的蓝色，30 s 内不褪色，即为终点。记录消耗的 I_2 标准溶液的体积 V（试样）。平行滴定三份，计算维生素 C 的含量。

空白试验：不加维生素 C 滤液，在 50 mL 碘量瓶中，加水 10 mL，淀粉指示剂 8 滴，立即用 I_2 标准溶液滴定至溶液呈稳定的蓝色，30 s 内不褪色，即为终点，记录消耗的 I_2 标准溶液的体积 V（空白）。

【数据记录与处理】（格式自拟）

根据结果分别求出 I_2 标准溶液的浓度和维生素 C 药片中抗坏血酸的含量，抗坏血酸的含量可由下式计算：

$$\omega=\frac{c(I_2)\times[V(\text{试样})-V(\text{空白})]\times M(\mathrm{Vc})\times 100.00}{m_s\times 5.00\times 1\,000}$$

【思考题】

（1）维生素药片溶解时为什么要用新煮沸冷却的蒸馏水？

（2）为什么滴定时碘量瓶不能剧烈摇动？

（3）碘量法主要的误差来源有哪些？如何避免？

(4) 试说明碘量法为什么既可测定还原性物质，又可以测定氧化性物质？测量时应如何控制溶液的酸碱性？为什么？

(5) 测定维生素 C 的溶液为何要加稀 HAc？

【附注】

$Na_2S_2O_3$溶液的标定，除以上所用的 $K_2Cr_2O_7$外，还可用纯 Cu、KIO_3基准物质来标定。标定方法如下：

(1) KIO_3为基准物：准确称取 0.891 7 g KIO_3于烧杯中，加水溶解后，定量转入 250 mL 容量瓶中，加水稀释至刻度，充分摇匀。移取 KIO_3标准溶液 25.00 mL 三份，分别置于 500 mL 锥形瓶中，然后加入 2 g KI、5 mL 1 mol·L^{-1} H_2SO_4溶液，加水稀释至 200 mL，立即用待标定的 $Na_2S_2O_3$溶液滴定，当溶液滴定到由棕色转变为浅黄色时，加入 5 mL 淀粉溶液，继续滴定至溶液由蓝色变为无色，即为终点。

(2) Cu 为基准物：准确称取纯铜 0.2 g 左右，置于 250 mL 烧杯中，加入约 10 mL HCl (1∶1)和 2～3 mL H_2O_2溶样，铜分解完全后，加热将多余的 H_2O_2分解赶尽，然后定量转入 250 mL 容量瓶中，加水稀释至刻度，摇匀。准确移取纯铜标准溶液 25.00 mL 置于 250 mL 锥形瓶中，滴加氨水(1∶1)至溶液刚好有沉淀生成，然后加入 8 mL HAc(1∶1)，10 mL NH_4HF_2溶液，10 mL KI(20%)溶液，用 $Na_2S_2O_3$溶液滴定至溶液呈淡黄色，再加入 3 mL 淀粉指示剂，继续滴定至溶液呈浅蓝色，然后加入 NH_4SCN(10%)溶液，继续滴定至溶液的蓝色消失，即为终点。据消耗的 $Na_2S_2O_3$溶液的体积，计算其浓度(用纯铜标定 $Na_2S_2O_3$溶液时，所加入的 H_2O_2一定要赶尽，根据实践经验，开始冒小气泡，然后冒大气泡，表示H_2O_2已赶尽，否则结果无法测准，这是很关键的一步操作)。

实验三十二 双氧水中 H_2O_2含量的测定

【预习内容】

(1) 高锰酸钾标准溶液的配制方法和保存条件。

(2) 用 $Na_2C_2O_4$做基准物质标定高锰酸钾标准溶液的方法原理。

(3) 高锰酸钾法测定过氧化氢含量的方法。

(4) 推导计算过氧化氢含量的公式。

【目的要求】

(1) 掌握高锰酸钾标准溶液的配制和标定方法。

(2) 学习高锰酸钾法测定过氧化氢含量的方法。

【实验原理】

H_2O_2又称双氧水，是医药、卫生行业上广泛使用的消毒剂，它在酸性溶液中能被 $KMnO_4$定量氧化而生成氧气和水，其反应如下：

$$2MnO_4^- + 5H_2O_2 + 6H^+ \longrightarrow 2Mn^{2+} + 8H_2O + 5O_2\uparrow$$

滴定在酸性溶液中进行，反应时锰的化合价由+7变到+2。开始时反应速度慢，滴入的 $KMnO_4$ 溶液褪色缓慢，待 Mn^{2+} 生成后，由于 Mn^{2+} 的催化作用加快了反应速度。化学计量点后，稍过量的 $KMnO_4$ 呈现粉红色指示滴定终点的到达，因此 $KMnO_4$ 为自身指示剂。

用 $Na_2C_2O_4$ 做基准物质标定高锰酸钾标准溶液的反应为

$$2MnO_4^- + 5C_2O_4^{2-} + 16H^+ \longrightarrow 2Mn^{2+} + 8H_2O + 10CO_2\uparrow$$

生物化学中，也常利用此法间接测定过氧化氢酶的活性。在血液中加入一定量的 H_2O_2，由于过氧化氢酶能使过氧化氢分解，作用完后，在酸性条件下用标准 $KMnO_4$ 溶液滴定剩余的 H_2O_2，就可以了解酶的活性。

【仪器与试剂】

仪器：台秤(0.1 g)，分析天平(0.000 1 g)，烧杯(500 mL)，试剂瓶(棕色)，酸式滴定管(棕色、50 mL)，锥形瓶(250 mL)，移液管(10 mL，25 mL)，容量瓶(250 mL)。

试剂：H_2SO_4($3\ mol\cdot L^{-1}$)，$KMnO_4$(固)，$Na_2C_2O_4$(固、GR)，双氧水样品(H_2O_2含量约3%，市售30%稀释10倍而成)。

【实验步骤】

1. $0.02\ mol\cdot L^{-1}$ $KMnO_4$ 标准溶液的配制

称取1.7 g左右的 $KMnO_4$ 放入烧杯中，加水500 mL，使其溶解后，加热煮沸20～30 min，冷却后将上层清液转入棕色试剂瓶中。暗处放置7～10天后，用玻璃砂芯漏斗过滤。残渣和沉淀则倒掉。把试剂瓶洗净，将滤液倒回瓶内，待标定。

2. $KMnO_4$ 溶液的标定

准确称取0.15～0.20 g预先干燥过的 $Na_2C_2O_4$ 三份，分别置于250 mL锥形瓶中，各加入40 mL新煮沸过的蒸馏水和10 mL $3\ mol\cdot L^{-1}$ H_2SO_4，加热到75～85℃(手触瓶壁感觉烫手)。立即趁热用待标定的 $KMnO_4$ 溶液进行滴定，开始时，滴定速度宜慢，在第一滴 $KMnO_4$ 溶液滴入后，不断摇动溶液，当紫红色退去后再滴入第二滴。溶液中有 Mn^{2+} 产生后，滴定速度可适当加快，近终点时，紫红色褪去很慢，应减慢滴定速度，同时充分摇动溶液。当溶液呈现微红色并在半分钟不褪色，即为终点。记录消耗 $KMnO_4$ 标准溶液的体积，计算 $KMnO_4$ 溶液的浓度。

3. H_2O_2 含量的测定

用移液管吸取10.00 mL双氧水样品(H_2O_2含量约3%)，置于250 mL容量瓶中，加水稀释至标线，定容，摇匀。

用移液管吸取25.00 mL上述稀释液三份，分别置于三个250 mL锥形瓶中，各加入10 mL $3\ mol\cdot L^{-1}$ H_2SO_4 和15 mL蒸馏水，用 $KMnO_4$ 标准溶液滴定至溶液呈现微红色并在半分钟不褪色，即为终点。计算样品中 H_2O_2 的百分含量。

【数据记录与处理】(格式自拟)

(1) 计算 $KMnO_4$ 溶液的浓度。

$$c(KMnO_4)=\frac{2\times m(Na_2C_2O_4)\times 1\,000}{5\times V(KMnO_4)\times M(Na_2C_2O_4)}$$

$$M(Na_2C_2O_4)=134.0\ g\cdot mol^{-1}$$

(2) 计算样品中 H_2O_2的百分含量。

$$\omega\%=\frac{5\times c(KMnO_4)\times V(KMnO_4)\times M(H_2O_2)}{2\times 1\,000}\times 100\%$$

【思考题】

(1) 用 $KMnO_4$滴定法测定双氧水中 H_2O_2的含量，为什么要在酸性条件下进行？能否用 HNO_3或 HCl 代替 H_2SO_4调节溶液的酸度？

(2) 用 $KMnO_4$溶液滴定双氧水时，溶液能否加热？为什么？

(3) 为什么本实验要把市售双氧水稀释后才进行滴定？

(4) 本实验过滤 $KMnO_4$溶液用玻璃砂芯漏斗，能否用定量滤纸过滤？

(5) 用 $Na_2C_2O_4$标定 $KMnO_4$溶液浓度时，酸度过高或过低有无影响？溶液的温度对滴定有无影响？

(6) 配制 $KMnO_4$溶液时为什么要把 $KMnO_4$水溶液煮沸？配好的 $KMnO_4$溶液为什么要过滤后才能使用？

(7) 如果是测定工业品 H_2O_2，一般不用 $KMnO_4$法，请你设计一个更合理的实验方案。

【附注】

(1) $KMnO_4$溶液在加热及放置时，均应盖上表面皿。

(2) $KMnO_4$作为氧化剂通常是在 H_2SO_4酸性溶液中进行，不能用 HNO_3或 HCl 来控制酸度。在滴定过程中如果发现棕色混浊，这是酸度不足引起的，应立即加入稀 H_2SO_4，如已达到终点，应重做实验。

(3) 标定 $KMnO_4$溶液浓度时，加热可使反应加快，但不应加热至沸腾，因为过热会引起草酸分解，适宜的温度为 75～85℃。在滴定到终点时溶液的温度应不低于 60℃。

(4) 开始滴定时反应速度较慢，所以要缓慢滴加，待溶液中产生了 Mn^{2+}后，由于 Mn^{2+}对反应的催化作用，使反应速度加快，这时滴定速度可加快；但注意不能过快，近终点时更须小心地缓慢滴入。

(5) $KMnO_4$标准溶液应装在酸式滴定管内，由于溶液颜色很深，不易观察溶液弯月面的最低点，因此应该从液面的最高边上读数。

(6) 工业品 H_2O_2用乙酰苯胺或其他有机物作稳定剂，用此法测定结果不很准确，采用碘量法或铈量法更合适。

实验三十三　水样中化学需氧量的测定

【预习内容】

(1) COD 的定义和测定 COD 的意义。

(2) 测定的COD几种方法。

(3) 酸性高锰酸钾法测定水中COD的分析方法。

【目的要求】

(1) 了解测定COD的意义。

(2) 掌握酸性高锰酸钾测定COD的分析方法。

【实验原理】

化学需氧量——COD(chemical oxygen demand),是量度水体受还原性物质污染程度的综合性指标,是指水体中易被强氧化剂氧化的还原性物质所消耗的氧化剂的量,即在一定的条件下,用强氧化剂处理水样时所需氧的量,用每升多少毫克 O_2 表示(单位:$mg \cdot L^{-1}$),COD值越高,说明水体受污染越严重。《污水综合排放标准》(GB 8978—88)规定,新建和扩建厂COD允许排放浓度为:一级标准 100 $mg \cdot L^{-1}$,二级标准 150 $mg \cdot L^{-1}$,三级标准 500 $mg \cdot L^{-1}$。

COD的测定分为酸性高锰酸钾法、碱性高锰酸钾法和重铬酸钾法。酸性高锰酸钾法记为 COD_{Mn}(酸性);碱性高锰酸钾法记为 COD_{Mn}(碱性);重铬酸钾法记为 COD_{Cr}。目前,我国在废水监测中主要采用 COD_{Cr} 法,而 COD_{Mn} 法主要用于地面水、地表水、饮用水和生活污水的测定。以高锰酸钾法测定的COD值,又称为"高锰酸盐指数"。

本实验采用酸性高锰酸钾法。在酸性条件下,向被测水样中定量加入高锰酸钾溶液,加热水样,使高锰酸钾与水样中还原性物质充分反应,剩余的高锰酸钾则加入一定量过量的草酸钠还原,最后用高锰酸钾溶液返滴过量的草酸钠,由此计算出水样的需氧量。反应方程式为

$$2MnO_4^- + 5C_2O_4^{2-} + 16H^+ = 2Mn^{2+} + 10CO_2\uparrow + 8H_2O$$

Cl^- 在酸性高锰酸钾溶液中有被氧化的可能,当水样 Cl^- 浓度很小时,一般对测定结果无影响;若水样 Cl^- 浓度大于 300 $mg \cdot L^{-1}$ 时,可加入硝酸银溶液以消除水样中 Cl^- 的干扰。

【仪器与试剂】

仪器:电子分析天平(0.000 1 g),棕色酸式滴定管,锥形瓶,容量瓶(250 mL),移液管(10 mL,25 mL)。

试剂:H_2SO_4(3 $mol \cdot L^{-1}$),$KMnO_4$(固),$Na_2C_2O_4$(固、AR),硫酸(1∶2),硝酸银溶液(10%)。

【实验步骤】

1. 高锰酸钾溶液(0.005 $mol \cdot L^{-1}$)的配制及标定

同实验三十二,然后将其所得的溶液稀释 4 倍,浓度为0.005 $mol \cdot L^{-1}$。

2. 草酸钠溶液的配制

准确称取草酸钠基准物质 0.4 g 左右,置于烧杯中,加入少量蒸馏水,使其溶解,定量转移至 250 mL 容量瓶中,稀释至刻度,摇匀,计算其准确浓度。

3. 水样的测定

取水样适量(体积 V_s),置于 250 mL 锥形瓶中,补加蒸馏水 100 mL,加硫酸(1∶2)10 mL,再加入硝酸银溶液 2 mL 以除去水样中的 Cl^-(当水样 Cl^- 浓度很小时,可以不加硝酸银),摇匀后准确加入高锰酸钾溶液(0.005 mol·L^{-1})10.00 mL,将锥形瓶置于沸水浴中加热 30 min,使其还原性物质充分被氧化。取出稍冷后(约 80℃),准确加草酸钠标准溶液 10.00 mL,摇匀(此时溶液应为无色),保持温度在 75～85℃,用高锰酸钾标准溶液(0.005 mol·L^{-1})滴定至微红色,30 s 内不褪色为终点,记下高锰酸钾溶液的用量 V_1。

4. 空白实验

在 250 mL 锥形瓶中加入蒸馏水 100 mL 和硫酸(1∶2)10 mL,在 70～80℃下,用高锰酸钾溶液(0.005 mol·L^{-1})滴定至溶液呈微红色,30s 内不褪色即为终点,记下高锰酸钾溶液的用量 V_2。

5. 高锰酸钾溶液与草酸钠溶液的换算系数 k

在 250 mL 锥形瓶中加入蒸馏水 100 mL 和硫酸(1∶2)10 mL,加入草酸钠标准溶液 10.00 mL,摇匀,水浴加热至 70～80℃,用高锰酸钾溶液(0.005 mol·L^{-1}),滴定至溶液呈微红色,30s 内不褪色即为终点,记下高锰酸钾溶液的用量 V_3。

【数据记录与处理】

水样中化学需氧量 COD_{Mn} 的值按下式计算:

$$COD_{Mn}=\frac{[(10.00+V_1)k-10.00]c(Na_2C_2O_4)\times16\times1\,000}{V_s}$$

$$k=\frac{10.00}{V_3-V_2}$$

换算系数 k 表示每毫升高锰酸钾溶液相当于 k 毫升草酸钠溶液。

【思考题】

(1) 哪些因素影响 COD 测定的结果,为什么?

(2) 可以采用哪些方法避免废水中 Cl^- 对测定结果的影响?

【附注】

(1) 水样取样体积根据在沸水浴中加热反应 30 min 后,应剩下加入量一半以上的高锰酸钾溶液量来确定。水样取样量可视水质污染程度而定,污染较严重的水样一般取 10～30 mL,然后加蒸馏水稀释到 100 mL。

(2) 本试验在加热氧化有机污染物时,完全敞开,如果废水中易挥发性化合物含量较高时,应使用回流冷凝装置加热,否则结果将偏低。

(3) 废水中有机物种类繁多,但对于主要含烃类、脂肪、蛋白质以及挥发性物质的生活污水,其中的有机物可以被氧化 90%以上,像吡啶、甘氨酸等有机物则难以氧化,因此,在实际测定中,氧化剂种类、浓度和氧化条件等对测定结果均有影响,所以必须严格按照操作步骤进行分析,并在报告结果中注明所用方法。

实验三十四　矿石中铁含量的测定——重铬酸钾法

【预习内容】

(1) 矿样的分解与试液的预处理过程。

(2) 铁矿石中铁含量的氧化还原滴定法测定。

(3) 有汞测铁和无汞测铁法。

【目的要求】

(1) 了解矿样的分解及试液的预处理过程。

(2) 学习铁矿石中铁含量的氧化还原滴定法测定。

(3) 了解有汞测铁和无汞测铁法。

【实验原理】

铁矿石主要指磁铁矿(Fe_3O_4)、赤铁矿(Fe_2O_3)和菱铁矿($FeCO_3$)等。重铬酸钾法测定铁矿石中铁的含量通常有氯化亚锡-氯化汞测铁法和三氯化钛测铁法，前者为有汞测铁；后者为无汞测铁。

有汞测铁是将试样用盐酸分解后，在浓的热 HCl 溶液中用 $SnCl_2$ 将 Fe^{3+} 还原为 Fe^{2+}，过量的 $SnCl_2$ 用 $HgCl_2$ 氧化除去(此时，溶液中有白色丝状氯化亚汞沉淀生成)。然后在硫磷混酸介质中，以二苯胺磺酸钠为指示剂，用 $K_2Cr_2O_7$ 标准液滴定至溶液呈现紫红色，即为终点。主要反应式如下：

$$2Fe^{3+}+SnCl_4^{2-}+2Cl^-=\!=\!=2Fe^{2+}+SnCl_6^{2-}$$

$$SnCl_4^{2-}+2HgCl_2=\!=\!=SnCl_6^{2-}+Hg_2Cl_2\downarrow\text{(白色)}$$

$$6Fe^{2+}+Cr_2O_7^{2-}+14H^+=\!=\!=6Fe^{3+}+2Cr^{3+}+7H_2O$$

氯化亚锡-氯化汞法是测定铁的经典方法，此法操作简便，结果准确。但是 $HgCl_2$ 有剧毒，为避免汞盐对环境的污染，近年来采用了各种不用汞盐的测定铁的方法，本实验采用 $TiCl_3$ 还原铁的无汞测铁法。即先用 $SnCl_2$ 将大部分 Fe^{3+} 还原为 Fe^{2+}，以钨酸钠为指示剂，再用 $TiCl_3$ 还原剩余的 Fe^{3+}，主要反应式如下：

$$2Fe^{3+}+SnCl_4^{2-}+2Cl^-=\!=\!=2Fe^{2+}+SnCl_6^{2-}$$

$$Fe^{3+}+Ti^{3+}=\!=\!=Fe^{2+}+Ti^{4+}$$

$$6Fe^{2+}+Cr_2O_7^{2-}+14H^+=\!=\!=6Fe^{3+}+2Cr^{3+}+7H_2O$$

过量的 $TiCl_3$ 使钨酸钠还原为钨蓝，然后用 $K_2Cr_2O_7$ 标准溶液使钨蓝褪色，以消除过量的还原剂 $TiCl_3$ 的影响。然后在硫磷混酸介质中，以二苯胺磺酸钠为指示剂，用 $K_2Cr_2O_7$ 标准溶液滴定 Fe^{2+} 至溶液呈现紫红色，即为终点。

由于滴定过程中 Fe^{3+} 的生成(HCl 介质中 Fe^{3+} 为黄色)对终点的观察有干扰，通常加入磷酸，与 Fe^{3+} 生成稳定的无色配合物 $Fe(HPO_4)_2^-$，因此降低了溶液中 Fe^{3+} 的浓度，从而降低了 Fe^{3+}/Fe^{2+} 电对的电极电位，使化学计量点的电位突跃增大，$Cr_2O_7^{2-}$ 与 Fe^{2+} 之间的反应更完全。

Cu^{2+}、Mo^{6+}、As^{5+}、Sb^{5+} 等离子存在时，干扰铁的测定。大量的偏硅酸存在，由于吸附作用，Fe^{2+} 还原不完全。此时宜用 HF－H_2SO_4 分解以除去 Si 的干扰。

在测定体系中不能有 NO_3^- 存在。如有 NO_3^-，可加 H_2SO_4 并加热至冒浓厚的雾状 SO_3 白烟，这时 NO_3^- 已被赶尽，可消除其影响。

【仪器与试剂】

仪器：分析天平（0.000 1 g），电子天平（0.1 g），烧杯，容量瓶，锥形瓶，酸式滴定管。

试剂：$K_2Cr_2O_7$ 标准溶液（0.01 mol·L^{-1}），$SnCl_2$ 溶液（10%，称取 10 g $SnCl_2 \cdot 2H_2O$ 溶于 40 mL 浓热 HCl 中，加水稀释至 100 mL），$TiCl_3$ 溶液（1.5%，量取 10 mL 原瓶装 $TiCl_3$，用 HCl（1∶4）稀释至 100 mL，加入少量液体石蜡加以保护），钨酸钠（10%，称取 10 g 钨酸钠溶于适量的水中，若浑浊应过滤，再加入 5 mL 磷酸，加水稀释至 100 mL），二苯胺磺酸钠指示剂（0.2%），硫磷混合酸（将 150 mL 浓 H_2SO_4 缓缓加入到 700 mL 水中，冷却后再加入 150 mL 浓 H_3PO_4，混匀），HCl（1∶3，浓），铁矿石试样。

【实验步骤】

1. $K_2Cr_2O_7$ 标准溶液的配制

准确称取 $K_2Cr_2O_7$ 约 1.225 8 g 置于小烧杯中，用水溶解后，定量转移至 250 mL 容量瓶中定容，摇匀。计算出浓度。

2. 矿样的分解和测定

准确称取 0.15～0.20 g 矿样，置于 250 mL 锥形瓶中，加入 10 mL 浓盐酸，盖上表面皿，在通风橱中低温加热分解试样 10～20 min。必要时加入约 0.2 g NaF 助溶，也可滴加 $SnCl_2$ 助溶。铁矿石分解后呈现红棕色（剩余残渣应无黑色颗粒），用少量的水吹洗表面皿和杯内壁，加入已预热的 HCl（1∶3）溶液 30 mL，趁热滴加 $SnCl_2$ 溶液使试液变为浅黄色（大部分 Fe^{3+} 还原为 Fe^{2+}）。加入钨酸钠溶液 15 滴，滴加 $TiCl_3$ 溶液至出现稳定的钨蓝为止，加入约 60 mL 新鲜的蒸馏水，放置 10～20s，用 $K_2Cr_2O_7$ 标准溶液滴定至钨蓝刚好褪去（不计读数），立即加入硫磷混合酸 15 mL，滴加 5～6 滴二苯胺磺酸钠指示剂，用 $K_2Cr_2O_7$ 标准溶液滴定至溶液呈现稳定的紫色，即为终点，计算铁的百分含量，平行测定三份。

【数据记录与处理】（格式自拟）

铁的百分含量按下式计算：

$$\omega\% = \frac{6 \times c(K_2Cr_2O_7) \times V(K_2Cr_2O_7) \times M(Fe)}{1\,000 \times m_s} \times 100\% \qquad M(Fe) = 55.85$$

【思考题】

(1) 为什么不能将三份试液都预处理完后（即都还原到 Fe^{2+}），再依次用 $K_2Cr_2O_7$ 滴定？

(2) 本实验中为何加入硫磷混合酸和指示剂后必须立即滴定?

(3) 为什么 $SnCl_2$溶液须趁热滴加? $SnCl_2$溶液如要久置,应如何配制?

【附注】

(1) 各类铁矿石其组成有较大差异,多数的铁矿石只用酸溶则不能分解完全。如磁铁矿等不能被酸分解的试样,可采用 Na_2O_2- Na_2CO_3碱熔融。

(2) 本实验中 $SnCl_2$还原 Fe^{3+}时,盐酸浓度不能太小、温度不能太低(不低于 60℃),否则还原反应速度很慢,颜色变化不宜观察。在硫磷混合酸溶液中,Fe^{2+}更易被氧化,故应立即用 $K_2Cr_2O_7$滴定。

(3) 经典的重铬酸钾法(即氯化亚锡-氯化汞法)测定铁矿石中铁的含量,方法准确、简便,步骤为:准确称取 0.15～0.20 g 矿样,置于 250 mL 锥形瓶中,加入 10 mL 浓盐酸,盖上表面皿,在通风橱中低温加热分解试样。必要时加入约 0.2 g NaF 助溶,铁矿石分解后呈现红棕色(剩余残渣为白色或浅色颗粒),滴加 $SnCl_2$溶液使试液变为浅黄色。用少量的水吹洗表面皿和杯内壁,加热至沸,马上滴加 $SnCl_2$溶液还原 Fe^{3+}到黄色刚消失,再过量 1～2 滴。迅速用水冷却至室温,立即加入 $HgCl_2$ 10 mL 摇匀,此时应有白色丝状 Hg_2Cl_2沉淀,放置 3～5 min,加水稀释至 150 mL,加入硫磷混合酸 15 mL,滴加 5～6 滴二苯胺磺酸钠指示剂,立即用 $K_2Cr_2O_7$标准溶液滴定至溶液呈现稳定的紫色,即为终点。

(4) 无汞 $SnCl_2$- $TiCl_3$法测铁,稍过量的 $TiCl_3$还可用甲基橙、甲基红、次甲基蓝等指示变色。

实验三十五　自来水中氯的测定——莫尔法(微型实验)

【预习内容】

(1) 沉淀滴定法测定水中微量 Cl^-离子含量的方法原理。
(2) 沉淀滴定的基本操作。
(3) 微型实验。

【目的要求】

(1) 了解沉淀滴定法测定水中微量 Cl^-离子含量的方法。
(2) 学习沉淀滴定的基本操作。

【实验原理】

自来水中 Cl^-离子的定量检测,最常用的方法是莫尔法。该法的应用比较广泛,生活饮用水、工业用水、环境水质检测以及一些药品、食品中氯的测定都使用莫尔法。该法是在中性或弱碱性介质(pH＝6.5～10.5)中,以 K_2CrO_4为指示剂,用 $AgNO_3$标准溶液直接滴定 Cl^-,由于 AgCl 的溶解度小于 Ag_2CrO_4的溶解度,所以,在滴定过程中 AgCl 先沉淀出来,当 AgCl 定量沉淀后,微过量的 Ag^+与 CrO_4^{2-} 生成砖红色的 Ag_2CrO_4沉淀,指示滴定终点。反应如下:

$$Ag^+ + Cl^- = AgCl\downarrow \quad (白色)$$

$$2Ag^+ + CrO_4^{2-} = Ag_2CrO_4\downarrow \quad (砖红色)$$

【仪器与试剂】

仪器：分析天平（0.000 1 g），酸式滴定管（棕色 10 mL），移液管（10 mL），锥形瓶（150 mL），容量瓶（50 mL），烧杯（50 mL），吸量管（1.00 mL、5.00 mL、10.00 mL）。

试剂：HCl（1∶1），K_2CrO_4（0.5%），$AgNO_3$（0.005 mol·L^{-1}）。

【实验步骤】

（1）$AgNO_3$标准溶液（0.005 mol·L^{-1}）的配制与标定

称取 0.085 g 硝酸银溶解于 100 mL 不含 Cl^- 的蒸馏水中，摇匀后储存于带玻璃塞的棕色试剂瓶中，$AgNO_3$溶液的浓度约为 0.005 mol·L^{-1}，待标定。

准确称取 0.014～0.016 g NaCl 基准试剂于小烧杯中，用蒸馏水溶解后，定量转移至 50 mL 容量瓶中，稀释至刻度，摇匀。用吸量管移取此溶液 10.00 mL 置于 150 mL 锥形瓶中，加入 1 滴 K_2CrO_4（0.5%）指示剂，在充分摇动下，用 $AgNO_3$溶液进行滴定（注意边滴边摇动）至呈现砖红色即为终点，平行测定三份。计算 $AgNO_3$溶液的准确浓度。

（2）自来水中 Cl^- 离子的测定

准确移取 10.00 mL 水样于 150 mL 锥形瓶中，加入 1～2 滴 K_2CrO_4（0.5%）指示剂，用 0.005 mol·L^{-1} $AgNO_3$ 标准溶液滴定至溶液由黄色混浊（K_2CrO_4 在 AgCl 沉淀中呈现黄色）至刚出现稳定的砖红色，即为终点，记下消耗的体积。平行测定三份，计算自来水中 Cl^- 离子含量。

【数据记录与处理】（格式自拟）

自来水中 Cl^- 离子含量按下式计算：

$$c(AgNO_3) = \frac{m(NaCl) \times 10.00 \times 1\,000}{50.00 \times M(NaCl) \times V(AgNO_3)} \qquad M(NaCl) = 58.44$$

$$c(Cl^-) = \frac{c(AgNO_3) \times V(AgNO_3) \times M(Cl)}{10.00} \qquad M(Cl) = 35.45$$

【思考题】

（1）指示剂用量的过多或过少，对测定结果有何影响？

（2）为什么不能在酸性介质中进行？pH 过高过低对结果有何影响？

（3）能否用标准氯化钠溶液直接滴定 Ag^+ 离子？如要用此法测定试样中的 Ag^+ 离子，应如何进行？

（4）测定有机物中的氯含量应如何进行？

实验三十六　可溶性氯化物中氯含量的测定
——佛尔哈德法(微型实验)

【预习内容】

(1) 佛尔哈德法测定可溶氯化物中氯的方法原理。

(2) 沉淀滴定中的返滴定。

(3) 佛尔哈德法测定可溶氯化物中氯的条件。

【目的要求】

(1) 掌握佛尔哈德法测定可溶氯化物中氯的方法。

(2) 学习沉淀滴定中返滴定的基本操作。

【试验原理】

以铁铵矾[$NH_4Fe(SO_4)_2$]为指示剂的银量法称为“佛尔哈德法”。可直接滴定测银和返滴定测氯。该法的最大优点是可以在酸性溶液中进行滴定，许多弱酸根离子不干扰测定，因而方法的选择性高。返滴定测氯时，首先向溶液中加入已知过量的 Ag^+ 标准溶液，定量生成 AgCl 后，以铁铵矾为指示剂，用 NH_4SCN 标准溶液返滴定过量的 $AgNO_3$，$Fe(SCN)^{2+}$ 络离子的红色，指示终点，从而求得 Cl^- 的含量。反应如下：

$$Ag^+ + Cl^- = AgCl\downarrow \quad (白色)$$

$$Ag^+ + SCN^- = AgSCN\downarrow \quad (白色)$$

$$Fe^{3+} + SCN^- = Fe(SCN)^{2+} \quad (红色)$$

由于 AgCl($K_{sp}=1.8\times10^{-10}$)的溶解度比 AgSCN($K_{sp}=1.0\times10^{-12}$)的溶解度大，故过量的 SCN^- 将与 AgCl 发生反应，使 AgCl 沉淀转化为溶解度更小的 AgSCN 沉淀：

$$SCN^- + AgCl\downarrow = Cl^- + AgSCN\downarrow$$

沉淀的转化作用是慢慢进行的，所以溶液中出现了红色之后，随着不断的摇动溶液，红色又逐渐消失，这样就得不到正确的终点，引起大的测定误差。因此试液中加入过量的 Ag^+ 之后，加入有机溶剂(如 1,2-二氯乙烷或硝基苯 1～2 mL)，用力摇动，使生成的 AgCl 沉淀表面覆盖一层有机溶剂，避免沉淀与外部溶液的接触，阻止 SCN^- 与 AgCl 发生反应。

【仪器与试剂】

仪器：分析天平(0.000 1 g)，台秤(0.1 g)，酸式滴定管(棕色 10 mL)，移液管(5.00 mL)，容量瓶(100 mL)，烧杯(50 mL)，量筒。

试剂：NaCl(基准试剂)，$AgNO_3$ 标准溶液(0.05 mol·L^{-1})，NH_4SCN(AR)，$NH_4Fe(SO_4)_2$ 溶液(40%)，HNO_3(1 mol·L^{-1})，K_2CrO_4(5%)，HNO_3(1∶1)，硝基苯或 1,2-二氯乙烷，粗食盐样品(固)。

【实验步骤】

1. $AgNO_3$标准溶液(0.05 mol·L^{-1})的配制与标定

台秤上称取0.8 g硝酸银溶解于100 mL不含Cl^-的蒸馏水中，摇匀后储存于带玻璃塞的棕色试剂瓶中，$AgNO_3$溶液浓度约为0.05 mol·L^{-1}，待标定。

准确称取0.14 g左右的NaCl基准试剂于小烧杯中，用蒸馏水溶解后，定量转移至50 mL容量瓶中，稀释至刻度，摇匀。用移液管移取此溶液5.00 mL置于50 mL锥形瓶中，加入4滴K_2CrO_4(5%)，在充分摇动下，用$AgNO_3$溶液进行滴定至呈现砖红色，即为终点。平行测定三份，计算$AgNO_3$溶液的准确浓度c_1。

2. NH_4SCN溶液(0.05 mol·L^{-1})的配制及标定

称取0.4 g NH_4SCN(AR)，置于烧杯中，用100 mL蒸馏水溶解后转入试剂瓶待标定。

用移液管移取$AgNO_3$标准溶液5.00 mL于50 mL锥形瓶中，加1 mL HNO_3(1∶1)，4滴$NH_4Fe(SO_4)_2$指示剂溶液，用NH_4SCN溶液滴定至溶液颜色为浅红色，即为终点。平行测定三份，计算NH_4SCN溶液的浓度c_2。

3. 样品测定

准确称取粗食盐样品0.15 g (m_s)左右，置于50 mL烧杯中，加水溶解后，转入50 mL容量瓶中，稀释至刻度。

移液管移取上述样品溶液5.00 mL于50 mL碘量瓶中，加1 mL HNO_3(1∶1)，由滴定管定量加入$AgNO_3$标准溶液至过量2～3 mL(检查是否沉淀完全，应在接近计量点时，振荡溶液，然后静止片刻，让生成的AgCl沉淀沉于容器底部，在上层清液中滴加几滴$AgNO_3$溶液，如不再生成沉淀，说明已沉淀完全)，记录消耗的$AgNO_3$标准溶液体积V_1。然后，加入5滴硝基苯或1,2-二氯乙烷，用塞子塞住瓶口，振荡半分钟，让沉淀表面包裹上一层有机溶剂，与溶液隔开。再加入4滴$NH_4Fe(SO_4)_2$指示剂溶液，用NH_4SCN溶液滴定至溶液颜色为浅红色，即为终点，记录消耗的NH_4SCN标准溶液体积V_2。平行测定三份，计算样品中氯的含量。

【数据记录与处理】(格式自拟)

样品中氯的含量按下式计算：

$$c_1=c(AgNO_3)=\frac{m(NaCl)\times 5.00\times 1\,000}{50.00\times M(NaCl)\times V(AgNO_3)}\qquad M(NaCl)=58.44$$

$$c_2=c(NH_4SCN)=\frac{5.00\times c(AgNO_3)}{V(NH_4SCN)}$$

$$\omega\%=\frac{(c_1V_1-c_2V_2)M(Cl)\times 50.00}{1\,000\times 5.00\times m_s}\times 100\%\qquad M(Cl)=35.45$$

【思考题】

(1) 本实验加入有机溶剂的作用是什么？若测定的是溴或碘的含量，是否也要加入有机溶剂？为什么？

(2) 酸度对测定有何影响？能否用 HCl 或 H_2SO_4 代替 HNO_3 酸化溶液？

(3) 你还知道有哪些测定 Cl^- 的方法？

【附注】

(1) 由于 AgCl 和 AgSCN 沉淀都易吸附 Ag^+，所以在终点前须剧烈振荡，但近终点时要轻轻摇动，因为 AgSCN 的溶解度比 AgCl 小，剧烈的摇动又易使 AgCl 转化为 AgSCN，从而引入误差。

(2) "佛尔哈德法"在酸性溶液中进行滴定，许多弱酸根离子不干扰测定，因而方法的选择性高。但与 SCN^- 能生成沉淀或配合物，或能氧化的物质均有干扰。

【扩展内容】

(1) 银量法测定氯化物中氯含量除了莫尔法和佛尔哈德法外，还有以吸附指示剂指示终点的法扬司法。由于 AgCl 胶体沉淀具有强烈的吸附作用，在滴定终点前，溶液中 Cl^- 过量，则沉淀表面吸附 Cl^- 使胶体带负电荷；在滴定终点后，溶液中 Ag^+ 过量，则沉淀表面吸附 Ag^+ 使胶体带正电荷，带正电荷的胶体能吸附指示剂离解出来的阴离子，因其结构变形而发生颜色的变化，例如荧光黄指示剂的阴离子为黄绿色，而吸附了荧光黄阴离子的 AgCl 胶体沉淀则呈粉红色。具体方法为：准确称取 0.7～1 g 粗食盐样品置于 250 mL 烧杯中，加水溶解后，转入 250 mL 容量瓶中，稀释至刻度。移液管移取上述样品溶液 25.00 mL 于 250 mL 锥型瓶中，加入荧光黄-淀粉指示剂(0.1%) 2 mL，以 0.05 $mol \cdot L^{-1}$ $AgNO_3$ 标准溶液滴定至黄绿色消失，变为粉红色为终点。法扬司法测定时因选用的吸附指示剂对酸度有要求，此法不适用于 Cl^- 浓度太稀的溶液。

(2) 汞盐沉淀法测定 Cl^-。在化工生产分析中，有汞量法测定 Cl^-，其原理是：当 Cl^- 的浓度在一定的范围内(10^{-3}～10^{-5} $mol \cdot L^{-1}$)时，Hg^{2+} 与 Cl^- 几乎 100% 地生成 $HgCl_2$，且新生成的 $HgCl_2$ 极难离解。利用这一特点，在 pH＝3.0～3.5 的条件下，以二苯卡巴腙与过量一滴的微量 Hg^{2+} 形成深紫色可溶性化合物显示终点。对稀的溶液进行滴定，近终点时，溶液由浅粉紫色转变为深蓝紫色，终点敏锐。

实验三十七　可溶性钡盐中钡含量的测定——沉淀重量法

【预习内容】

(1) 重量分析的基本操作。

(2) 微波技术对样品的干燥。

(3) 沉淀的条件及制备，如何恒重。

【目的要求】

(1) 学习重量分析的基本操作，包括沉淀、陈化、过滤、洗涤、转移、烘干及恒重等。

(2) 了解晶型沉淀的性质、沉淀的条件及制备方法。

(3) 了解微波技术在样品干燥方面的应用。

【实验原理】

沉淀重量分析法是利用沉淀反应，将试液中的被测组分转化为一定的称量形式，进行称量而测得物质含量的分析方法，其测定结果的准确度高。尽管沉淀重量法的操作过程较长，但由于它有不可替代的特点，目前在常量的 S、Si、P、Ni、Ba 等元素或其化合物的定量分析中还经常使用。多年来，对重量分析法测定 Ba^{2+}、SO_4^{2-} 离子曾做了不少改进，克服了繁琐、费时的缺点，因此沉淀重量分析法仍是一种较准确而重要的标准方法。

可溶性钡盐中的 Ba^{2+} 与 SO_4^{2-} 作用，生成微溶于水的 $BaSO_4$ 沉淀。沉淀经陈化、过滤、洗涤并干燥恒重后，由所得的 $BaSO_4$ 和试样重量计算试样中钡的含量。

要获得大颗粒的晶型沉淀，应在酸性、较稀的热溶液中，并在不断搅拌下缓慢地加入沉淀剂，沉淀完成后还须陈化。

为保证沉淀完全，沉淀剂必须过量（过量控制在 20%～50%），沉淀前试液经酸化以防止钡的碳酸盐等沉淀产生。沉淀选用稀硫酸为洗涤剂可减少 $BaSO_4$ 的溶解损失。

【仪器与试剂】

仪器：玻璃砂芯坩埚（G_4 号），淀帚，微波炉，循环水真空泵（配抽滤瓶）。

试剂：$BaCl_2 \cdot 2H_2O$（试样），HCl 溶液（2 mol·L^{-1}），H_2SO_4 溶液（0.5 mol·L^{-1}），HNO_3 溶液（2 mol·L^{-1}），$AgNO_3$ 溶液（0.1 mol·L^{-1}）。

【实验步骤】

1. 玻璃坩埚的准备

将两个洗干净的玻璃坩埚，用真空泵抽 2 min 以除去玻璃砂板微孔中的水分，放进微波炉，中高火下干燥 10 min，取出放入干燥器内冷却 10～15 min（刚放入时留一小缝隙，30 s 后再盖严），然后在分析天平上快速称重；第二次干燥 4 min，冷却称重。重复上述操作，直至两次质量之差不超过 0.4 mg，即为恒重（m_1）。

2. 沉淀的制备

准确称取 0.4～0.5 g $BaCl_2 \cdot 2H_2O$ 试样两份（m），分别置于 250 mL 烧杯中，各加入 100 mL 水及 3 mL HCl 溶液，盖上表面皿在电炉上加热至 80℃左右。另在两个小烧杯中各加入 5～6 mL H_2SO_4 溶液及 40 mL 水，电炉上加热至近沸，不断搅拌下，将此溶液逐滴加到热的氯化钡试液中，沉淀剂加完后，将玻璃棒靠在烧杯嘴边（切勿拿出玻璃棒，以免损失沉淀），静置 1～2 min 让沉淀沉降，向上层清液中滴加 2 滴 H_2SO_4 溶液，仔细观察是否已沉淀完全。若出现浑浊，说明沉淀剂不够，继续滴加 H_2SO_4 溶液使 Ba^{2+} 沉淀完全。然后盖上表面皿微沸 10 min，在电热板上以 90℃保温陈化 1 h，期间要每隔 5～8 min 搅动一次。也可在室温下放置过夜，陈化。

3. 称量恒重

$BaSO_4$ 沉淀冷却后，用倾析法在已恒重的玻璃坩埚中进行减压过滤。清液滤完后，用洗涤液（在 50 mL 水中加 3～5 滴 H_2SO_4 溶液）将烧杯中的沉淀洗三次，每次用 15 mL，再用水洗一次。然后将沉淀转移至坩埚中，用淀帚擦黏附在杯壁上和玻璃棒上的沉淀，再用水冲洗烧杯和玻璃棒直至沉淀转移完全。最后用水淋洗沉淀及坩埚内壁 6 次以上，取部分滤液

用 $AgNO_3$ 检验应无 Cl^-。继续抽干 2 min 以上(至不再产生水雾)，将坩埚放入微波炉进行干燥(第一次 10 min，第二次 4 min)，冷却、称量，直至恒重(m_2)。计算两份试样中 Ba 的含量。

【数据记录与处理】(格式自拟)

样品中 Ba 的含量按下式计算：

$$\omega\% = \frac{(m_2 - m_1) \times 137.33}{m \times 233.39} \times 100\%$$

【思考题】

(1) 沉淀进行陈化的作用是什么？

(2) 为什么沉淀要在热、稀并不断搅拌下加入逐滴加入沉淀剂？

(3) 本实验的主要误差来源有哪些？如何消除？

(4) 什么是倾析法过滤？什么叫恒重？

(5) 用 $BaSO_4$ 沉淀重量法测定 Ba^{2+} 和 SO_4^{2-} 时，沉淀剂的过量程度有何不同？为什么？

实验三十八 水的 pH 值测定

【预习内容】

(1) 水的 pH 值测定意义。

(2) 水的 pH 值测定方法。

(3) 酸度计的使用方法与注意事项。

【实验目的】

(1) 了解水的 pH 值测定意义。

(2) 学会电位法测定水的 pH 值方法。

(3) 掌握酸度计的使用方法。

【实验原理】

pH 值是水溶液最重要的理化参数之一。凡涉及水溶液的自然现象、化学变化以及生产过程都与 pH 值有关，因此，在工业、农业、医学、环保和科研领域都需要测量 pH 值。

水的 pH 值是表示水中氢离子活度的负对数值，表示为：$pH = -\lg C(H^+)$，pH 有时也称氢离子指数，由于氢离子活度的数值往往很小，在应用上很不方便，所以就用 pH 这一概念来作为水溶液酸性、碱性的判断指标。而且，氢离子活度的负对数值能够表示出酸性、碱性的变化幅度的数量级的大小，这样应用起来就十分方便，并由此得到：

(1) 中性水溶液，$pH = -\lg C(H^+) = -\lg 10^{-7} = 7$。

(2) 酸性水溶液，pH＜7，pH 越小，表示酸性越强。

(3) 碱性水溶液，pH>7，pH 越大，表示碱性越强。

酸度计又称 pH 计，是一种电化学测量仪器，除主要用于测量水溶液的酸度(即 pH)外，还可用于测量多种电极的电极电势。原理上主要是利用两支电极(指示电极与参比电极)，在不同 pH 溶液中能产生不同的电动势(毫伏信号)，经过一组转换器转变为电流，在微安计上以 pH 刻度值读出。其中指示电极的电极电势要随被测溶液的 pH 而变化，通常使用的是玻璃电极；而参比电极则要求与被测溶液的 pH 无关，通常使用甘汞电极，饱和 KCl 溶液的甘汞电极的电极电势为 0.241 5 V。

用酸度计测定水的 pH 时，首先必须用已知 pH 的标准缓冲溶液来校正酸度计(也叫定位)。校正时，应选用与被测溶液的 pH 接近的标准缓冲溶液，以减少在测量过程中可能由于液接电位、不对称电位及温度等变化引起的误差。一只电极应该用两种不同 pH 的标准缓冲溶液校正。在用一种 pH 的标准缓冲溶液定位后，测第二种 pH 的标准缓冲溶液 pH 时，误差应在 0.05 之内，调节斜率定位器使读数与标准值符合，校正后的酸度计，可直接测量水或其他溶液的 pH 值。

【仪器与试剂】

仪器：pHS-2C 或 pHS-3C 型酸度计，复合电极，塑料烧杯，烧杯，容量瓶，洗瓶。

试剂：pH=4.00、6.88、9.23(20℃)标准缓冲溶液(塑装固体)，滤纸。

【实验步骤】

1. 配制 pH=4.00、6.88、9.23(20℃)标准缓冲溶液(选择配制两种与被测溶液 pH 接近的标准缓冲溶液)

将塑装固体试剂倒入 250 mL 烧杯中，用水溶解后完全转移到 250 mL 容量瓶中，稀释到刻度线，摇匀。

2. 仪器(pHS-2C 型)使用前的准备

认识仪器构造，了解使用。将直流稳压电源插在 220 V 交流电源上，电极头上的保护帽拔下，并把电极安装在电极架上，然后将电极插座上的短路插头拔去，把复合电极插头插在仪器的电极插座上，清洗电极，并吸干电极球泡表面的余水。

3. 仪器预热

仪器选择开关置"pH"档，开启电源，仪器预热几分钟(一般 5 min)后进行校正和测量。

4. 校正仪器

① 仪器插上电极，选择开关置于 pH 档，斜率调节器调节在 100%处。

② 选择两种缓冲溶液(也即被测溶液的 pH 在两种之间或接近的情况，如 pH=4 和 7)。

③ 把电极放入第一种缓冲溶液(如 pH=7)中，调节温度调节器，使所指示的温度与溶液的温度相同。

④ 待读数稳定后，该读数应为缓冲溶液的 pH，否则调节定位调节器。

⑤ 清洗电极，并吸干电极球泡表面的余水，把电极放入第二种缓冲溶液(如 pH=4)中，摇动烧杯使溶液均匀。

⑥ 待读数稳定后，该读数应为缓冲溶液的 pH，否则调节斜率调节器。

⑦ 清洗电极，并吸干电极球泡表面的余水。

经校正的仪器，各调节器旋钮不再有变动。

5. 测量 pH 值

已经校正过的仪器，即可按教师要求测定测量水和几种被测溶液的 pH。

被测溶液和定位溶液温度不同时：

① “定位、斜率”调节器保持不变；

② 用蒸馏水清洗电极头部，并用滤纸吸干，用温度计测出被测溶液的温度值；

③ 调节“温度”调节器，使指示在该温度值上；

④ 电极插在被测溶液之内，摇动塑料烧杯使之均匀，稳定后读出该溶液的 pH；

⑤ 清洗电极、并吸干电极球泡表面的余水，将电极放在保护液中。

6. 测定完毕后，将仪器和电极妥善保存。

【数据记录与处理】

(1) 配制的 pH 标准缓冲溶液 pH(____℃)________。

(2) 水的 pH 值________。

(3) 被测溶液的 pH 值________。

【思考题】

(1) 标准缓冲溶液的 pH 值受哪些因素影响？如何保证其 pH 准确不变？

(2) 用酸度计测定水的 pH 值时，为什么必须用已知 pH 的标准缓冲溶液来校正酸度计？校正时应注意什么？

(3) 玻璃电极在使用前应如何处理？为什么？用后应如何清洗干净并妥善保存？

(4) 如何测量土壤的 pH 值？

【附注】

(1) 实验中所使用 E－201－C9 型复合电极是由玻璃电极和氯化银电极组合而成的塑壳电极，连接线较特别，须加以注意。浸泡在溶液中的是电极的主要部分——玻璃泡，由特殊材料的玻璃薄膜组成，使用时要尤其小心。洗涤电极后用滤纸或吸水纸轻轻吸干，将电极放在保护液中，不可用力，以免玻璃球泡破裂。玻璃球泡有裂纹或老化，则应调换新电极。

(2) 仪器的输入端必须保持清洁，不用时装上 Q9 短路插头，使输入端短路以保护仪器。

实验三十九　邻二氮菲分光光度法测定微量铁

【预习内容】

(1) 光度法测定微量金属离子含量的理论依据与条件。

(2) 邻二氮菲与 Fe^{2+} 显色反应的条件及反应式。

(3) 如何绘制吸收曲线和标准曲线。

(4) 分光光度计的结构与使用。

【目的要求】

(1) 了解 721 型分光光度计的性能、结构及其使用方法。

(2) 学会绘制吸收曲线和标准曲线的方法。

(3) 掌握邻二氮菲分光光度法测定试样中微量铁的原理和操作方法。

【实验原理】

邻二氮菲是光度法测定微量铁的一种较好试剂，phen 为其简式。在 pH＝2～9 的条件下，Fe^{2+} 离子与 phen 生成极稳定的橘红色络合物。反应式如下：

$$3phen + Fe^{2+} \longrightarrow [Fe(phen)_3]^{2+}$$

此络合物的 $\lg K_{稳} = 21.3$，$\varepsilon_{510} = 1.1 \times 10^4\ L \cdot mol^{-1} \cdot cm^{-1}$。

Fe^{3+} 也和邻二氮菲生成配合物（呈蓝色）。因此，在显色之前须用盐酸羟胺或抗坏血酸将 Fe^{3+} 还原为 Fe^{2+}。测定时控制溶液酸度 pH＝5 左右。酸度高时，反应进行慢；反之，Fe^{2+} 易水解，影响显色。Bi^{3+}、Cd^{2+}、Hg^{2+}、Ag^{+}、Zn^{2+} 等离子与显色剂生成沉淀，Ca^{2+}、Cu^{2+}、Ni^{2+} 等离子与显色剂形成有色络合物，因此，当有这些离子共存时，应注意它们的干扰作用。

用分光光度计进行试样测定时，比色皿的尺寸是一定的（即液层厚度是一定的），当一束平行光通过有色溶液时，溶液对光的吸收程度 A 便与溶液的浓度成正比。即 $A = \varepsilon c l$，朗伯-比耳定律是光度法定量测定的理论依据。

光度法测定物质含量时应注意的条件主要是显色反应的条件和测量吸光度的条件。显色反应的条件有显色剂的用量、介质的酸度、显色时溶液的温度、显色时间及干扰物质的消除方法等；测量吸光度的条件包括应选择的入射光波长、吸光度范围、参比溶液等。本实验选做最大吸收波长的选择。

配置系列标准被测成分的显色液，测定其吸光度，绘制出标准曲线，再测出试样溶液同法操作的显色液的吸光度，从标准曲线上查得被测组分的含量。

系列标准显色液和试样溶液的显色液在浓度上应选择恰当，尽量使试液显色液的吸光度值处于标准曲线的中段，以减少测量误差。

【仪器与试剂】

仪器：分光光度计（721 型），容量瓶（50 mL，每组 7 只），烧杯，吸量管（10 mL、每组 4 支），洗耳球，洗瓶。

试剂：铁标液（100 $\mu g \cdot mL^{-1}$ 配制方法：准确称取 0.863 6 g 分析纯 $NH_4Fe(SO_4)_2 \cdot 12H_2O$ 于一小烧杯中，加入少量水及 20 mL 6 $mol \cdot L^{-1}$ HCl，使其溶解后，转移至 1 000 mL 容量瓶中，用水稀释至刻度摇匀。由 100 $\mu g \cdot mL^{-1}$ 铁标液稀释 10 倍而得 10 $\mu g \cdot mL^{-1}$），盐酸羟胺 10%（临用时配置），邻二氮菲溶液 0.1%（新配置），NaAc 溶液（1 $mol \cdot L^{-1}$）。

【实验步骤】

1. 制备系列标准显色液

在已编号的六只 50 mL 容量瓶中分别移取 0.00、2.00、4.00、6.00、8.00、10.00 mL 10 μg·mL^{-1}铁标准溶液，然后各加入 1 mL 10%盐酸羟胺溶液，摇匀，经2 min后，再各加入 3 mL 0.1%邻二氮菲溶液、5 mL 1 mol·L^{-1}NaAc 溶液，以去离子水定容，摇匀。

2. 绘制吸收曲线

以 1 号试剂空白为参比溶液，用 721 型分光光度计测定 4 号显色液在不同波长下吸光度。用 1 cm 比色皿，波长从 440～570 nm，每隔 10 nm 测定一次吸光度。在510 nm 附近每隔 5 nm 测定一次。以波长为横坐标、吸光度为纵坐标，在坐标纸上绘制吸收曲线，标明最大吸收波长。注意：每改变一次波长都必须调零和 100%，然后再测定吸光度 A。

3. 绘制标准曲线

在 721 型分光光度计上，用 1 cm 比色皿，在最大吸收波长(510 nm)处，以 1 号试剂空白为参比溶液，用分光光度计测定 2、3、4、5、6 号显色液吸光度，以铁含量为横坐标、吸光度为纵坐标，在坐标纸上绘制标准曲线。

4. 未知液中铁含量的测定

吸取 10.00 mL 未知液代替铁标准溶液，放入 50 mL 容量瓶中，其他步骤同上制备显色液，测定吸光度。由未知液的吸光度在标准曲线上查出 10.00 mL 试液中的铁含量，然后以每 mL 试液中含铁多少 μg 表示结果。

【数据记录与处理】

1. 数据记录

分光光度计型号________；编号________；比色皿厚度________。

表 8-1 吸收曲线测定数据

λ(nm)	440	450	460	470	480	490	500	505
A								
λ(nm)	510	515	520	530	540	550	560	570
A								

表 8-2 标准曲线测定数据

容量瓶编号	1	2	3	4	5	6	未知液
V(标液)(mL)	0.00	2.00	4.00	6.00	8.00	10.00	10.00
m(铁)(μg)	0.00	20.00	40.00	60.00	80.00	100.0	m_s
吸光度 A							

2. 绘制吸收曲线

以波长为横坐标、吸光度为纵坐标，在坐标纸上绘制吸收曲线，标明最大吸收波长。

3. 绘制标准曲线

以铁含量为横坐标、吸光度为纵坐标，在坐标纸绘制标准曲线。由试样溶液的吸光度，从标准曲线上查得被测试样中铁的含量 m_s。

计算：

$$未知液含铁量(\mu g \cdot mL^{-1}) = \frac{m_s}{V}$$

式中 V——未知液的取样体积；

m_s——V mL 未知液中的铁含量。

【思考题】

(1) 在本实验的各项测定中，哪些试剂的加入量要比较准确，而哪些试剂的加入量不必准确量度？制备显色液时能否任意改变加入各种试剂的顺序？为什么？

(2) Fe^{3+} 标准溶液在显色前加盐酸羟胺的目的是什么？

(3) 溶液的酸度控制多少为宜？为什么？

(4) 从实验测出的吸光度求铁的含量的根据是什么？如何求得？

(5) 如果试液测得的吸光度不在标准曲线范围之内怎么办？

实验四十　萃取光度法测定微量钒

【预习内容】

(1) 萃取分离的操作。

(2) 合金钢试样的准备与分解。

(3) 合金钢中微量钒的萃取光度法测定。

【目的要求】

(1) 进一步熟悉分光光度分析的基本操作。

(2) 掌握萃取分离的操作。

(3) 学习合金钢中微量钒的测定方法。

【实验原理】

钽试剂即 N-苯甲酰苯基羟胺，又名苯甲酰苯胲，结构式如下：

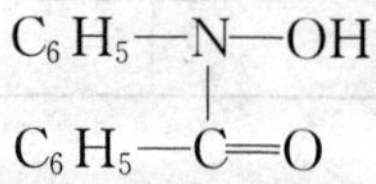

它难溶于冷水，易溶于有机溶剂(如三氯甲烷)，钽试剂与钒形成的配合物也难溶于水，通常是将钽试剂配制成三氯甲烷溶液，试液中的五价钒离子被萃取进入有机相并显色。

合金试样溶解后，钒以四价 VO^{2+} 形式存在，它不与钽试剂配合，可用 $KMnO_4$ 将其氧化为五价的 VO^{3+}，过量的 $KMnO_4$ 在尿素存在下，用 $NaNO_2$ 还原，多余的 $NaNO_2$ 可由尿素分解掉，反应如下：

$$(NH_2)_2CO+2NO_2^-+2H^+ \xlongequal{} 2N_2\uparrow+CO_2\uparrow+3H_2O$$

本实验中选用 HCl 介质进行萃取。试液处理完毕，四价 VO^{2+} 被氧化为五价的 VO^{3+}，先加入萃取剂，然后加入 HCl，立即进行振荡萃取。由于 $CHCl_3$ 易挥发，从分液漏斗中放出有机相后，必须迅速测定吸光度。能与钽试剂反应的 Nb、Ta、Sn、Zr 等都生成无色配合物，不干扰测定。只有 TiO^{2+} 能与钽试剂生成黄色配合物并可被萃取、大量的 MoO_4^{2-} 能抑制钒的萃取，而干扰钒的测定，但在高酸度及 H_3PO_4 存在下，共存 5 mg Ti、2 mg 以下的 Mo 对测定没有显著影响。

【仪器与试剂】

仪器：721 分光光度计梨形分液漏斗（50 mL，8 个），烧杯（50 mL，8 个），表面皿，滴瓶、洗瓶。

试剂：H_2SO_4（3 $mol \cdot L^{-1}$），硫磷混合酸（配制方法：将 150 mL 浓 H_2SO_4 缓缓加入到 700 mL 水中，冷却后再加入 150 mL 浓 H_3PO_4，混匀），钽试剂-三氯甲烷溶液（0.1%，配制方法：称取 0.5 g 钽试剂，溶于 500 mL 三氯甲烷中，保存于棕色细口瓶中），偏钒酸铵（固，AR），HCl（1∶1），HNO_3（1∶2），$KMnO_4$（0.3%），$NaNO_2$（0.5%），尿素溶液（10%）。

【实验步骤】

1. 钒标准溶液（20.0 $\mu g \cdot mL^{-1}$）的配制

准确称取 0.229 7 g 偏钒酸铵（NH_4VO_3）置于烧杯中，加入沸水溶解，冷却后转移到 500 mL 容量瓶中，加入 H_2SO_4 溶液（3 $mol \cdot L^{-1}$）25 mL，加水定容后摇匀。此为贮备液，含钒 200 $\mu g \cdot mL^{-1}$，使用时，稀释成含钒 20.0 $\mu g \cdot mL^{-1}$ 标准溶液。

2. 标准曲线的制作

在六个分液漏斗中分别加入钒标准溶液（20.0 $\mu g \cdot mL^{-1}$）0、1.00、2.00、3.00、4.00、5.00 mL，再分别加入水 5.0、4.0、3.0、2.0、1.0、0 mL，各加硫磷混合酸 2.00 mL，混匀后滴加 $KMnO_4$ 溶液至呈稳定的红色，放置 2 min，加尿素溶液 5 mL，在摇动下逐滴加入 $NaNO_2$ 溶液至红色刚好消失。然后准确加入钽试剂-三氯甲烷溶液 10.00 mL，再加 HCl 溶液 8.00 mL，立即振荡萃取 1 min（振荡过程中要放两次气），静止分层。将分液漏斗下端放些脱脂棉（吸收水分），有机相滤入干燥的吸收池中，以钽试剂-三氯甲烷为参比，在 530 nm 波长下测量其吸光度。扣除试剂空白溶液的吸光度后，绘制标准曲线。

3. 合金试样的测定

准确称取合金钢试样约 0.1 g，置于 100 mL 小烧杯中，加入硫磷混合酸 20.0 mL，盖上表面皿，小心加热溶解。待合金钢溶解完毕，取下烧杯，加入 10 滴 HNO_3 溶液，缓慢加热蒸发至冒白烟（除掉碳及碳化物）。取下烧杯，再沿壁加入 10 滴 HNO_3 溶液，继续加热至冒白烟 2 min。稍冷后缓缓加水约 30 mL，冷却至室温，移入 50 mL 容量瓶中，加水定容后摇匀。平行溶解两份试样。

两份试样各移出 5.00 mL 注入两个分液漏斗中，各加 7 mL 水，滴加 $KMnO_4$溶液至出现稳定的红色，放置 2 min，以下操作按照实验步骤 2 进行，测量其吸光度。

将所得吸光度数据在标准曲线上查出对应钒标准值，计算出合金钢中钒的含量。

【数据记录与处理】（格式自拟）

（1）根据实验结果绘制标准曲线。

（2）据试样所得吸光度数据在标准曲线上查出对应钒标准值，计算出合金钢中钒的含量。

【思考题】

（1）在酸性介质中与钽试剂配合的是 VO^{3+} 还是 VO^{2+}？实验中应控制好哪些条件，才能使钒以 VO^{3+} 的形态存在？

（2）为什么测定钒要采用萃取分光光度法？

（3）钽试剂-三氯甲烷为什么要准确加入？

第九章　综合性实验

综合性实验由若干简单实验组成，介绍对化学物质进行初步研究的思路和方法，进行无机化合物制备和组分测定、复杂体系的预处理和组分分析，实验有了一定难度，必须投入较多时间和精力，需要周密思考，充分运用已掌握的化学知识、实验方法和技能，以积极、主动的学习态度，使学生获得应用知识来解决实际问题的能力，这也是我们开设实验课的最终目的。

在前面基本实验训练的基础上，这一部分主要是通过一些完整的实验过程对学生进行系统的研究训练，实验步骤中的一些问题需要学生自行解决，同时加强了一些中、小型仪器的使用，以期学生加深对化学理论知识的理性认识，掌握从事化学研究工作的基本规律和基本技能。本篇分为两部分内容，一是常见无机化合物和配合物的制备及分析鉴定；二是一些实际样品如硅酸盐水泥、植物、土壤成分等的处理和系统分析检测。

实验四十一　硫酸亚铁铵的制备与含量测定

【预习内容】

(1) 制备硫酸亚铁铵的原理与方法。

(2) 溶解、水浴加热、抽滤等基本操作。

(3) 结合理论知识并通过查阅资料等手段设计与本教材方案不同的"硫酸亚铁铵含量测定"的实验方案。

【目的要求】

(1) 了解复盐硫酸亚铁铵制备的原理与方法。

(2) 练习水浴加热、抽滤等基本操作。

(3) 掌握重铬酸钾法测铁的原理和方法。

(4) 进一步掌握用直接法配制标准溶液。

(一) 制　备

【实验原理】

铁与稀硫酸作用生成硫酸亚铁，溶液经浓缩后冷却至室温，即可得到浅绿色的 $FeSO_4 \cdot 7H_2O$(俗称绿矾)晶体。$FeSO_4$在弱酸性溶液中容易氧化，生成黄色的碱式硫酸铁沉淀，因此，在蒸发过程中，应加入一枚小铁钉，并使溶液保持较强的酸性。

$$Fe+H_2SO_4 = FeSO_4+H_2\uparrow$$

$$4FeSO_4+O_2+2H_2O = 4Fe(OH)SO_4\downarrow$$

浅绿色的 $FeSO_4 \cdot 7H_2O$ 在 70℃左右时，容易变成溶解度较小的白色的 $FeSO_4 \cdot H_2O$，所以在浓缩过程中，温度不宜过高，应维持在 70℃以下。

硫酸亚铁与等物质的量的硫酸铵混合，即生成溶解度较小的浅蓝绿色的硫酸亚铁铵[$FeSO_4 \cdot (NH_4)_2SO_4 \cdot 6H_2O$]复盐晶体：

$$FeSO_4+(NH_4)_2SO_4+6H_2O = FeSO_4 \cdot (NH_4)_2SO_4 \cdot 6H_2O$$

硫酸亚铁铵[$FeSO_4 \cdot (NH_4)_2SO_4 \cdot 6H_2O$]是复盐晶体，在水中的溶解度比组成它的每一个单盐的溶解度都小。它们在水中的溶解度列于下表。因此，将含有 $FeSO_4 \cdot (NH_4)_2SO_4 \cdot 6H_2O$ 的溶液经蒸发浓缩至表面出现晶膜，冷却结晶后，首先得到 $FeSO_4 \cdot (NH_4)_2SO_4 \cdot 6H_2O$ 晶体，而单盐溶解在水中，可用抽滤除去。

表 9-1 几种盐的溶解度(g/100 g H_2O)

盐(摩尔质量) \ 温度(℃)	10	20	30	40
$(NH_4)_2SO_4$(132.1)	73.0	75.4	78.1	91.9
$FeSO_4 \cdot 7H_2O$(278.01)	37.3	48.0	60.0	73.3
$FeSO_4 \cdot (NH_4)_2SO_4 \cdot 6H_2O$(392.13)	18.1	21.2	24.5	38.5

硫酸亚铁铵组成稳定，在空气中不易被氧化。在分析化学中常用来标定 $KMnO_4$ 和 $K_2Cr_2O_7$ 的标准溶液。

【仪器、试剂与材料】

仪器：台秤，循环水式真空泵，烧杯，玻璃棒，布氏漏斗，抽滤瓶，电炉。

试剂与材料：H_2SO_4(3 mol·L^{-1})，Na_2CO_3(10%)，$(NH_4)_2SO_4$(固、AR)，铁屑，pH 试纸(1～14)，滤纸，小铁钉。

【实验步骤】

1. 铁屑的预处理

称取 4 g 铁屑(不要过量)，放在 100 mL 锥形瓶中，加入 20 mL 10%Na_2CO_3溶液，水浴加热 10 min，倾析法除去碱液，用水冲洗铁屑至中性，以防止在加入 H_2SO_4 后产生 Na_2SO_4 晶体混入 $FeSO_4$ 中。

2. 硫酸亚铁的制备

往盛着铁屑的锥形瓶内加入 30 mL 3 mol·L^{-1} H_2SO_4(计算 4 g 铁屑需要的 3 mol·L^{-1} H_2SO_4 的体积)，在通风橱中小火水浴加热至不再冒气泡为止，加热过程中不时补充少量水以保持原有的体积，趁热抽滤，滤液移至蒸发皿中(调节 pH =1)，在滤液中放入一枚小铁钉，水浴加热蒸发(保持 70℃以下)至有晶膜出现，冷却至室温，晶体析出，抽滤，取出产品，称重。

3. 硫酸亚铁铵的制备

根据上面得到的 $FeSO_4 \cdot 7H_2O$ 晶体的质量，按 $n_{FeSO_4} : n_{(NH_4)_2SO_4} = 1:1$ 的关系，计算出所需 $(NH_4)_2SO_4$ 的质量。将 $FeSO_4 \cdot 7H_2O$ 及称出的 $(NH_4)_2SO_4$ 配制成饱和溶液并混合均匀，用 3 mol·L^{-1} H_2SO_4 调节 pH＝1～2，水浴加热蒸发浓缩至表面出现晶膜，冷却至室温，抽滤，将晶体移至表面皿上，晾干片刻，观察晶体的颜色和形状，称重。

【数据记录与处理】

1. 数据记录

(1) 铁屑用量 ________g。

3 mol·L^{-1} H_2SO_4 用量________mL。

硫酸铵用量________g。

(2) 硫酸亚铁产量 ________g。

硫酸亚铁铵产量 ________g。

2. 数据处理

(1) 硫酸亚铁铵理论产量________g。

(2) 硫酸亚铁铵产率＝实际产量/理论产量×100%＝________%。

【思考题】

(1) 为什么要保持硫酸亚铁铵溶液有较强的酸性？

(2) 如果硫酸亚铁溶液已有部分被氧化，则应如何处理才能得到较纯的 $FeSO_4 \cdot 7H_2O$？

(3) 能否将最后产物硫酸亚铁铵直接放在蒸发皿内加热干燥？为什么？

(4) 本实验计算硫酸亚铁铵的产率时，应以铁屑还是硫酸的量为准？

【附注】

(1) 制备硫酸亚铁时，也可不制备出晶体，在趁热抽滤后，直接将硫酸亚铁滤液移至蒸发皿中，以理论上得到的 $FeSO_4 \cdot 7H_2O$ 晶体的质量计算出所需 $(NH_4)_2SO_4$ 的质量，将称好的 $(NH_4)_2SO_4$ 配制成饱和溶液加入到滤液中，调节 pH＝1～2，再水浴蒸发浓缩。

(2) 在制备过程中，始终要保持酸性，防止 Fe^{2+} 水解和氧化。

（二）含量测定

【实验原理】

在酸性溶液中，硫酸亚铁铵中的亚铁离子可与 $K_2Cr_2O_7$ 定量反应，其反应式为

$$Cr_2O_7^{2-} + 6Fe^{2+} + 14H^+ \rightleftharpoons 2Cr^{3+} + 6Fe^{3+} + 7H_2O$$

依据此反应，以 $H_2SO_4-H_3PO_4$ 混合酸为介质，二苯胺磺酸钠为指示剂，用 $K_2Cr_2O_7$ 标准溶液滴定溶液中的铁，根据 $K_2Cr_2O_7$ 溶液的体积和浓度计算试样中硫酸亚铁铵的含量。测定中，加入硫酸是为了保持反应在强酸性溶液中进行，加入磷酸增大突跃范围并有利于终点的观察。

【仪器与试剂】

仪器：电子分析天平，烧杯（100 mL），玻璃棒，酸式滴定管（50 mL），容量瓶（250 mL），锥形瓶（250 mL）。

试剂：H_2SO_4（3 mol·L^{-1}），H_3PO_4（1∶1），$K_2Cr_2O_7$（在 120℃下烘干 3 h，放入干燥器中冷却），二苯胺磺酸钠指示剂（0.2%）。

【实验步骤】

1. 配制 $K_2Cr_2O_7$标准溶液

准确称量 1.2～1.3 g 基准试剂 $K_2Cr_2O_7$于 100 mL 烧杯中，加少量水溶解，定量转移至 250 mL 容量瓶中，用水稀释至刻度，摇匀。根据实际称量计算准确浓度。

2. 配制硫酸亚铁铵标准溶液

准确称取自己制备的产品硫酸亚铁铵 10～11 g 于 100 mL 烧杯中，加少量水和 10 mL 3 mol·L^{-1} H_2SO_4溶液，溶解后定量转于 250 mL 容量瓶中，用水稀释至刻度，摇匀。

3. 含量测定

移取 25.00 mL 硫酸亚铁铵溶液于 250 mL 锥形瓶中，分别加入 10 mL 3 mol·L^{-1} H_2SO_4溶液、10 mL 1∶1H_3PO_4溶液、50 mL 水、6 滴二苯胺磺酸钠指示剂，用 $K_2Cr_2O_7$标准溶液滴至溶液呈紫红色。平行测定三份。

【数据记录与处理】

记录项目 \ 测定次数	1	2	3
$m(K_2Cr_2O_7)$(g)			
$c(K_2Cr_2O_7)$(mol·L^{-1})			
$m[FeSO_4\cdot(NH_4)_2SO_4\cdot 6H_2O]$(g)			
$V[FeSO_4\cdot(NH_4)_2SO_4\cdot 6H_2O]$(mL)			
$V(K_2Cr_2O_7)$(mL)			
$\omega[FeSO_4\cdot(NH_4)_2SO_4\cdot 6H_2O]$(%)			
$\bar{\omega}[FeSO_4\cdot(NH_4)_2SO_4\cdot 6H_2O]$(%)			
相对平均偏差(%)			

结果计算：
$$c(K_2Cr_2O_7)=\frac{m(K_2Cr_2O_7)}{M(K_2Cr_2O_7)}\times\frac{1\,000}{250.0}$$

$$\omega[FeSO_4\cdot(NH_4)_2SO_4\cdot 6H_2O]=\frac{6\times c(K_2Cr_2O_7)\times V(K_2Cr_2O_7)\times M[FeSO_4\cdot(NH_4)_2SO_4\cdot 6H_2O]}{m[FeSO_4\cdot(NH_4)_2SO_4\cdot 6H_2O]\times\frac{25.00}{250.0}\times 1\,000}\times 100\%$$

【思考题】

(1) 用 $K_2Cr_2O_7$溶液滴定硫酸亚铁铵时，为什么向溶液中加入 H_3PO_4溶液？
(2) $K_2Cr_2O_7$基准试剂若事先未经烘干处理，对结果有何影响？
(3) 如何读取滴定管中有色溶液的体积？
(4) 除了 $K_2Cr_2O_7$法测定硫酸亚铁铵含量外，设计其他测定方法。

实验四十二　三草酸合铁(Ⅲ)酸钾的合成和组成测定

【预习内容】

(1) 合成三草酸合铁(Ⅲ)酸钾的原理与方法。
(2) 确定配合物化学式的基本原理及方法。
(3) 高锰酸钾标准溶液的配制及标定方法。
(4) 推导各步计算公式。

【目的要求】

(1) 掌握合成三草酸合铁(Ⅲ)酸钾的操作技术。
(2) 掌握确定化合物化学式的基本原理及方法。
(3) 巩固称量、过滤及滴定等基本操作。
(4) 熟悉高锰酸钾标准溶液的配制及标定方法。

【实验原理】

(一) 配位化合物的合成

三草酸合铁(Ⅲ)酸钾是一种绿色的单斜晶体，溶于水而不溶于乙醇，受光照易分解。其合成方法：首先用硫酸亚铁铵与草酸反应制备草酸亚铁：

$$(NH_4)_2Fe(SO_4)_2 \cdot 6H_2O + H_2C_2O_4 \rightleftharpoons FeC_2O_4 \cdot 2H_2O \downarrow + (NH_4)_2SO_4 + H_2SO_4 + 4H_2O$$

草酸亚铁与过氧化氢、草酸钾反应生成三草酸合铁(Ⅲ)酸钾。同时有 $Fe(OH)_3$生成，可加适量草酸与草酸钾转化为三草酸合铁(Ⅲ)酸钾，加入乙醇后它便从溶液中析出：

$$6FeC_2O_4 + 3H_2O_2 + 6K_2C_2O_4 = 4K_3Fe(C_2O_4)_3 + 2Fe(OH)_3 \downarrow$$

$$2Fe(OH)_3 + 3H_2C_2O_4 + 3K_2C_2O_4 \rightleftharpoons 2K_3Fe(C_2O_4)_3 + 6H_2O$$

(二) 组成分析

1. 用重量分析法测定结晶水
2. 用高锰酸钾法测定草酸根含量

草酸根在酸性介质中可被高锰酸钾定量氧化：

$$2MnO_4^- + 5C_2O_4^{2-} + 16H^+ = 2Mn^{2+} + 10CO_2 + 8H_2O$$

用已知浓度的高锰酸钾标准溶液滴定草酸根，由消耗高锰酸钾的量，便可求出与之反应的草酸根的量。

3. 铁含量的测定

先用还原剂把 Fe^{3+} 离子还原为 Fe^{2+} 离子，再用高锰酸钾标准溶液滴定 Fe^{2+} 离子：

$$MnO_4^- + 5Fe^{2+} + 8H^+ \xlongequal{} Mn^{2+} + 5Fe^{3+} + 4H_2O$$

由消耗高锰酸钾的量，计算出亚铁离子的量。

4. 钾含量的确定

由草酸根、铁含量的测定可知每克无水盐中所含铁和草酸根的物质的量 n_1 和 n_2，进而可求得每克无水盐中所含钾物质的量 n_3。

当每克盐各组分的 n 已知，并求出 n_1、n_2、n_3 的比值，则可确定该化合物的化学式。

【仪器与试剂】

仪器：电子分析天平(0.000 1 g)，电子天平(0.1 g)，烧杯，酸式滴定管，称量瓶，坩埚，温度计，锥形瓶(250 mL)，玻璃砂芯过滤器(3 号、P40)，抽滤装置。

试剂：H_2SO_4(3 mol·L^{-1})，$H_2C_2O_4$(饱和溶液)，$K_2C_2O_4$(饱和溶液)，H_2O_2(3%)，乙醇(95%)，$(NH_4)_2Fe(SO_4)_2\cdot 6H_2O$(固，AR)，$KMnO_4$(固，AR)，$Na_2C_2O_4$(固，AR)，锌粉，pH 试纸。

【实验步骤】

1. 草酸亚铁的制备

在 100 mL 烧杯中加入 5.0 g $(NH_4)_2Fe(SO_4)_2\cdot 6H_2O$ 的固体、15 mL 蒸馏水和几滴 3 mol·L^{-1} H_2SO_4，加热溶解后再加入 25 mL 饱和 $H_2C_2O_4$ 溶液，加热至沸，搅拌片刻后停止加热，静置。待黄色晶体 $FeC_2O_4\cdot 2H_2O$ 沉降后，倾析弃去上层清液，加入 20～30 mL 蒸馏水，搅拌并温热，静置，弃去上层清液。

2. 三草酸合铁(Ⅲ)酸钾的制备

在上述沉淀中加入 10 mL 饱和 $K_2C_2O_4$ 溶液，水浴加热至 40℃。用滴管慢慢加入 20 mL 3%的 H_2O_2，恒温在 40℃左右(观察此时有什么现象?)，边加边搅拌，然后将溶液加热至沸以驱除过量 H_2O_2。停止加热后，在激烈搅拌下(有条件时，宜用电磁搅拌器搅拌)逐滴加入饱和草酸溶液至溶液的 pH=3～3.5，过滤。滤液中加入 10 mL 95%的乙醇，温热溶液使析出的晶体再溶解后用表面皿盖好烧杯，静置，自然冷却(避光静置过夜)，晶体完全析出后抽滤，在空气中干燥，称量。计算产率，产品留作测定用。

3. 结晶水的测定

将两只干净坩埚放入烘箱中，在 110℃下干燥 1 h，然后置于干燥器中冷却至室温，称量。重复上述操作至恒重。

准确称取 0.5～0.6 g 三草酸合铁(Ⅲ)酸钾两份，分别放入两个已恒重的坩埚内，在与空坩埚相同的条件下干燥、冷却、称量，直至恒重。

根据称量结果，计算结晶水含量。(如何计算?)

4. 高锰酸钾标准溶液的配制及标定

称取配制 300 mL 浓度为 0.02 mol·L^{-1}的 $KMnO_4$溶液所需的固体 $KMnO_4$，置于 500 mL 烧杯中，加水溶解并稀释至约 300 mL，将溶液加热煮沸并保持微沸 1 h，冷却后用玻璃砂芯漏斗过滤，滤液倒入洁净的棕色试剂瓶中，摇匀后即可标定和使用。

准确称取 0.15 g 左右预先干燥过的 $Na_2C_2O_4$于 250 mL 烧杯中，加入 50 mL 蒸馏水和 15 mL 3 mol·L^{-1} H_2SO_4使其溶解，在水浴中慢慢加热直到有蒸气冒出(约 70～85℃)。趁热用待标定的 $KMnO_4$溶液进行滴定。开始滴定时，速度宜慢，在第一滴 $KMnO_4$溶液滴入后，不要摇动溶液，当紫红色褪去后再滴入第二滴。待溶液中有 Mn^{2+}产生后，反应速度加快，滴定速度亦可适当加快。接近终点时，紫红色褪去很慢，应减慢滴定速度，同时充分摇匀，以防超过终点。最后滴加半滴 $KMnO_4$溶液，在搅匀后 0.5 min 内仍保持微红色不褪，表明已达到终点。计算 $KMnO_4$溶液的物质的量浓度。重复滴定三次(如何计算？自己推导计算公式，然后计算结果)。

5. 草酸根含量的测定

将合成的三草酸合铁(Ⅲ)酸钾晶体在 110℃下干燥 1.5～2 h，然后放在干燥器中冷却备用。

准确称取 0.18～0.22 g 干燥过的三草酸合铁(Ⅲ)酸钾样品三份，分别放入三个250 mL 锥形瓶中，加入 50 mL 水和 15 mL 3 mol·L^{-1} H_2SO_4。用 $KMnO_4$标准溶液滴定(方法同步骤 4)，计算每克无水化合物所含草酸根的 n_1值(自己推导计算公式，然后计算结果)。

滴定完的三份溶液保留待用。

6. 铁含量的测定

在上述保留的溶液中加入还原剂锌粉，直到黄色消失。加热，使 Fe^{3+}还原为 Fe^{2+}，过滤除去多余的锌粉。滤液放入另一干净的锥形瓶中，洗涤锌粉，使 Fe^{2+}定量转移到滤液中，加入 10 mL 3 mol·L^{-1} H_2SO_4，再用 $KMnO_4$标准溶液滴定至微红色，计算所含铁的 n_2值(自己推导计算公式，然后计算结果)。

根据以上分析结果，计算 H_2O、Fe^{3+}、$C_2O_4^{2-}$ 和 K^+含量，并推算出产物的化学式。

除了上述测定方案，再设计用其他方法测定三草酸合铁(Ⅲ)酸钾晶体中 Fe^{3+}、$C_2O_4^{2-}$ 和 K^+的含量。

【数据记录与处理】(格式自拟)

(1) 计算合成的三草酸合铁(Ⅲ)酸钾产率。

(2) 推导计算公式，计算 H_2O、Fe^{3+}、$C_2O_4^{2-}$和 K^+含量。

(3) 推算出产物的化学式。

【思考题】

(1) 影响三草酸合铁(Ⅲ)酸钾产量的主要因素有哪些？

(2) 三草酸合铁(Ⅲ)酸钾见光易分解，应如何保存？

(3) 如何配制和存放高锰酸钾标准溶液？

(4) 在高锰酸钾滴定草酸钠过程中，加酸、加热和控制滴定速度等操作的目的是什么？

(5) 三草酸合铁(Ⅲ)酸钾晶体中结晶水的测定采用烘干脱水法，$FeCl_3·6H_2O$ 等物质能否用此法脱水？为什么？

【附注】

(1) 3% H_2O_2要新配制。要在40℃慢慢滴加。

(2) 在制备草酸亚铁时蒸馏水不宜过多。

(3) 在制备三草酸合铁(Ⅲ)酸钾的过程中,需注意以下两点:

① 加热驱除过量 H_2O_2时,H_2O_2基本分解完全即停止加热,不宜煮沸时间过长。否则,生成的 $Fe(OH)_3$沉淀颗粒较粗,导致酸溶速度慢。

② 酸溶过程不必加热,以减少副反应。同时草酸宜在激烈搅拌下逐滴加入,不宜倒入,以消除局部过浓的影响。

实验四十三　碳酸钠的制备及含量测定

【预习内容】

(1) 工业联合制碱(简称"联碱")法的基本原理。

(2) 各种盐类溶解度的差异及其分离的方法与操作。

(3) 复分解反应及热分解反应的条件。

(4) 用双指示剂法测定 Na_2CO_3含量的方法原理。

【目的要求】

(1) 了解工业上联合制碱(简称"联碱")法的基本原理。

(2) 学会利用各种盐类溶解度的差异使其彼此分离的某些技能。

(3) 了解复分解反应及热分解反应的条件。

(4) 学会用双指示剂法测定 Na_2CO_3 的含量。

【实验原理】

1. 制备原理

碳酸钠俗称苏打,工业上叫纯碱,一般较具规模的合成氨厂中设有"联碱"车间,就是利用二氧化碳和氨气通入氯化钠溶液中,先反应生成 $NaHCO_3$,再在高温下灼烧 $NaHCO_3$,使其分解而转化成 Na_2CO_3,其反应式为

$$NH_3+CO_2+H_2O+NaCl \xlongequal{} NaHCO_3\downarrow+NH_4Cl$$

$$2NaHCO_3 \xlongequal{\text{灼烧}} Na_2CO_3+H_2O+CO_2\uparrow$$

第一个反应实际就是下列复分解反应:

$$NH_4HCO_3+NaCl \xlongequal{} NaHCO_3\downarrow+NH_4Cl$$

因此,在实验室里直接使用 NH_4HCO_3和 NaCl,并选择在特定的浓度与温度条件下进行反应。

表 9-2　NaCl 等四种盐在不同温度下的溶解度

盐 \ g/100 g H_2O \ t℃	0	10	20	30	40	50	60	70	80	90	100
NaCl	35.7	35.8	36.0	36.3	36.6	37.0	37.3	37.8	38.4	39.0	39.8
NH_4HCO_3	11.9	15.8	21.0	27.0	—	—	—	—	—	—	—
$NaHCO_3$	6.9	8.15	9.6	11.1	12.7	14.5	16.4	—	—	—	—
NH_4Cl	29.4	33.3	37.2	41.4	45.8	50.4	55.2	60.2	65.6	71.3	77.3

从上述复分解反应来看，四种盐同时存在于水溶液中，这在相图上叫做四元交互体系。根据相图我们可以选择出最佳的反应温度与各个盐的溶解度（也就是浓度）关系，使产品的质量和产量达到最经济的原则。

将各种纯盐不同温度下在水中的溶解度作相互比较，我们可以粗略地估计出从反应的体系中分离出某些盐的较好条件和适宜的操作步骤。反应中所出现的四种盐在水中的溶解度见表 9-2。

从表中看出，当温度在 40℃时 NH_4HCO_3 已分解，实际上在 35℃就开始分解了，由此决定了整个反应温度不允许超过 35℃。但温度太低，NH_4HCO_3 溶解度则又减小，要使反应最低限度地向产物 $NaHCO_3$ 方向移动，则又要求 NH_4HCO_3 的浓度尽可能地增加，故由表可知，反应温度不宜低于 30℃。

从表中可知 30～35℃范围内四种盐中 $NaHCO_3$ 溶解度最低。因此，如果在这个温度下将研细了的 NH_4HCO_3 固体加到 NaCl 溶液中，在充分搅拌的条件下就能使复分解进行，并随即有 $NaHCO_3$ 晶体转化析出。通过以上分析，实验条件就可确定。

2. 测定原理

Na_2CO_3 产品中由于加热分解 $NaHCO_3$ 时的时间不足或未达分解温度而夹杂有 $NaHCO_3$ 及混进的其他杂质。一般说来，其他杂质不易混进，所以，通常只分析 $NaHCO_3$ 及 Na_2CO_3 两项即可。

Na_2CO_3 的水解是分两步进行的，故用 HCl 滴定 Na_2CO_3 时，反应也分两步进行：

$$Na_2CO_3 + HCl = NaHCO_3 + NaCl \quad (1)$$

$$NaHCO_3 + HCl = H_2CO_3 + NaCl \quad (2)$$

从反应式可知，如是纯 Na_2CO_3，用 HCl 滴定时两步反应所消耗的 HCl 应该是相等的，若产品中有 $NaHCO_3$ 时，则在第二步反应消耗的 HCl 要比第一步多一些。

又根据两步反应的结果来看，第一步产物为 $NaHCO_3$，此时溶液 pH 约为 8.5，当第二步反应结束时，最后产物为 H_2CO_3（进一步分解成 H_2O 和 CO_2），此时溶液的 pH 约为 4，利用这两个 pH 我们可选择酸碱指示剂酚酞[变色范围为 8.0（无色）～10.0（红色）]及甲基橙[变色范围为 3.1（红色）～4.4（黄色）]作滴定终点指示剂。由两次指示剂的颜色突变指示，测出每一步所消耗的 HCl 体积，再进行含量计算，如下图所示：

$$\overbrace{Na_2CO_3 \xrightarrow{V_1} NaHCO_3 \xrightarrow{V_2} H_2CO_3}^{V_{总}} \longrightarrow H_2O + CO_2$$

（$NaHCO_3$ 处：酚酞指示终点；H_2O+CO_2 处：甲基橙指示终点）

$V_{总}$是从 Na_2CO_3 开始直到甲基橙指示终点所消耗的 HCl 体积。

显然，如果 $V_1 = V_2$时，即产品中无 $NaHCO_3$；若 $V_2 > V_1$，则表明产品中含有 $NaHCO_3$。

【仪器与试剂】

仪器：电磁搅拌器，循环水式真空泵，抽滤瓶，布氏漏斗，坩埚，坩埚钳，研钵，滤纸，电子分析天平(0.000 1 g)，电子天平(0.1 g)，酸式滴定管(50 mL)，锥形瓶(250 mL)。

试剂：粗盐饱和溶液，HCl(6 mol·L^{-1})，酒精(1∶1，用 $NaHCO_3$ 饱和过的)，Na_2CO_3(饱和溶液)，NH_4HCO_3(固)，HCl(0.1 mol·L^{-1}标准溶液)，酚酞指示剂，甲基橙指示剂。

【实验步骤】

1. 粗盐去杂

量取 20 mL 饱和粗盐溶液，放在 100 mL 烧杯中加热至近沸，保持在此温度下用滴管逐滴加入饱和 Na_2CO_3 溶液，调节 pH 至 10 左右，此时溶液中有大量胶状沉淀物[$Mg(OH)_2 \cdot MgCO_3$，$CaCO_3$]析出，继续加热至沸，趁热常压过滤，弃去沉淀，滤液转入 150 mL烧杯中，再用 6 mol·L^{-1} HCl 调节溶液 pH 至 7 左右。

2. 复分解反应转化制 $NaHCO_3$

将盛有上述滤液(NaCl)的烧杯放在控制温度为 30～35℃之间的水浴中(用电磁搅拌器加热水浴，其水温为 32～37℃)，在不断搅拌的条件下，将预先研细了的 8.5 g NH_4HCO_3 分数次(约 5～8 次)全部投入滤液中。加完后，继续保持此温度连续搅拌约 30 min 使反应充分进行，从水浴中取出后稍静置，用抽滤法除去母液，白色晶体即为 $NaHCO_3$。在停止抽滤的情况下，在产品上均匀地滴上 1∶1 的酒精水溶液(用 $NaHCO_3$ 饱和过的)使之充分润湿(不要加很多)，然后再抽吸，使晶体中的洗涤液被抽干，如此重复 3～4 次，将大部分吸附在 $NaHCO_3$ 上的铵盐及过量的 NaCl 洗去。

3. $NaHCO_3$加热分解制 Na_2CO_3

将湿产品放入蒸发皿中。先在石棉网上以小火烘干，然后移入坩埚，放入高温炉，调节温度控制器在 300℃的工作状态。当炉温恒定在 300℃时，继续加热 30 min，然后停止加热，降温稍冷后，即将坩埚移入干燥器中保存备用。产品测定含量前，应称取其质量并用研钵研细后转入称量瓶中，根据产品质量计算产率。

4. Na_2CO_3的含量测定

在分析天平上以差减法准确称取三份自制的 Na_2CO_3 产品(m，每份约 0.12 g)，分别置于三个 250 mL 锥形瓶中，然后每份按下法操作。

向锥形瓶中加入蒸馏水约 50 mL，产品溶解后加入酚酞指示剂 1～2 滴，用 0.1 mol·L^{-1} 盐酸标准溶液滴定，溶液由紫红色变至浅粉红色，读取所消耗 HCl 体积(V_1)(注意：第一个滴定终点一定要使 HCl 逐滴滴入，并不断振荡溶液，以防 HCl 局部过浓而有 CO_2 逸出，造成 $V_{总} < 2V_1$)。再在溶液中加 2 滴甲基橙指示剂，这时溶液为黄色，继续用原滴定管(已读取

V_1体积数)滴入 HCl,使溶液由黄色突变至橙色,将锥形瓶置石棉网上加热至沸 1~2 min,冷却(可用冷水浴冷却)后溶液又变黄色(如果不变仍为橙色,则表明终点已过),再小心慢慢地用 HCl 滴定至溶液再突变成橙色即达终点(记下所消耗 HCl 的总体积 $V_{总}$)。

每次测定必须取齐 m、V_1、$V_{总}$和 $c(HCl)$四个数据,按下列公式计算 Na_2CO_3及$NaHCO_3$的含量:

$$Na_2CO_3的百分含量=\frac{c(HCl)\times 2V_1\times\frac{M(Na_2CO_3)}{2\,000}}{m}\times 100$$

$$NaHCO_3的百分含量=\frac{c(HCl)\times(V_{总}-2V_1)\times\frac{M(NaHCO_3)}{1\,000}}{m}\times 100$$

式中 $M(Na_2CO_3)$——Na_2CO_3摩尔质量;

$c(HCl)$——HCl 的物质的量浓度;

$M(NaHCO_3)$——$NaHCO_3$摩尔质量;

m——Na_2CO_3样品质量。

【数据记录与处理】

计算 Na_2CO_3的产率

(1) 理论产量 以 NaCl 溶液浓度计算。

(2) 实际产量 以产品质量乘 Na_2CO_3百分含量。

(3) 产率 $产率=\frac{实际产量}{理论产量}\times 100\%$。

将实验中所有数据列入下表:

实验号	样品质量	消耗 HCl 的体积(mL)		HCl 浓度 (mol·L^{-1})	Na_2CO_3 (%)	$NaHCO_3$ (%)	Na_2CO_3 产率(%)
		V_1	$V_{总}$				
1							
2							
3							

【思考题】

(1) 为什么在洗涤 $NaHCO_3$时要用饱和 $NaHCO_3$的酒精洗涤液,且不能一次多加洗涤液,而要采用少量多次地洗涤?

(2) 如果 $NaHCO_3$上的铵盐洗不净是否会影响产品 Na_2CO_3的纯度? NaCl 不能洗净是否会影响产品纯度? 你认为怎样才能检查产品中含有 NaCl 或 NH_4Cl?

(3) 如果在滴定过程中所记录的数据发现 $V_1>V_2$,也即 $2V_1>V_{总}$时,说明什么问题?

【附注】

(1) 制备过程中,粗盐去杂沉淀多为氢氧化物沉淀,须煮沸一段时间,并用常压过滤,或用中速滤纸过滤。

(2) 若使用磁力搅拌器加热时，加热挡不要拧至最大，以防仪器过热损坏；保存好磁子，以免丢失。

(3) 加 NH_4HCO_3 前，应先将溶液放在水浴中使烧杯内溶液温度达到 35℃（不能超过 35℃），再加 NH_4HCO_3。将 NH_4HCO_3 研细，分 3～5 次加完后继续搅拌 30 min，绝不能减少搅拌时间或停止搅拌，以保证复分解反应进行完全。

(4) 产品一定要抽滤得很干，小火烘干时要不断搅拌，防止固体凝结成块。然后转入做好标记的坩埚中待烧。

(5) 含量测定时，正式滴定前应先做终点练习。

(6) 第一步滴定一定要使 HCl 溶液逐滴滴入，并不断振荡溶液，终点一定要滴至浅粉红色为止，防止造成 $V_{总} < 2V_1$。

实验四十四　高锰酸钾的制备及纯度测定

【预习内容】

(1) 查阅各种制备高锰酸钾的原理和方法。
(2) 碱熔法操作；用石棉纤维和玻璃砂漏斗的过滤操作。
(3) 锰的各种价态的化合物的性质和它们之间转化的条件。
(4) 氧化还原滴定测定高锰酸钾纯度的方法原理。

【目的要求】

(1) 了解高锰酸钾制备的原理和方法。
(2) 学习碱熔法操作及在过滤操作中使用石棉纤维和玻璃砂漏斗。
(3) 试验和了解锰的各种价态的化合物的性质和它们之间转化的条件。
(4) 测定高锰酸钾的纯度并掌握氧化还原滴定操作。

【实验原理】

1. 制备原理

在碱性介质中，氯酸钾可把二氧化锰氧化为锰酸钾：

$$3MnO_2 + KClO_3 + 6KOH \xlongequal{熔融} 3K_2MnO_4 + 3H_2O + KCl$$

在酸性介质中，锰酸钾发生歧化反应，生成高锰酸钾：

$$3K_2MnO_4 + 2CO_2 \xlongequal{} 2KMnO_4 + MnO_2 + 2K_2CO_3$$

所以，把制得的锰酸钾固体溶于水，再通入 CO_2 气体，即可得到 $KMnO_4$ 溶液和 MnO_2，减压过滤除去 MnO_2 之后，将溶液浓缩，即析出 $KMnO_4$ 晶体。用这种方法制取 $KMnO_4$，在最理想的情况下，也只能使 K_2MnO_4 的转化率达 66%，所以为了提高 K_2MnO_4 的转化率，通常在 K_2MnO_4 溶液中通入氯气：

$$Cl_2 + 2K_2MnO_4 \xlongequal{} 2KMnO_4 + 2KCl$$

或用电解法对 K_2MnO_4 进行氧化，得到 $KMnO_4$：

阳极：
$$2MnO_4^{2-} - 2e = 2MnO_4^-$$

阴极：
$$2H_2O + 2e = 2OH^- + H_2\uparrow$$

总反应为：
$$2K_2MnO_4 + 2H_2O = 2KMnO_4 + 2KOH + H_2\uparrow$$

本实验采用通 CO_2 的方法使 MnO_4^{2-} 歧化为 MnO_4^-。

2. 测定原理

草酸与高锰酸钾在酸性溶液中发生如下的氧化还原反应：

$$2KMnO_4 + 5H_2C_2O_4 + 3H_2SO_4 = K_2SO_4 + 2MnSO_4 + 10CO_2\uparrow + 8H_2O$$

反应产物 Mn^{2+} 对反应有催化作用，所以反应在开始时较慢，但随着 Mn^{2+} 的生成，反应速度逐渐加快。

高锰酸钾与草酸在硫酸介质中起反应，生成硫酸锰，使高锰酸钾的紫色褪去。当反应到达化学计量点时，草酸即全部作用完，过量的一滴高锰酸钾溶液会使溶液呈浅紫红色。

【仪器与试剂】

仪器：电子天平(0.1 g)，CO_2 气体钢瓶，铁坩埚，铁棒，泥三角，坩埚钳，烧杯，布氏漏斗，抽滤瓶，玻璃砂漏斗 3#，表面皿，酸式滴定管(50 mL、棕色)，电烘箱，酒精喷灯，电子分析天平(0.000 1 g)，称量瓶，研钵，锥形瓶(250 mL)，容量瓶(250 mL)。

试剂：$KClO_3$(固、CP)，MnO_2(工业)，KOH(固、CP)，H_2SO_4($3\ mol\cdot L^{-1}$)，草酸标准溶液($0.05\ mol\cdot L^{-1}$)，酸洗石棉纤维。

【实验步骤】

1. 高锰酸钾的制备

(1) 锰酸钾的制备

把 2 g 氯酸钾固体和 4 g 氢氧化钾固体混合均匀，放在铁坩埚内，用自由夹把铁坩埚夹紧，然后用酒精喷灯小火加热，尽量不使熔融体飞溅。待混合物熔化后，将 2.5 g MnO_2 分三次加入，每次加入均应用铁棒搅拌均匀，加完 MnO_2，仍不断搅拌，熔体黏度逐渐增大，这时应大力搅拌，以防结块，等反应物干涸后，停止加热。

产物冷却后，将其转移到 200 mL 烧杯中，留在坩埚中的残余部分，以约 10 mL 蒸馏水加热浸洗，溶液倾入盛产物的烧杯中，如浸洗一次未浸完，可反复用水浸数次，直至完全浸出残余物。浸出液合并，最后使总体积为 90 mL(不要超过 100 mL)，加热烧杯并搅拌，使熔体全部溶解。

(2) 高锰酸钾的制备

产物溶解后，通入二氧化碳气体(约 5 min)，直到锰酸钾全部歧化为高锰酸钾和二氧化锰为止(可用玻璃棒蘸一些溶液滴在滤纸上，如果滤纸上显紫红色而无绿色痕迹，即可以认为锰酸钾全部歧化)，然后用铺有石棉纤维的布氏漏斗滤去二氧化锰残渣，滤液倒入蒸发皿中，在水浴上加热浓缩至表面析出高锰酸钾晶膜为止。溶液放置片刻，令其结晶，用玻璃砂漏斗把高锰酸钾晶体抽干，母液回收。产品放在表面皿上保存好备用，晾干后(也可将产品放于烘箱内，在 30℃下干燥 1～2 h)，称重，计算产率。

2. 高锰酸钾含量的测定

用差减法称取 m_1(0.8～0.9 g)所制得的高锰酸钾固体置小烧杯内，用少量蒸馏水溶解后，全部转移到 250 mL 容量瓶内，然后稀释至刻度(浓度约为 0.02 mol·L^{-1})。

准确称取一定量(视自制产品质量而定，自己计算)草酸置于 250 mL 锥形瓶内，加入 20 mL 水溶解，再加入 10 mL 3 mol·L^{-1} H_2SO_4，混合均匀后把溶液加热至 75～85℃，然后用高锰酸钾溶液滴定。滴定开始时，高锰酸钾溶液紫色褪去得很慢，这时要慢慢滴入，等加入的第 1 滴高锰酸钾褪色后，再加第 2 滴。后来因产生了二价锰离子，反应速度加快，可以滴得快一些。最后当加入 1 滴高锰酸钾溶液，摇匀后，在 30 秒钟以内溶液的浅红色不褪，即表示已达到计量点。

重复以上操作，直至数据相对平均偏差不大于 0.2%为止(至少平行滴定三份)。

【数据记录与处理】(格式自拟)

(1) 由学生自行推导公式计算 250 mL 高锰酸钾溶液中所测得的高锰酸钾的质量 m_2；

(2) 高锰酸钾含量的计算：

$$\text{高锰酸钾的百分含量} = \frac{m_2}{m_1} \times 100\%$$

式中 m_1——称取的高锰酸钾的质量；

m_2——250 mL 高锰酸钾溶液中所测得的高锰酸钾的质量。

【思考题】

(1) 为什么由二氧化锰制备高锰酸钾时要用铁坩埚，而不用瓷坩埚？用铁坩埚有什么优点？

(2) 能不能用加盐酸来代替往锰酸钾溶液中通入二氧化碳气体？为什么？用氯气来代替二氧化碳，是否可以？为什么？

(3) 过滤 $KMnO_4$ 晶体为什么要用玻璃砂漏斗？是否可用滤纸或石棉纤维来代替？

【附注】

(1) 第一步碱熔反应一定要保证有足够高的温度，KOH 和 $KClO_3$ 完全熔融后再加入 MnO_2；分次加入 MnO_2 时动作要快，间隔时间要短。

(2) CO_2 的通入速度不能太快，以免将溶液冲出烧杯。

(3) 布氏漏斗中铺石棉纤维时，应抽滤到滤液中检查(在小试管中)不出现纤维才能使用，铺好一个后只要不去搅动它，可以供大家连续使用。

(4) 测定高锰酸钾纯度时，要先进行终点观察练习(可取 0.03 g 草酸进行模拟滴定)；同时根据练习时所消耗的 $KMnO_4$ 溶液体积数决定正式滴定时每份所需称取草酸质量的范围。该滴定步骤也可采用以下方法：根据练习时所消耗的 $KMnO_4$ 溶液体积数决定正式滴定时所称取的草酸质量，用来配制草酸标准溶液。移取 25.00 mL 标准草酸溶液于锥形瓶中，加入 10 mL 3 mol·L^{-1} H_2SO_4，加热至 75～85℃，然后用高锰酸钾溶液滴定。平行测定三次。

(5) 本实验由于制备条件(高温熔融等)、原料(强碱等)及产物(强氧化剂、有色物)具有一定的危险性(烫伤、烧伤等)，所以应小心操作，注意安全；同时应注意实验台、水池及地面等实验室卫生。

【扩展内容】

由锰酸钾溶液电解制备高锰酸钾溶液。

把 K_2MnO_4 溶液倒入烧杯(电解槽)中,加热至60℃,放入电极,通直流电,控制阳极电流密度为10 mA·cm^{-2},阴极电流密度为250 mA·cm^{-2},槽电压为2.5～3.0 V。阴极上可观察到有气体放出,$KMnO_4$ 则在阳极逐渐析出并沉于槽底,墨绿色的溶液转化为紫红色。2 h后停止通电,取出电极,用冷水冷却电解液,使其充分结晶。过滤、称量。

实验四十五　硅酸盐水泥中硅、铁、铝、钙、镁含量的测定

【预习内容】

(1) 分析试样的准备与分解。
(2) 水泥熟料的化学组成。
(3) SiO_2 含量重量法测定的原理方法。
(4) 铁、铝、钙、镁的测定的条件及干扰的消除。

【目的要求】

(1) 学习复杂物质分析的实验方法。
(2) 学会重量法测定 SiO_2 含量的原理方法。
(3) 进一步掌握配位滴定在铁、铝、钙、镁共存时测定的条件及干扰的消除。
(4) 通过复杂物质分析实验,培养综合分析问题和解决问题的能力。

【实验原理】

水泥主要由硅酸盐组成。一般含硅、铁、铝、钙和镁等。水泥熟料的主要化学成分是:SiO_2(含量范围18%～24%)、Fe_2O_3(含量范围2.0%～5.5%)、Al_2O_3(含量范围4.0%～9.5%)、CaO(含量范围60%～67%)、MgO(含量范围<4.5%)。水泥熟料中碱性氧化物占60%以上,存在形态主要为硅酸三钙(3CaO·SiO_2)、硅酸二钙(2CaO·SiO_2)、铝酸三钙(3CaO·Al_2O_3)、铁铝酸四钙(4CaO·Al_2O_3·Fe_2O_3)等混合物。因此容易被酸分解,这些化合物与盐酸作用时,生成硅酸和可溶性的氯化物,硅酸在水中绝大部分以溶胶状态存在,其化学式以 SiO_2·H_2O 表示。在用浓酸和加热蒸干等方法处理后,硅酸水溶胶脱水变成水凝胶析出,因此,可以利用沉淀分离的方法把硅酸与水泥中的铁、铝、钙和镁等组分分开。

硅的测定可利用重量法。将试样与固体 NH_4Cl 混匀后,再加 HCl 分解,其中的硅成硅酸凝胶沉淀下来,经过滤、洗涤后的 SiO_2·nH_2O 在瓷坩埚中于950～1 000℃灼烧至恒重,称量求其重量,得到 SiO_2 含量。本法测定结果较标准法约高0.2%左右。若改用铂坩埚在1 100℃灼烧恒重、经 HF 处理后,测定结果与标准法结果误差小于0.1%。

滤液可进行铁、铝、钙、镁的测定。

测定 Fe^{3+} 时应控制的 pH 范围为2.0～2.5,以磺基水杨酸为指示剂,用 EDTA 配位滴定 Fe^{3+},Fe^{3+} 与磺基水杨酸的配合物为酒红色,Fe^{3+} 与 EDTA 配合物为黄色,所以终点时溶液的颜色由酒红色变为黄色。滴定时溶液的温度以60～70℃为宜,温度过高,Al^{3+} 与

EDTA 反应，温度过低，Fe^{3+} 与 EDTA 反应缓慢，不易得出准确的终点。

测定 Al^{3+} 时应控制的 pH 范围为 4～5，由于 Al^{3+} 与 EDTA 反应较慢，所以用返滴定法测定 Al^{3+}，先加入过量的 EDTA 标准溶液，并加热煮沸，使 Al^{3+} 与 EDTA 充分反应，然后调节 pH＝4.3，以 PAN 为指示剂，用 $CuSO_4$ 标准溶液滴定过量的 EDTA，PAN 指示剂在测定条件下为黄色，Cu^{2+} 与 EDTA 的配合物为淡蓝色，随着 $CuSO_4$ 标准溶液的不断滴入，溶液的颜色由黄变绿，当 Cu^{2+} 与 EDTA 反应完全后，稍过量的 Cu^{2+} 即与 PAN 形成深红色的配合物，由于蓝色的 Cu－EDTA 配合物的存在，所以终点颜色呈紫红色。

钙、镁的测定：Fe^{3+}、Al^{3+} 含量高时，对 Ca^{2+}、Mg^{2+} 测定有干扰，用三乙醇胺和酒石酸钠掩蔽 Fe^{3+}、Al^{3+} 后，调节 pH 至 12.6，以钙指示剂为指示剂，EDTA 配位滴定法测定钙。镁的测定用差减法，在一份溶液中，调 pH 约为 10，以 K－B 或铬黑 T 为指示剂，用 EDTA 滴定钙、镁总含量。从钙、镁总含量中减去钙含量，即求得镁含量。

【仪器与试剂】

仪器：马弗炉，瓷坩埚，干燥器和坩埚钳，漏斗，烧杯，容量瓶，移液管，滴定管等。

试剂：EDTA 标准溶液（0.02 $mol \cdot L^{-1}$），铜标准溶液（0.02 $mol \cdot L^{-1}$），磺基水杨酸（10%水溶液），PAN（0.3%乙醇溶液），钙指示剂，铬黑 T 指示剂，K－B 指示剂，NH_4Cl（固），氨水（1∶1），NaOH 溶液（10%），HCl（浓、6 $mol \cdot L^{-1}$、2 $mol \cdot L^{-1}$），HNO_3（浓），$AgNO_3$（0.1 $mol \cdot L^{-1}$），酒石酸钠溶液（10%），氯乙酸-醋酸铵缓冲液（pH＝2.0），醋酸-醋酸钠缓冲液（pH＝4.2），NaOH 强碱缓冲液（pH＝12.6），氨水-氯化铵缓冲液（pH＝10）。

【实验步骤】

1. 0.02 $mol \cdot L^{-1}$ EDTA 标准溶液的标定

由滴定管准确放出 EDTA 溶液 20.00 mL，加入 20 mL pH＝4.3 的缓冲溶液和水 35 mL，加热至 80℃后，加入 5 滴 PAN 指示剂，趁热用 0.02 $mol \cdot L^{-1}$ 铜标准溶液滴定至紫红色，即为终点，记下消耗铜标准溶液的体积数。平行测定三次，求 EDTA 溶液的浓度。

2. SiO_2 的测定

准确称取 0.5 g 试样，置于 50 mL 烧杯中，加入 2.5～3 g 固体 NH_4Cl，用玻璃棒混匀，滴加浓 HCl 至试样全部润湿（一般约需 2 mL），并滴加浓 HNO_3 1～2 滴，搅匀。盖上表面皿，置于沸水浴上，加热蒸发 10～15 min，近干时取下，加热水约 40 mL，搅动，以溶解可溶性盐类。用定量滤纸及长颈漏斗过滤，用热水洗涤烧杯和沉淀，直至滤液中无 Cl^- 离子为止（一般需洗 10 次左右，用 $AgNO_3$ 检验 Cl^- 离子），滤液保存在 250 mL 容量瓶中。

将沉淀连同滤纸放入已恒重的瓷坩埚中，低温干燥、炭化并灰化后，于 950～1 000℃灼烧 30 min 取下，置于干燥器中冷却至室温，称重。再灼烧，直至恒重。计算试样中 SiO_2 的含量。

3. 铁、铝、钙、镁的测定

（1）铁含量的测定：将分离二氧化硅后的滤液冷却至室温，用蒸馏水洗释至 250 mL 标线，摇匀。准确移取 50.00 mL 滤液于 250 mL 锥形瓶中，加入 pH＝2 的缓冲溶液 20 mL，加热至约 70℃，取下加入磺基水杨酸 10 滴，用 EDTA 标准溶液滴定至由酒红色变为淡黄色时，即为终点，记下消耗 EDTA 的体积。平行测定三次，计算 Fe_2O_3 含量。

（2）铝含量的测定：在滴定完铁后的溶液中，准确加入 EDTA 标准溶液 20 mL（过量约 10 mL），记下读数，再加入 pH＝4.2 的缓冲溶液 15 mL，加热煮沸 1 min，取下稍冷（约 90℃左右)加入 4 滴 PAN 指示剂,用 0.02 mol · L^{-1} $CuSO_4$ 标准溶液滴至绿色变紫色即为终点。平行测定三次,根据加入的 EDTA 溶液与消耗的 $CuSO_4$ 标液的浓度与体积,计算 Al_2O_3 含量。

(3) 钙含量的测定:移液管移取 25.00 mL 试液置于 250 mL 锥形瓶中,加水至约 50 mL,三乙醇胺(1∶2)5 mL,再加入 5 mL 10%NaOH,适量钙指示剂,摇匀后用 EDTA 标准溶液滴至溶液呈蓝色,即为终点。平行测定三次,计算 CaO 的含量。

(4) 镁含量的测定:Fe、Al 对 Ca、Mg 的测定有干扰,须将它们预先掩蔽。移取滤液 25.00 mL 置于 250 mL 锥形瓶中,加水至约 50 mL,酒石酸钠溶液 1 mL,三乙醇胺(1∶2)5 mL,加入 5 mL pH=10 的缓冲溶液,适量的酸性铬蓝 K-萘酚绿 B 指示剂,用 EDTA 标准溶液滴至由紫红色变为纯蓝色,即为终点。平行测定三次,根据此结果计算所得为钙、镁合量,钙、镁合量减去 CaO 的含量即为 MgO 的含量。

【数据记录与处理】(格式自拟)

(1) 列出 SiO_2、Fe_2O_3、Al_2O_3、CaO、MgO 含量的计算公式。

(2) 计算试样中 SiO_2、Fe_2O_3、Al_2O_3、CaO、MgO 的百分含量。

【思考题】

(1) Fe^{3+}、Al^{3+}、Ca^{2+}、Mg^{2+} 共存时,能否用 EDTA 标准溶液控制酸度法滴定 Fe^{3+}? 滴定时酸度范围为多少?

(2) 测定 Al^{3+} 时为什么采用返滴法?

(3) 如何消除 Fe^{3+}、Al^{3+} 对 Ca^{2+}、Mg^{2+} 测定的影响?

(4) 测定 Al^{3+} 时,为什么要注意 EDTA 标准溶液的加入量? 以多少为宜?

(5) 测定钙含量时,为什么要先加入三乙醇胺后再加入 NaOH 溶液?

(6) 试讨论还可用哪些方法测定水泥中的 Fe^{3+}、Al^{3+}、Ca^{2+}、Mg^{2+}。

【附注】

(1) 铜标准溶液(0.02 mol · L^{-1})的配制:准确称取 0.3 g 纯铜,加入 3 mL 6 mol · L^{-1} HCl,滴加 2~3 mLH_2O_2,盖上表面皿,微沸溶解,继续加热赶去 H_2O_2(小气泡冒完为止),冷却后转入 250 mL 容量瓶中,用水稀释至刻度,摇匀。

(2) 氯乙酸-醋酸铵缓冲液(pH=2)的配制:850 mL 氯乙酸(0.1 mol · L^{-1})与 85 mL NH_4Ac(0.1 mol · L^{-1})混匀。

(3) 醋酸-醋酸钠缓冲液(pH=4.2)的配制:3.2 g 无水 NaAc 溶于水中,加 50 mL 冰 HAc,用水稀释至 1 L,混匀。

(4) NaOH 强碱缓冲液(pH=12.6)的配制:10 g NaOH 与 10 g $Na_2B_4O_7 \cdot 10H_2O$(硼砂)溶于适量水后,稀至 1 L。

(5) 氨水-氯化铵缓冲液(pH=10)的配制:67 g NH_4Cl 溶于适量水后,加入 520 mL 浓氨水,稀至 1 L。

(6) 水泥可分为硅酸盐水泥(熟料水泥)、普通硅酸盐水泥(普通水泥)、矿渣硅酸盐水泥(矿渣水泥)、火山灰质硅酸盐水泥(火山灰水泥)、粉煤灰硅酸盐水泥(煤灰水泥)等。水泥熟料是由水泥生料经 1 400℃以上高温煅烧而成。硅酸盐水泥由水泥熟料加入适量石膏,其成分均与水泥熟料相似,可按水泥熟料化学分析法进行。水泥熟料、未掺混合材料的硅酸盐水泥、碱性矿渣水泥，可采用酸分解法。不溶物含量较高的水泥熟料，酸性矿渣水泥、火山灰质水泥等酸性氧化物含量较高的水泥，可采用碱熔融法。本实验采用的硅酸盐水泥，一般较易为酸所分解。

(7) 本实验中用重量法测定 SiO_2 含量，采用加热近干和加固体 NH_4Cl 两种措施，使硅酸水溶胶尽可能脱水变成水凝胶析出，由于 HCl 的蒸发，硅酸中所含水分大部分被带走，滴加浓 HNO_3 使铁全部以正三价的状态存在。

(8) Al^{3+} 在 pH＝4.2 时可能形成氢氧化铝沉淀，因此须先加入 EDTA 标液，再加入 pH＝4.2 的缓冲溶液。

(9) 滤液要节约使用，尽可能多保留一些，以便必要时进行重复滴定。

实验四十六　植物、土壤中某些元素的鉴定

【预习内容】

(1) 了解植物和土壤中的微量金属元素种类及含量。
(2) 取样和制样应注意事项。
(3) K^+、Ca^{2+}、Mg^{2+}、Al^{3+}、Fe^{3+}、PO_4^{3-}、NH_4^+ 的分离和鉴定。

【目的要求】

(1) 增加学生对探索大自然奥秘的兴趣。
(2) 了解从植物、土壤中分离和鉴定化学元素的方法。

【实验原理】

植物中大量的元素有碳、氢、氧、氮四种。必需的微量金属元素中，相对含量高的首先是铁，其次是锌，接着是镁、钙、铜和钾。个别植物可能某种元素的含量特别高。植物成长主要靠土壤提供养分。因此可以从植物的汁液中，或植物、土壤的浸取液中分离和鉴定化学元素。

【仪器与试剂】

仪器：电热板、研钵、离心机、抽滤装置。

试剂：HCl（2 mol·L^{-1}、4%），NaOH（2 mol·L^{-1}），H_2SO_4（2 mol·L^{-1}），$(NH_4)_2C_2O_4$（饱和溶液），$K_4Fe(CN)_6$（固），$NaHCO_3$（0.5 mol·L^{-1}），H_2SO_4-$(NH_4)_2MoO_4$溶液，EDTA（3%）-甲醛溶液，$Na(C_6H_5)_4B$（3%），$SnCl_2$（0.5 mol·L^{-1}），KSCN（0.3 mol·L^{-1}），HNO_3（浓），$NH_3·H_2O$（浓），HAc（5%），奈氏试剂，CCl_4，$NaNO_2$（固），NaCl（10%），HCl-$(NH_4)_2MoO_4$溶液，镁试剂，茜素 S，酒石酸钾钠（10%）。

【实验步骤】

1. 植物材料的准备

选取有不同代表性的植株 5～10 株，选取叶绿素少、输导组织发达的主要功能部位为原料，挤取汁液或放入蒸发皿中在通风橱内加热灰化，移至研钵中磨细后用 2 mol·L^{-1} HCl 浸取。汁液或浸取液按下述步骤进行鉴定。

2. 某些元素的鉴定

(1) 钙、镁、铝、铁的鉴定

浸取液 $\xrightarrow[NH_3 \cdot H_2O]{pH \leqslant 8}$
- 滤液
  - Ca^{2+}的鉴定(饱和草酸铵)
  - Mg^{2+}的鉴定(镁试剂)
- 沉淀 $\xrightarrow[过理]{NaOH}$
  - 滤液→Al^{3+}的鉴定(茜素 S 法)
  - 沉淀→Fe^{3+}的鉴定[$K_4Fe(CN)_6$或 KSCN]

注：Al^{3+}的鉴定，加入几滴茜素 S，用 H_2SO_4 中和至溶液由紫变红。滴加浓氨水，有红色沉淀，表示有 Al^{3+}。

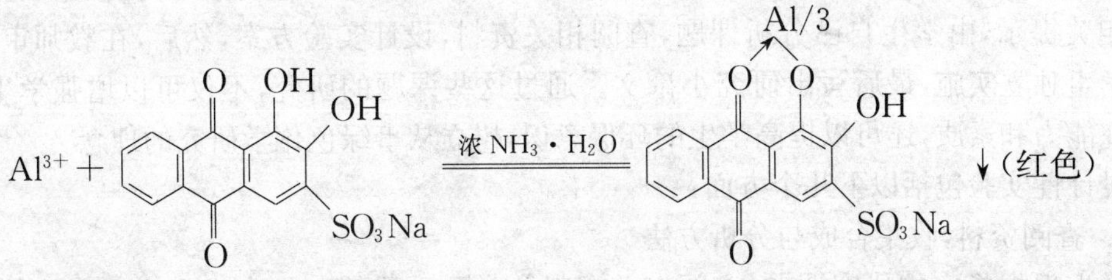

(2) 磷的鉴定

1 滴植物汁液中加入 1 滴 HCl -$(NH_4)_2MoO_4$溶液。若生成黄色沉淀，则表示有 PO_4^{3-}存在。再加 1 滴 $SnCl_2$溶液出现蓝色称"钼蓝"。

用植物灰测磷时，用浓硝酸浸取使磷溶解，取清液作磷的鉴定。

(3) 土壤养分浸取液的制备及土壤中铵态氮和磷的鉴定

取 5 g 土壤，加入 15 mL 0.5 mol · L^{-1} $NaHCO_3$，搅拌 2 min。取上层清液鉴定氮和磷。取 4 滴土壤浸取液，加 1 滴酒石酸钾钠溶液，消除 Fe^{3+} 的干扰。用奈氏试剂检验 NH_4^+。取 4 滴土壤浸取液，加 1 滴 2 mol · L^{-1} H_2SO_4，并滴加 H_2SO_4-$(NH_4)_2MoO_4$溶液，搅匀。加 1 滴 $SnCl_2$溶液，出现"钼蓝"，表示有磷。

(4) 土壤中钾的鉴定

取 5 g 土壤，加少许 10%的 NaCl 溶液，搅拌 2 min。清液用于测定钾。取 8 滴土壤浸取液，加 1 滴 EDTA -甲醛溶液，搅匀。加 1 滴 3%$Na(C_6H_5)_4B$ 出现白色沉淀，表示有钾存在。

【实验现象与结果】(格式自拟)

【思考题】

(1) 植物灰化处理样品适宜的条件是什么

(2) 哪些植物中钾含量较高？钾怎样鉴定？

(3) 植物中钙、镁、铝、铁的分离鉴定应注意些什么？

第十章 设计性实验

在基本实验和综合实验的基础上，进行设计实验主要是培养学生分析问题、解决问题的能力，提高学生面对生产和生活中的一些实际化学问题，设计解决方案并加以实施的综合素质的最好方法，但必须是在学生掌握了一定的理论知识和实验技能后才能开展。设计性实验与基本实验和综合实验在内容、形式和要求上都有较大区别。教师仅仅给出主体要求和相关提示，由学生自己分析课题，查阅相关资料，设计实验方案，然后，在教师审核后，再由学生独立实施，最后写出研究小论文。通过这些课题的研究，不仅可以增强学生的综合研究能力和素质，还可以提高学生的环保意识，树立从事绿色化学研究的理念。

设计性实验包括以下几个方面：

1. 查阅资料，收集合成与分析方法

学生根据指定的研究课题，查阅有关资料(书籍、手册等)，如合成方法可查教科书、无机合成类参考书；所需数据可查物理化学类手册，或相关参考书及本书的附录；成熟的分析方法可查教科书、分析化学手册、有关部门出版的分析操作规程、国家标准、部颁标准等；也可通过百度等网络搜索引擎，分析化学、理化检验等期刊收集有关资料。

2. 设计实验方案

在收集资料的基础上，经分析、比较后拟定出合适的试验方案，并按实验目的、原理、试剂(注明规格、浓度、配制方法等)、仪器、步骤、有关计算、分析方法、误差来源及采取消除措施、参考文献等项书写成文，写出切实可行的实验方案。

3. 审核

设计方案经指导教师审阅后，只要方法合理，实验室条件具备，学生就可按自己设计的方案进行实验。如不具备条件，或设计不合理、不完善，教师会退回设计方案，学生作修改或重新设计，再交教师审阅，如不合格再重复上述过程，直到合格为止。鼓励学生自己选题，通过上述步骤设计实验方案。

4. 独立完成实验

(1) 做好实验前的准备工作，自己配制实验所需的试剂、调试好仪器和准备好其他物品，做好安全措施。

(2) 以规范、熟练的基本操作，良好的实验素养进行实验。

(3) 实验过程中要仔细观察实验现象，认真思考，及时记录。如在实验中发现原设计不完善，或出现新问题，应设法改进或解决，以获得满意结果。

(4) 完成实验报告，对设计的试验方法进行总结。

5. 交流经验

同学之间，在实验室范围内介绍各自实验情况，在交流介绍的基础上，了解采用不同的制备方案在反应条件、流程、仪器设备、能源消耗、环境污染、产率、质量、成本等上的差异，从而得出最佳生产流程；了解采用不同的分析方法，在取量、反应条件、误差来源及消除、分析结果的准确性上的差异，得出最佳分析方案。

6. 写出小论文

论文格式要求：

(1) 前言(写课题的意义)。

(2) 实验和结果(包括原理、仪器试剂、装置图、实验步骤、实验现象、数据和结果处理等)。

(3) 讨论(包括对实验方法、做好实验的关键和对实验结果的评论)。

(4) 主要参考文献。

以下课题可作为设计性实验的题目(也可作为基础化学实验室开放性实验的题目)：

1. 茶叶中微量元素的鉴定与定量测定
2. 蛋壳中钙、镁含量的测定
3. 饲料中钙和磷含量的测定
4. 番茄中维生素 C 含量的测定
5. 注射液中葡萄糖含量的测定
6. 牛奶中蛋白质的光度法测定
7. 复合肥中氮、磷、钾的测定
8. 土壤中硫酸根离子含量的测定
9. 纳米氧化锌的制备及质量鉴定
10. 碱式碳酸铜的制备
11. 由氧化锌制备硫酸锌
12. 由氧化锰制备碳酸锰
13. 二氧化钛的制备及质量鉴定
14. 草酸合铜(Ⅱ)酸钾的制备和组成测定
15. 四氨合铜(Ⅱ)硫酸盐的制备和组成测定
16. 三草酸合铬(Ⅲ)酸钾的制备和组成测定
17. 铜-锌混合液中各组分含量的测定
18. 铁-铝混合液中各组分含量的测定
19. 水的软化和净化处理
20. 废弃物的综合利用

(1) 废干电池的回收与利用

(2) 从含铜废液中制备二水合氯化铜

(3) 从含碘废液中提取碘

(4) 从废版液中回收锌

(5) 由煤矸石、废铝箔制备硫酸铝

(6) 从废钒触媒中回收五氧化二钒

(7) 从废定影液中制取单质银和硝酸银

(8) 由含锰废液制备碳酸锰

(9) 含铬(Ⅵ)废液的处理

(10) 零排放制备聚铝

21. ××地区环境水质分析

为了指导学生进行设计性实验，以下是对部分实验的举例和提示。

实验1 茶叶中微量元素的鉴定与定量测定

【实验内容】

(1) 设计茶叶等植物类灰化和试液的制备方案。

(2) 选择并设计合适的化学分析方法,定性鉴定和定量检测茶叶中 Fe、Al、Ca 及 Mg 微量元素。

(3) 通过本实验方案的设计与实施,总结植物类样品的定性鉴定和定量检测的方法,提高综合运用知识的能力。

【提示】

茶叶属植物类,为有机体,主要成分由 C、H、N 和 O 等元素组成,另外还含有 Fe、Al、Ca 及 Mg 等微量金属元素。要对茶叶中的微量 Fe、Al、Ca 及 Mg 等元素定性鉴定,并对 Fe、Ca 及 Mg 进行定量检测必须经过预处理。

(1) 首先需对茶叶进行"干灰化",即试样在空气中置于敞口的蒸发皿或坩埚中加热,把有机物经氧化分解而烧成灰烬。这一方法特别适用于植物和食品的预处理。

(2) 灰化后,经酸溶解,即得试液,可逐级进行分析。

① 铁、铝、钙及镁元素的鉴定

根据铁、铝、钙、镁元素的特性分别设计方案进行鉴定。

② 茶叶中 Ca 和 Mg 总量的测定

可选用 EDTA 容量法。

③ Fe 含量的测定

可用分光光度法。

【思考题】

(1) 应如何选择灰化的温度?

(2) 欲测茶叶中 Al 含量,应如何设计方案?

(3) 试讨论,pH 为何值时,能将 Fe^{3+}、Al^{3+} 离子与 Ca^{2+}、Mg^{2+} 离子分离完全?

(4) 怎样鉴定大豆中的微量铁? 面粉中的微量元素锌又如何鉴定?

(5) 油条中的微量铝怎样鉴别?

【附注】

(1) 茶叶应尽量捣碎,利于灰化。

(2) 灰化应彻底,若酸溶后发现有未灰化物,应定量过滤,将未灰化的重新灰化。

(3) 茶叶灰化后,酸溶解速度较慢时可小火略加热,定量转移要完全。

实验2　蛋壳中钙、镁含量的测定

【实验内容】

(1) 自拟定蛋壳的预处理过程，设计确定蛋壳称量范围的试验方案。

(2) 设计三种方案进行 Ca、Mg 含量的测定。

(3) 按前面学过的分析记录格式作表格，记录数据并进行数据计算处理。试列出求钙镁总量的计算式(以 CaO 含量表示)。

(4) 通过对三种方案的设计与实施，总结并比较三种方法测定蛋壳中钙含量的优、缺点。

【提示】

(1) 鸡蛋壳的主要成分为 $CaCO_3$，其次为 $MgCO_3$、蛋白质、色素以及少量 Fe 和 Al。

(2) 蛋壳需要经过预处理，才能达到分析的要求。

(3) 经过预处理的蛋壳可以设计三种方案进行测定。

① 配位滴定法测定蛋壳中 Ca 和 Mg 的总量

在 pH=10，用铬黑 T 作指示剂，EDTA 可直接测量 Ca^{2+}、Mg^{2+} 总量，为提高配位选择性，在 pH=10 时，加入掩蔽剂三乙醇胺使之与 Fe^{3+}、Al^{3+} 等离子生成更稳定的配合物，以排除它们对 Ca^{2+}、Mg^{2+} 离子测量的干扰。

② 酸碱滴定法测定蛋壳中 CaO 的含量

蛋壳中的碳酸盐能与 HCl 发生反应，过量的酸可用标准 NaOH 返滴，据实际与 $CaCO_3$ 反应的标准盐酸体积求得蛋壳中 CaO 含量，以 CaO 质量分数表示。

③ 高锰酸钾法测定蛋壳中 CaO 的含量

利用蛋壳中的 Ca^{2+} 与草酸盐形成难溶的草酸盐沉淀，将沉淀经过滤洗涤分离后溶解，用高锰酸钾法测定 Ca^{2+} 含量，换算出 CaO 的含量。

(4) 蛋壳中钙主要以 $CaCO_3$ 形式存在，同时也有 $MgCO_3$，因此以 CaO 含量表示 Ca+Mg 总量。

(5) 由于酸较稀，溶解时须加热一定时间，试样中有不溶物，如蛋白质之类，不影响测定。

【思考题】

(1) 如何确定蛋壳粉末的称量范围(提示：先粗略确定蛋壳粉中钙、镁含量，再估算蛋壳粉的称量范围)?

(2) 蛋壳粉溶解稀释时为什么会出现泡沫？应如何消除泡沫？

实验3　废弃物的综合利用

(一) 废干电池的回收与利用

【实验内容】

(1) 以废干电池为原料，设计回收废干电池中铜、锌、二氧化锰和氯化铵的实验方案。

(2) 以回收的铜、锌、二氧化锰为主要原料设计制备硫酸铜、硫酸锌和高锰酸钾的实验方案。

(3) 设计将回收的锌制成锌粒，并测定其纯度的实验方案。

【提示】

废干电池的来源丰富，从中可回收铜、锌、二氧化锰和氯化铵等。处理如下：

(1) 收集铜帽　干电池的正极是铜合金，取下铜帽集存，可制铜的化合物。

(2) 回收锌　干电池的外壳由锌制成，剥取外壳，洗净后加热熔化。杂质浮在液面，刮去杂质，锌液倒在漏勺上，锌液穿过小孔流入冷水中即成锌粒。

(3) 回收二氧化锰等　干电池中的黑色物质是由 MnO_2、炭粉、NH_4Cl 和 $ZnCl_2$ 等组成的。经水洗分离可溶性物质 NH_4Cl 和 $ZnCl_2$，沉淀经灼烧除去炭粉和有机物即得 MnO_2。

【思考题】

(1) 干电池由哪几部分构成？

(2) 为什么碱熔法制备高锰酸钾(参见实验四十四)时，二氧化锰中不能混有炭或有机物？

（二）从含铜废液中制备二水合氯化铜

【实验内容】

(1) 查阅资料，设计出以 100 mL 含铜废液、盐酸和单质铁等为主要原料，制备二水合氯化铜的实验方案。

(2) 以二水合氯化铜为原料，设计制备碱式碳酸铜的实验方案。

(3) 设计测定产物中铜及碳酸根的含量，从而分析所制得碱式碳酸铜的质量的实验方案。

【提示】

(1) 可将含铜废液中的二价铜变为单质铜。经高温灼烧变成氧化铜，再制备出氯化铜。

(2) 再根据氯化铜水溶液的酸碱性制备碱式碳酸铜。

(3) 可以通过探讨反应条件(如反应液的配比、反应温度等)的影响，得到切实可行的实验方案。

【思考题】

(1) 从标准电极电位的数据，说明废液中铜离子浓度的大小对制备实验有何影响？

(2) 以二水合氯化铜为原料，制备碱式碳酸铜，反应温度对本实验有何影响？反应在何种温度下进行会出现褐色产物？这种褐色物质是什么？

(3) 除反应物的配比和反应的温度对本实验的结果有影响外，反应物的种类、反应进行的时间等因素是否对产物的质量也会有影响？

(4) 以所制二水合氯化铜为原料，设计一种制备铜的配合物的方案。

（三）从含碘废液中提取碘

【实验内容】

(1) 设计升华法提取单质碘的仪器装置，画出装置图。

(2) 设计实验步骤，从下列任意一种含碘废液中提取单质碘。

① 由 $S_2O_3^{2-}$ 与 I^- 反应的回收液中回收碘。

② 由 $I_3^- \rightleftharpoons I^- + I_2$ 平衡常数的测定实验的回收液中回收碘。

③ 从其他含碘实验的回收液中回收碘。

【提示】

(1) 碘离子具有较强的还原性，很多氧化剂如浓硝酸、MnO_2 等在酸性溶液中都能将 I^- 氧化为 I_2。I_2 在常压下加热可直接变成蒸气，蒸气遇冷重新凝聚成固体。因此，可以利用升华法将碘从混合物中提取出来。

(2) 含碘废液中碘含量较少时，可用沉淀剂(如 Cu^{2+})，使其生成 CuI 沉淀，富集后提取。

【思考题】

(1) 思考碘的定性、定量鉴定方法?

(2) 怎样鉴定海带中的碘?

(四) 从废版液中回收锌

【实验内容】

(1) 以 100 mL 印刷厂的废版液为原料，设计回收锌的实验步骤。

(2) 以回收的锌为原料，设计制取硫酸锌晶体的实验步骤。

【提示】

(1) 印刷厂的废版液是制印刷锌版时，用稀硝酸腐蚀锌版后得到的废液，其中含有大量硝酸锌和少量由自来水引进的 Cl^-、Fe^{3+} 等杂质离子。

(2) 由废版液制取七水合硫酸锌时可以用碱溶液调 pH=8，使锌转变为 $Zn(OH)_2$ 沉淀，用水反复洗涤沉淀至无 Cl^-。

(3) 依据金属离子氢氧化物沉淀时 pH 的不同，控制溶液 pH 为 4，Fe^{3+} 沉淀，即与 Zn^{2+} 分离。在溶液 pH=2 时，蒸发浓缩析出七水合硫酸锌晶体。

(五) 由煤矸石、废铝箔制备硫酸铝

A 由煤矸石制备硫酸铝

【实验内容】

(1) 设计由煤矸石制备硫酸铝的实验步骤。

(2) 设计用 EDTA 容量法测定硫酸铝的实验方案。

【提示】

1. 制备

煤矸石是煤生产过程中副产的固体废弃物。煤矸石中一般含 C 10%～30%，SiO_2 30%～50%，Al_2O_3 10%～30%，Fe_2O_3 0.5%～5%，碳酸盐约 5%，水分约 5%。

(1) 须在(700±50)℃焙烧　使其中的 Al_2O_3 较多地转化为活性的 γ-Al_2O_3，若温度太低则达不到活化的目的，温度太高则得到在酸中难以转化成硫酸铝的 α-Al_2O_3。

当 γ-Al_2O_3 与 H_2SO_4 反应时，主反应式如下：

$$Al_2O_3+3H_2SO_4+(X-3)H_2O=Al_2(SO_4)_3\cdot XH_2O$$

$$X=6、10、14、16、18、27$$

主要副反应如下：

$$Fe_2O_3+3H_2SO_4=\!=\!=Fe_2(SO_4)_3+3H_2O$$

(2) 硫酸浸取　活性的 γ-Al_2O_3 经硫酸浸取，通常的产物为无色单斜 $Al_2(SO_4)_3\cdot 18H_2O$ 晶体。煤矸石中的钙、镁、钛等金属氧化物也不同程度地与 H_2SO_4 反应，生成相应的硫酸盐。产品中含杂质硫酸铁较高时，颜色发黄。反应时煤矸石粉应过量，从而使产品不含游离酸，且使原料硫酸被充分利用。

2. EDTA 容量法测定硫酸铝

(1) 氧化铁的测定　用 10%磺基水杨酸与铁的配合物的颜色紫红色作为指示，用 0.01 $mol\cdot L^{-1}$ EDTA 标准溶液滴定至试液由紫红色变为亮黄色或无色。

(2) 氧化铝的测定　用 0.1%PAN 为指示剂，EDTA 标准溶液返滴定法，由黄色变为稳定的紫红色或蓝紫色即为终点。

【思考题】

(1) 若煤矸石中 Al_2O_3 的含量为 20%，试计算反应中理论上应加多少 50%的硫酸？

(2) 如何除去产品中的铁杂质？本实验中采用了哪些方法？

(3) 设计一种由煤矸石制备结晶氯化铝的实验方案。

B 由废铝箔制备硫酸铝

【实验内容】

(1) 设计用废铝箔制备硫酸铝的实验步骤。

(2) 根据沉淀与溶液分离的几种操作方法，设计除掉铝箔中的铁杂质的方案。

(3) 设计分析产品中铁含量的方案，并对所得到的产品质量认定级别。

【提示】

(1) 废铝箔的来源广，有香烟、食品及药品包装等等，其主要成分是金属铝。根据铝的两性选择合适的物质，制得铝酸盐。

(2) 再选用合适的物质调节溶液 pH，将铝酸盐转化为铝沉淀与其他物质分离。

(3) 然后用合适的物质溶解沉淀得到铝盐溶液，经浓缩冷却得 $Al_2(SO_4)_3\cdot 18H_2O$ 晶体。

（六）从废钒触媒中回收五氧化二钒

【实验内容】

设计以 50 g 废钒触媒为原料，回收 V_2O_5 的实验步骤。

【提示】

(1) 在钒触媒中，钒是以 KVO_3 的形式分散在载体硅藻土上的。

(2) 在接触法制造硫酸的催化剂装置更换下来的废钒触媒中，30%～70%的钒以 $VOSO_4$ 的形式存在。

(3) 根据钒在废钒触媒中的存在状态，选择适当的物质将钒(Ⅳ)变成钒(Ⅴ)。

（七）从废定影液中制取单质银和硝酸银

【实验内容】

(1) 设计从废定影液中回收单质银的实验方案。

(2) 设计用单质银制备硝酸银的方案。

【提示】

(1) 银是贵金属，用途广泛，资源贫乏，其废物回收利用是很有意义的。但是工业与实验室的废液与废渣的共同特点是贵金属含量低，需要经过富集，然后再提取、纯化。

(2) 废定影液中主要含 $Na_2S_2O_3$，还有少量 Na_2SO_3、HAc、H_3BO_3 以及$[Ag(S_2O_3)_2]^{3-}$等杂质。富集时一般可采取 Ag_2S 沉淀法。

(3) 当在废定影液中加 Na_2S 时，配离子$[Ag(S_2O_3)_2]^{3-}$所解离出的 Ag^+ 离子会被沉淀为 Ag_2S，同时产生 $Na_2S_2O_3$。

(4) 制得的黑色银泥中含 Ag_2S。Ag_2S 经高温灼烧得单质银；若在黑色含 Ag_2S 的银泥中加入中等浓度的硝酸，即可把单质银氧化为银离子，同时把 Ag_2S 中的 S^{-2} 氧化为单质 S，后者经过滤除去，自溶液中可得硝酸银。

（八）由含锰废液制备碳酸锰

【实验内容】

(1) 以 15 g 二氧化锰为原料设计制备碳酸锰的方案。

(2) 设计从制氯气的含锰废液制备碳酸锰的方案。

【提示】

(1) 先将 MnO_2 还原为 Mn^{2+}，再和碳酸氢盐或碳酸盐反应生成碳酸锰，制备时的 pH

值保持在 3～7 之间(如何保持 pH?)。

(2) 制取氯气后的废液(用盐酸作还原剂时)含锰溶液中溶有较多的氯气,应经较长时间的水浴加热或加入其他还原剂(要考虑成本并且引入的杂质易于除去或不引入杂质)才能除去。含有氯气的溶液要提前处理。

(3) 每人供给 15 g 二氧化锰或含锰量与之相当的制备氯气后的废液(学生要自觉回收并处理)。

(4) 应尽量考虑用其他还原剂代替盐酸。

(九) 含铬(Ⅵ)废液的处理

【实验内容】

(1) 设计对含铬(Ⅵ)废液处理的方案。

(2) 设计铬(Ⅵ)含量的测定方法。

(3) 通过对你所设计方案的实施,谈谈你对绿色化学的认识。

【提示】

(1) Cr(Ⅲ)的毒性远比 Cr(Ⅵ)小,可用 Fe^{2+} 来处理含铬废液,使 Cr(Ⅵ)还原为 Cr(Ⅲ),然后用碱液调节 pH=8～10,使 Cr(Ⅲ)转化成 $Cr(OH)_3$ 难溶物除去。

(2) 含铬废液中含微量 Cr(Ⅵ),可与二苯基碳酰二肼作用生成红紫色配合物。设计光度法测定之。

(十) 零排放制备聚铝

【实验内容】

(1) 复习沉淀分离及沉淀洗涤的基本操作方法。

(2) 设计由铝土矿制备聚碱式氯化铝及副产物氯化铵、白炭黑的实验方案。

(3) 设计用易拉罐、牙膏皮等废物为原料制备聚铝及副产物的实验方案。

(4) 设计并试验聚铝对工业废水的作用。

(5) 通过具有原子经济性的操作过程,提高废物利用和净化水质等绿色化学意识。

【提示】

(1) 用铝土矿制备聚碱式氯化铝和副产物的回收。

① 废气　由于盐酸有挥发性,用盐酸加热浸取铝土矿过程中肯定有少量含盐酸水汽逸出,采用搅拌回流和尾汽回收装置,可使逸出的含盐酸废水重复使用。

② 氯化铵的回收　用氨水沉淀 $AlCl_3$ 溶液得到 $Al(OH)_3$ 沉淀的同时,滤液为 NH_4Cl 溶液,将此滤液和洗涤 $Al(OH)_3$ 沉淀的洗液合并一起浓缩、蒸发、冷却、结晶,可得到广泛用作农肥的 NH_4Cl 晶体。

③ 生产白炭黑　原料铝土矿中含有 3.0%～4.0%的 Al_2O_3,50%左右的 SiO_2,少于

3%的 Fe_2O_3 及少量 K、Na、Ca 及 Mg 等元素。用盐酸浸矿后，SiO_2 不溶于盐酸而作为滤渣沉淀下来。SiO_2 本身对环境无害，可作为建筑材料。若对原料进一步加工，将上述滤渣经过去铁脱色、干燥，即可加工制成白炭黑。白炭黑主要用于橡胶、塑料、纸张的增强剂，涂料、油墨的填充剂，也用于化妆品等行业。

(2) 用易拉罐、牙膏皮等废物制备聚铝及副产物。

易拉罐、牙膏皮等主要成分是金属铝。将铝溶于适当浓度的盐酸或硫酸中，过滤除去不溶物，再用氨水调节溶液的 pH 至 6.0～6.5，温度控制在 60～80℃条件下反应，即制得聚合氯化铝或聚合硫酸铝。

(3) 取两个烧杯，各加入 50 mL 工业废水，再向一个烧杯中加入聚合好的产品少许，搅拌均匀，观察现象，与另一烧杯对比，并记录溶液澄清所需时间。

【思考题】

(1) 制备过程中涉及哪些反应方程式？

(2) 常见的水处理剂有哪些？它们各有何优越性？

(3) 简述聚合铝的絮凝机理。

【附注】

聚铝是一种应用广泛的高效净水剂，常用的聚铝有聚合氯化铝和聚合硫酸铝，聚合氯化铝的化学通式为 $[Al_m(OH)_n(H_2O)_x]\cdot Cl_{3m-n}$ ($m=2\sim13$, $n\leqslant 3m$)。聚铝是棕黄色或无色颗粒状固体，易溶于水，由于它是通过羟基架桥聚合而成的一种多羟基多核配合物，比一般絮凝剂 $AlCl_3$、$Al_2(SO_4)_3$、明矾或 $FeCl_3$ 等的式量大，分子中有桥式结构，使它具有很强的吸附能力。另外，它在水溶液中形成许多高价配阳离子，如 $[Al_2(OH)_2(H_2O)_8]^{4+}$ 和 $[Al_3(OH)_4(H_2O)_{18}]^{5+}$ 等。经研究发现其作用效果最佳的聚合形态为 $[Al_3(OH)_4(H_2O)_{18}]^{5+}$。它们能显著降低水中泥土胶粒上的负电荷，因此在水中凝聚效果显著，沉降快速，能除去水中的悬浮颗粒和胶状物，还能有效地除去水中的微生物、细菌、藻类及高毒性重金属铬、铅等。可净化浊度高达 40 kg·m^{-3} 的河水，并能有效地降低造纸、印染、制革等废水的色度，在低温地区使用特别有效。因此 20 世纪 70 年代以来聚铝被广泛用做水处理絮凝剂。

制备聚合氯化铝的原料和方法很多。现将用铝土矿制备聚碱式氯化铝及副产物氯化铵、白炭黑(过程达到零排放的要求，具有原子经济性)的工艺流程图提示如下：

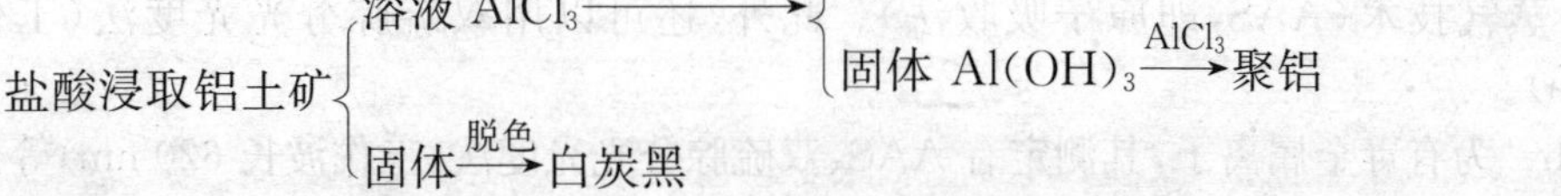

实验 4 ××地区环境水质分析

【实验内容】

(1) 根据所学习过的分析知识，自选 pH 值测定、硬度的测定、溶解氧的测定、化学耗氧量COD的测定、可溶性磷酸盐和总磷的测定、有毒离子Hg^{2+}、Pb^{2+}、Cd^{2+}、Cr(Ⅵ)等的测定中的三项，拟出分析方案，并提交有关的指导教师审阅。

方案设计必须写出：

① 测定方法的原理。

② 所需仪器和试剂。

③ 实验操作步骤。

④ 有关计算公式、结果表示和误差来源。

⑤ 注意事项。

(2) 自己采取水样。

(3) 分析操作。

(4) 写出实验报告。

【提示】

水质分析主要包括pH值、硬度、溶解氧、化学耗氧量等的测定。

(1) pH值测定：通常采用酸度计法测定，注意水的pH值受CO_2含量、温度等的影响。

(2) 硬度的测定：化学分析法。

(3) 溶解氧的测定：化学分析法(间接碘量法)。

溶解于水中的氧称为"溶解氧"。水被还原性有机物污染时，溶解氧含量降低。测定时注意必须先除去还原性物质，才能用碘量法测定。

(4) 化学耗氧量COD的测定：化学分析法。

化学耗氧量是指：在一定条件下，水中易被强氧化剂(重铬酸钾或高锰酸钾)氧化的还原性物质所消耗的氧的量，所以，化学耗氧量实际上主要是指水中还原性有机物的含量。测定化学耗氧量(COD)，通常采用重铬酸钾法，以$mg \cdot L^{-1}$ O_2表示，也可用高锰酸钾法。

(5) 可溶性磷酸盐和总磷的测定：磷是生物生长的必须元素之一，但磷量过高(如超过0.2 $mg \cdot L^{-1}$)，则造成藻类的过度繁殖，使水质变坏。水中存在各种形态的磷，包括溶解性、不溶性的无机和有机磷，通过测定水中的磷酸盐含量可估计水体是否受污染以及受污染的程度。分析水中的总磷时，可以先用过硫酸钾消化，使不同形态的磷转化为可溶的磷酸盐，再用磷钼蓝分光光度法测量。

(6) 有毒离子Hg^{2+}、Pb^{2+}、Cd^{2+}、Cr(Ⅵ)等的测定：分光光度法。

Hg^{2+}包括有机汞和无机汞，毒性都很强。有机汞进入水体后经微生物作用甲基化，能变成毒性更强的甲基汞，有机汞还可富集于生物体(如鱼类)中。汞的测定中，被广泛认可的是冷蒸气技术(AAS，即原子吸收法)。此外，还可以用双硫腙分光光度法(工作波长485 nm)。

Pb^{2+}为有毒金属离子，其测定有AAS、双硫腙分光光度法(工作波长620 nm)等。

Cd^{2+}为有毒金属离子。其测定有AAS、氯仿萃取双硫腙分光光度法(工作波长530 nm)等。

Cr(Ⅵ)为有毒金属离子。其测定有AAS、二苯卡巴腙分光光度法(工作波长540 nm)等。

附　录

一　中华人民共和国法定计量单位

我国的法定计量单位(以下简称法定单位)包括:

1. 国际单位制的基本单位(表1)
2. 国家选定的非国际单位制单位(表2)
3. 国际单位制的辅助单位(表3)
4. 国际单位制中具有专门名称的导出单位(表4)
5. 由以上单位构成的组合形式的单位
6. 由词头和以上单位所构成的十进倍数和分数单位(词头见表5)

法定单位的定义、使用方法等,由国家计量局另行规定。

表1　国际单位制的基本单位

量的名称	单位名称	单位符号
长　度	米	m
质　量	千克(公斤)	kg
时　间	秒	s
电　流	安[培]	A
热力学温度	开[尔文]	K
物质的量	摩[尔]	mol
发光强度	坎[德拉]	cd

表2　可与国际单位制并用的我国法定计量单位

量的名称	单位名称	单位符号	换算关系和说明
时间	分	min	1 min=60 s
	[小]时	h	1 h=60 min=3 600 s
	天(日)	d	1 d=24 h=86 400 s
平面角	[角]秒	(″)	1″=(π/648 000)rad(π为圆周率)
	[角]分	(′)	1′=60″=(π/10 800)rad
	度	(°)	1°=60′=(π/180)rad
旋转速度	转每分	r/min	1 r/min=(1/60)r/s
长度	海里	n mile	1n mile=1 852 m(只用于航程)

续 表

量的名称	单位名称	单位符号	换算关系和说明
速度	节	kn	1 kn=1 n mile/h=(1 852/3 600)m/s (只用于航程)
质量	吨 原子质量单位	t u	1 t=10^3 kg 1 u ≈ 1.660 565 5×10^{-27} kg
体积	升	L,(l)	1 L=1 dm^3=10^{-3} m^3
能	电子伏	eV	1 eV ≈1.602 189 2×10^{-19} J
级差	分贝	dB	
线密度	特[克斯]	tex	1 tex=10^{-6} kg/m
面积	公顷	hm^2	1 hm^2=10^4 m^2

表 3　国际单位制的辅助单位

量的名称	单位名称	单位符号
平面角	弧度	rad
立体角	球面度	sr

表 4　国际单位制中具有专门名称的导出单位

量的名称	单位名称	单位符号	其他表示示例
频率	赫[兹]	Hz	s^{-1}
力;重力	牛[顿]	N	kg·m/s^2
压力,压强;应力	帕[斯卡]	Pa	N/m^2
能量;功;热	焦[耳]	J	N·m
功率;辐射通量	瓦[特]	W	J/s
电荷量	库[仑]	C	A·s
电位;电压;电动势	伏[特]	V	W/A
电容	法[拉]	F	C/V
电阻	欧[姆]	Ω	V/A
电导	西[门子]	S	A/V
磁通量	韦[伯]	Wb	V·s
磁通量密度;磁感应强度	特[斯拉]	T	Wb/m^2
电感	亨[利]	H	Wb/A
摄氏温度	摄氏度	℃	
光通量	流[明]	lm	cd·sr
光照度	勒[克斯]	lx	lm/m^2
放射性活度	贝克[勒尔]	Bq	s^{-1}
吸收剂量	戈[瑞]	Gy	J/kg
剂量当量	希[沃特]	Sv	J/kg

表 5　用于构成十进倍数和分数单位的词头

所表示的因数	词头名称	词头符号
10^{18}	艾[可萨]	E
10^{15}	拍[它]	P
10^{12}	太[拉]	T
10^{9}	吉[咖]	G
10^{6}	兆	M
10^{3}	千	k
10^{2}	百	h
10^{1}	十	da
10^{-1}	分	d
10^{-2}	厘	c
10^{-3}	毫	m
10^{-6}	微	μ
10^{-9}	纳[诺]	n
10^{-12}	皮[可]	p
10^{-15}	飞[母托]	f
10^{-18}	阿[托]	a

注：1. 周、月、年(年的符号为 a)，为一般常用时间单位。
2. [　]内的字，是在不致混淆的情况下，可以省略的字。
3. (　)内的字为前者的同义语。
4. 角度单位“度”“分”“秒”的符号不处于数字后时，用括弧。
5. 升的符号中，小写字母 l 为备用符号。
6. r 为“转”的符号。
7. 人民生活和贸易中，质量习惯称为重量。
8. 公里为千米的俗称，符号为 km。
9. 10^4称为万，10^8称为亿，10^{12}称为万亿，这类数词的使用不受词头名称的影响，但不应与词头混淆。

二 常用标准电极电势表

酸性溶液中(298 K)

电 对	方 程 式	$E^\ominus$/V
Li(Ⅰ)-(0)	$Li^+ + e^- = Li$	−3.040 1
Cs(Ⅰ)-(0)	$Cs^+ + e^- = Cs$	−3.026
Rb(Ⅰ)-(0)	$Rb^+ + e^- = Rb$	−2.98
K(Ⅰ)-(0)	$K^+ + e^- = K$	−2.931
Ba(Ⅱ)-(0)	$Ba^{2+} + 2e^- = Ba$	−2.912
Sr(Ⅱ)-(0)	$Sr^{2+} + 2e^- = Sr$	−2.89
Ca(Ⅱ)-(0)	$Ca^{2+} + 2e^- = Ca$	−2.868
Na(Ⅰ)-(0)	$Na^+ + e^- = Na$	−2.71
La(Ⅲ)-(0)	$La^{3+} + 3e^- = La$	−2.379
Mg(Ⅱ)-(0)	$Mg^{2+} + 2e^- = Mg$	−2.372
Ce(Ⅲ)-(0)	$Ce^{3+} + 3e^- = Ce$	−2.336
H(0)-(−Ⅰ)	$H_2(g) + 2e^- = 2H^-$	−2.23
Al(Ⅲ)-(0)	$AlF_6{}^{3-} + 3e^- = Al + 6F^-$	−2.069
Th(Ⅳ)-(0)	$Th^{4+} + 4e^- = Th$	−1.899
Be(Ⅱ)-(0)	$Be^{2+} + 2e^- = Be$	−1.847
U(Ⅲ)-(0)	$U^{3+} + 3e^- = U$	−1.798
Hf(Ⅳ)-(0)	$HfO^{2+} + 2H^+ + 4e^- = Hf + H_2O$	−1.724
Al(Ⅲ)-(0)	$Al^{3+} + 3e^- = Al$	−1.662
Ti(Ⅱ)-(0)	$Ti^{2+} + 2e^- = Ti$	−1.630
Zr(Ⅳ)-(0)	$ZrO_2 + 4H^+ + 4e^- = Zr + 2H_2O$	−1.553
Si(Ⅳ)-(0)	$SiF_6^{2-} + 4e^- = Si + 6F^-$	−1.24
Mn(Ⅱ)-(0)	$Mn^{2+} + 2e^- = Mn$	−1.185
Cr(Ⅱ)-(0)	$Cr^{2+} + 2e^- = Cr$	−0.913
Ti(Ⅲ)-(Ⅱ)	$Ti^{3+} + e^- = Ti^{2+}$	−0.9
B(Ⅲ)-(0)	$H_3BO_3 + 3H^+ + 3e^- = B + 3H_2O$	−0.869 8
* Ti(Ⅳ)-(0)	$TiO_2 + 4H^+ + 4e^- = Ti + 2H_2O$	−0.86
Te(0)-(−Ⅱ)	$Te + 2H^+ + 2e^- = H_2Te$	−0.793
Zn(Ⅱ)-(0)	$Zn^{2+} + 2e^- = Zn$	−0.761 8
Ta(Ⅴ)-(0)	$Ta_2O_5 + 10H^+ + 10e^- = 2Ta + 5H_2O$	−0.750

续 表

电 对	方 程 式	$E^\ominus$/V
Cr(Ⅲ)-(0)	$Cr^{3+}+3e^- \longrightarrow Cr$	-0.744
Nb(Ⅴ)-(0)	$Nb_2O_5+10H^++10e^- \longrightarrow 2Nb+5H_2O$	-0.644
As(0)-(-Ⅲ)	$As+3H^++3e^- \longrightarrow AsH_3$	-0.608
U(Ⅳ)-(Ⅲ)	$U^{4+}+e^- \longrightarrow U^{3+}$	-0.607
Ga(Ⅲ)-(0)	$Ga^{3+}+3e^- \longrightarrow Ga$	-0.549
P(Ⅰ)-(0)	$H_3PO_2+H^++e^- \longrightarrow P+2H_2O$	-0.508
P(Ⅲ)-(Ⅰ)	$H_3PO_3+2H^++2e^- \longrightarrow H_3PO_2+H_2O$	-0.499
*C(Ⅳ)-(Ⅲ)	$2CO_2+2H^++2e^- \longrightarrow H_2C_2O_4$	-0.49
Fe(Ⅱ)-(0)	$Fe^{2+}+2e^- \longrightarrow Fe$	-0.447
Cr(Ⅲ)-(Ⅱ)	$Cr^{3+}+e^- \longrightarrow Cr^{2+}$	-0.407
Cd(Ⅱ)-(0)	$Cd^{2+}+2e^- \longrightarrow Cd$	-0.403 0
Se(0)-(-Ⅱ)	$Se+2H^++2e^- \longrightarrow H_2Se(aq)$	-0.399
Pb(Ⅱ)-(0)	$PbI_2+2e^- \longrightarrow Pb+2I^-$	-0.365
Eu(Ⅲ)-(Ⅱ)	$Eu^{3+}+e^- \longrightarrow Eu^{2+}$	-0.36
Pb(Ⅱ)-(0)	$PbSO_4+2e^- \longrightarrow Pb+SO_4^{2-}$	-0.358 8
In(Ⅲ)-(0)	$In^{3+}+3e^- \longrightarrow In$	-0.338 2
Tl(Ⅰ)-(0)	$Tl^++e^- \longrightarrow Tl$	-0.336
Co(Ⅱ)-(0)	$Co^{2+}+2e^- \longrightarrow Co$	-0.28
P(Ⅴ)-(Ⅲ)	$H_3PO_4+2H^++2e^- \longrightarrow H_3PO_3+H_2O$	-0.276
Pb(Ⅱ)-(0)	$PbCl_2+2e^- \longrightarrow Pb+2Cl^-$	-0.267 5
Ni(Ⅱ)-(0)	$Ni^{2+}+2e^- \longrightarrow Ni$	-0.257
V(Ⅲ)-(Ⅱ)	$V^{3+}+e^- \longrightarrow V^{2+}$	-0.255
Ge(Ⅳ)-(0)	$H_2GeO_3+4H^++4e^- \longrightarrow Ge+3H_2O$	-0.182
Ag(Ⅰ)-(0)	$AgI+e^- \longrightarrow Ag+I^-$	-0.152 24
Sn(Ⅱ)-(0)	$Sn^{2+}+2e^- \longrightarrow Sn$	-0.137 5
Pb(Ⅱ)-(0)	$Pb^{2+}+2e^- \longrightarrow Pb$	-0.126 2
*C(Ⅳ)-(Ⅱ)	$CO_2(g)+2H^++2e^- \longrightarrow CO+H_2O$	-0.12
P(0)-(-Ⅲ)	$P(white)+3H^++3e^- \longrightarrow PH_3(g)$	-0.063
Hg(Ⅰ)-(0)	$Hg_2I_2+2e^- \longrightarrow 2Hg+2I^-$	-0.040 5
Fe(Ⅲ)-(0)	$Fe^{3+}+3e^- \longrightarrow Fe$	-0.037
H(Ⅰ)-(0)	$2H^++2e^- \longrightarrow H_2$	0.000 0

续 表

电 对	方 程 式	E^θ/V
Ag(Ⅰ)－(0)	$AgBr+e^-=\!=\!=Ag+Br^-$	0.071 33
S(Ⅱ、Ⅴ)－(Ⅱ)	$S_4O_6^{2-}+2e^-=\!=\!=2S_2O_3^{2-}$	0.08
* Ti(Ⅳ)－(Ⅲ)	$TiO^{2+}+2H^++e^-=\!=\!=Ti^{3+}+H_2O$	0.1
S(0)－(－Ⅱ)	$S+2H^++2e^-=\!=\!=H_2S(aq)$	0.142
Sn(Ⅳ)－(Ⅱ)	$Sn^{4+}+2e^-=\!=\!=Sn^{2+}$	0.151
Sb(Ⅲ)－(0)	$Sb_2O_3+6H^++6e^-=\!=\!=2Sb+3H_2O$	0.152
Cu(Ⅱ)－(Ⅰ)	$Cu^{2+}+e^-=\!=\!=Cu^+$	0.153
Bi(Ⅲ)－(0)	$BiOCl+2H^++3e^-=\!=\!=Bi+Cl^-+H_2O$	0.158 3
S(Ⅵ)－(Ⅳ)	$SO_4^{2-}+4H^++2e^-=\!=\!=H_2SO_3+H_2O$	0.172
Sb(Ⅲ)－(0)	$SbO^++2H^++3e^-=\!=\!=Sb+H_2O$	0.212
Ag(Ⅰ)－(0)	$AgCl+e^-=\!=\!=Ag+Cl^-$	0.222 33
As(Ⅲ)－(0)	$HAsO_2+3H^++3e^-=\!=\!=As+2H_2O$	0.248
Hg(Ⅰ)－(0)	$Hg_2Cl_2+2e^-=\!=\!=2Hg+2Cl^-$(饱和 KCl)	0.268 08
Bi(Ⅲ)－(0)	$BiO^++2H^++3e^-=\!=\!=Bi+H_2O$	0.320
U(Ⅵ)－(Ⅳ)	$UO_2^{2+}+4H^++2e^-=\!=\!=U^{4+}+2H_2O$	0.327
C(Ⅳ)－(Ⅲ)	$2HCNO+2H^++2e^-=\!=\!=(CN)_2+2H_2O$	0.330
V(Ⅳ)－(Ⅲ)	$VO^{2+}+2H^++e^-=\!=\!=V^{3+}+H_2O$	0.337
Cu(Ⅱ)－(0)	$Cu^{2+}+2e^-=\!=\!=Cu$	0.341 9
Re(Ⅶ)－(0)	$ReO_4^-+8H^++7e^-=\!=\!=Re+4H_2O$	0.368
Ag(Ⅰ)－(0)	$Ag_2CrO_4+2e^-=\!=\!=2Ag+CrO_4^{2-}$	0.447 0
S(Ⅳ)－(0)	$H_2SO_3+4H^++4e^-=\!=\!=S+3H_2O$	0.449
Cu(Ⅰ)－(0)	$Cu^++e^-=\!=\!=Cu$	0.521
I(0)－(－Ⅰ)	$I_2+2e^-=\!=\!=2I^-$	0.535 5
I(0)－(－Ⅰ)	$I_3^-+2e^-=\!=\!=3I^-$	0.536
As(Ⅴ)－(Ⅲ)	$H_3AsO_4+2H^++2e^-=\!=\!=HAsO_2+2H_2O$	0.560
Sb(Ⅴ)－(Ⅲ)	$Sb_2O_5+6H^++4e^-=\!=\!=2SbO^++3H_2O$	0.581
Te(Ⅳ)－(0)	$TeO_2+4H^++4e^-=\!=\!=Te+2H_2O$	0.593
U(Ⅴ)－(Ⅳ)	$UO_2^++4H^++e^-=\!=\!=U^{4+}+2H_2O$	0.612
** Hg(Ⅱ)－(Ⅰ)	$2HgCl_2+2e^-=\!=\!=Hg_2Cl_2+2Cl^-$	0.63
Pt(Ⅳ)－(Ⅱ)	$[PtCl_6]^{2-}+2e^-=\!=\!=[PtCl_4]^{2-}+2Cl^-$	0.68
O(0)－(－Ⅰ)	$O_2+2H^++2e^-=\!=\!=H_2O_2$	0.695

续 表

电　对	方 程 式	$E^\ominus$/V
Pt(Ⅱ)－(0)	$[PtCl_4]^{2-}+2e^-$ ══ $Pt+4Cl^-$	0.755
* Se(Ⅳ)－(0)	$H_2SeO_3+4H^++4e^-$ ══ $Se+3H_2O$	0.74
Fe(Ⅲ)－(Ⅱ)	$Fe^{3+}+e^-$ ══ Fe^{2+}	0.771
Hg(Ⅰ)－(0)	$Hg_2^{2+}+2e^-$ ══ $2Hg$	0.797 3
Ag(Ⅰ)－(0)	Ag^++e^- ══ Ag	0.799 6
Os(Ⅷ)－(0)	$OsO_4+8H^++8e^-$ ══ $Os+4H_2O$	0.8
N(Ⅴ)－(Ⅳ)	$2NO_3^-+4H^++2e^-$ ══ $N_2O_4+2H_2O$	0.803
Hg(Ⅱ)－(0)	$Hg^{2+}+2e^-$ ══ Hg	0.851
Si(Ⅳ)－(0)	$SiO_2(quartz)+4H^++4e^-$ ══ $Si+2H_2O$	0.857
Cu(Ⅱ)－(Ⅰ)	$Cu^{2+}+I^-+e^-$ ══ CuI	0.86
N(Ⅲ)－(Ⅰ)	$2HNO_2+4H^++4e^-$ ══ $H_2N_2O_2+2H_2O$	0.86
Hg(Ⅱ)－(Ⅰ)	$2Hg^{2+}+2e^-$ ══ Hg_2^{2+}	0.920
N(Ⅴ)－(Ⅲ)	$NO_3^-+3H^++2e^-$ ══ HNO_2+H_2O	0.934
Pd(Ⅱ)－(0)	$Pd^{2+}+2e^-$ ══ Pd	0.951
N(Ⅴ)－(Ⅱ)	$NO_3^-+4H^++3e^-$ ══ $NO+2H_2O$	0.957
N(Ⅲ)－(Ⅱ)	$HNO_2+H^++e^-$ ══ $NO+H_2O$	0.983
I(Ⅰ)－(－Ⅰ)	$HIO+H^++2e^-$ ══ I^-+H_2O	0.987
V(Ⅴ)－(Ⅳ)	$VO_2^{\ +}+2H^++e^-$ ══ $VO^{2+}+H_2O$	0.991
V(Ⅴ)－(Ⅳ)	$V(OH)_4^++2H^++e^-$ ══ $VO^{2+}+3H_2O$	1.00
Au(Ⅲ)－(0)	$[AuCl_4]^-+3e^-$ ══ $Au+4Cl^-$	1.002
Te(Ⅵ)－(Ⅳ)	$H_6TeO_6+2H^++2e^-$ ══ TeO_2+4H_2O	1.02
N(Ⅳ)－(Ⅱ)	$N_2O_4+4H^++4e^-$ ══ $2NO+2H_2O$	1.035
N(Ⅳ)－(Ⅲ)	$N_2O_4+2H^++2e^-$ ══ $2HNO_2$	1.065
I(Ⅴ)－(－Ⅰ)	$IO_3^-+6H^++6e^-$ ══ I^-+3H_2O	1.085
Br(0)－(－Ⅰ)	$Br_2(aq)+2e^-$ ══ $2Br^-$	1.087 3
Se(Ⅵ)－(Ⅳ)	$SeO_4^{2-}+4H^++2e^-$ ══ $H_2SeO_3+H_2O$	1.151
Cl(Ⅴ)－(Ⅳ)	$ClO_3^-+2H^++e^-$ ══ ClO_2+H_2O	1.152
Pt(Ⅱ)－(0)	$Pt^{2+}+2e^-$ ══ Pt	1.18
Cl(Ⅶ)－(Ⅴ)	$ClO_4^-+2H^++2e^-$ ══ $ClO_3^-+H_2O$	1.189
I(Ⅴ)－(0)	$2IO_3^-+12H^++10e^-$ ══ I_2+6H_2O	1.195
Cl(Ⅴ)－(Ⅲ)	$ClO_3^-+3H^++2e^-$ ══ $HClO_2+H_2O$	1.214

续 表

电 对	方 程 式	$E^\ominus$/V
Mn(Ⅳ)-(Ⅱ)	$MnO_2+4H^++2e^-$ ══ $Mn^{2+}+2H_2O$	1.224
O(0)-(-Ⅱ)	$O_2+4H^++4e^-$ ══ $2H_2O$	1.229
Tl(Ⅲ)-(Ⅰ)	$Tl^{3+}+2e^-$ ══ Tl^+	1.252
Cl(Ⅳ)-(Ⅲ)	$ClO_2+H^++e^-$ ══ $HClO_2$	1.277
N(Ⅲ)-(Ⅰ)	$2HNO_2+4H^++4e^-$ ══ N_2O+3H_2O	1.297
* * Cr(Ⅵ)-(Ⅲ)	$Cr_2O_7^{2-}+14H^++6e^-$ ══ $2Cr^{3+}+7H_2O$	1.33
Br(Ⅰ)-(-Ⅰ)	$HBrO+H^++2e^-$ ══ Br^-+H_2O	1.331
Cr(Ⅵ)-(Ⅲ)	$HCrO_4^-+7H^++3e^-$ ══ $Cr^{3+}+4H_2O$	1.350
Cl(0)-(-Ⅰ)	$Cl_2(g)+2e^-$ ══ $2Cl^-$	1.358 27
Cl(Ⅶ)-(-Ⅰ)	$ClO_4^-+8H^++8e^-$ ══ Cl^-+4H_2O	1.389
Cl(Ⅶ)-(0)	$ClO_4^-+8H^++7e^-$ ══ $1/2Cl_2+4H_2O$	1.39
Au(Ⅲ)-(Ⅰ)	$Au^{3+}+2e^-$ ══ Au^+	1.401
Br(Ⅴ)-(-Ⅰ)	$BrO_3^-+6H^++6e^-$ ══ Br^-+3H_2O	1.423
I(Ⅰ)-(0)	$2HIO+2H^++2e^-$ ══ I_2+2H_2O	1.439
Cl(Ⅴ)-(-Ⅰ)	$ClO_3^-+6H^++6e^-$ ══ Cl^-+3H_2O	1.451
Pb(Ⅳ)-(Ⅱ)	$PbO_2+4H^++2e^-$ ══ $Pb^{2+}+2H_2O$	1.455
Cl(Ⅴ)-(0)	$ClO_3^-+6H^++5e^-$ ══ $1/2Cl_2+3H_2O$	1.47
Cl(Ⅰ)-(-Ⅰ)	$HClO+H^++2e^-$ ══ Cl^-+H_2O	1.482
Br(Ⅴ)-(0)	$BrO_3^-+6H^++5e^-$ ══ $1/2Br_2+3H_2O$	1.482
Au(Ⅲ)-(0)	$Au^{3+}+3e^-$ ══ Au	1.498
Mn(Ⅶ)-(Ⅱ)	$MnO_4^-+8H^++5e^-$ ══ $Mn^{2+}+4H_2O$	1.507
Mn(Ⅲ)-(Ⅱ)	$Mn^{3+}+e^-$ ══ Mn^{2+}	1.541 5
Cl(Ⅲ)-(-Ⅰ)	$HClO_2+3H^++4e^-$ ══ Cl^-+2H_2O	1.570
Br(Ⅰ)-(0)	$HBrO+H^++e^-$ ══ $1/2Br_2(aq)+H_2O$	1.574
N(Ⅱ)-(Ⅰ)	$2NO+2H^++2e^-$ ══ N_2O+H_2O	1.591
I(Ⅶ)-(Ⅴ)	$H_5IO_6+H^++2e^-$ ══ $IO_3^-+3H_2O$	1.601
Cl(Ⅰ)-(0)	$HClO+H^++e^-$ ══ $1/2Cl_2+H_2O$	1.611
Cl(Ⅲ)-(Ⅰ)	$HClO_2+2H^++2e^-$ ══ $HClO+H_2O$	1.645
Ni(Ⅳ)-(Ⅱ)	$NiO_2+4H^++2e^-$ ══ $Ni^{2+}+2H_2O$	1.678
Mn(Ⅶ)-(Ⅳ)	$MnO_4^-+4H^++3e^-$ ══ MnO_2+2H_2O	1.679
Pb(Ⅳ)-(Ⅱ)	$PbO_2+SO_4^{2-}+4H^++2e^-$ ══ $PbSO_4+2H_2O$	1.691 3

续 表

电对	方程式	$E^\ominus/V$
Au(Ⅰ)-(0)	$Au^{+}+e^{-}=Au$	1.692
Ce(Ⅳ)-(Ⅲ)	$Ce^{4+}+e^{-}=Ce^{3+}$	1.72
N(Ⅰ)-(0)	$N_2O+2H^{+}+2e^{-}=N_2+H_2O$	1.766
O(-Ⅰ)-(-Ⅱ)	$H_2O_2+2H^{+}+2e^{-}=2H_2O$	1.776
Co(Ⅲ)-(Ⅱ)	$Co^{3+}+e^{-}=Co^{2+}$ ($2\ mol\cdot L^{-1}\ H_2SO_4$)	1.83
Ag(Ⅱ)-(Ⅰ)	$Ag^{2+}+e^{-}=Ag^{+}$	1.980
S(Ⅶ)-(Ⅵ)	$S_2O_8{}^{2-}+2e^{-}=2SO_4^{2-}$	2.010
O(0)-(-Ⅱ)	$O_3+2H^{+}+2e^{-}=O_2+H_2O$	2.076
O(Ⅱ)-(-Ⅱ)	$F_2O+2H^{+}+4e^{-}=H_2O+2F^{-}$	2.153
Fe(Ⅵ)-(Ⅲ)	$FeO_4^{2-}+8H^{+}+3e^{-}=Fe^{3+}+4H_2O$	2.20
O(0)-(-Ⅱ)	$O(g)+2H^{+}+2e^{-}=H_2O$	2.421
F(0)-(-Ⅰ)	$F_2+2e^{-}=2F^{-}$	2.866
	$F_2+2H^{+}+2e^{-}=2HF$	3.053

碱性溶液中(298 K)

电对	方程式	$E^\ominus/V$
Ca(Ⅱ)-(0)	$Ca(OH)_2+2e^{-}=Ca+2OH^{-}$	-3.02
Ba(Ⅱ)-(0)	$Ba(OH)_2+2e^{-}=Ba+2OH^{-}$	-2.99
La(Ⅲ)-(0)	$La(OH)_3+3e^{-}=La+3OH^{-}$	-2.90
Sr(Ⅱ)-(0)	$Sr(OH)_2\cdot 8H_2O+2e^{-}=Sr+2OH^{-}+8H_2O$	-2.88
Mg(Ⅱ)-(0)	$Mg(OH)_2+2e^{-}=Mg+2OH^{-}$	-2.690
Be(Ⅱ)-(0)	$Be_2O_3^{2-}+3H_2O+4e^{-}=2Be+6OH^{-}$	-2.63
Hf(Ⅳ)-(0)	$HfO(OH)_2+H_2O+4e^{-}=Hf+4OH^{-}$	-2.50
Zr(Ⅳ)-(0)	$H_2ZrO_3+H_2O+4e^{-}=Zr+4OH^{-}$	-2.36
Al(Ⅲ)-(0)	$H_2AlO_3^{-}+H_2O+3e^{-}=Al+4OH^{-}$	-2.33
P(Ⅰ)-(0)	$H_2PO_2^{-}+e^{-}=P+2OH^{-}$	-1.82
B(Ⅲ)-(0)	$H_2BO_3^{-}+H_2O+3e^{-}=B+4OH^{-}$	-1.79
P(Ⅲ)-(0)	$HPO_3^{2-}+2H_2O+3e^{-}=P+5OH^{-}$	-1.71
Si(Ⅳ)-(0)	$SiO_3^{2-}+3H_2O+4e^{-}=Si+6OH^{-}$	-1.697
P(Ⅲ)-(Ⅰ)	$HPO_3^{2-}+2H_2O+2e^{-}=H_2PO_2^{-}+3OH^{-}$	-1.65
Mn(Ⅱ)-(0)	$Mn(OH)_2+2e^{-}=Mn+2OH^{-}$	-1.56

续 表

电 对	方 程 式	$E^\ominus$/V
Cr(Ⅲ)-(0)	$Cr(OH)_3+3e^- = Cr+3OH^-$	-1.48
* Zn(Ⅱ)-(0)	$[Zn(CN)_4]^{2-}+2e^- = Zn+4CN^-$	-1.26
Zn(Ⅱ)-(0)	$Zn(OH)_2+2e^- = Zn+2OH^-$	-1.249
Ga(Ⅲ)-(0)	$H_2GaO_3^-+H_2O+2e^- = Ga+4OH^-$	-1.219
Zn(Ⅱ)-(0)	$ZnO_2{}^{2-}+2H_2O+2e^- = Zn+4OH^-$	-1.215
Cr(Ⅲ)-(0)	$CrO_2^-+2H_2O+3e^- = Cr+4OH^-$	-1.2
Te(0)-(-Ⅱ)	$Te+2e^- = Te^{2-}$	-1.143
P(Ⅴ)-(Ⅲ)	$PO_4^{3-}+2H_2O+2e^- = HPO_3^{2-}+3OH^-$	-1.05
* Zn(Ⅱ)-(0)	$[Zn(NH_3)_4]^{2+}+2e^- = Zn+4NH_3$	-1.04
* W(Ⅵ)-(0)	$WO_4^{2-}+4H_2O+6e^- = W+8OH^-$	-1.01
* Ge(Ⅳ)-(0)	$HGeO_3^-+2H_2O+4e^- = Ge+5OH^-$	-1.0
Sn(Ⅳ)-(Ⅱ)	$[Sn(OH)_6]^{2-}+2e^- = HSnO_2^-+H_2O+3OH^-$	-0.93
S(Ⅵ)-(Ⅳ)	$SO_4^{2-}+H_2O+2e^- = SO_3^{2-}+2OH^-$	-0.93
Se(0)-(-Ⅱ)	$Se+2e^- = Se^{2-}$	-0.924
Sn(Ⅱ)-(0)	$HSnO_2^-+H_2O+2e^- = Sn+3OH^-$	-0.909
P(0)-(-Ⅲ)	$P+3H_2O+3e^- = PH_3(g)+3OH^-$	-0.87
N(Ⅴ)-(Ⅳ)	$2NO_3^-+2H_2O+2e^- = N_2O_4+4OH^-$	-0.85
H(Ⅰ)-(0)	$2H_2O+2e^- = H_2+2OH^-$	-0.827 7
Cd(Ⅱ)-(0)	$Cd(OH)_2+2e^- = Cd(Hg)+2OH^-$	-0.809
Co(Ⅱ)-(0)	$Co(OH)_2+2e^- = Co+2OH^-$	-0.73
Ni(Ⅱ)-(0)	$Ni(OH)_2+2e^- = Ni+2OH^-$	-0.72
As(Ⅴ)-(Ⅲ)	$AsO_4^{3-}+2H_2O+2e^- = AsO_2^-+4OH^-$	-0.71
Ag(Ⅰ)-(0)	$Ag_2S+2e^- = 2Ag+S^{2-}$	-0.691
As(Ⅲ)-(0)	$AsO_2^-+2H_2O+3e^- = As+4OH^-$	-0.68
Sb(Ⅲ)-(0)	$SbO_2^-+2H_2O+3e^- = Sb+4OH^-$	-0.66
* Re(Ⅶ)-(Ⅳ)	$ReO_4^-+2H_2O+3e^- = ReO_2+4OH^-$	-0.59
* Sb(Ⅴ)-(Ⅲ)	$SbO_3^-+H_2O+2e^- = SbO_2^-+2OH^-$	-0.59
Re(Ⅶ)-(0)	$ReO_4^-+4H_2O+7e^- = Re+8OH^-$	-0.584
* S(Ⅳ)-(Ⅱ)	$2SO_3^{2-}+3H_2O+4e^- = S_2O_3^{2-}+6OH^-$	-0.58
Te(Ⅳ)-(0)	$TeO_3^{2-}+3H_2O+4e^- = Te+6OH^-$	-0.57
Fe(Ⅲ)-(Ⅱ)	$Fe(OH)_3+e^- = Fe(OH)_2+OH^-$	-0.56

续表

电对	方程式	$E^{\ominus}$/V
S(0)—(—Ⅱ)	$S+2e^- \Longrightarrow S^{2-}$	−0.476 27
Bi(Ⅲ)—(0)	$Bi_2O_3+3H_2O+6e^- \Longrightarrow 2Bi+6OH^-$	−0.46
N(Ⅲ)—(Ⅱ)	$NO_2^-+H_2O+e^- \Longrightarrow NO+2OH^-$	−0.46
* Co(Ⅱ)—Co(0)	$[Co(NH_3)_6]^{2+}+2e^- \Longrightarrow Co+6NH_3$	−0.422
Se(Ⅳ)—(0)	$SeO_3^{2-}+3H_2O+4e^- \Longrightarrow Se+6OH^-$	−0.366
Cu(Ⅰ)—(0)	$Cu_2O+H_2O+2e^- \Longrightarrow 2Cu+2OH^-$	−0.360
Tl(Ⅰ)—(0)	$Tl(OH)+e^- \Longrightarrow Tl+OH^-$	−0.34
* Ag(Ⅰ)—(0)	$[Ag(CN)_2]^-+e^- \Longrightarrow Ag+2CN^-$	−0.31
Cu(Ⅱ)—(0)	$Cu(OH)_2+2e^- \Longrightarrow Cu+2OH^-$	−0.222
Cr(Ⅵ)—(Ⅲ)	$CrO_4^{2-}+4H_2O+3e^- \Longrightarrow Cr(OH)_3+5OH^-$	−0.13
* Cu(Ⅰ)—(0)	$[Cu(NH_3)_2]^++e^- \Longrightarrow Cu+2NH_3$	−0.12
O(0)—(—Ⅰ)	$O_2+H_2O+2e^- \Longrightarrow HO_2^-+OH^-$	−0.076
Ag(Ⅰ)—(0)	$AgCN+e^- \Longrightarrow Ag+CN^-$	−0.017
N(Ⅴ)—(Ⅲ)	$NO_3^-+H_2O+2e^- \Longrightarrow NO_2^-+2OH^-$	0.01
Se(Ⅵ)—(Ⅳ)	$SeO_4^{2-}+H_2O+2e^- \Longrightarrow SeO_3^{2-}+2OH^-$	0.05
Pd(Ⅱ)—(0)	$Pd(OH)_2+2e^- \Longrightarrow Pd+2OH^-$	0.07
S(Ⅱ、Ⅴ)—(Ⅱ)	$S_4O_6^{2-}+2e^- \Longrightarrow 2S_2O_3^{2-}$	0.08
Hg(Ⅱ)—(0)	$HgO+H_2O+2e^- \Longrightarrow Hg+2OH^-$	0.097 7
Co(Ⅲ)—(Ⅱ)	$[Co(NH_3)_6]^{3+}+e^- \Longrightarrow [Co(NH_3)_6]^{2+}$	0.108
Pt(Ⅱ)—(0)	$Pt(OH)_2+2e^- \Longrightarrow Pt+2OH^-$	0.14
Co(Ⅲ)—(Ⅱ)	$Co(OH)_3+e^- \Longrightarrow Co(OH)_2+OH^-$	0.17
Pb(Ⅳ)—(Ⅱ)	$PbO_2+H_2O+2e^- \Longrightarrow PbO+2OH^-$	0.247
I(Ⅴ)—(—Ⅰ)	$IO_3^-+3H_2O+6e^- \Longrightarrow I^-+6OH^-$	0.26
Cl(Ⅴ)—(Ⅲ)	$ClO_3^-+H_2O+2e^- \Longrightarrow ClO_2^-+2OH^-$	0.33
Ag(Ⅰ)—(0)	$Ag_2O+H_2O+2e^- \Longrightarrow 2Ag+2OH^-$	0.342
Fe(Ⅲ)—(Ⅱ)	$[Fe(CN)_6]^{3-}+e^- \Longrightarrow [Fe(CN)_6]^{4-}$	0.358
Cl(Ⅶ)—(Ⅴ)	$ClO_4^-+H_2O+2e^- \Longrightarrow ClO_3^-+2OH^-$	0.36
* Ag(Ⅰ)—(0)	$[Ag(NH_3)_2]^++e^- \Longrightarrow Ag+2NH_3$	0.373
O(0)—(—Ⅱ)	$O_2+2H_2O+4e^- \Longrightarrow 4OH^-$	0.401
I(Ⅰ)—(—Ⅰ)	$IO^-+H_2O+2e^- \Longrightarrow I^-+2OH^-$	0.485
* Ni(Ⅳ)—(Ⅱ)	$NiO_2+2H_2O+2e^- \Longrightarrow Ni(OH)_2+2OH^-$	0.490

续 表

电 对	方 程 式	$E^\ominus$/V
Mn(Ⅶ)－(Ⅵ)	$MnO_4^- + e^- = MnO_4^{2-}$	0.558
Mn(Ⅶ)－(Ⅳ)	$MnO_4^- + 2H_2O + 3e^- = MnO_2 + 4OH^-$	0.595
Mn(Ⅵ)－(Ⅳ)	$MnO_4^{2-} + 2H_2O + 2e^- = MnO_2 + 4OH^-$	0.60
Ag(Ⅱ)－(Ⅰ)	$2AgO + H_2O + 2e^- = Ag_2O + 2OH^-$	0.607
Br(Ⅴ)－(－Ⅰ)	$BrO_3^- + 3H_2O + 6e^- = Br^- + 6OH^-$	0.61
Cl(Ⅴ)－(－Ⅰ)	$ClO_3^- + 3H_2O + 6e^- = Cl^- + 6OH^-$	0.62
Cl(Ⅲ)－(Ⅰ)	$ClO_2^- + H_2O + 2e^- = ClO^- + 2OH^-$	0.66
I(Ⅶ)－(Ⅴ)	$H_3IO_6^{2-} + 2e^- = IO_3^- + 3OH^-$	0.7
Cl(Ⅲ)－(－Ⅰ)	$ClO_2^- + 2H_2O + 4e^- = Cl^- + 4OH^-$	0.76
Br(Ⅰ)－(－Ⅰ)	$BrO^- + H_2O + 2e^- = Br^- + 2OH^-$	0.761
Cl(Ⅰ)－(－Ⅰ)	$ClO^- + H_2O + 2e^- = Cl^- + 2OH^-$	0.841
* Cl(Ⅳ)－(Ⅲ)	$ClO_2(g) + e^- = ClO_2^-$	0.95
O(0)－(－Ⅱ)	$O_3 + H_2O + 2e^- = O_2 + 2OH^-$	1.24

摘自 David R Lide. Handbook of Chemistry and Physics. 8-25-8-30，78th. edition，1997—1998

* 摘自 J A Dean Ed. Lange's Handbook of Chemistry. 13th. edition，1985

** 摘自其他参考书。

三　弱电解质的电离常数

（近似浓度 0.01～0.003 mol·L^{-1}，温度 298 K）

化学式	电离常数（K）	pK	化学式	电离常数（K）	pK
HAc	1.75×10^{-5}	4.76	H_2CrO_4	$K_1=9.55$	−0.98
H_2CO_3	$K_1=4.37\times10^{-7}$	6.36		$K_2=3.16\times10^{-7}$	6.50
	$K_2=4.68\times10^{-11}$	10.33	HF	6.61×10^{-4}	3.18
$H_2C_2O_4$	$K_1=5.89\times10^{-2}$	1.23	H_2O_2	2.24×10^{-12}	11.65
	$K_2=6.46\times10^{-5}$	4.19	$NH_3\cdot H_2O$	1.79×10^{-5}	4.75
HNO_2	7.24×10^{-4}	3.14	NH_4^+	5.56×10^{-10}	9.25
H_3PO_4	$K_1=7.08\times10^{-3}$	2.15	HClO	2.88×10^{-8}	7.54
	$K_2=6.31\times10^{-8}$	7.20	HBrO	2.06×10^{-9}	8.69
	$K_3=4.17\times10^{-13}$	12.38	HIO	2.3×10^{-11}	10.64
SO_2+H_2O	$K_1=1.29\times10^{-2}$	1.89	$Pb(OH)_2$	9.6×10^{-4}	3.02
	$K_2=6.16\times10^{-8}$	7.21	AgOH	1.1×10^{-4}	3.96
H_2SO_4	$K_2=1.02\times10^{-2}$	1.99	$Zn(OH)_2$	9.6×10^{-4}	3.02
H_2S	$K_1=1.07\times10^{-7}$	6.97	NH_2OH	1.07×10^{-8}	7.97
	$K_2=1.26\times10^{-13}$	12.90	$NH_2\cdot NH_2$	1.7×10^{-6}	5.77
HCN	6.17×10^{-10}	9.21			

摘自 J A Dean Ed. Lange's Handbook of Chemistry. 13th. edition, 1985

四　配离子的稳定常数

（温度 293～298K，离子强度 $I \approx 0$）

配离子	稳定常数($K_{稳}$)	$\log K_{稳}$	配离子	稳定常数($K_{稳}$)	$\log K_{稳}$
$[Ag(NH_3)_2]^+$	1.11×10^{7}	7.05	$[Zn(CN)_4]^{2-}$	5.01×10^{16}	16.7
$[Cd(NH_3)_4]^{2+}$	1.32×10^{7}	7.12	$[Ag(Ac)_2]^-$	4.37	0.64
$[Co(NH_3)_6]^{2+}$	1.29×10^{5}	5.11	$[Cu(Ac)_4]^{2-}$	1.54×10^{3}	3.20
$[Co(NH_3)_6]^{3+}$	1.59×10^{35}	35.2	$[Pb(Ac)_4]^{2-}$	3.16×10^{8}	8.50
$[Cu(NH_3)_4]^{2+}$	2.09×10^{13}	13.32	$[Al(C_2O_4)_3]^{3-}$	2.00×10^{16}	16.30
$[Ni(NH_3)_6]^{2+}$	5.50×10^{8}	8.74	$[Fe(C_2O_4)_3]^{3-}$	1.58×10^{20}	20.20
$[Zn(NH_3)_4]^{2+}$	2.88×10^{9}	9.46	$[Fe(C_2O_4)_3]^{4-}$	1.66×10^{5}	5.22
$[Zn(OH)_4]^{2-}$	4.57×10^{17}	17.66	$[Zn(C_2O_4)_3]^{4-}$	1.41×10^{8}	8.15
$[CdI_4]^{2-}$	2.57×10^{5}	5.41	$[Cd(en)_3]^{2+}$	1.23×10^{12}	12.09
$[HgI_4]^{2-}$	6.76×10^{29}	29.83	$[Co(en)_3]^{2+}$	8.71×10^{13}	13.94
$[Ag(SCN)_2]^-$	3.72×10^{7}	7.57	$[Co(en)_3]^{3+}$	4.90×10^{48}	48.69
$[Co(SCN)_4]^{2-}$	1.00×10^{3}	3.00	$[Fe(en)_3]^{2+}$	5.01×10^{9}	9.70
$[Hg(SCN)_4]^{2-}$	1.70×10^{21}	21.23	$[Ni(en)_3]^{2+}$	2.14×10^{18}	18.33
$[Zn(SCN)_4]^{2-}$	41.7	1.62	$[Zn(en)_3]^{2+}$	1.29×10^{14}	14.11
$[AlF_6]^{3-}$	6.92×10^{19}	19.84	$[Aledta]^-$	1.29×10^{16}	16.11
$[AgCl_2]^-$	1.10×10^{5}	5.04	$[Baedta]^{2-}$	6.03×10^{7}	7.78
$[CdCl_4]^{2-}$	6.31×10^{2}	2.80	$[Caedta]^{2-}$	1.00×10^{11}	11.00
$[HgCl_4]^{2-}$	1.17×10^{15}	15.07	$[Cdedta]^{2-}$	2.51×10^{16}	16.40
$[PbCl_3]^-$	1.70×10^{3}	3.23	$[Coedta]^-$	1.00×10^{36}	36
$[AgBr_2]^-$	2.14×10^{7}	7.33	$[Cuedta]^{2-}$	5.01×10^{18}	18.70
$[Ag(CN)_2]^-$	1.26×10^{21}	21.10	$[Feedta]^{2-}$	2.14×10^{14}	14.33
$[Au(CN)_2]^-$	2.00×10^{38}	38.30	$[Feedta]^-$	1.70×10^{24}	24.23
$[Cd(CN)_4]^{2-}$	6.03×10^{18}	18.78	$[Hgedta]^{2-}$	6.31×10^{21}	21.80
$[Cu(CN)_4]^{2-}$	2.00×10^{30}	30.30	$[Mgedta]^{2-}$	4.37×10^{8}	8.64
$[Fe(CN)_6]^{4-}$	1.00×10^{35}	35	$[Mnedta]^{2-}$	6.31×10^{13}	13.80
$[Fe(CN)_6]^{3-}$	1.00×10^{42}	42	$[Niedta]^{2-}$	3.63×10^{18}	18.56
$[Hg(CN)_4]^{2-}$	2.51×10^{41}	41.4	$[Pbedta]^{2-}$	2.00×10^{18}	18.30
$[Ni(CN)_4]^{2-}$	2.00×10^{31}	31.3	$[Znedta]^{2-}$	2.51×10^{16}	16.40

摘自 J A Dean ed. Lange's Handbook of Chemistry. 13th. edition，1985

注：en——乙二胺；edta——EDTA 的阴离子配位体。

五　溶度积常数(298 K)

化　合　物	溶 度 积(K_{sp})	化　合　物	溶 度 积(K_{sp})
AgAc	1.94×10^{-3}	* AgOH	2.0×10^{-8}
AgBr	5.35×10^{-13}	* $Al(OH)_3$(无定形)	1.3×10^{-33}
AgCl	1.77×10^{-10}	* $Be(OH)_2$(无定形)	1.6×10^{-22}
AgI	8.51×10^{-17}	$Ca(OH)_2$	4.68×10^{-6}
BaF_2	1.84×10^{-7}	$Cd(OH)_2$(新制备)	5.27×10^{-15}
CaF_2	1.46×10^{-10}	$Co(OH)_2$(新制备)	1.09×10^{-15}
CuBr	6.27×10^{-9}	* $Co(OH)_3$	1.6×10^{-44}
CuCl	1.72×10^{-7}	* $Cr(OH)_2$	2×10^{-16}
CuI	1.27×10^{-12}	* $Cr(OH)_3$	6.3×10^{-31}
Hg_2I_2	5.33×10^{-29}	* $Cu(OH)_2$	2.2×10^{-20}
$PbBr_2$	6.60×10^{-6}	$Fe(OH)_2$	4.87×10^{-17}
$PbCl_2$	1.17×10^{-5}	$Fe(OH)_3$	2.64×10^{-39}
PbF_2	7.12×10^{-7}	$Mg(OH)_2$	5.61×10^{-12}
PbI_2	8.49×10^{-9}	$Mn(OH)_2$	2.06×10^{-13}
SrF_2	4.33×10^{-9}	* $Ni(OH)_2$(新制备)	2.0×10^{-15}
Ag_2CO_3	8.45×10^{-12}	* $Pb(OH)_2$	1.2×10^{-15}
$BaCO_3$	2.58×10^{-9}	$Sn(OH)_2$	5.45×10^{-25}
$CaCO_3$	4.96×10^{-9}	$Sr(OH)_2$	9×10^{-4}
$CdCO_3$	6.18×10^{-12}	$Zn(OH)_2$	6.86×10^{-17}
* $CuCO_3$	1.4×10^{-10}	$Ag_2C_2O_4$	5.4×10^{-12}
$FeCO_3$	3.07×10^{-11}	$BaC_2O_4\cdot2H_2O$	1.2×10^{-7}
Hg_2CO_3	1.45×10^{-18}	* CaC_2O_4	4×10^{-9}
$MgCO_3$	6.82×10^{-6}	CuC_2O_4	4.43×10^{-10}
$MnCO_3$	2.24×10^{-11}	* $FeC_2O_4\cdot2H_2O$	3.2×10^{-7}
$NiCO_3$	1.42×10^{-7}	$Hg_2C_2O_4$	1.75×10^{-13}
$PbCO_3$	1.46×10^{-13}	$MgC_2O_4\cdot2H_2O$	4.83×10^{-6}
$SrCO_3$	5.6×10^{-10}	$MnC_2O_4\cdot2H_2O$	1.70×10^{-7}
$ZnCO_3$	1.19×10^{-10}	PbC_2O_4	8.51×10^{-10}
Ag_2CrO_4	1.12×10^{-12}	* $SrC_2O_4\cdot H_2O$	1.6×10^{-7}
* $Ag_2Cr_2O_7$	2.0×10^{-7}	$ZnC_2O_4\cdot2H_2O$	1.37×10^{-9}
$BaCrO_4$	1.17×10^{-10}	$AgSO_4$	1.20×10^{-5}
* $CaCrO_4$	7.1×10^{-4}	$BaSO_4$	1.07×10^{-10}
* $CuCrO_4$	3.6×10^{-6}	* $CaSO_4$	9.1×10^{-6}
* Hg_2CrO_4	2.0×10^{-9}	Hg_2SO_4	7.99×10^{-7}
* $PbCrO_4$	2.8×10^{-13}	$PbSO_4$	1.82×10^{-8}
* $SrCrO_4$	2.2×10^{-5}	$SrSO_4$	3.44×10^{-7}
Ag_2S	6.69×10^{-50}	$Cd_3(PO_4)_2$	2.53×10^{-33}
CdS	1.40×10^{-29}	$Cu_3(PO_4)_2$	1.39×10^{-37}

续 表

化合物	溶度积(K_{sp})	化合物	溶度积(K_{sp})
* CoS	2.0×10^{-25}	$FePO_4\cdot2H_2O$	9.92×10^{-29}
Cu_2S	2.26×10^{-48}	* $MgNH_4PO_4$	2.5×10^{-13}
CuS	1.27×10^{-36}	$Mg_3(PO_4)_2$	9.86×10^{-25}
FeS	1.59×10^{-19}	* $Pb_3(PO_4)_2$	8.0×10^{-43}
HgS	6.44×10^{-53}	* $Zn_3(PO_4)_2$	9.0×10^{-33}
MnS	4.65×10^{-14}	* $[Ag^+][Ag(CN)_2^-]$	7.2×10^{-11}
NiS	1.07×10^{-21}	AgSCN	1.03×10^{-12}
PbS	9.04×10^{-29}	CuSCN	1.77×10^{-13}
SnS	3.25×10^{-28}	* $Cu_2[Fe(CN)_6]$	1.3×10^{-16}
ZnS	2.93×10^{-25}	* $Ag_3[Fe(CN)_6]$	1.6×10^{-41}
Ag_3PO_4	8.88×10^{-17}	* $K_2Na[Co(NO_2)_6]\cdot H_2O$	2.2×10^{-11}
* $AlPO_4$	6.3×10^{-19}	* $Na(NH_4)_2\cdot[Co(NO_2)_6]$	4×10^{-12}
$CaHPO_4$	1×10^{-7}	$Cu(IO_3)_2\cdot H_2O$	6.94×10^{-8}
$Ca_3(PO_4)_2$	2.07×10^{-33}		

摘自 R C Weast. Handbook of chemistry and physics. B 207—208, 69th. edition, 1988—1989

* 摘自 J A Dean ed. Lange's Handbook of Chemistry. 13th. edition, 1985

六 物质的溶解性表

	Ag^+	Hg_2^{2+}	Pb^{2+}	Hg^{2+}	Bi^{3+}	Cu^{2+}	Cd^{2+}
碳酸盐，CO_3^{2-}	HNO_3	HNO_3	HNO_3	HCl	HCl	HCl	HCl
草酸盐，$C_2O_4^{2-}$	HNO_3	HNO_3	HNO_3	HCl	HCl	HCl	HCl
氟化物，F^-	水	水	水，略溶 HNO_3	水	HCl	水，略溶 HCl	水，略溶 HCl
亚硫酸盐，SO_3^{2-}	HNO_3	HNO_3	HNO_3	HCl	—	HCl	HCl
亚砷酸盐，AsO_3^{2-}	HNO_3	HNO_3	HNO_3	HCl	HCl	HCl	HCl
砷酸盐，AsO_4^{2-}	HNO_3	HNO_3	HNO_3	HCl	HCl	HCl	HCl
磷酸盐，PO_4^{3-}	HNO_3	HNO_3	HNO_3	HCl	HCl	HCl	HCl
硼酸盐，BO_2^-	HNO_3	—	HNO_3	—	HCl	HCl	HCl
硅酸盐，SiO_3^{2-}	HNO_3	—	HNO_3	—	HCl	HCl	HCl
酒石酸盐，$C_4H_4O_6^{2-}$	HNO_3	水，略溶 HNO_3	HNO_3	HCl	HCl	水	HCl
硫酸盐，SO_4^{2-}	水，略溶	水，略溶	不溶	水，略溶	水，略溶	水	水
铬酸盐，CrO_4^{2-}	HNO_3	HNO_3	HNO_3	HCl	HCl	水	HCl
硫化物，S^{2-}	HNO_3	王水	HNO_3	王水	HNO_3	HNO_3	HNO_3
氰化物，CN^-	不溶	—	HNO_3	水	—	HCl	HCl
亚铁氰化物 $Fe(CN)_6^{4-}$	不溶	—	不溶	—	—	不溶	不溶
铁氰化物，$Fe(CN)_6^{3-}$	不溶	—	不溶	不溶	—	不溶	不溶
硫代硫酸盐，$S_2O_3^{2-}$	HNO_3	—	HNO_3	—	—	—	水
硫氰酸盐，SCN^-	不溶	HNO_3	HNO_3	水	—	HNO_3	HCl
碘化物，I^-	不溶	HNO_3	水，略溶 HNO_3	HCl	HCl	水，略溶	水
溴化物，Br^-	不溶	HNO_3	不溶	水	水解，HCl	水	水
氯化物，Cl^-	不溶	HNO_3	沸水	水	水解，HCl	水	水
醋酸盐，$C_2H_3O_2^-$	水，略溶	水	水	水	水	水	水
亚硝酸盐，NO_2^-	热水	水	水	水	—	水	水
硝酸盐，NO_3^-	水	水，略溶 HNO_3	水	水	水，略溶 HNO_3	水	水
氧化物，(O_2^-)	HNO_3	HNO_3	HNO_3	HCl	HNO_3	HCl	HCl
氢氧化物，OH^-	HNO_3	—	HNO_3	—	HCl	HCl	HCl

续 表

	Sb^{3+}	Sn^{2+}	Sn^{4+}	Al^{3+}	Cr^{3+}	As^{3+}
碳酸盐，CO_3^{2-}	—	—	—	—	—	—
草酸盐，$C_2O_4^{2-}$	HCl	HCl	水	HCl	HCl	—
氟化物，F^-	水，略溶 HCl	水	水	水	水	—
亚硫酸盐，SO_3^{2-}	—	HCl	—	HCl	—	—
亚砷酸盐，AsO_3^{2-}	—	HCl	—	—	—	—
砷酸盐，AsO_4^{3-}	—	HCl	HCl	HCl	HCl	—
磷酸盐，PO_4^{3-}	HCl	HCl	HCl	HCl	HCl	—
硼酸盐，BO_2^-	—	HCl	—	HCl	HCl	—
硅酸盐，SiO_3^{2-}	—	—	—	HCl	HCl	—
酒石酸盐，$C_4H_4O_6^{2-}$	HCl	HCl	水	水	水	—
硫酸盐，SO_4^{2-}	HCl	水	—	水	水	—
铬酸盐，CrO_4^{2-}	—	HCl	—	—	HCl	—
硫化物，S^{2-}	浓 HCl	浓 HCl	浓 HCl	水解，HCl	水解，HCl	HNO_3
氰化物，CN^-	—	—	—	—	HCl	—
亚铁氰化物 $Fe(CN)_6^{4-}$	—	—	不溶	—	—	—
铁氰化物，$Fe(CN)_6^{3-}$	—	不溶	—	—	—	—
硫代硫酸盐，$S_2O_3^{2-}$	—	水	水	水	—	—
硫氰酸盐，SCN^-	—	—	水	水	水	—
碘化物，I^-	水解，HCl	水	水解，HCl	水	水	水
溴化物，Br^-	水解，HCl	水解，HCl	水解，HCl	水	水	水解，HCl
氯化物，Cl^-	水解，HCl	水解，HCl	水解，HCl	水	水	水解，HCl
醋酸盐，$C_2H_3O_2^-$	—	水	水	水	水	—
亚硝酸盐，NO_2^-	—	—	—	—	—	—
硝酸盐，NO_3^-	—	—	—	水	水	—
氧化物，(O_2^-)	HCl	HCl	HCl，略溶	HCl	HCl	HCl
氢氧化物，OH^-	HCl	HCl	不溶	HCl	HCl	—

续 表

	Fe^{3+}	Fe^{2+}	Mn^{2+}	Ni^{2+}	Co^{2+}	Zn^{2+}	Ba^{2+}
碳酸盐，CO_3^{2-}	—	HCl	HCl	HCl	HCl	HCl	HCl
草酸盐，$C_2O_4^{2-}$	HCl	HCl	HCl	HCl	HCl	HCl	HCl
氟化物，F^-	水，略溶 HCl	水，略溶 HCl	HCl	HCl	HCl	HCl	水，略溶 HCl
亚硫酸盐，SO_3^{2-}	—	HCl	HCl	HCl	HCl	HCl	HCl
亚砷酸盐，AsO_3^{2-}	HCl	HCl	HCl	HCl	HCl	HCl	HCl
砷酸盐，AsO_4^{2-}	HCl	HCl	HCl	HCl	HCl	HCl	HCl
磷酸盐，PO_4^{3-}	HCl	HCl	HCl	HCl	HCl	HCl	HCl
硼酸盐，BO_2^-	HCl	HCl	HCl	HCl	HCl	HCl	HCl
硅酸盐，SiO_3^{2-}	HCl	HCl	HCl	HCl	HCl	HCl	HCl
酒石酸盐，$C_4H_4O_6^{2-}$	水	HCl	水，略溶 HCl	HCl	水	HCl	HCl
硫酸盐，SO_4^{2-}	水	水	水	水	水	水	不溶
铬酸盐，CrO_4^{2-}	水	—	水，略溶 HCl	HCl	HCl	水	HCl
硫化物，S^{2-}	HCl	HCl	HCl	HNO_3	HNO_3	HCl	水
氰化物，CN^-	—	不溶	HCl	HNO_3	HNO_3	HCl	水，略溶 HCl
亚铁氰化物 $Fe(CN)_6^{4-}$	不溶	不溶	HCl	不溶	不溶	不溶	水
铁氰化物，$Fe(CN)_6^{3-}$	水	不溶	不溶	不溶	不溶	HCl	水
硫代硫酸盐，$S_2O_3^{2-}$	—	水	水	水	水	水	HCl
硫氰酸盐，SCN^-	水	水	水	水	水	水	水
碘化物，I^-	水	水	水	水	水	水	水
溴化物，Br^-	水	水	水	水	水	水	水
氯化物，Cl^-	水	水	水	水	水	水	水
醋酸盐，$C_2H_3O_2^-$	水	水	水	水	水	水	水
亚硝酸盐，NO_2^-	水	—	水	水	水	水	水
硝酸盐，NO_3^-	水	水	水	水	水	水	水
氧化物，(O_2^-)	HCl	HCl	HCl	HCl	HCl	HCl	HCl
氢氧化物，OH^-	HCl	HCl	HCl	HCl	HCl	HCl	水

续 表

	Sr^{2+}	Ca^{2+}	Mg^{2+}	K^+	Na^+	NH_4^+
碳酸盐，CO_3^{2-}	HCl	HCl	水，略溶 HCl	水	水	水
草酸盐，$C_2O_4^{2-}$	HCl	HCl	水	水	水	水
氟化物，F^-	HCl	不溶	HCl	水	水	水
亚硫酸盐，SO_3^{2-}	HCl	HCl	水	水	水	水
亚砷酸盐，AsO_3^{2-}	HCl	HCl	HCl	水	水	水
砷酸盐，AsO_4^{2-}	HCl	HCl	HCl	水	水	水
磷酸盐，PO_4^{3-}	HCl	HCl	HCl	水	水	水
硼酸盐，BO_2^-	水，略溶 HCl	水，略溶 HCl	HCl	水	水	水
硅酸盐，SiO_3^{2-}	HCl	HCl	HCl	水	水	水
酒石酸盐，$C_4H_4O_6^{2-}$	HCl	HCl	水	水	水	水
硫酸盐，SO_4^{2-}	不溶	水，微溶	水	水	水	水
铬酸盐，CrO_4^{2-}	水，略溶	水	水	水	水	水
硫化物，S^{2-}	水	水	水	水	水	水
氰化物，CN^-	水	水	水	水	水	水
亚铁氰化物，$Fe(CN)_6^{4-}$	水	水	水	水	水	水
铁氰化物，$Fe(CN)_6^{3-}$	水	水	水	水	水	水
硫代硫酸盐，$S_2O_3^{2-}$	水	水	水	水	水	水
硫氰酸盐，SCN^-	水	水	水	水	水	水
碘化物，I^-	水	水	水	水	水	水
溴化物，Br^-	水	水	水	水	水	水
氯化物，Cl^-	水	水	水	水	水	水
醋酸盐，$C_2H_3O_2^-$	水	水	水	水	水	水
亚硝酸盐，NO_2^-	水	水	水	水	水	水
硝酸盐，NO_3^-	水	水	水	水	水	水
氧化物，(O_2^-)	HCl	水，略溶 HCl	HCl	水	水	—
氢氧化物，OH^-	水，略溶 HCl	水，略溶 HCl	HCl	水	水	水

七　常用酸碱的质量分数和相对密度(d_{20}^{20})

质量分数	相对密度						
	HCl	HNO_3	H_2SO_4	CH_3COOH	NaOH	KOH	NH_3
4	1.019 7	1.022 0	1.026 9	1.005 6	1.044 6	1.034 8	0.982 8
8	1.039 5	1.044 6	1.054 1	1.011 1	1.088 8	1.070 9	0.966 8
12	1.059 4	1.067 9	1.082 1	1.016 5	1.132 9	1.107 9	0.951 9
16	1.079 6	1.092 1	1.111 4	1.021 8	1.177 1	1.145 6	0.937 8
20	1.100 0	1.117 0	1.141 8	1.026 9	1.221 4	1.183 9	0.924 5
24	1.120 5	1.142 6	1.173 5	1.031 8	1.265 3	1.223 1	0.911 8
28	1.141 1	1.168 8	1.205 2	1.036 5	1.308 7	1.263 2	0.899 6
32	1.161 4	1.195 5	1.237 5	1.041 0	1.351 2	1.304 3	
36	1.181 2	1.222 4	1.270 7	1.045 2	1.392 6	1.346 8	
40	1.199 9	1.248 9	1.305 1	1.049 2	1.432 4	1.390 6	
44			1.341 0	1.052 9		1.435 6	
48			1.378 3	1.056 4		1.481 7	
52			1.417 4	1.059 6			
56			1.458 4	1.062 4			
60			1.501 3	1.064 8			
64			1.544 3	1.066 8			
68			1.590 2	1.068 7			
72			1.636 7	1.069 5			
76			1.684 0	1.069 9			
80			1.730 3	1.069 9			
84			1.772 4	1.069 2			
88			1.805 4	1.067 7			
92			1.827 2	1.064 8			
96			1.838 8	1.059 7			
100			1.833 7	1.049 6			

摘自 R C Weast. Handbook of Chemistry and physics. 69th. edition, 1988—1989

八　常用酸碱溶液的浓度(288 K)

酸或碱	密度 (20℃,g·mL^{-1})	质量分数浓度 (%)	物质的量浓度 (mol·L^{-1})
硫酸	1.84	95～98	18
	1.18	25	3
	1.06	9	1
盐酸	1.19	38	12
	1.10	20	6
	1.03	7	2
硝酸	1.40	65	14
	1.20	32	6
	1.07	12	2
磷酸	1.69	85	14.6
高氯酸	1.68	70～72	12
氢氟酸	1.13	40	23
氢溴酸	1.49	47	8.6
氢碘酸	1.70	57	7.5
冰醋酸	1.05	99～99.8	17.5
醋酸	1.04	35	6
	1.02	12	2
氢氧化钠	1.22	20	6
	1.09	8	2
氨水	0.88～0.90	25～28	13.3～14.8
	0.96	10	6

九　滴定分析中常用的指示剂

表 1　酸碱指示剂

指示剂	变色范围 pH	配制方法
甲基橙	红 3.1～4.4 橙黄	称取甲基橙 0.1 g 溶于 100 mL 水中
甲基红	红 4.4～6.2 黄	0.1 g 或 0.2 g 溶于 100 mL 60%乙醇中
溴百里酚蓝(溴麝香草酚蓝)	黄 6.0～7.6 蓝	0.05 g 溶于 100 mL 20 %乙醇中
中性红	红 6.8～8.0 黄	0.1 g 溶于 70 mL 乙醇中,用水稀释至 100 mL
百里酚蓝(麝香草酚蓝)(第一次变色)	红 1.2～2.8 黄	0.1 g 溶于 100 mL 20 %乙醇中
百里酚蓝(麝香草酚蓝)(第二次变色)	黄 8.0～9.6 蓝	0.1 g 溶于 100 mL 20%乙醇中
酚酞	无色 8.0～10.0 红	1.0 g 溶于 90 mL 乙醇中,用水稀释至100 mL 0.1 g 溶于 100 mL60%乙醇
邻甲酚酞	无色 8.2～10.4 红	0.1 g 溶于 250 mL 乙醇
靛蓝二磺酸钠(靛红)	蓝 11.6～14.0 黄	0.25 g 溶于 100 mL 50%乙醇
溴酚蓝	黄 3.0～4.6 蓝	0.1 g 指示剂溶于 100 mL 20%乙醇
刚果红	蓝紫 3.0～5.2 红	0.1%水溶液
溴甲酚绿	黄 3.8～5.4 蓝	0.1 g 指示剂溶于 100 mL 20%乙醇
溴酚红	黄 5.0～6.8 红	0.1 g 或 0.04 g 指示剂溶于 100 mL 20%乙醇
酚红	黄 6.8～8.0 红	0.1 g 指示剂溶于 100 mL 20%乙醇
中性红	红 6.8～8.0 亮黄	0.1 g 指示剂溶于 100 mL 60%乙醇
百里酚酞	无色 9.4～10.6 蓝	0.1 g 指示剂溶于 100 mL 90%乙醇

表 2　酸碱混合指示剂

指示剂溶液的颜色	变色点 pH	颜色		备注
		酸色	碱色	
三份 0.1%溴甲酚绿酒精溶液 一份 0.2%甲基红酒精溶液	5.1	酒红	绿	
一份 0.2%甲基红酒精溶液 一份 0.1%次甲基蓝酒精溶液	5.4	红紫	绿	pH 5.2 红紫，pH 5.4 暗蓝，pH 5.6 绿
一份 0.1%溴甲酚绿钠盐水溶液 一份 0.1%氯酚红钠盐水溶液	6.1	黄绿	蓝紫	pH 5.4 蓝绿，pH 5.8 蓝，pH 6.2 蓝紫
一份 0.1%中性红酒精溶液 一份 0.1%次甲基蓝酒精溶液	7.0	蓝紫	绿	pH 7.0 蓝紫
一份 0.1%溴百里酚蓝钠盐水溶液 一份 0.1%酚红钠盐水溶液	7.5	黄	紫	pH 7.2 暗绿，pH 7.4 淡紫，pH 7.6 深紫
一份 0.1%甲酚红钠盐水溶液 三份 0.1%百里酚蓝钠盐水溶液	8.3	黄	紫	pH 8.2 玫瑰色 pH 8.4 紫色

表 3　氧化还原指示剂

指示剂名称	E^θ/V，[H^+] =1 mol·L^{-1}	颜色		溶液配制方法
		氧化态	还原态	
二苯胺	0.76	紫	无色	1%的浓硫酸溶液
二苯胺磺酸钠	0.85	紫红	无色	0.5%的水溶液，如浑浊，滴加盐酸
N-邻苯氨基苯甲酸	1.08	紫红	无色	0.1 g 指示剂加 20 mL 5%的 Na_2CO_3 溶液，用水稀释至 100 mL
邻二氮菲-Fe(Ⅱ)	1.06	浅蓝	红	1.485 g 邻二氮菲加 0.965 g $FeSO_4$ 溶解，稀释至 100 mL(0.025 mol·L^{-1} 水溶液)
5-硝基邻二氮菲-Fe(Ⅱ)	1.25	浅蓝	紫红	1.608 g 5-硝基邻二氮菲加 0.695 g $FeSO_4$ 溶解，稀释至 100 mL (0.025 mol·L^{-1} 水溶液)

表 4　金属离子指示剂

指示剂名称	离解平衡和颜色变化	溶液配制方法
铬黑 T(EBT)	$H_2In^- \xrightleftharpoons{pK_{a_2}=6.3} HIn^{2-} \xrightleftharpoons{pK_{a_3}=11.55} In^{3-}$ 紫红　　蓝　　橙	① 5%水溶液 ② 与 NaCl 按 1∶100(质量比)混合研细
二甲酚橙(XO)	$H_3In^{4-} \xrightleftharpoons{pK_a=6.3} H_2In^{5-}$ 黄　　红	0.2%水溶液
K-B 指示剂	$H_2In \xrightleftharpoons{pK_{a_1}=8} HIn^- \xrightleftharpoons{pK_{a_2}=13} In^{2-}$ 红　　蓝　　紫红	0.2 g 酸性铬蓝 K 与 0.4 g 萘酚绿 B 溶于 100 mL 水中
钙指示剂	$H_2In^- \xrightleftharpoons{pK_{a_2}=7.4} HIn^{2-} \xrightleftharpoons{pK_{a_3}=13.5} In^{3-}$ 酒红　　蓝　　酒红	① 0.5%的乙醇溶液 ② 与 NaCl 按 1∶100(质量比)混合研细
吡啶偶氮萘酚(PAN)	$H_2In^+ \xrightleftharpoons{pK_{a_1}=1.9} HIn \xrightleftharpoons{pK_{a_2}=12.2} In^-$ 黄绿　　黄　　淡红	0.1%或 0.3%的乙醇溶液
钙镁试剂	$H_2In^- \xrightleftharpoons{pK_{a_2}=8.1} HIn^{2-} \xrightleftharpoons{pK_{a_3}=12.4} In^{3-}$ 红　　蓝　　红橙	0.5%水溶液
Cu-PAN(CuY-PAN 溶液)	$CuY+PAN+M^{n+}=MY+Cu\text{-}PAN$ 浅绿　　无色　　红色	将 0.05 mol·L^{-1} Cu^{2+}液 10 mL，加 pH 5～6 的 HAc 缓冲液 5 mL，1 滴 PAN 指示剂，加热至 60℃左右，用 EDTA 滴至绿色，得到约 0.025 mol·L^{-1}的 CuY 溶液.使用时取 2～3 mL 于试液中，再加数滴 PAN 溶液
磺基水杨酸	$H_2In \xrightleftharpoons{pK_{a_2}=2.7} HIn^- \xrightleftharpoons{pK_{a_3}=13.1} In^{2-}$ 无色	1%或 10%水溶液

表 5　沉淀滴定吸附指示剂

指示剂	被测离子	滴定剂	滴定条件	溶液配制方法
荧光黄	Cl^-	Ag^+	pH 7～8	0.2%乙醇溶液
二氯荧光黄	Cl^-	Ag^+	pH 5～8	0.1%水溶液
曙红	Br^-，I^-，SCN^-	Ag^+	pH 3～8	0.5%水溶液
溴甲酚绿	SCN^-	Ag^+	pH 4～5	0.1%水溶液
甲基紫	Ag^+	Cl^-	酸性溶液	0.1%水溶液
罗丹明 6G	Ag^+	Br^-	酸性溶液	0.1%水溶液
钍试剂	SO_4^{2-}	Ba^{2+}	pH 1.5～3.5	0.5%水溶液

十 滴定分析中常用工作基准试剂

试剂名称	主要用途	用前干燥方法	国家标准编号
氯化钠	标定 $AgNO_3$ 溶液	500～550℃灼烧至恒重	GB 1253—89
草酸钠	标定 $KMnO_4$ 溶液	105±2℃干燥至恒重	GB 1254—90
无水碳酸钠	标定 HCl、H_2SO_4 溶液	270～300℃灼烧至恒重	GB 1255—90
乙二胺四乙酸二钠	标定金属离子溶液	$Mg(NO_3)_2$ 饱和溶液恒湿器中放置 7 天	GB 12593—90
邻苯二甲酸氢钾	标定 NaOH 溶液	105～110℃干燥至恒重	GB 1257—89
碘酸钾	标定 $Na_2S_2O_3$ 溶液	180±2℃干燥至恒重	GB 1258—90
重铬酸钾	标定 $Na_2S_2O_3$、$FeSO_4$ 溶液	120±2℃干燥至恒重	GB 1259—89
溴酸钾	标定 $Na_2S_2O_3$ 溶液	180±2℃干燥至恒重	GB 12594—90
碳酸钙	标定 EDTA 溶液	110 ± 2℃干燥至恒重	GB 12596—90
氧化锌	标定 EDTA 溶液	800℃灼烧至恒重	GB 1260—90
硝酸银	标定卤化物及硫氰酸盐溶液	H_2SO_4 干燥器中干燥至恒重	GB 12595—90
三氧化二砷	标定 I_2 溶液	H_2SO_4 干燥器中干燥至恒重	GB 1256—90

十一　常用缓冲溶液的配制

缓冲溶液组成	pK_a	缓冲液 pH	缓冲溶液配制方法
氨基乙酸-HCl	2.35 (pK_{a_1})	2.3	取氨基乙酸 150 g 溶于 500 mL 水中后,加浓盐酸 80 mL,水稀释至 1 L
H_3PO_4-柠檬酸盐		2.5	取 $Na_2HPO_4 \cdot 12H_2O$ 113 g 溶于 200 mL 水后,加柠檬酸 387 g,溶解,过滤后,稀释至 1 L
一氯乙酸-NaOH	2.86	2.8	取 200 g 一氯乙酸溶于 200 mL 水中,加 NaOH 40 g,溶解后,稀释至 1 L
邻苯二甲酸氢钾-HCl	2.95 (pK_{a_1})	2.9	取 500 g 邻苯二甲酸氢钾溶于 500 mL 水中,加浓盐酸 80 mL,稀释至 1 L
甲酸-NaOH	3.76	3.7	取 95 g 甲酸和 NaOH 40 g 于 500 mL 水中,溶解,稀释至 1 L
NaAc-HAc	4.74	4.7	取无水 NaAc 83 g 溶于水中,加冰醋酸 60 mL,稀释至 1 L
六次甲基四胺-HCl	5.15	5.4	取六次甲基四胺 40 g 溶于 200 mL 水中,加浓盐酸 10 mL,稀释至 1 L
Tris-HCl[三羟甲基氨甲烷, $(HOCH_2)_3CNH_2$]	8.21	8.2	取 25 g Tris 试剂溶于水中,加浓盐酸 8 mL,稀释至 1 L
NH_3-NH_4Cl	9.26	9.2	取 NH_4Cl 54 g 溶于水中,加浓氨水 63 mL,稀释至 1 L

注:1. 缓冲液配制后可用 pH 试纸检查。如 pH 不对,可用共轭酸或碱调节。pH 欲调节精确时,可用使 pH 计。
2. 若须增加或减少缓冲液的缓冲容量时,可相应增加或减少共轭酸碱对物质的量,再调节之。

十二　特殊试剂的配制

试　剂	配 制 方 法
铝 试 剂(0.2%)	溶解 0.2 g 铝 试 剂于 100 mL 水中
硫代乙酰胺(5%)	溶解 5 g 硫代乙酰胺于 100 mL 水中,如混浊须过滤
二乙酰二肟	溶解 1 g 于 100 mL 95%乙醇中(镍试剂)
奈斯勒试剂	含有 0.25 mol·L^{-1} K_2HgI_4 及 3 mol·L^{-1} NaOH:溶解 11.5 g HgI_2 及8 g KI 于足量水中,使其体积为 50 mL,再加 50 mL 6 mol·L^{-1} NaOH,静置后汲取澄清液而弃去沉淀,试剂瓶须妥藏于阴暗处(铵试剂)
六硝基合钴酸钠试剂	含有 0.1 mol·L^{-1} $Na_3Co(NO_2)_6$、8 mol·L^{-1} $NaNO_2$ 及 1 mol·L^{-1} HAc:溶解 23 g $NaNO_2$ 于 50 mL 水中,加 16.5 mL 6 mol·L^{-1} HAc 及 $Co(NO_3)_3·6H_2O$ 3 g,静置一夜,过滤或汲取其溶液,稀释至 100 mL。每隔四星期需重新配制,或直接加六硝基合钴酸钠至溶液为深红色
亚硝酰铁氰化钠	溶解 1 g 于 100 mL 水中,每隔数日,即须重新配制
醋酸铀酰锌	溶解 10 g 醋酸铀酰 $UO_2(Ac)_2·2H_2O$ 于 6 mL 30%HAc 中,略微加热促其溶解,稀释至 50 mL (溶液 A)。另置 30 g 醋酸锌 $Zn(Ac)_2·3H_2O$ 于 6 mL 30% HAc 中,搅动后,稀释至 50 mL (溶液 B)。将此两种溶液加热至 70℃后混合,静置 24 h,过滤。在两液混合之前,晶体不能完全溶解,或直接配制成 10%醋酸铀酰锌溶液
镁铵试剂	溶解 100 g $MgCl_2·6H_2O$ 和 100 g NH_4Cl 于水中,再加 50 mL 浓氨水,用水稀释至 1 L
钼酸铵试剂	溶解 150 g 钼酸铵于 1 L 蒸馏水中,再把所得溶液倾入 1 L HNO_3(32%,相对密度 1.2)中,不得相反。此时析出钼酸白色沉淀后又溶解,把溶液放置 48 h,然后从沉淀(如有生成)中倾出溶液
对硝基苯-偶氮-间苯二酚(俗称镁试剂 I)	溶解此染料 0.001 g 于 100 mL 1 mol·L^{-1} NaOH 溶液
碘化钾-亚硫酸钠溶液	将 50 g KI 和 200 g $Na_2SO_3·7H_2O$ 溶于 1 L 水中
淀粉溶液(0.5%)	置易溶淀粉 5 g 及 100 mg $ZnCl_2$(做防腐剂)于研钵中,加水少许调成薄浆,然后倾入 1 L 沸水中,搅匀并煮沸至完全透明,淀粉溶液最好现用现配
硫化铵溶液	在 200 mL 浓氨水溶液中通入 H_2S,直至不再吸收,然后加入 200 mL 浓氨水溶液,稀释至 1 L

续 表

试 剂	配 制 方 法
溴水	溴的饱和水溶液：3.5 g 溴(约 1 mL)溶于 100 mL 水
醋酸联苯胺	50 mL 联苯胺溶于 10 mL 冰醋酸，100 mL 水中
硝胺指示剂	结构式：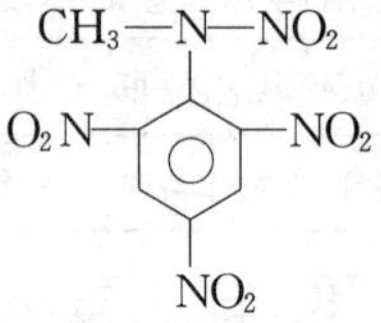 配法：1 g 硝胺溶于 1 L 60%的乙醇中
铬黑 T 指示剂	又名埃罗黑 T 或依来铬黑 T，结构式：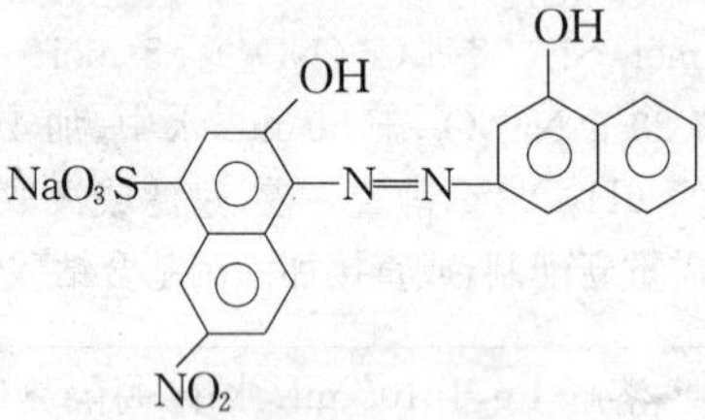 配法：① 按铬黑 T∶氯化钠＝1∶100 的比例混合均匀，研细； ② 溶 0.5 g 铬黑 T 于 10 mL 氨性缓冲溶液中，加乙醇至 100 mL
邻菲罗啉(0.25%)	结构式：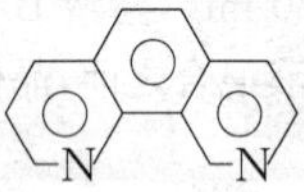 配法：邻菲罗啉 0.25 g 邻菲罗啉加几滴 6 $mol \cdot L^{-1}$ H_2SO_4，溶于 100 mL 水中
氯化亚锡(1 $mol \cdot L^{-1}$)	溶 23 g $SnCl_2 \cdot 2H_2O$ 于 34 mL 浓 HCl 中，加水稀释至 100 mL，临用时配制
二苯硫腙	溶解 0.1 g 二苯硫腙于 1 000 mL CCl_4 或 $CHCl_3$ 中
硫氰酸汞铵	溶 8 g $HgCl_2$ 和 9 g NH_4SCN 于 100 mL 水中
喹钼柠酮混合液	溶液 1：70 g 钼酸钠，溶于 150 mL 水中 溶液 2：60 g 柠檬酸，溶于 85 mL 硝酸和 150 mL 水的混合液中，冷却 溶液 3：在不断搅拌下将溶液 1 慢慢加至溶液 2 中 溶液 4：取喹啉 5 mL，溶于 35 mL 浓硝酸和 100 mL 水的混合液中，在不断搅拌下将溶液 4 缓慢加至溶液 3 中，放置暗处 24 h 后过滤，在溶液中加入丙酮 280 mL(如不含铵离子，也可不加丙酮)，用水稀释至 1 L，存于聚乙烯瓶中，放置暗处备用
磺基水杨酸(10%)	10 g 磺基水杨酸，溶于 65 mL 水中，加入 35 mL 2 $mol \cdot L^{-1}$ NaOH 溶液，摇匀
铁铵矾 [$(NH_4)Fe(SO_4)_2 \cdot 12H_2O$] (40%)	铁铵矾的饱和溶液加浓 HNO_3 至溶液变清

十三　常见离子和化合物的颜色

一、常见离子的颜色

1. 以下的阳离子均无色

Ag^{+}，Cd^{2+}，K^{+}，Ca^{2+}，As^{3+}（在溶液中主要以 AsO_3^{3-} 存在），Pb^{2+}，Zn^{2+}，Na^{+}，Sr^{2+}，As^{5+}（在溶液中几乎全部以 AsO_4^{3-} 存在），Hg_2^{2+}，Bi^{3+}，NH_4^{+}，Ba^{2+}，Sb^{3+} 或 Sb^{5+}（主要以 $SbCl_6^{3-}$ 或 $SbCl_6^{-}$ 存在），Hg^{2+}，Mg^{2+}，Al^{3+}，Sn^{2+}，Sn^{4+}。

2. 以下阳离子均为有色

Mn^{2+} 浅玫瑰色，稀溶液无色；$Fe(H_2O)_6^{3+}$ 淡紫色，但平时所见 Fe^{3+} 盐溶液呈黄色或红棕色；Fe^{2+} 浅绿色，稀溶液无色；Cr^{3+} 绿色或紫色；Co^{2+} 玫瑰色；Ni^{2+} 绿色；Cu^{2+} 浅蓝色。

3. 以下阴离子均无色

SO_4^{2-}，PO_4^{3-}，F^{-}，SCN^{-}，$C_2O_4^{2-}$，MoO_4^{2-}，SO_3^{2-}，BO_2^{-}，Cl^{-}，NO_3^{-}，S^{2-}，WO_4^{2-}，$S_2O_3^{2-}$，$B_4O_7^{2-}$，Br^{-}，NO_2^{-}，ClO_3^{-}，VO_3^{-}，CO_3^{2-}，SiO_3^{2-}，I^{-}，Ac^{-}，BrO_3^{-}。

4. 下列阴离子均有色

$Cr_2O_7^{2-}$ 橙色；CrO_4^{2-} 黄色；MnO_4^{-} 紫色；$Fe(CN)_6^{4-}$ 黄绿色，$Fe(CN)_6^{3-}$ 黄棕色。

二、有特征颜色的常见无机化合物

黑　色	CuO，NiO，FeO，Fe_3O_4，MnO_2，FeS，CuS，Ag_2S，NiS，CoS，PbS
蓝　色	$CuSO_4 \cdot 5H_2O$，$Cu(NO_3)_2 \cdot 6H_2O$，许多水合铜盐，无水 $CoCl_2$
绿　色	镍盐，亚铁盐，铬盐，某些铜盐如 $CuCl_2 \cdot 2H_2O$
黄　色	CdS，PbO，碘化物（如 AgI），铬酸盐（如 $BaCrO_4$，K_2CrO_4）
红　色	Fe_2O_3，Cu_2O，HgO，HgS，Pb_3O_4
粉红色	$MnSO_4 \cdot 7H_2O$ 等锰盐，$CoCl_2 \cdot 6H_2O$
紫　色	亚铬盐（如$[Cr(Ac)_2]_2 \cdot 2H_2O$），高锰酸盐

十四　阳离子的硫化氢系统分组方案

分组根据的特征	硫化物不溶于水				硫化物溶于水	
	在稀酸中硫化物沉淀			在稀酸中不生成硫化物沉淀	碳酸盐不溶于水	碳酸盐溶于水
	氯化物不溶于热水	氯化物溶于热水				
		硫化物不溶于硫化钠	硫化物溶于硫化钠			
包括离子	Ag^{+} Hg_2^{2+} (Pb^{2+})*	Pb^{2+} Bi^{3+} Cu^{2+} Cd^{2+}	Hg^{2+} As(Ⅲ,Ⅴ) Sb(Ⅲ,Ⅴ) Sn^{4+}	Fe^{3+} Fe^{2+} Al^{3+} Mn^{2+} Cr^{3+} Zn^{2+} Co^{2+} Ni^{2+}	Ba^{2+} Sr^{2+} Ca^{2+}	Mg^{2+} K^{+} Na^{+} (NH_4^{+})**
组的名称		ⅡA 组	ⅡB 组			
	Ⅰ组 银组 盐酸组	Ⅱ组 铜锡组 硫化氢组		Ⅲ组 铁组 硫化铵组	Ⅳ组 钙组 碳酸铵组	Ⅴ组 钠组 可溶组
组试剂	HCl	0.3 mol·L^{-1} HCl H_2S		NH_3+NH_4Cl $(NH_4)_2S$	NH_3+NH_4Cl $(NH_4)_2CO_3$	—

注：*——Pb^{2+}浓度大时部分沉淀。

**——系统分析中需要加入铵盐，故NH_4^{+}需另行检出。

十五　常见离子的鉴定方法

表1　阳离子的鉴定方法

阳离子	鉴定方法	条件与干扰	灵敏度	
			检出限量	最低浓度
Na^+	取2滴Na^+试液，加8滴醋酸铀酰锌试剂[$UO_2(Ac)_2+Zn(Ac)_2+HAc$]，放置数分钟，用玻璃棒摩擦器壁，淡黄色的晶状沉淀出现，表示有Na^+： $3UO_2^{2+}+Zn^{2+}+Na^++9Ac^-+9H_2O \xlongequal{} 3UO_2(Ac)_2 \cdot Zn(Ac)_2 \cdot NaAc \cdot 9H_2O\downarrow$	① 在中性或醋酸酸性溶液中进行，强酸强碱均能使试剂分解，需加入大量试剂，用玻璃棒摩擦器壁； ② 大量K^+存在时，可能生成$KAc \cdot UO_2(Ac)_2$的针状结晶，如试液中有大量K^+时用水冲稀；3倍后试验。Ag^+、Hg^{2+}、Sb^{3+}有干扰，PO_4^{3-}、AsO_4^{3-}能使试剂分解，应预先除去	12.5 μg	250 μg · g^{-1} (250 ppm)
	Na^+试液与等体积的0.1mol · L^{-1} $KSb(OH)_6$试液混合，用玻璃棒摩擦器壁，放置后产生白色晶形沉淀表示有Na^+： $Na^++Sb(OH)_6^- \xlongequal{} NaSb(OH)_6\downarrow$ Na^+浓度大时，立即有沉淀生成，浓度小时因生成过饱和溶液，很久以后（几小时，甚至过夜）才有结晶附在器壁	① 在中性或弱碱性溶液中进行，因酸能分解试剂； ② 低温进行，因沉淀的溶解度随温度的升高而加剧； ③ 除碱金属以外的金属离子也能与试剂形成沉淀，需预先除去		
K^+	取2滴K^+试液，加3滴六硝基合钴酸钠($Na_3[Co(NO_2)_6]$)溶液，放置片刻，有黄色的$K_2Na[Co(NO_2)_6]$沉淀析出，表示有K^+： $2K^++Na^++[Co(NO_2)_6]^{3-} \xlongequal{} K_2Na[Co(NO_2)_6]\downarrow$	① 中性微酸性溶液中进行，因酸碱都能分解试剂中的$[Co(NO_2)_6]^{3-}$； ② NH_4^+与试剂生成橙色沉淀$(NH_4)_2Na[Co(NO_2)_6]$而干扰，但在沸水中加热1～2 min后$(NH_4)_2Na[Co(NO_2)_6]$完全分解，$K_2Na[Co(NO_2)_6]$无变化，故可在NH_4^+浓度大于K^+浓度100倍时，鉴定K^+	4 μg	80 μg · g^{-1} (80 ppm)
	取2滴K^+试液，加2～3滴0.1 mol · L^{-1}四苯硼酸钠($Na[B(C_6H_5)_4]$)溶液，生成白色沉淀表示有K^+： $K^++[B(C_6H_5)_4]^- \xlongequal{} K[B(C_6H_5)_4]\downarrow$	① 在碱性中性或稀酸溶液中进行； ② NH_4^+有类似的反应而干扰，Ag^+、Hg^{2+}的影响可加NaCN消除；当pH=5时，若有EDTA存在，其他阳离子不干扰	0.5 μg	10 μg · g^{-1} (10 ppm)

续 表

阳离子	鉴定方法	条件与干扰	灵敏度	
			检出限量	最低浓度
NH_4^+	气室法：用干燥、洁净的表面皿两块(一大、一小)，在大的一块表面皿中心滴 3 滴 NH_4^+ 试液，再加 3 滴 6 mol·L^{-1} NaOH 溶液，混合均匀；在小的一块表面皿中心黏附一小条潮湿的酚酞试纸，盖在大的表面皿上做成气室。将此气室放在水浴上微热 2 min，酚酞试纸变红，表示有 NH_4^+	这是 NH_4^+ 的特征反应	0.05 μg	1 μg·g^{-1} (1 ppm)
	取 1 滴 NH_4^+ 试液，放在白滴板的圆孔中，加 2 滴奈氏勒试剂(K_2HgI_4 的 NaOH 溶液)，生成红棕色沉淀，表示有 NH_4^+： $NH_4^+ + 2[HgI_4]^{2-} + 4OH^-$ ══ 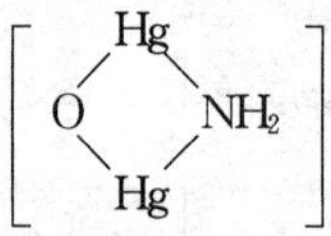 I↓ + $3H_3O$ $+7I^-$ 或 $NH_4^+ + OH^- = NH_3 + H_2O$ $NH_3 + 2[HgI_4]^{2-} + OH^-$ ══ 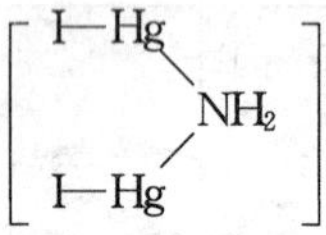 I↓$+H_2O+5I^-$ NH_4^+ 浓度低时，没有沉淀产生，但溶液呈黄色或棕色	① Fe^{3+}、Co^{2+}、Ni^{2+}、Ag^+、Cr^{3+} 等存在时，与试剂中的 NaOH 生成有色沉淀而干扰，必须预先除去； ② 大量 S^{2-} 的存在，使$[HgI_4]^{2-}$分解析出 HgS↓，大量 I^- 存在使反应向左进行，沉淀溶解	0.05 μg	1 μg·g^{-1} (1 ppm)
Mg^{2+}	取 2 滴 Mg^{2+} 试液，加 2 滴 2mol·L^{-1} NaOH 溶液，1 滴镁试剂(Ⅰ)，沉淀呈天蓝色，表示有 Mg^{2+} 对硝基苯偶氮苯二酚 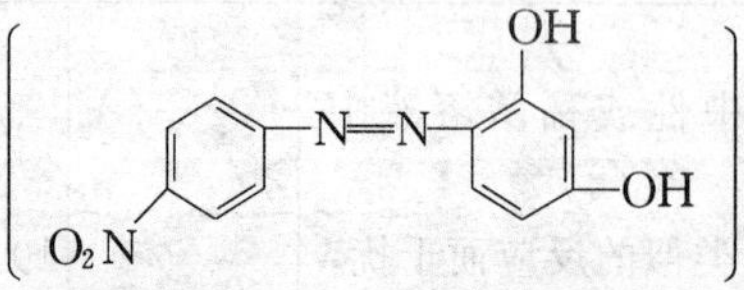 俗称镁试剂(Ⅰ)，在碱性环境下呈红色或红紫色，被 $Mg(OH)_2$ 吸附后则呈天蓝色	① 反应必须在碱性溶液中进行，如$[NH_4^+]$过大，由于它降低了$[OH^-]$，因而妨碍 Mg^{2+} 的检出，故在鉴定前需加碱煮沸，以除去大量的 NH_4^+； ② Ag^+、Hg_2^{2+}、Hg^{2+}、Cu^{2+}、Co^{2+}、Ni^{2+}、Mn^{2+}、Cr^{3+}、Fe^{3+} 及大量 Ca^{2+} 干扰反应，应预先除去	0.5 μg	10 μg·g^{-1} (10 ppm)

续 表

阳离子	鉴定方法	条件与干扰	灵敏度	
			检出限量	最低浓度
Mg^{2+}	取 4 滴 Mg^{2+} 试液，加 2 滴 6 $mol \cdot L^{-1}$ 氨水，2 滴 2 $mol \cdot L^{-1}$ $(NH_4)_2HPO_4$ 溶液，摩擦试管内壁，生成白色晶形 $MgNH_4PO_4 \cdot 6H_2O$ 沉淀，表示有 Mg^{2+}： $Mg^{2+} + HPO_4^{2-} + NH_3 \cdot H_2O + 5H_2O = MgNH_4PO_4 \cdot 6H_2O \downarrow$	① 反应须在氨缓冲溶液中进行，要有高浓度的 PO_4^{3-} 和足够量的 NH_4^+； ② 反应的选择性较差，除本组外，其他组很多离子都可能产生干扰	30 μg	10 $\mu g \cdot g^{-1}$ (10 ppm)
	取 2 滴 Ca^{2+} 试液，滴加饱和 $(NH_4)_2C_2O_4$ 溶液，有白色的 CaC_2O_4 沉淀形成，表示有 Ca^{2+}： $Ca^{2+} + C_2O_4^{2-} = CaC_2O_4 \downarrow$	① 反应在 HAc 酸性、中性、碱性中进行； ② Mg^{2+}、Sr^{2+}、Ba^{2+} 有干扰，但 MgC_2O_4 溶于醋酸，CaC_2O_4 不溶，Sr^{2+}、Ba^{2+} 在鉴定前应除去	1 μg	40 $\mu g \cdot g^{-1}$ (40 ppm)
Ca^{2+}	取 1～2 滴 Ca^{2+} 试液于一滤纸片上，加 1 滴 6$mol \cdot L^{-1}$ NaOH，1 滴 GBHA。若有 Ca^{2+} 存在时，有红色斑点产生，加 2 滴 Na_2CO_3 溶液不褪色，表示有 Ca^{2+}； 乙二醛双缩（2-羟基苯胺）简称 GBHA，与 Ca^{2+} 在 pH＝12～12.6 的溶液中生成红色螯合物沉淀： 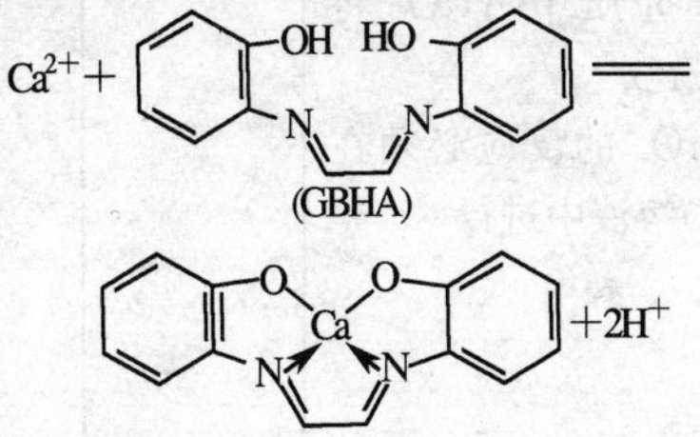	① Ba^{2+}、Sr^{2+} 在相同条件下生成橙色、红色沉淀，但加入 Na_2CO_3 后，形成碳酸盐沉淀，螯合物颜色变浅，而钙的螯合物颜色基本不变； ② Cu^{2+}、Cd^{2+}、Co^{2+}、Ni^{2+}、Mn^{2+}、UO_2^{2+} 等也与试剂生成有色螯合物而干扰，当用氯仿萃取时，只有 Cd^{2+} 的产物和 Ca^{2+} 的产物一起被萃取	0.05 μg	1 $\mu g \cdot g^{-1}$ (1 ppm)
Ba^{2+}	取 2 滴 Ba^{2+} 试液，加 10 滴 1 $mol \cdot L^{-1}$ K_2CrO_4 溶液，有 $BaCrO_4$ 黄色沉淀生成，表示有 Ba^{2+}： $Ba^{2+} + CrO_4^{2-} = BaCrO_4 \downarrow$	在 HAc－NH_4Ac 缓冲溶液中进行反应	3.5 μg	70 $\mu g \cdot g^{-1}$ (70 ppm)

续　表

阳离子	鉴定方法	条件与干扰	灵敏度	
			检出限量	最低浓度
Al^{3+}	取1滴Al^{3+}试液，加2～3滴水，加2滴3mol·L^{-1} NH_4Ac，2滴铝试剂，搅拌，微热片刻，加6mol·L^{-1}氨水至碱性，红色沉淀不消失，表示有Al^{3+}： 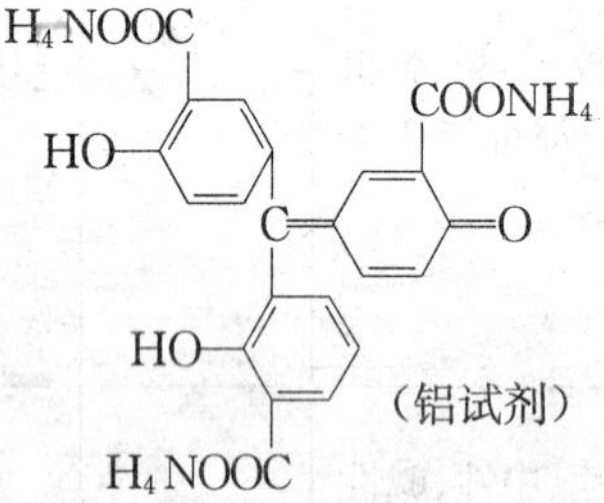 （铝试剂） $+\frac{1}{3}Al^{3+}\longrightarrow$ 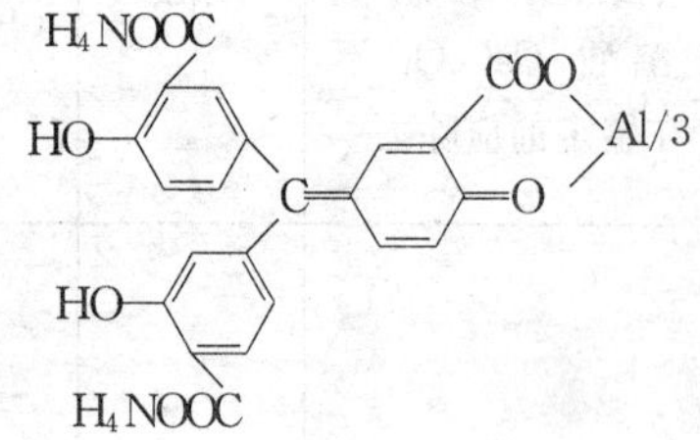 $+NH_4^+$	① 在$HAc-NH_4Ac$的缓冲溶液中进行； ② Cr^{3+}、Fe^{3+}、Bi^{3+}、Cu^{2+}、Ca^{2+}等离子在HAc缓冲溶液中也能与铝试剂生成红色化合物而干扰，但加入氨水碱化后，Cr^{3+}、Cu^{2+}的化合物即分解，加入$(NH_4)_2CO_3$可使Ca^{2+}的化合物生成$CaCO_3$而分解，Fe^{3+}、Bi^{3+}（包括Cu^{2+}）可预先加NaOH形成沉淀而分离	0.1 μg	2 μg·g^{-1} (2 ppm)
Cr^{3+}	取3滴Cr^{3+}试液，加6mol·L^{-1} NaOH溶液直到生成的沉淀溶解，搅动后加4滴3%的H_2O_2，水浴加热，溶液颜色由绿变黄，继续加热直至剩余的H_2O_2分解完，冷却，加6mol·L^{-1} HAc酸化，加2滴0.1 mol·L^{-1} $Pb(NO_3)_2$溶液，生成黄色$PbCrO_4$沉淀，表示有Cr^{3+}： $Cr^{3+}+4OH^-=CrO_2^-+2H_2O$ $2CrO_2^-+3H_2O_2+2OH^-=2CrO_4^{2-}+4H_2O$ $Pb^{2+}+CrO_4^{2-}=PbCrO_4\downarrow$	① 在强碱性介质中，H_2O_2将Cr^{3+}氧化为CrO_4^{2-}； ② 形成$PbCrO_4$的反应必须在弱酸性(HAc)溶液中进行		
	按上法将Cr^{3+}氧化成CrO_4^{2-}，用2 mol·L^{-1} H_2SO_4酸化溶液至pH＝2～3，加入0.5 mL戊醇、0.5 mL 3% H_2O_2，振荡，有机层显蓝色，表示有Cr^{3+}： $2Cr_2O_4^{2-}+2H^+=Cr_2O_7^{2-}+H_2O$ $Cr_2O_7^{2-}+4H_2O_2+2H^+=2H_2CrO_6+3H_2O$	① pH＜1，蓝色的H_2CrO_6分解； ② H_2CrO_6在水中不稳定，故用戊醇萃取，并在冷溶液中进行，其他离子无干扰	2.5 μg	50 μg·g^{-1} (50 ppm)

续 表

阳离子	鉴定方法	条件与干扰	灵敏度	
			检出限量	最低浓度
Fe^{3+}	取1滴Fe^{3+}试液放在白滴板上，加1滴$K_4[Fe(CN)_6]$溶液，生成蓝色沉淀，表示有Fe^{3+}： $x Fe^{3+} + xK^+ + x[Fe(CN)_6]^{4-} = [KFe(II)(CN)_6 Fe(III)]_x \downarrow$	① $K_4[Fe(CN)_6]$不溶于强酸，但被强碱分解生成氢氧化物，故反应在酸性溶液中进行； ② 其他阳离子与试剂生成的有色化合物的颜色不及Fe^{3+}的鲜明，故可在其他离子存在时鉴定Fe^{3+}，如大量存在Cu^{2+}、Co^{2+}、Ni^{2+}等离子，也有干扰，应分离后再作鉴定	0.05 μg	1 μg·g^{-1} (1 ppm)
	取1滴Fe^{3+}试液，加1滴0.5 mol·L^{-1} NH_4SCN溶液，形成红色溶液表示有Fe^{3+}： $Fe^{3+} + nSCN^- = Fe(SCN)_n^{3-n}$ (n = 1~6)	① 在酸性溶液中进行，但不能用HNO_3； ② F^-、H_3PO_4、$H_2C_2O_4$、酒石酸、柠檬酸以及含有α-或β-羟基的有机酸都能与Fe^{3+}形成稳定的配合物而干扰。溶液中若有大量汞盐，由于形成$[Hg(SCN)_4]^{2-}$而干扰。钴、镍、铬和铜盐因离子有色，或因与SCN^-的反应产物的颜色而降低检出Fe^{3+}的灵敏度	0.25 μg	5 μg·g^{-1} (5 ppm)
Fe^{2+}	取1滴Fe^{2+}试液在白滴板上，加1滴$K_3[Fe(CN)_6]$溶液，出现蓝色沉淀，表示有Fe^{2+}： $xFe^{2+} + xK^+ + x[Fe(CN)_6]^{3-} = [KFe(III)(CN)_6 Fe(II)]_x \downarrow$	① 本法灵敏度、选择性都很高，仅在大量重金属离子存在而Fe^{2+}离子浓度很低时，现象不明显； ② 反应在酸性溶液中进行	0.1 μg	2 μg·g^{-1} (2 ppm)
	取1滴Fe^{2+}试液，加几滴2.5 g·L^{-1}的邻菲罗琳溶液，生成橘红色的溶液，表示有Fe^{2+}： 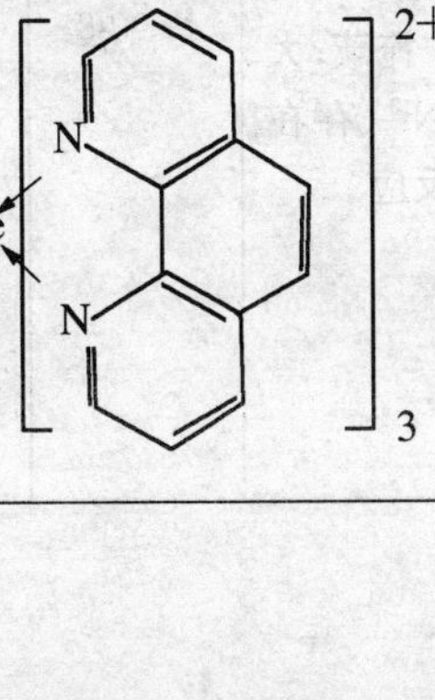	① 中性或微酸性溶液中进行； ② Fe^{3+}生成微橙黄色，不干扰，但在Fe^{3+}、Co^{2+}同时存在时不适用。10倍量的Cu^{2+}、40倍量的Co^{2+}、140倍量的$C_2O_4^{2-}$、6倍量的CN^-干扰反应； ③ 此法比上法选择性高； ④ 如用1滴$NaHSO_3$先将Fe^{3+}还原，即可用此法检出Fe^{3+}	0.025 μg	0.5 μg·g^{-1} (0.5 ppm)

续 表

阳离子	鉴定方法	条件与干扰	灵敏度	
			检出限量	最低浓度
Mn^{2+}	取1滴Mn^{2+}试液，加10滴水，5滴2mol·L^{-1} HNO_3溶液，然后加固体$NaBiO_3$，搅拌，水浴加热，形成紫色溶液，表示有Mn^{2+}： $2Mn^{2+}+5NaBiO_3(s)+14H^+ \longequal 2MnO_4^-+5Bi^{3+}+7H_2O+5Na^+$	① 在HNO_3或H_2SO_4酸性溶液中进行； ② 本组其他离子无干扰； ③ 还原剂(Cl^-、Br^-、I^-、H_2O_2等)有干扰	0.8 μg	16 μg·g^{-1} (16 ppm)
Zn^{2+}	取2滴Zn^{2+}试液，用2mol·L^{-1} HAc酸化，加等体积的$(NH_4)_2Hg(SCN)_4$溶液，摩擦器壁，生成白色沉淀，表示有Zn^{2+}： $Zn^{2+}+Hg(SCN)_4^{2-} \longequal ZnHg(SCN)_4\downarrow$ 或在极稀的$CuSO_4$溶液(<0.2g·L^{-1})中，加$(NH_4)_2Hg(SCN)_4$溶液，加Zn^{2+}试液，摩擦器壁，若迅速得到紫色混晶，表示有Zn^{2+}；也可用极稀的$CoCl_2$(<0.2g·L^{-1})溶液代替Cu^{2+}溶液，则得蓝色混晶	① 在中性或微酸性溶液中进行； ② Cu^{2+}形成$CuHg(SCN)_4$黄绿色沉淀，少量Cu^{2+}存在时，形成铜锌紫色混晶更有利于观察； ③ 少量Co^{2+}存在时，形成钴锌蓝色混晶，有利于观察； ④ Cu^{2+}、Co^{2+}含且大时干扰，Fe^{3+}有干扰	形成铜锌混晶时0.5 μg	10 μg·g^{-1} (10 ppm)
Co^{2+}	取1～2滴Co^{2+}试液，加饱和NH_4SCN溶液，加5～6滴戊醇溶液，振荡，静置，有机层呈蓝绿色，表示有Co^{2+}： $Co^{2+}+4SCN^- \rightleftharpoons [Co(SCN)_4]^{2-}$ $[Co(SCN)_4]^{2-}$在水中不稳定，在丙酮或戊醇中较稳定	① 配合物在水中解离度大，故用浓NH_4SCN溶液，并用有机溶剂萃取，增加它的稳定性； ② Fe^{3+}有干扰，加NaF掩蔽；大量Cu^{2+}也干扰；大量Ni^{2+}存在时溶液呈浅蓝色，干扰反应	0.5 μg	10 μg·g^{-1} (10 ppm)

续 表

阳离子	鉴定方法	条件与干扰	灵敏度	
			检出限量	最低浓度
Co^{2+}	取1滴Co^{2+}试液在白滴板上，加1滴钴试剂，有红褐色沉淀生成，表示有Co^{2+}。钴试剂为α-亚硝基-β-萘酚，有互变异构体，与Co^{2+}形成螯合物： Co^{2+}转变为Co^{3+}是由于试剂本身起着氧化剂的作用，也可能发生空气氧化	① 中性或弱酸性溶液中进行，沉淀不溶于强酸； ② 试剂须新鲜配制； ③ Fe^{3+}与试剂生成棕黑色沉淀，溶于强酸，它的干扰也可加Na_2HPO_4掩蔽；Cu^{2+}、Hg^{2+}及其他金属干扰	0.15 μg	10 μg·g^{-1} (10 ppm)
Ni^{2+}	取1滴Ni^{2+}试液放在白滴板上，加1滴6 mol·L^{-1}氨水，加1滴丁二酮肟，稍等片刻，在凹槽四周形成红色沉淀表示有Ni^{2+}： $+2H^+$	① 在氨性溶液中进行，但氨不宜太多。沉淀溶于酸、强碱，故合适的酸度pH=5～10； ② Fe^{2+}、Pd^{2+}、Cu^{2+}、Co^{2+}、Fe^{3+}、Cr^{3+}、Mn^{2+}等干扰，可事先把Fe^{2+}氧化成Fe^{3+}，加柠檬酸或酒石酸掩蔽Fe^{3+}和其他离子	0.15 μg	3 μg·g^{-1} (3 ppm)
Cu^{2+}	取1滴Cu^{2+}试液，加1滴6 mol·L^{-1} HAc酸化，加1滴$K_4[Fe(CN)_6]$溶液，出现红棕色沉淀，表示有Cu^{2+}： $2Cu^{2+}+[Fe(CN)_6]^{4-}$ ══ $Cu_2[Fe(CN)_6]\downarrow$	① 在中性或弱酸性溶液中进行。如试液为强酸性，则用3 mol·L^{-1} NaAc调至弱酸性后进行。沉淀不溶于稀酸，溶于氨水，生成$Cu(NH_3)_4^{2+}$，与强碱生成$Cu(OH)_2$； ② Fe^{3+}以及大量的Co^{2+}、Ni^{2+}会干扰	0.02 μg	0.4 μg·g^{-1} (0.4 ppm)

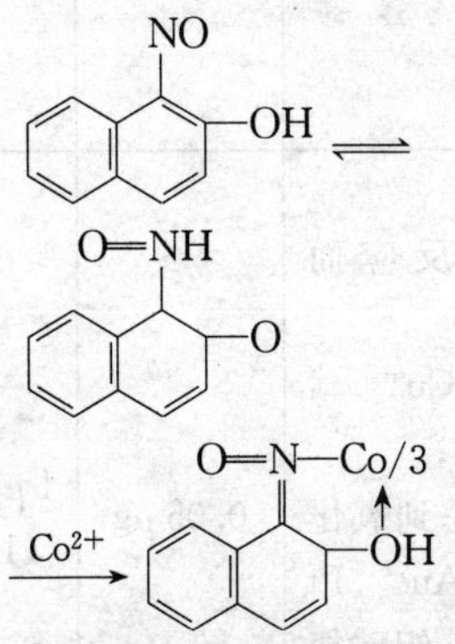

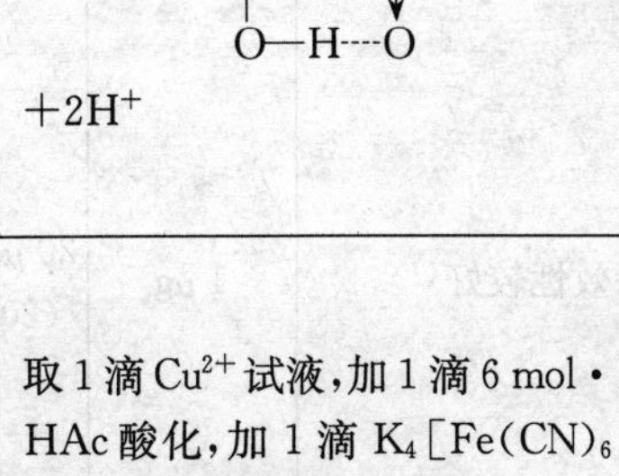

续 表

阳离子	鉴定方法	条件与干扰	灵敏度	
			检出限量	最低浓度
Pb^{2+}	取2滴Pb^{2+}试液，加2滴0.1 $mol \cdot L^{-1}$ K_2CrO_4溶液，生成黄色沉淀，表示有Pb^{2+}： $Pb^{2+} + CrO_4^{2-} = PbCrO_4 \downarrow$	① 在HAc溶液中进行，沉淀溶于强酸，溶于碱则生成$PbO_2{}^{2-}$； ② Ba^{2+}、Bi^{3+}、Hg^{2+}、Ag^{+}等干扰	20 μg	250 $\mu g \cdot g^{-1}$ (250 ppm)
Hg^{2+}	取1滴Hg^{2+}试液，加1 $mol \cdot L^{-1}$ KI溶液，使生成沉淀后又溶解，加2滴KI－Na_2SO_3溶液，2～3滴Cu^{2+}溶液，生成桔黄色沉淀，表示有Hg^{2+}： $Hg^{2+} + 4I^{-}$(过量)$= HgI_4^{2-}$(无色) $2Cu^{2+} + 4I^{-} = 2CuI \downarrow$(白色)$+ I_2$ $2CuI + HgI_4^{2-} = Cu_2HgI_4 + 2I^{-}$(橙红色) 反应生成的$I_2$由$Na_2SO_3$除去	① Pd^{2+}因有下面的反应而干扰： $2CuI + Pd^{2+} = PdI_2 + 2Cu^{+}$ 产生的PdI_2使CuI变黑； ② CuI是还原剂，须考虑到氧化剂的干扰[Ag^{+}、Hg_2^{2+}、Au^{3+}、Pt(Ⅳ)、Fe^{3+}、Ce(Ⅳ)等]。钼酸盐和钨酸盐与CuI反应生成低氧化物(钼蓝、钨蓝)而干扰	0.05 μg	1 $\mu g \cdot g^{-1}$ (1 ppm)
	取2滴Hg^{2+}试液，滴加0.5 $mol \cdot L^{-1}$ $SnCl_2$溶液，出现白色沉淀，继续加过量$SnCl_2$，不断搅拌，放置2～3 min，出现灰色沉淀，表示有Hg^{2+} (同Sn^{2+}的反应)	① 凡与Cl^{-}能形成沉淀的阳离子应先除去； ② 能与$SnCl_2$起反应的氧化剂应先除去； ③ 这一反应同样适用于Sn^{2+}的鉴定	5 μg	200 $\mu g \cdot g^{-1}$ (200 ppm)
Sn(Ⅳ) Sn^{2+}	取2～3滴Sn(Ⅳ)试液，加镁片2～3片，不断搅拌，待反应完全后加2滴6 $mol \cdot L^{-1}$ HCl，微热，此时$Sn^{Ⅳ}$还原为Sn^{2+}，鉴定按下法进行	反应的特效性较好	1 μg	20 $\mu g \cdot g^{-1}$ (20 ppm)
	取2滴Sn^{2+}试液，加1滴0.1 $mol \cdot L^{-1}$ $HgCl_2$溶液，生成白色或黑色沉淀，表示有Sn^{2+}： $Sn^{2+} + 2HgCl_2 + 4Cl^{-} = Hg_2Cl_2 \downarrow$(白)$+ [SnCl_6]^{2-}$ $Sn^{2+} + Hg_2Cl_2 + 4Cl^{-} = 2Hg \downarrow$(黑)$+ [SnCl_6]^{2-}$			

续 表

阳离子	鉴定方法	条件与干扰	灵敏度	
			检出限量	最低浓度
Ag^+	取 2 滴 Ag^+ 试液，加 2 滴 2 $mol \cdot L^{-1}$ HCl，搅动，水浴加热，离心分离。在沉淀上加 4 滴 6 $mol \cdot L^{-1}$ 氨水，微热，沉淀溶解，再加 6 $mol \cdot L^{-1}$ HNO_3 酸化，白色沉淀重又出现，表示有 Ag^+： $Ag^+ + Cl^- = AgCl\downarrow$ $AgCl + 2NH_3 \cdot H_2O =$ $[Ag(NH_3)_2]Cl + 2H_2O$ $[Ag(NH_3)_2]Cl + 2H^+ = AgCl\downarrow$ $+ 2NH_4^+$	Pb^{2+}、Hg_2^{2+} 也能与 Cl^- 形成白色沉淀干扰其检出，但 $PbCl_2$ 难溶于氨水，故可分离	0.5 μg	10 $\mu g \cdot g^{-1}$ (10 ppm)

表 2　阴离子的鉴定方法

阴离子	鉴定方法	条件与干扰	灵敏度	
			检出限量	最低浓度
SO_4^{2-}	试液用 6mol·L^{-1} HCl 酸化，加 2 滴 0.5mol·L^{-1} $BaCl_2$ 溶液，析出白色沉淀，表示有 SO_4^{2-}： $Ba^{2+} + SO_4^{2-} = BaSO_4\downarrow$		5 μg	100 $\mu g \cdot g^{-1}$ (100 ppm)
SO_3^{2-}	取 1 滴 $ZnSO_4$ 饱和溶液，加 1 滴 $K_4[Fe(CN)_6]$ 于白滴板中，即有白色 $Zn_2[Fe(CN)_6]$ 沉淀产生，继续加入 1 滴 $Na_2[Fe(CN)_5NO]$，1 滴 SO_3^{2-} 试液（中性），则白色沉淀转化为红色 $Zn_2[Fe(CN)_5NOSO_3]$ 沉淀，表示有 SO_3^{2-}	① 酸能使沉淀消失，故酸性溶液必须以氨水中和； ② S^{2-} 有干扰，必须除去	3.5 μg	71 $\mu g \cdot g^{-1}$ (71 ppm)
$S_2O_3^{2-}$	取 3 滴 $S_2O_3^{2-}$ 试液，加 3 滴 0.1 mol·L^{-1} $AgNO_3$ 溶液，摇动，白色沉淀迅速变黄、变棕、变黑，表示有 $S_2O_3^{2-}$： $2Ag^+ + S_2O_3^{2-} = Ag_2S_2O_3\downarrow$（白） $Ag_2S_2O_3 + H_2O = H_2SO_4 + Ag_2S\downarrow$（黑）	① S^{2-} 干扰； ② $Ag_2S_2O_3$ 溶于过量的硫代硫酸盐中	2.5 μg $Na_2S_2O_3$	25 $\mu g \cdot g^{-1}$ (25 ppm)
S^{2-}	取 3 滴 S^{2-} 试液，加稀 H_2SO_4 酸化，用 $Pb(Ac)_2$ 试纸检验放出的气体，试纸变黑，表示有 S^{2-}		50 μg	500 $\mu g \cdot g^{-1}$ (500 ppm)

续 表

阴离子	鉴定方法	条件与干扰	灵敏度	
			检出限量	最低浓度
S^{2-}	取1滴S^{2-}试液，放白滴板上，加1滴$Na_2[Fe(CN)_5NO]$试剂，溶液变紫红色，表示有S^{2-}： $S^{2-}+[Fe(CN)_5NO]^{2-}$ ══ $[Fe(CN)_5NOS]^{4-}$（紫红色）	在酸性溶液中，$S^{2-}\longrightarrow HS^-$而不产生颜色，加碱则颜色出现	1 μg	20 $\mu g \cdot g^{-1}$ (20 ppm)
	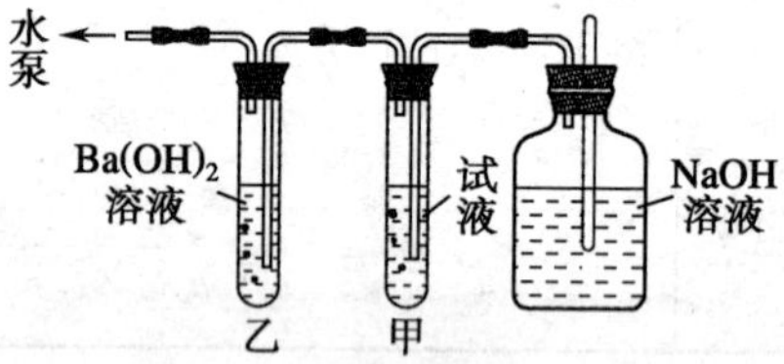 验气装置			
CO_3^{2-}	如图装配仪器，调节抽水泵，使气泡能一个一个进入NaOH溶液（每秒钟2～3个气泡）。分开乙管上与水泵连接的橡皮管，取5滴CO_3^{2-}试液、10滴水放在甲管，并加入1滴3% H_2O_2溶液，1滴3mol·L^{-1} H_2SO_4。乙管中装入约1/4$Ba(OH)_2$饱和溶液，迅速把塞子塞紧，把乙管与抽水泵连接起来，使甲管中产生的CO_2随空气通入乙管与$Ba(OH)_2$作用，如$Ba(OH)_2$溶液浑浊，表示有CO_3^{2-}： $CO_3^{2-}+2H^+$ ══ $CO_2\uparrow+H_2O$ $CO_2+Ba^{2+}+2OH^-$ ══ $BaCO_3\downarrow$（白）$+H_2O$	① 当过量的CO_2存在时，$BaCO_3$沉淀可能转化为可溶性的酸式碳酸盐； ② $Ba(OH)_2$极易吸收空气中的CO_2而变浑浊，故须用澄清溶液，迅速操作，得到较浓厚的沉淀方可判断CO_3^{2-}存在，初学者可作空白试验对照； ③ SO_3^{2-}、$S_2O_3^{2-}$妨碍鉴定，可预先加入H_2O_2或$KMnO_4$等氧化剂，使SO_3^{2-}、$S_2O_3^{2-}$氧化成SO_4^{2-}，再作鉴定		
PO_4^{3-}	取2滴PO_4^{3-}试液，加入8～10滴钼酸铵试剂，用玻璃棒摩擦器壁，有黄色沉淀生成，表示有PO_4^{3-}： $PO_4^{3-}+3NH_4^++12MoO_4^{2-}+24H^+$ ══ $(NH_4)_3PO_4\cdot 12MoO_3\cdot 6H_2O\downarrow+6H_2O$	① 沉淀溶于过量磷酸盐生成配阴离子，需加入大量过量试剂； ② 还原剂的存在使Mo(VI)还原成钼蓝而使溶液呈深蓝色。大量Cl^-存在会降低灵敏度，可先将试液与浓HNO_3一起蒸发。除去过量Cl^-和还原剂； ③ AsO_4^{3-}有类似的反应。SiO_3^{2-}也与试剂形成黄色的硅钼酸，加酒石酸可消除干扰	3 μg	40 $\mu g \cdot g^{-1}$ (40 ppm)

续 表

阴离子	鉴定方法	条件与干扰	灵敏度	
			检出限量	最低浓度
Cl^-	取 2 滴 Cl^- 试液，加 $6mol \cdot L^{-1}$ HNO_3 酸化，加 $0.1 mol \cdot L^{-1} AgNO_3$ 至沉淀完全，离心分离。在沉淀上加 5～8 滴银氨溶液，搅动，加热，沉淀溶解，再加 $6mol \cdot L^{-1} HNO_3$ 酸化，白色沉淀重又出现，表示有 Cl^-： $Ag^+ + Cl^- = AgCl\downarrow$ $AgCl + 2NH_3 \cdot H_2O =$ $[Ag(NH_3)_2]Cl + 2H_2O$ $[Ag(NH_3)_2]Cl + 2H^+ = AgCl\downarrow + 2NH_4^+$	SCN^- 也能生成白色沉淀 $AgSCN$，故 SCN^- 对 Cl^- 有干扰，但 $AgSCN$ 不溶于 $NH_3 \cdot H_2O$	0.05 μg	
Br^-	取 2 滴 Br^- 试液，酸化，加入数滴 CCl_4，滴入氯水，振荡，有机层显红棕色或金黄色，表示有 Br^-： $2Br^- + Cl_2 = 2Cl^- + Br_2$ Br_2 易溶于 CCl_4 或苯中，呈黄或红棕色	如氯水过量，生成 $BrCl$，使有机层显淡黄色	50 μg	$50\ \mu g \cdot g^{-1}$ (50 ppm)
I^-	取 2 滴 I^- 试液，酸化，加入数滴 CCl_4，滴加氯水，振荡，有机层显紫色，表示有 I^-： $2I^- + Cl_2 = 2Cl^- + I_2$ I_2 易溶于 CCl_4 中呈紫红色	① 在弱碱性、中性或酸性溶液中，氯水将 $I^- \rightarrow I_2$； ② 过量氯水将 $I_2 \rightarrow IO_3^-$，有机层紫色褪去	40 μg	$40\ \mu g \cdot g^{-1}$ (40 ppm)
NO_2^-	取 1 滴 NO_2^- 试液，加 $6mol \cdot L^{-1}$ HAc 酸化，加 1 滴对氨基苯磺酸，1 滴 α-萘胺，溶液显红紫色，表示有 NO_2^-： 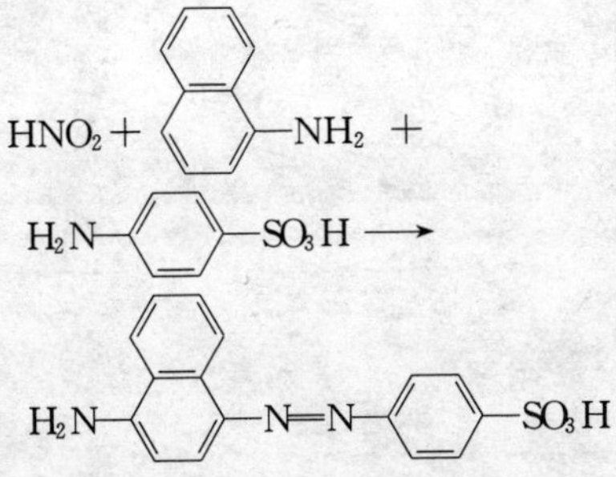 $+2H_2O$	① 反应的灵敏度高，选择性好； ② NO_2^- 浓度大时，红紫色很快褪去，生成褐色沉淀或黄色溶液	0.01 μg	$0.2\ \mu g \cdot g^{-1}$ (0.2 ppm)

续 表

阴离子	鉴定方法	条件与干扰	灵敏度	
			检出限量	最低浓度
NO_2^-	取5滴试液，加入 $FeSO_4$ 少许，溶解后加入10滴 $2mol \cdot L^{-1}$ HAc溶液，生成棕色环表示有 NO_2^-： $Fe^{2+} + NO_2^- + 2HAc = Fe^{3+} + NO\uparrow + 2Ac^- + H_2O$ $Fe^{2+} + NO = Fe(NO)^{2+}$（棕色）	Br^-、I^- 及其他能与 Fe^{2+} 形成有色化合物的无色阴离子均干扰检出		
NO_3^-	在小试管中滴加10滴饱和 $FeSO_4$ 溶液，5滴 NO_3^- 试液，然后斜持试管，沿着管壁慢慢滴加浓 H_2SO_4，由于浓 H_2SO_4 密度比水大，沉到试管下面形成两层，在两层液体接触处（界面）有一棕色环[配合物 $Fe(NO)SO_4$ 的颜色]，表示有 NO_3^-： $3Fe^{2+} + NO_3^- + 4H^+ = 3Fe^{3+} + NO\uparrow + 2H_2O$ $Fe^{2+} + NO + SO_4^{2-} = Fe(NO)SO_4$	NO_2^-、Br^-、I^-、CrO_4^{2-} 有干扰，Br^-、I^- 可用 AgAc 除去，CrO_4^{2-} 可用 $Ba(Ac)_2$ 除去，NO_2^- 用尿素除去： $2NO_2^- + CO(NH_2)_2 + 2H^+ = CO_2\uparrow + 2N_2\uparrow + 3H_2O$	2.5 μg	40 μg·g⁻¹ (40 ppm)

十六　氢氧化物沉淀和溶解时所需的 pH 值

氢氧化物	pH				
	开始沉淀原始浓度		沉淀完全	沉淀开始溶解	沉淀完全溶解
	$1\ mol \cdot L^{-1}$	$0.01\ mol \cdot L^{-1}$			
$Sn(OH)_4$	0	0.5	1.0	13	＞14
$TiO(OH)_2$	0	0.5	2.0		
$Sn(OH)_2$	0.9	2.1	4.7	10	13.5
$ZrO(OH)_2$	1.3	2.3	3.8		
$Fe(OH)_3$	1.5	2.3	4.1	14	
$Fe(OH)_2$	6.5	7.5	9.7	13.5	
$Cu(OH)_2$	4.2	5.2	6.67		
HgO	1.3	2.4	5.0		
$Al(OH)_3$	3.3	4.0	5.2	7.8	10.8
$Cr(OH)_3$	4.0	4.9	6.8	12	＞14
$Be(OH)_2$	5.2	6.2	8.8		
$Zn(OH)_2$	5.4	6.4	8.0	10.5	12～13
$Co(OH)_2$	6.6	7.6	9.2	14	
* $Ni(OH)_2$	6.7	7.7	9.5		
$Cd(OH)_2$	7.2	8.2	9.7		
Ag_2O	6.2	8.2	11.2	12.7	
* $Mn(OH)_2$	7.8	8.8	10.4	14	
$Mg(OH)_2$	9.4	10.4	12.4		
$Pb(OH)_2$		7.2	8.7	10	13

注：*——析出氢氧化物沉淀之前，先形成碱式盐沉淀。

摘自　杭州大学化学系编. 分析化学手册. 第二分册. 北京：化学工业出版社，1982

十七　常见化合物的相对分子质量表

化合物	相对分子质量	化合物	相对分子质量	化合物	相对分子质量
Ag_3AsO_4	462.52	$AgBr$	187.77	$AgCl$	143.32
$AgCN$	133.89	Ag_2CrO_4	331.73	AgI	234.77
$AgNO_3$	169.87	$AgSCN$	165.95	$AlCl_3$	133.34
$AlCl_3 \cdot 6H_2O$	241.43	$Al(NO_3)_3$	213.00	$Al(NO_3)_3 \cdot 9H_2O$	375.13
Al_2O_3	101.96	$Al(OH)_3$	78.00	$Al_2(SO_4)_3$	342.14
$Al_2(SO_4)_3 \cdot 18H_2O$	666.41	As_2O_5	229.84	As_2O_3	197.84
As_2S_3	246.02	$BaCl_2$	208.24	$BaCl_2 \cdot 2H_2O$	244.27
BaC_2O_4	225.35	$BaCO_3$	197.34	$BaCrO_4$	253.32
BaO	153.33	$Ba(OH)_2$	171.34	$BaSO_4$	233.39
$BiCl_3$	315.34	$BiOCl$	260.43	$CaCl_2$	110.99
$CaCl_2 \cdot 6H_2O$	219.08	CaC_2O_4	128.10	$CaCO_3$	100.09
$Ca(NO_3)_2 \cdot 4H_2O$	236.15	CaO	56.08	$Ca(OH)_2$	74.09
$Ca_3(PO_4)_2$	310.18	$CaSO_4$	136.14	$CdCl_2$	183.32
$CdCO_3$	172.42	CdS	144.47	$Ce(SO_4)_2$	332.24
$Ce(SO_4)_2 \cdot 4H_2O$	404.30	CH_3COOH	60.052	$C_6H_4COOHCOOK$（邻苯二甲酸氢钾）	204.23
CH_3COONa	82.034	CH_3COONH_4	77.083	$CH_3COON \cdot 3H_2O$	136.08
$(C_9H_7N)_3H_3PO_4 \cdot 12MoO_3$（磷钼酸喹啉）	2 212.7	$C_4H_8N_2O_2$（丁二酮肟）	116.12	CO_2	44.01
$CoCl_2$	129.84	$CoCl_2 \cdot 6H_2O$	237.93	$CO(NH_2)_2$	60.06
$Co(NO_3)_2$	182.94	$Co(NO_3)_2 \cdot 6H_2O$	291.03	CoS	90.99
$CoSO_4$	154.99	$CoSO_4 \cdot 7H_2O$	281.10	$CrCl_3$	158.35
$CrCl_3 \cdot 6H_2O$	266.45	$Cr(NO_3)_3$	238.01	Cr_2O_3	151.99
$CuCl_2$	134.45	$CuCl$	98.999	$CuCl_2 \cdot 2H_2O$	170.48
CuI	190.45	$Cu(NO_3)_2$	187.56	$Cu(NO_3)_2 \cdot 3H_2O$	241.60
Cu_2O	143.09	CuO	79.545	CuS	95.61
$CuSCN$	121.62	$CuSO_4$	159.60	$CuSO_4 \cdot 5H_2O$	249.68
$FeCl_3$	162.21	$FeCl_2$	126.75	$FeCl_3 \cdot 6H_2O$	270.30
$FeCl_2 \cdot 4H_2O$	198.81	$Fe(NH_4)_2(SO_4)_2 \cdot 6H_2O$	392.13	$FeNH_4(SO_4)_2 \cdot 12H_2O$	482.18
$Fe(NO_3)_3$	241.86	$Fe(NO_3)_3 \cdot 9H_2O$	404.00	Fe_3O_4	231.54

续 表

化合物	相对分子质量	化合物	相对分子质量	化合物	相对分子质量
Fe_2O_3	159.69	FeO	71.846	$Fe(OH)_3$	106.87
Fe_2S_3	207.87	FeS	87.91	$FeSO_4$	151.90
$FeSO_4 \cdot 7H_2O$	278.01	H_3AsO_4	141.94	H_3AsO_3	125.94
H_3BO_3	61.83	HBr	80.912	HCl	36.461
HCN	27.026	$H_2C_2O_4$	90.035	H_2CO_3	62.025
$H_2C_2O_4 \cdot 2H_2O$	126.07	$HCOOH$	46.026	HF	20.006
Hg_2Cl_2	472.09	$HgCl_2$	271.50	$Hg(CN)_2$	252.36
HgI_2	454.40	$Hg(NO_3)_2$	324.60	$Hg_2(NO_3)_2$	525.19
$Hg_2(NO_3)_2 \cdot 2H_2O$	561.22	HgO	216.59	HgS	232.65
Hg_2SO_4	497.24	$HgSO_4$	296.65	HI	127.91
HIO_3	175.91	HNO_2	47.013	HNO_3	63.013
H_2O_2	34.015	H_2O	18.015	H_3PO_4	97.995
H_2S	34.08	H_2SO_4	98.07	H_2SO_3	82.07
$KAl(SO_4)_2 \cdot 12H_2O$	474.38	KBr	119.00	$KBrO_3$	167.00
KCl	74.551	$KClO_4$	138.55	$KClO_3$	122.55
KCN	65.116	K_2CO_3	138.21	$K_2Cr_2O_7$	294.18
K_2CrO_4	194.19	$K_4Fe(CN)_6$	368.35	$K_3Fe(CN)_6$	329.25
$KFe(SO_4)_2 \cdot 12H_2O$	503.24	$KHC_4H_4O_3$	188.18	$KHC_2O_4H_2C_2O_4 \cdot 2H_2O$	1 876.3
$KHC_2O_4 \cdot H_2O$	146.14	$KHSO_4$	136.16	KI	166.00
KIO_3	214.00	$KIO_3 \cdot HIO_3$	389.91	$KMnO_4$	158.03
$KNaC_4H_4O_6 \cdot 4H_2O$	282.22	KNO_2	85.104	KNO_3	101.10
K_2O	94.196	KOH	56.106	$KSCN$	97.18
K_2SO_4	174.25	$MgCl_2$	95.211	$MgCl_2 \cdot 6H_2O$	203.30
$MgCO_3$	84.314	MgC_2O_4	112.33	$MgNH_4PO_4$	137.32
$Mg(NO_3)_2 \cdot 6H_2O$	256.41	MgO	40.304	$Mg(OH)_2$	58.32
$Mg_2P_2O_7$	222.55	$MgSO_4 \cdot 7H_2O$	246.47	$MnCl_2 \cdot 4H_2O$	197.91
$MnCO_3$	114.95	$Mn(NO_3)_2 \cdot 6H_2O$	287.04	MnO_2	86.937
MnO	70.937	MnS	87.00	$MnSO_4$	151.00
$MnSO_4 \cdot 4H_2O$	223.06	Na_3AsO_3	191.89	$NaBiO_3$	279.97
$Na_2B_4O_7$	201.22	$Na_2B_4O_7 \cdot 10H_2O$	381.37	$NaCl$	58.443
$NaClO$	74.442	$NaCN$	49.007	$Na_2C_2O_4$	134.00

续 表

化合物	相对分子质量	化合物	相对分子质量	化合物	相对分子质量
Na_2CO_3	105.99	$Na_2CO_3 \cdot 10H_2O$	286.14	$NaHCO_3$	84.007
$Na_2HPO_4 \cdot 12H_2O$	358.14	$Na_2H_2Y \cdot 2H_2O$	372.24	$NaNO_3$	84.995
$NaNO_2$	68.995	Na_2O_2	77.978	Na_2O_2	39.997
Na_2O	61.979	Na_3PO_4	163.94	Na_2S	78.04
NaSCN	81.07	$Na_2S \cdot 9H_2O$	240.18	$Na_2S_2O_3$	158.10
Na_2SO_4	142.04	Na_2SO_3	126.04	$Na_2S_2O_3 \cdot 5H_2O$	248.17
NH_3	17.03	NH_4Cl	53.491	$(NH_4)_2C_2O_4$	124.10
$(NH_4)_2CO_3$	96.086	$(NH_4)_2C_2O_4 \cdot H_2O$	142.11	NH_4HCO_3	79.055
$(NH_4)_2HPO_4$	254.19	$(NH_4)_2MoO_4$	196.01	NH_4NO_3	80.043
$(NH_4)_3PO_4 \cdot 12MoO_3$	132.06	$(NH_4)_2S$	68.14	NH_4SCN	76.12
$(NH_4)_2SO_4$	132.13	NH_4VO_3	116.98	$NiCl_2 \cdot 6H_2O$	237.69
$Ni(NO_3)_2 \cdot 6H_2O$	290.79	NiO	74.69	NiS	90.75
$NiSO_4 \cdot 7H_2O$	280.85	NO_2	46.006	NO	30.006
$Pb(CH_3COO)_2$	325.30	$PbCl_2$	278.10	PbC_2O_4	295.22
$PbCO_3$	267.20	$PbCrO_4$	323.20	PbI_2	461.00
$Pb(NO_3)_2$	331.20	PbO_2	239.20	PbO	223.20
$Pb_3(PO_4)_2$	811.54	PbS	239.30	$PbSO_4$	303.30
P_2O_5	141.94	$SbCl_3$	228.11	Sb_2O_3	291.50
Sb_2S_3	339.68	SiF_4	104.08	SiO_2	60.084
$SnCl_4$	260.50	$SnCl_2$	189.60	SnS	150.75
SO_3	80.06	SO_2	64.06	SrC_2O_4	175.64
$SrCO_3$	147.63	$Sr(NO_3)_2$	211.63	$SrSO_4$	183.68
$Zn(CH_3COO)_2$	183.47	$Zn(CH_3COO)_2 \cdot 2H_2O$	219.50	$ZnCl_2$	136.29
$ZnCO_3$	125.39	ZnC_2O_4	153.40	$Zn(NO_3)_2$	189.39
$Zn(NO_3)_2 \cdot 6H_2O$	297.48	ZnO	81.38	ZnS	97.44
$ZnSO_4$	161.44	$ZnSO_4 \cdot 7H_2O$	287.54		

十八　水的饱和蒸气压

（$\times 10^2$ Pa）

温度(K)	0.0	0.2	0.4	0.6	0.8
273	6.105	6.195	6.286	6.379	6.473
274	6.567	6.663	6.759	6.858	6.958
275	7.058	7.159	7.262	7.366	7.473
276	7.579	7.687	7.797	7.907	8.019
277	8.134	8.249	8.365	8.483	8.603
278	8.723	8.846	8.970	9.095	9.222
279	9.350	9.481	9.611	9.745	9.881
280	10.017	10.155	10.295	10.436	10.580
281	10.726	10.872	11.022	11.172	11.324
282	11.478	11.635	11.792	11.952	12.114
283	12.278	12.443	12.610	12.779	12.951
284	13.124	13.300	13.478	13.658	13.839
285	14.023	14.210	14.397	14.587	14.779
286	14.973	15.171	15.369	15.572	15.776
287	15.981	16.191	16.401	16.615	16.831
288	17.049	17.260	17.493	17.719	17.947
289	18.177	18.410	18.648	18.886	19.128
290	19.372	19.618	19.869	20.121	20.377
291	20.634	20.896	21.160	21.426	21.694
292	21.968	22.245	22.523	22.805	23.090
293	23.378	23.669	23.963	24.261	24.561
294	24.865	25.171	25.482	25.797	26.114
295	26.434	26.758	27.086	27.418	27.751
296	28.088	28.430	28.775	29.124	29.478
297	29.834	30.195	30.560	30.928	31.299
298	31.672	32.049	32.432	32.820	33.213

续 表

温度(K)	0.0	0.2	0.4	0.6	0.8
299	33.609	34.009	34.413	34.820	35.232
300	35.649	36.070	36.496	36.925	37.358
301	37.796	38.237	38.683	39.135	39.593
302	40.054	40.519	40.990	41.466	41.945
303	42.429	42.918	43.411	43.908	44.412
304	44.923	45.439	45.958	46.482	47.011
305	47.547	48.087	48.632	49.184	49.740
306	50.301	50.869	51.441	52.020	52.605
307	53.193	53.788	54.390	54.997	55.609
308	56.229	56.854	57.485	58.122	58.766
309	59.412	60.067	60.727	61.395	62.070
310	62.751	63.437	64.131	64.831	65.537
311	66.251	66.969	67.693	68.425	69.166
312	69.917	70.673	71.434	72.202	72.977
313	73.759	74.54	75.34	76.14	76.95
314	77.78	78.61	79.43	80.29	81.14
315	81.99	82.85	83.73	84.61	85.49
316	86.39	87.30	88.21	89.14	90.07
317	91.00	91.95	92.91	93.87	94.85
318	95.83	96.82	97.81	98.82	99.83
319	100.86	101.90	102.94	103.99	105.06
320	106.12	107.20	108.30	109.39	110.48
321	111.60	112.74	113.88	115.03	116.18
322	117.35	118.52	119.71	120.91	122.11
323	123.34	124.7	125.9	127.1	128.4

摘自 R C Weast. Handbook of Chemistry Physics. P189—190, 66th. edition.（185—186）
并根据 1 mmHg=1.333 224×10^2 Pa 换算而得。

十九　水的密度

温度 (K)	密度 $(g\cdot cm^{-3})$	温度 (K)	密度 $(g\cdot cm^{-3})$	温度 (K)	密度 $(g\cdot cm^{-3})$
273.2	0.999 841	283.2	0.999 700	293.2	0.998 203
273.4	0.999 854	283.4	0.999 682	293.4	0.998 162
273.6	0.999 866	283.6	0.999 664	293.6	0.998 120
273.8	0.999 878	283.8	0.999 645	293.8	0.998 078
274.0	0.999 889	284.0	0.999 625	294.0	0.998 035
274.2	0.999 900	284.2	0.999 605	294.2	0.997 992
274.4	0.999 909	284.4	0.999 585	294.4	0.997 948
274.6	0.999 918	284.6	0.999 564	294.6	0.997 904
274.8	0.999 927	284.8	0.999 542	294.8	0.997 860
275.0	0.999 934	285.0	0.999 520	295.0	0.997 815
275.2	0.999 941	285.2	0.999 498	295.2	0.997 770
275.4	0.999 947	285.4	0.999 475	295.4	0.997 724
275.6	0.999 953	285.6	0.999 451	295.6	0.997 678
275.8	0.999 958	285.8	0.999 427	295.8	0.997 632
276.0	0.999 962	286.0	0.999 402	296.0	0.997 585
276.2	0.999 965	286.2	0.999 377	296.2	0.997 538
276.4	0.999 968	286.4	0.999 352	296.4	0.997 490
276.6	0.999 970	286.6	0.999 326	296.6	0.997 442
276.8	0.999 972	286.8	0.999 299	296.8	0.997 394
277.0	0.999 973	287.0	0.999 272	297.0	0.997 345
277.2	0.999 973	287.2	0.999 244	297.2	0.997 296
277.4	0.999 973	287.4	0.999 216	297.4	0.997 246
277.6	0.999 972	287.6	0.999 188	297.6	0.997 196
277.8	0.999 970	287.8	0.999 159	297.8	0.997 146
278.0	0.999 968	288.0	0.999 129	298.0	0.997 095
278.2	0.999 965	288.2	0.999 099	298.2	0.997 044
278.4	0.999 961	288.4	0.999 069	298.4	0.996 992
278.6	0.999 957	288.6	0.999 038	298.6	0.996 941
278.8	0.999 952	288.8	0.999 007	298.8	0.996 888

续　表

温度 (K)	密度 $(g \cdot cm^{-3})$	温度 (K)	密度 $(g \cdot cm^{-3})$	温度 (K)	密度 $(g \cdot cm^{-3})$
279.0	0.9999 47	289.0	0.998 975	299.0	0.996 836
279.2	0.999 941	289.2	0.998 943	299.2	0.996 783
279.4	0.999 935	289.4	0.998 910	299.4	0.996 829
279.6	0.999 927	289.6	0.998 877	299.6	0.996 676
279.8	0.999 920	289.8	0.998 843	299.8	0.996 621
280.0	0.999 911	290.0	0.998 809	300.0	0.996 567
280.2	0.999 902	290.2	0.998 774	300.2	0.996 512
280.4	0.999 893	290.4	0.998 739	300.4	0.996 457
280.6	0.999 883	290.6	0.998 704	300.6	0.996 401
280.8	0.999 872	290.8	0.998 668	300.8	0.996 345
281.0	0.999 861	291.0	0.998 632	301.0	0.996 289
281.2	0.999 849	291.2	0.998 595	301.2	0.996 232
281.4	0.999 837	291.4	0.998 558	301.4	0.996 175
281.6	0.999 824	291.6	0.998 520	301.6	0.996 118
281.8	0.999 810	291.8	0.998 482	301.8	0.996 060
282.0	0.999 796	292.0	0.998 444	302.0	0.996 002
282.2	0.999 781	292.2	0.998 405	302.2	0.995 944
282.4	0.999 766	292.4	0.998 365	302.4	0.995 885
282.6	0.999 751	292.6	0.998 325	302.6	0.995 826
282.8	0.999 734	292.8	0.998 285	302.8	0.995 766
283. 0	0.999 717	293. 0	0.998 244	303.0	0.995 706

摘自 J A Lange's. Handbook of Chemistry. 11th. edition, 1973. 10—127

注：温度(K)由 $273.2+t$ 得到。

二十　国际原子量表

原子序数	名称	符号	相对原子质量	原子序数	名称	符号	相对原子质量
1	氢	H	1.007 9	38	锶	Sr	87.62
2	氦	He	4.002 60	39	钇	Y	88.905 9
3	锂	Li	6.941	40	锆	Zr	91.22
4	铍	Be	9.012 18	41	铌	Nb	92.906 4
5	硼	B	10.81	42	钼	Mo	95.94
6	碳	C	12.011	43	锝	Tc	[97][99]
7	氮	N	14.006 7	44	钌	Ru	101.07
8	氧	O	15.999 4	45	铑	Rh	102.905 5
9	氟	F	18.998 40	46	钯	Pd	106.4
10	氖	Ne	20.179	47	银	Ag	107.868
11	钠	Na	22.989 77	48	镉	Cd	112.41
12	镁	Mg	24.305	49	铟	In	114.82
13	铝	Al	26.981 54	50	锡	Sn	118.69
14	硅	Si	28.085 5	51	锑	Sb	121.75
15	磷	P	30.973 76	52	碲	Te	127.60
16	硫	S	32.06	53	碘	I	126.904 5
17	氯	Cl	35.453	54	氙	Xe	131.30
18	氩	Ar	39.948	55	铯	Cs	132.905 4
19	钾	K	39.098	56	钡	Ba	137.33
20	钙	Ca	40.08	57	镧	La	138.905 5
21	钪	Sc	44.955 9	58	铈	Ce	140.12
22	钛	Ti	47.90	59	镨	Pr	140.907 7
23	钒	V	50.941 5	60	钕	Nd	144.24
24	铬	Cr	51.996	61	钷	Pm	[145]
25	锰	Mn	54.938 0	62	钐	Sm	150.4
26	铁	Fe	55.847	63	铕	Eu	151.96
27	钴	Co	58.933 2	64	钆	Gd	157.25
28	镍	Ni	58.70	65	铽	Tb	158.925 4
29	铜	Cu	63.546	66	镝	Dy	162.50
30	锌	Zn	65.38	67	钬	Ho	164.930 4
31	镓	Ga	69.72	68	铒	Er	167.26
32	锗	Ge	72.59	69	铥	Tm	168.934 2
33	砷	As	74.921 6	70	镱	Yb	173.04
34	硒	Se	78.96	71	镥	Lu	174.967
35	溴	Br	79.904	72	铪	Hf	178.49
36	氪	Kr	83.80	73	钽	Ta	180.947 9
37	铷	Rb	85.467 8	74	钨	W	183.85

续 表

原子序数	名称	符号	相对原子质量	原子序数	名称	符号	相对原子质量
75	铼	Re	186.207	91	镤	Pa	231.035 9
76	锇	Os	190.2	92	铀	U	238.029
77	铱	Ir	192.22	93	镎	Np	237.048 2
78	铂	Pt	195.09	94	钚	Pu	[239][244]
79	金	Au	196.966 5	95	镅	Am	[243]
80	汞	Hg	200.59	96	锔	Cm	[247]
81	铊	Tl	204.37	97	锫	Bk	[247]
82	铅	Pb	207.2	98	锎	Cf	[251]
83	铋	Bi	208.980 4	99	锿	Es	[254]
84	钋	Po	[210][209]	100	镄	Fm	[257]
85	砹	At	[210]	101	钔	Md	[258]
86	氡	Rn	[222]	102	锘	No	[259]
87	钫	Fr	[223]	103	铹	Lr	[260]
88	镭	Ra	226.025 4	104	𬬻	Rf	[261]
89	锕	Ac	227.027 8	105	𬭊	Db	[262]
90	钍	Th	232.038 1	106	𬭳	Sg	[263]

附注　方括号内数据是天燃放射性元素的质量数或人造元素半衰期最长的同位素的质量数。

实验仪器使用索引

参 考 文 献

1 吴俊方主编.工科化学基本实验.南京:东南大学出版社,2006
2 傅献彩主编.大学化学.上、下册.北京:高等教育出版社,1999
3 郑春生等编. 基础化学实验(无机及化学分析实验部分).天津:南开大学出版社,2001
4 武汉大学等校编.无机化学.上、下册.第3版.北京:高等教育出版社,1994
5 武汉大学主编.分析化学.第3版.北京:高等教育出版社,1995
6 武汉大学主编.分析化学实验.第2版.北京:高等教育出版社,1985
7 浙江大学化学系组编,徐伟亮主编.基础化学实验.北京:科学出版社,2005
8 南京大学大学化学实验教学组编.大学化学实验.北京:高等教育出版社,1999
9 柯以侃主编.大学化学实验.北京:化学工业出版社,2001
10 倪惠琼,蔡会武主编.工科化学实验.北京:化学工业出版社,2006